Experience of European Urbanism

유로피안 어버니즘의 경험

- 평등을 찾아가는 도시계획 이야기

임동원

Spacetime

저자 임동원

홍익대 건축학과 졸업(1995)

서울시립대 도시과학대학원 건축학과 졸업(2006)

『행복한 소비-자본과 건축공간』(2008)

네덜란드 델프트공대 유로피안 어버니즘 석사후 과정 졸업(2009)

(European postmaster in Urbanism in TU-Delft, the Netherlands)

네덜란드 도시계획석사(MSC), 한국건축사

선진엔지니어링 종합건축사사무소 도시환경계획부 부서장 재직(이사)

서울시립대 건축학부, 국민대 건축학부 강사

유로피안 어버니즘의 경험

2010년 9월 20일 1쇄 발행 | 임동원 저 | 발행인 김기현

발행처 ***Spacetime*** · 시공문화사 | 등록 1993.3.12 제1-1493

편집디자인 space | 인쇄 예림인쇄사 | 제본 문종문화사 | 용지 대림지업(주)

120-796 서울시 서대문구 현저동 200 극동상가 5층 | 전화 02-3147-1212 | 팩스 02-3147-2626

e-mail spacetime@korea.com www.spacetime.co.kr

ISBN 978-89-5592-167-0

정가 28,000원

유로피안 어버니즘의 경험 – 평등을 찾아가는 도시계획 이야기

Experience of European Urbanism

2009 Entry of EMU(European postmaster in Urbanism)

임동원

서론

도시는 매우 다채롭다. 서울과 파리가 다르고, 암스테르담과 뉴욕이 다르다. 각각의 지방색과 민족성 만큼이나 도시 또한 매우 다채롭고, 다양하다. 이는 또한 다양한 도시 해석을 낳게 하는데, 지역에 근거한 토착적 환경의 다름에서 연유한다. 그렇기에 도시의 형태와 기능을 결정하는 1차적 요인은 바로 '대지'이다. 그러한 대지는 고유한 기후와 지형, 토질과 물길을 가지며, 이 위로 인간의 문화가 덧붙여진다.

이렇게 도시의 정주기반으로서 '대지'를 분석하고 나면, 도시의 형태를 이루고 있는 건축적 실체로 올라오게 된다. 물론, 대지의 특성에서 연유하는 인간의 문화가 중요한 결정인자임에 분명하지만, 이 단계에의 도시는 자본Capital의 의지와 정치의 의지governance를 읽어내지 않으면 안된다. 즉, 도시는 자본을 생산하는 근원적 모태이며, 또한 정치적 통치의 가장 중요한 집권단위로서 이해되어져야 한다. 이는 필자가 바라보는 도시의 두 번째 층위이다.

세 번째 층위로서 도시는 동적으로 읽혀져야 한다. 도시는 수많은 움직임, 모빌리티mobility의 집결체이다. 모빌리티의 역사와 기술발전의 양상에 따라 도시 또한 그 형태를 달리 해 왔다. 마차가 중심수단이었던 중세와 르네상스를 거쳐, 기차가 발명된 19C, 그리고 자동차와 비행기로 대표되는 20C를 지나면서 도시의 모습은 급변했다. 19C 파리에서의 오스만Hausmann의 도시계획은 현대도시에까지 그 도시의 움직임에서 연유된 공간경험을 제공한다.

글로벌리제이션globalization은 동적 도시 읽기의 산물이다. 중국은 이미 세계의 공장이 되었고, 각국의 도시들은 이른바 다국적 기업들의 경연장이 되었다. 이는 곧 자본의 헤드쿼터로서 기능하는, 명령의 도시로서 런던, 뉴욕, 도쿄가 있고, 그 밑의 층위에서 각국의 도시들은 서로 협력, 경쟁하면서 자본을 생산한다. 이는 일자리를 만들고, 일터를 만들며, 도시 각각에 생산, 소비의 거점을 만든다. 때로는 자본계층의 상류를 위한, 또 때로는 그 밑에 종사하는 하부층을 위한, 이는 게토getto와 인클레이브enclave라는 지역배타적 거점을 만들어낸다.

이렇게 도시는 3개의 층위를 가지고 있다. 각각의 층위는 그 자체가 토대가 되어 많은 담론과 실제적 디자인의 실험, 정책의 투영이 이루어지고 있다. 그런데 도시계획이 아름다운 것은 바로 이러한 3개의 층위가 골고루 투영되어 나타나면서, 스케일의 줌인 Zoom in과 줌아웃 Zoom out을 통해 각각의 층위의 가치를 획득할 때 아름답다고 할 수 있다. 즉, 도시에 있어 하나의 계획된 결과물이 세계적인 스케일에서도 의미가 있으며, 또한 건축적인 작은 스케일에서도 의미가 있을 때 그 도시계획은 아름답다고 말할 수 있을 것이다.

분명히 도시는 건축물의 집적이다. 그렇지만, 대부분의 건축가들은 그 중간단계, 건축에서 도시로 넘어가는 그 과정에서, 개인적으로 그들의 담론을 가지고 있지 못하다. 개인적인 견해로서 건축가들이 도시를 논할 때 잃어버린 도시공동체의 회복이니, 자본의 광풍에서 견뎌야 하는 건축의 혼이니 하는 따위의 더 이상 낭만적인 고전적 미사여구만을 늘여서는 안된다. 건축을 하는 사람일수록, 도시에 대해 정확한 인식을 하고 있어야 하고, 그것에 맞는 도시관을 가지고 있어야 한다고 필자는 믿는다. 즉, 전통적인 의미에서의 도시계획가가 위에서부터 밑으로 내려오는 탑다운의 시각으로 도시를 바라본다면 건축가가 도시를 바라보는 시각은 아래에서 위로의 바틈업의 시각이다. 아쉽게도 후자의 시각도 제대로 체계화되지 못했으며 공론화되지 못했다. 이 2개의 시각이 조화롭게 구현될 수 있을 때 우리의 도시는 풍요로워질 것이다. 이에 그 중간단계의 담론형성에 조금이라도 도움이 되었으면 하는 것이 필자의 바램이고, 이 글을 쓰는 목적이다.

CONTENTS

영역의 확산 Territorial dispersion

12. 도시의 중심과 주변 Center-periphery binary–물과 길은 평등하다

- 점유가 만드는 중심과 주변의 경계
- 불평등을 만드는 중심과 주변
- 경계를 넘나드는 것들
- 평등한 물
- 평등한 길 sponge
- 물과 길로 세상을 바꾼다?

세계화, 지역화_공항경제회랑과 직각의 축 Globalization, Regionalization

들어가기전에

1. 세계화 Globalization, 도시성 Urbanity, 그리고 도시인격 Urban personality

2. 은행의 건축 혹은 자본의 명령센터 commanding center
   - 왜 세계자본 Global capital들은 황홀한 도시의 자국 urban footprint들을 필요로 하는가?

프로젝트–EMU final thesis

3. 공항경제회랑과 직각의 축–국제자본과 지방영역의 상호 작용
   - 서론: 도시계획과 경제–집중과 분산의 논리
   - 초록
   - 공항경제회랑 Airport economic corridor
   - 소외받는 기존 도시 neglected city, 인천
   - 서울–인천 메트로폴리탄과 인천의 지형적 역사
   - 상호 작용하는 세계자본과 지방영역
   - 직각의 축, 상호 교류의 중추
   - 교차점의 경제거점 Business platform화
   - TOD Transit Oriented Development 계획
   - 교차점 개발 상세 small scale intervention
   - 결론

3. 확대되는 논의: 도시팽창에 있어서의 두 가지 방식
   - 2050 서울 메트로폴리탄 오딧세이 Seoul Metropolitan Odyssei

에세이

1. 논문 후감: 말레비치의 백색 캔버스 White canvas–백색의 도시 White city

도시감상법 외 기타

마치면서: 유럽에서 배운 세 가지 도시, 세 가지 교훈

책의 소개

이 책은 총 6개의 단락으로 나뉘어져 있다. 첫 번째 단락은 어버니즘에 대한 정의로서, 건축과 어버니즘의 관계, 그리고 학문적 편제로 나뉘어지는 어버니즘에 대해 논한다. 이를 통해 학문적으로 어버니즘에 관한 포지셔닝 postioning을 취한다. 또한, 어버니즘을 논할 때 꼭 짚고 넘어가야 할 인문지리학자를 소개하고자 한다. 이들 인문지리학은 어버니즘에 강한 이론적 바탕을 제공해 주며, 이를 이해하지 않고는 제대로 된 이론적 바탕을 가지고 있지 않는 것이기 때문이다.

두 번째 단락부터는 필자가 경험했던 네덜란드 델프트 공대 TU-delft의 유로피안 어버니즘 과정 EMU의 프로그램과 이른바 평등을 찾아가는 도시계획의 과정에 대해 언술한다. 그 첫 번째가 랜드스케이프 어버니즘 landscape urbanism이다. 이 단락의 주제는 '대지'에서 연유하는 topological 어버니즘이 어떻게 인공의 건축물, 인공도시를 담아내는가이다. 대지와 환경 등의 1차적인 물리적 토대로서의 자연에서 연유하는 어버니즘. 프로그램은 이른바 혼성의 풍경 hybrid landscape이라는 제목으로 이 랜드스케이프 어버니즘을 바라보는 시각을 제안해 주었다. 즉, 땅과 인프라스트럭쳐 Infrastructure, 그리고 그 위의 건축물. 하나의 층위는 그 밑의 층위에 영향을 받는다. 특히, 물과 그에 대한 적응은 네덜란드의 델타 어버니즘 delta urbanism의 근간으로서 인공수로와 배수법, 그리고 그것부터 시작되는 도시의 형성을 이야기 한다.

세 번째 단락은 '도시구축 contructing the city'으로서 도시에 있어 새로운 개체의 이식이 일어날 때 어떻게 지역과 교류할 수 있는가에 대한 연구이다. 도시는 계속 새로운 공간을 만들어내고, 자본의 흐름에 맞추어 자본의 흐름을 가속화 시키고, 자본을 정착할 수 있게, 이른바 생산의 공간을 기획하고, 안착시킨다. 이에 많은 기존의 도시 조직은 파괴되고, 부수어지고, 재조직된다. 어떻게 하면 이를 보다 '조화롭게' 안착시킬 것인가. 이 장은 또한 많은 어번 플래닝에 있어서의 생각해 볼 거리를 제공하고자 한다. 도시방법론에는 위에서 아래로 top down, 아래서부터 위로 bottom up 대표되는 가버넌스 govererrnance와 어버니즘의 관계를 소개하고, 도시를 설계하고, 해석함에 있어 다룰 수 있는 방법적 툴 tool을 소개하고자 한다.

네 번째 단락은 이른바 광역의 어버니즘territorial urbanism을 다룬다. 도시의 확산이 어떻게 일어났는지, 그리고, 그러한 도시를 살펴 보는 방법론은 무엇이 있었는지. 이태리의 베네토veneto 지방과 프랑스의 일-드-프랑스Ile-de-France 지방을 비교 분석하고자 한다. 확산된 도시citta diffusa는 이태리 베네토를 대표한다. 도시는 어느 곳을 가도, 심지어 농토 한 복판에 가도 끝없이 이어지는 도시. 이러한 확산의 방식과는 정반대의 대척점에 있는 도시가 바로 파리이다. 파리는 오스만Hausmann 이후 계속되는 도시의 팽창에 있어 주변부의 도시패치urban patch들의 군도archipelago의 양상으로 팽창된 도시이다. 이 두 도시의 확산의 양태 비교는 우리에게 많은 시사점을 제공해 준다.

다섯 번째 단락은 시각을 서울-인천 메트로폴리스로 돌려 세계화globalization에 근거한 세계자본global capital이 가는 길과 그것의 지역화를 다룬다. 이는 필자의 졸업논문으로서 광역의 어버니즘의 방법적 토대를 가지고 필자의 글로벌리제이션에 대한 사회적 시각을 지리적으로 mapping하고, 그것에서 실천의 단초를 찾는 것이다. 국제자본이 지방영역에 토착화되면서 나타나는 기존 도시와의 소외를 어떻게 극복하는가. 그리고, 기존도시와 세계자본의 도시가 어떻게 상호작용할 수 있는가에 초점이 맞추어져 있다. 또한 스케일적으로는 테리토리적, 메트로폴리탄 스케일에서 1km의 TOD 스케일의 반경까지 줌인, 줌아웃하는 도시계획의 스케일의 확장과 축소사례를 실제로 보여주고자 했다.

여섯 번째 단락은 어버니스트로서 도시를 바라봄을 이야기한다. 도시감상법이라 명명한 필자의 도시의 방문방법을 소개하고, 도시성에 기반하는 다양한 인간상을 그리고자 하였다. 마지막으로 평등을 찾아가는 도시계획으로서의 꼭 명심해야 할 3가지 교훈을 언급하였다.

유로피안 어버니즘의 경험 – 평등을 찾아가는 도시계획 이야기

Experience of European Urbanism

어버니즘이란...

Urbanism is...

Urbanism is...

1. 어버니즘의 정의

어버니즘은 곧 도시를 보는 견해, 도시를 해석하는 틀, 그리고 도시를 창조하는 방법을 연구하는 학문이다. 도시는 인간이 정주생활을 시작하면서 만들어진 공간실체이다. 인간이 서로 모이면서 사회를 형성하고, 그에 따른 경제적, 정치적 도구를 만들어간다. 그러한 인간 사회활동의 물리적 구현체가 바로 도시이며, 이러한 실체적 구현체와 동시에 그 내면에 침전되어진 사회적, 문화적 가치를 연구하는 분야가 또한 어버니즘인 것이다. 그래서 필자는 어버니즘의 학문적 영역은 건축, 조경, 토목의 영역으로서의 실제적 물리적 창조의 영역과 지리학을 다리 삼아 정치, 경제, 사회, 역사, 문화를 다루는 이론적 가치창조의 영역의 중간에 위치하고 있다고 말하고자 한다.

건축과 어버니즘은 어떻게 다른가? 그것은 어버니즘은 경제적, 정치적 가치로 대표되는 사회적 가치를 건축보다 보다 직접적으로 논하고 있다는 점에서 차이가 있다. 물론 개개의 건축물 또한 사회적, 문화적 가치를 담고 있으며, 그리고 그러한 가치에 근거해 평가되고, 창조되고, 연구되어진다. 그리고 이렇기 때문에 20C 초기까지 도시를 연구하는 것은 바로 건축을 연구하는 것이 되며, 따라서 건축과 어버니즘의 학문적 구분을 행하지 않았었다. 그러나, 사회가 점차 다양한 가치를 함의하게 되었고, 또한 인문지리학을 위시한 도시를 다루는 많은 분야들이 앞 다투어 도시의 공간양상과 발전방향에 대해 논하기 시작하였다. 이렇게 현대의 어버니즘의 중요한 흐름인 경제, 정치적 가치의 논의는 이러한 인문지리학 분야의 역할이 지대했음을 말해 준다.

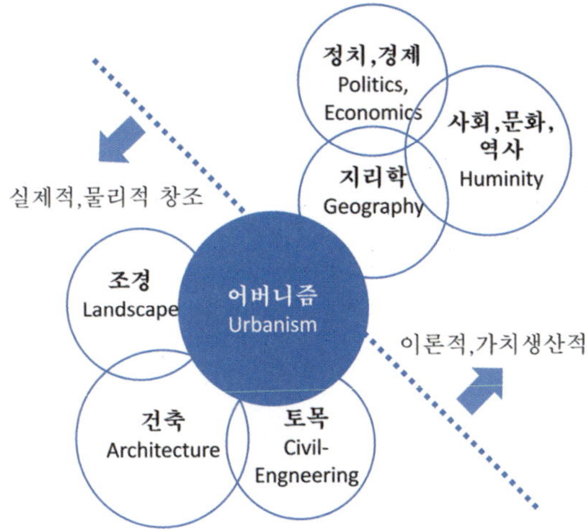

어버니즘의 학문적 위상

그럼 학문적 의미에서의 어버니즘을 구분하면 어떻게 구분하고 있을까? 물론 이 질문에 대한 답은 도시를 보는 관점에 따라 달라질 수 있는데, 여기서 대학이 가지는 학제 구분은 현재 생산되고 있는 도시담론의 유형과 직결되므로 그것에 따르고자 한다. 다음은 필자가 속해 있던 델프트공대TU-delft 도시대학원의 학제 구분이다.[1)]

Ⅰ. Urban planning

도시계획의 디자인을 다루는 학제로서 물리적 구조물의 개선작업intervention [2)]을 말한다. 일반적 의미의 도시계획이라고 보면 된다.

Ⅱ. Urban composition

도시는 끊임없이 변한다. 즉, 정치경제적 힘의 변화가 도시의 변화를 추동한다. 경공업 시절의 도시와 중공업 시절의 도시, 그리고 금융업 시절의 도시는 분명히 다르며, 각각의 확산과 집중의 양상 또한 다르게 나타난다. 이러한 힘의 변화는 도시 모폴로지urban morphology 그대로 나타나며, 또한 이 양상은 세계 각기의 풍토와 자연에 따라서도 다르게 나타난다.

---

1) http://www.urbanism.tudelft.nl/참조

2) 영어의 intervention은 많은 의미로 해석되어지기도 하면서 또 정확한 한글전이가 어려운 단어이기도 하다. 필자는 '개선작업'이라는 용어를 사용하고자 한다.

Ⅲ. Landscape

이 영역은 경관을 다룬다. 물론 조경학과에서 다루는 경관이 있겠지만, 좀더 도시-건축적인 바탕에서 이를 취한다. 즉, 자본과 정치, 사회가 만들어내는 담론이 아닌 자연과 물리적 토양, 그리고 그것의 변화에 관심을 가지는 영역이다.

Ⅳ. Globalization

도시는 세계화되고 있다. 유럽연합, 도시연합 같은 연합체의 연구 뿐만 아니라, 세계도시 global city 속에 자리 잡고 있는 다국적 인구들의 정주양상과 그 변화를 읽어낸다. 또한 세계 자본의 흐름은 도시에 많은 자국을 남기는데, 세계자본의 플랫폼으로서 기능하는 에어포트 시티 airport city와 같은 경우 Rem Koolhaas가 이야기했던 '똑같은 도시 Generic city'를 상징한다. 이러한 세계가 들어와 있는 도시, 세계로 나가 있는 도시에 대한 연구이다.

Ⅴ. Urban strategy

도시는 많은 가치를 담고 있다. 이는 곧 도시를 어떻게 읽느냐의 관점으로 귀결되는데, 이 영역은 정치경제가 만들어지는 도시의 밑바탕에 사회적 가치의 맵을 투영시킨다. 이 영역은 해석하는 도시, 담론을 생산하는 도시영역이 그 타겟이라 할 수 있다. 이 학부는 주로 정치경제적으로 만들어지는 정책들이 어떻게 해석되고 표현되는가에 중점을 둔다.

Ⅵ. Sustainable development

도시환경을 이야기한다. 물, 토양, 에너지 절약, 풍력발전 등등으로 대표되는 도시환경에 관한 담론과 가치를 실험하는 분야이다.

하나 언급하고픈 것은 이렇게 구분되는 학제의 관계는 각각의 연구영역의 확보와 그 독자성을 유지하고자 하는 노력일 수 있으나, 이러한 각각의 영역이 통합되어 나타나는 도시디자인은 모든 것을 아우르는 총괄적 학문이라는 것이다.

2. 어버니즘과 지리학

어버니즘은 20세기에 들면서 영역을 확장하였다. 즉, 건축의 연장선상에서 바라보았던 시절을 지나 좀더 큰 사회적 담론을 담아내기 위해 지리학과의 연계는 필수적이었다.

지리학이라는 것 자체가 물리적 땅이라는 대지에 펼쳐진 문화와 가치를 연구하는 것이니 만큼 도시라는 인간의 가장 근원적 사회형태로 이론이 집결되는 것은 당연한 일일 것이다. 결론적으로 어버니즘이라는 학문은 지리학자들의 거시적 담론에 많은 빚을 지고 있다. 그 중에서도 몇몇 지리학의 거두들은 어버니즘의 이론적 기반을 설명하는데 기초적 토양이 되고 있다. 따라서 어버니즘을 이해하고 좀 더 바람직한 도시디자인을 위해선 언급했던 지리학자의 도시이론을 충분히 이해하고 담아내야 한다.

여기서 많은 지리학자의 이론을 일일이 다 설명할 수는 없다. 그러나 어버니스트로서, 그리고 공간을 다루는 직업을 가지는 건축가로서 꼭 알아두어야 하는, 그리고 계속해서 만나게 되는 지리학자 정도는 소개하고 넘어가고자 한다. 그들은 바로 르페브르 Lefebvre, 마뉴엘 카스텔 Manuel Castells, 제인 제이콥스 Jane jacobs, 데이빗 하비 David Harvey, 에드워드 소자 Edward Soja, 사스키아 사센 Saskia Sassen 등이다.[3)]

■ 앙리 르페브르(1901-1991)

그의 관점에서 도시공간은 근본적으로 자본주의적 생산양식에 의해 생산된 것이다. 즉, 공간은 자본주의의 산물이기에 이윤추구나 노동착취와 같은 자본주의적 논리에 의해 침윤되어 있다는 것. 그렇기에 이러한 모순적 성질을 포장하기 위한 사회적으로 정당성을 갖기 위해 나름대로 이데올로기를 필요로 했다.
자본축적의 과정에서 도시는 끊임없이 공간을 재편해 왔는데, 도시공간 그 자체가 상품으로 바뀌어 가는 것은 바로 이를 보여주는 단면이다. 잉여가치의 생산의 중심은 제조업에서 건설업과 같은 부문으로 옮겨간 것은 곧 도시공간의 통합과 재편을 극대화하는 방식이다. 그는 이렇게 자본주의적 잉여생산방식이 이렇게 산업적 방식에서 도시적 방식으로 변천해가는 현상 그 자체를 도시적 혁명 urban revolution이라고 불렀다.

조명래, 『현대사회의 도시론』, p. 131.

---

3) 이들 중 제인 제이콥스는 물론 지리학자라고 보긴 힘들다. 그렇지만, 어버니즘의 담론상에서 그녀의 위치와 영향은 지대하기에 같은 범주에 넣어 소개하고자 한다. 또한, 본 지리학자의 견해들은 조명래의 책 『현대사회의 도시론』(2002)이 큰 제공을 해 주었는데, 그는 사회이론과 도시를 설명하면서 도시론에 있어 몇가지의 카테고리를 설정했다. 이는 시카고학파로 대표되는 생태주의 도시론, 손더스로 대표되는 신베버주의 도시론, 그리고 신맑스주의 도시론이 그것이다. 이렇게 언술한 순서대로 도시론은 진행되어 왔으며, 또한 담론상의 헤게모니의 주도권이 이 방향으로 진행되었음을 밝혀 둔다.

리벤의 책, 『the capsular civilization』과 Jim carrey의 「Truman show」

르페브르는 '현대사회의 일상성'을 언급하면서 자본의 축적방식이 과거와 같이 생산의 현장이 아닌 일상의 현장에서 진행되어 왔음을 주목한다. 그리고 그러한 일상의 현장을 제공하는 터가 도시라는 것이다. 이는 알게 모르게 자본의 보이지 않는 메커니즘에 의해 점유당하는 도시민의 일상을 새롭게 드러낸 것이다.

이러한 관점은 또한 캡슐화된 도시문명 capsular civilization을 논한 베를라헤 건축대학 Berlage Institute의 건축철학자 Lieven De Cauter의 관점과도 일맥상통한다. 그는 현대사회는 전지전능한 자본주의 transcendental capitalism에 의해 조정당하는 이른바 캡슐의 세계라고 말한다. 현대의 인간은 마치 자본의 캡슐 안에서 자본이 먹여 주고, 제공해 주는 놀이의 세상에서 뿌려진 하나의 원자와도 같다는 것이다. 이는 영화 '트루먼쇼 Truman show'의 트루먼의 입장에 다름 아니다.4) 이를 건축, 도시인의 관점에서 생각해 보면, 도시라는 장소가 전지전능한 자본의 첨병역할이고, 앞으로 어떻게 이러한 도시환경에 적응해야 할 것인가 생각해 볼 대목이 아닐 수 없다.

앙리 르페브르에 관한 추천 도서

i) 『현대세계의 일상성』, 2005, 기파랑

ii) 『urban revolution』, 2003, blackwell publishers

iii) 『the production of space』, 1996, blackwell publishers

4) 필자 또한 이 방면으로 논문을 하나 가지고 있다. 「현대도시 건축과 행동의 상품화에 관한 연구」, 2006, 서울시립대학교 도시과학대학원 석사논문

■ 마뉴엘 카스텔(1942-현재)

카스텔에게 있어서 현대 자본주의 체제 하의 도시는 노동력 재생산을 위한 상품의 소비가 집합적으로 전개되는 사회적 단위로서 규정된다. 즉, 도시에 노동력이 집중되면서 이들을 중심으로 소비가 사회적으로 조직되는 것이다. 도시를 통한 집합적 소비는 대량생산된 상품이 사회적 소비를 통해 상품가치의 실현 및 이윤율을 보전하면서 자본의 재생산 전반을 도모할 뿐 아니라 중요하게는 노동력의 재생산을 통해 노동자 계급의 재생산을 도모하여 자본주의 하의 기본적 사회관계를 지속시키는 기능을 수행한다. 국가는 집합적 소비재의 생산과 분배의 전 과정에 개입하는데 이것은 노동력을 보장하고, 하층집단에 의한 계급투쟁을 무마하면서 지배의 정당성을 확보하며, 축적의 수요부문을 관리하고, 자본이 감당해야 할 사회적 비용부담이 덜어져 높은 이윤율을 유지하는 다양한 기능을 한다.

ibid., 조명래, 『현대사회의 도시론』, p. 142.

이러한 노동력의 재생산의 장으로서의 도시는 또한 개체형성의 장으로서의 도시 또한 논했는데, 바로 그것은 '네트워크와 자아net and self'의 이분법으로 정의된다. 즉, 사회구조의 네트워크상으로 얽혀져 위계적으로 붙잡혀 정의되는 자아와 또한 급속한 사회의 변혁에 발맞추어 끊임없이 재정의해야 하는 자아와의 갈등의 장이 그것이다.

건축, 도시인의 관점에서 눈여겨 보아야 할 점

이러한 네트와 '자아'라는 이분법은 우리에게 시사하는 바가 크다. 아마도 이러한 관점은 그의 노동력의 재생산의 관점에서 어쩌면 길러진 우리 인간의 자화상일지도 모른다. 도시의 모습 또한 이와 다르지 않다. 자본이 생산되는 오피스의 불빛과 다시 일상의 삶을 제공해주는 아파트의 풍경과 그의 주변은 사뭇 다르다. 오피스의 불빛이 사회에 묶여진 〈네트Net의 자아〉가 형성되는 장이라면, 아파트의 자아는 〈본연의 '자아'〉일 것이다. 자 그러면 오피스의 〈네트자아〉와 〈본연의 자아〉는 완전히 분리되어야 하는가? 이렇게 분리되어 정신분열의 도시가 되어야 바람직한가? 자본이 만들어내는 도시는 우리에게 어쩌면 정신분열의 상태를 강요하고 있는지도 모른다. 이러한 관점에서 필자가 관찰했던 양재동의 관점은 사뭇 다르다.

...이 둘(오피스와 주거)이 서로 묶여 있다. 아니 혼합되어 나타난다. 그만그만한 건물에는 주거도 있고, 사무실도 있다. 2차선으로 이루어진 도로변에는 그러한 시설을 위한 식당가와 근린생활시설이라는 생활의 프로그램들이 배치되어 있다. 그렇기에 같은 장소와 같은 거리에서 오전에는 직장인들이 가방을 메고 이리저리 뛰어 다니다가도, 남편을 직장에 보낸 젊은 아내들이 삼삼오오 나와서 아침운동을 한다. 점심이면, 직장인들이 배를 채우려 분주하게 움직이고, 다시 아줌마들과 애들은 근처 거리에서 줄넘기를 하고, 산책을 한다. 저녁이면, 직장인들이 퇴근 후 한 잔을 위해 웅성거리고 있을 때, 이곳의 사람들은 공원을 경보하며, 그들을 따라다니면서 이리저리 네 발을 움직이고 있는 개들이 낯선 이들에게 짖는 공간이 된다.
이러한 풍경. 혼합의 분위기가 바로 양재동의 전형이다. 이질적 heterogeneous이다. 모던 modern의 조닝 zonning이 이론적인 기능별 혼합을 애초부터 배제하여 만들어내는 방법론이라면, 실제의 삶의 터전의 형성에서는 그렇기 않다는 것을 양재동이 말해 주고 있는 것이다. 그리고 그렇게 일상의 장소들이 혼합될 때 우리의 일상은 더 더욱 풍요로워 질 수 있다고 필자는 믿는다.

임동원, 『행복한 소비-자본과 건축공간』, p. 189.

마뉴엘 카스텔에 관한 추천 도서

i) 『the Network society』, 2005, Edward Elgar publishers

ii) 『Technopoles of the world』, 1994, Lightning source Inc

iii) 『The power of Identity』, 2003, Blackwell publishers

■ 제인 제이콥스(1916-2006)

제인 제이콥스처럼 많이 언급되는 사람이 있을까. 어느 책을 보아도, 어느 문헌을 보아도 그녀의 이름은 항상 발견된다. 왜냐 하면 그녀의 언술들은 전혀 학문적인 문체가 아니었지만[5], 도시의 문제, 도시의 현실을 논함에 있어 더 없이 강한 언술이었기 때문일 것이다. 그녀는 맑스주의자도 아니고, 또한 엄밀한 의미에서의 경제학자, 도시학자도 아니었다. 그녀는 그저 writer였고, 활동가였다. 필자가 보는 그녀의 관점은 두 가지 책에서 두 가지로 나타난다.

5) 그녀의 책을 보면 각주는 거의 없다.

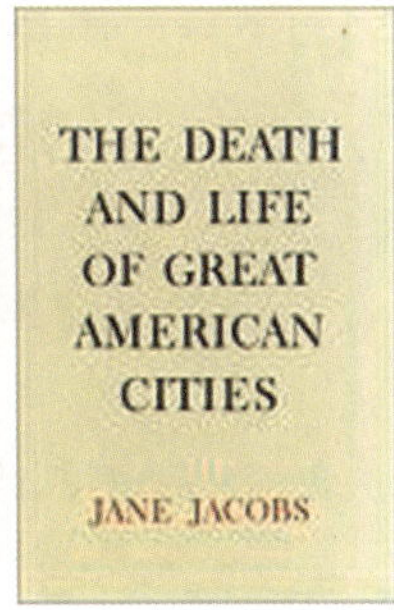

제인 제이콥스와 그의 저서 『미국도시의 삶과 죽음』

하나는 『위대한 미국 도시의 죽음과 삶 the death and life of great american cities』이다. 그녀는 이 책에서 도시의 다양성은 도시를 유지시키는 가장 중요한 원동력이라고 이야기한다. 그리고 모던이 만들어 놓은 죠닝에 의한 공간단절과 이를 통한 소위 '인클레이브 enclave'의 형성은 도시의 다양성을 해치는 주범이고, 이는 또한 안전과 경제적 측면에서도 도움이 안된다고 설파하고 있다.

또 하나는 『도시의 경제 the economy of cities』이다. 이 책에서 그녀는 경제의 원동력은 도시의 발달로 인한 '수입 대체 import replacement'라고 이야기한다. 즉, 1880년대 도쿄의 자전거 수입상은 1890년의 자전거 생산회사가 되어 있다는 이야기이다. 즉, 교류로 인한 신기술, 신문물의 수입은 바로 그것을 직접 생산해 보려는 욕구로 이어지고, 그러면서 공장이 필요해지고, 노동자를 위한 주거가 필요해지며, 그렇게 도시가 확장되었다는 관점이다.

건축, 도시인의 관점에서 눈여겨 보아야 할 점

'수입 대체'로 인한 경제적 도시의 관점은 매우 흥미로운 사고의 틀을 제공해 준다. 즉, 어떻게 도시가 성장해 왔는가에 대한 도시의 역사를 관찰하는 측면에서 그렇다. 즉, 맨체스터는 어떻게 방직공업이 발달했으며, 왜 로테르담의 항구는 확장할 수 밖에 없었을까 하는 측면에서의 대답. 이 관점은 지극히 도시산업의 성장과 그것에 발 맞추어 하부구조가 형성되었는가 하는 통시적 시각을 경험하게 해 준다.

도시의 다양성의 추구는 그야말로 건축, 도시인들에게는 하나의 교리와도 같은 항목일 것이다. '어떻게 다양한 도시를 추구하면서 자본의 효율을 극대화할 것인가'.

이 말은 곧바로 어떻게 자본주의의 이익을 극대화로 추구하면서, 즉 효율적인 도시를 추구하면서 평등한 도시를 만들 것인가라는 말과도 같다. 도시는 다양성이 살아 숨쉬어야 건강할 수 있다. 가뜩이나 재개발이라는 명목으로 있는 것도 들어 엎어버리는 한국에서 가장 필요한 덕목이 바로 그것이 아닐까.

제인 제이콥스에 관한 추천도서

i) 『The Death and life of great american cities』, 1992, Vintage books

ii) 『The Economy of cities』, 1970, Vintage books

iii) 『Cities and the wealth of Nations』, 1985, Random house Inc

■ 데이빗 하비(1935-현재)

하비를 빼놓고 어버니즘을 논한다는 것은 상상하기 힘들다. 실로 그가 남겨 놓은 족적을 살펴 보는 것만으로도 충분한 지적 여행이 될만하다. 그의 사상적 관심의 변화 또한 흥미로운데, 초기에는 주로 시공간의 압축을 모토로 하는 포스트모던의 담론에서 도시를 바라보았다. 이후 그는 점차로 맑스의 관점을 도시연구에 본격적으로 투입하는데 자본주의는 본질적으로 불평등을 먹고 사는 체제라는 것이 그의 핵심이다.

먼저 시공간의 압축을 설명하면, 근대 과학기술의 발달은 인간이 몸으로 체득하는 시공간의 경험을 넘어선 압축된 시공간을 경험하게 해준다는 말이다. 이는 곧 도시

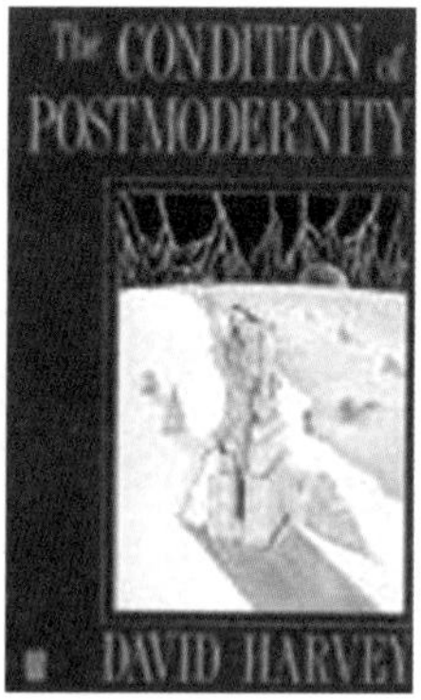

데이빗 하비와 그의 저서 『포스트모더니티의 조건』

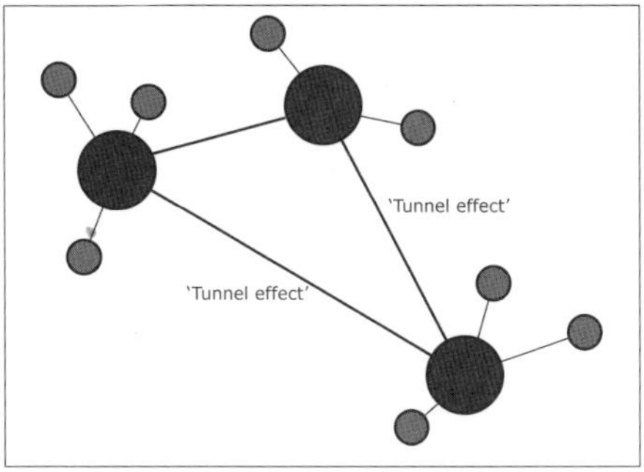

무가치한 통과공간을 지나가는 터널 이펙트

의 경험변화에 직결되는데, 속도에 의한 시간 압축은 연결되는 지역들의 소위 '가치있는' 공간 이외의 통과공간들은 인식상에서 지워지는 터널 이펙트tunnele effect를 야기하게 된다. 문제는 이렇게 터널 이펙트에 의해 '지워지는' 공간은 대부분 초기 근대화 시절의 구식 공간이며, 지방조직이 살아있으나 자본이 떠나간 공간들이다. 이렇게 애초부터 시공간의 압축은 지리적, 공간적 불평등을 안고 있는 것이다.

그리고 그의 관심은 다시 '건조환경론'으로 넘어가는데, 그것을 요약하면 다음과 같다.

> 하비의 도시론에서 핵심인 '건조환경' 이란 개념의 출발점은 고정자본이다. 즉, 1차적 자본순환과정인 자본-생산-소비의 과정은 항상 잉여가치를 생산한다. 그런데 이러한 잉여가치의 새로운 순환고리를 찾지 못하고, 1차 과정에 있으면, 가치의 과잉공급 상태를 만들어 자본가치를 결과적으로 저하시키게 된다. 그러면 잉여가치는 고정자본이라는 2차적 가치 순환체계를 타고 흐르게 된다. 이는 산업화시대에서는 기계의 구입과 같은 고정자본이며, 이후 건조환경의 건설이라는 전방위적 도시건설로 이어지게 된다. 이는 지대를 보장하며, 1차 순환과정에서의 잉여가치를 잠겨두는 역할을 하게 된다. 이는 곧 자본순환의 물리적 하부구조를 창출하며, 곧 생산과 소비를 위한 '건조환경' 으로 형성되어 나타난다.
>
> 조명래, 『현대사회의 도시론』, p. 148.

곧, 우리의 현대도시에서 벌어지고 있는 수많은 건설사업들은 물론 건설회사라는 개인의 이익추구에 의해 움직이고 있는 것이라고 할 수 있지만, 이렇게 그의 관점에서 보면 '자본의 총량'의 개념에서 1차적 자본순환의 잉여물들이 투자처로서 전이된 것이라 바라보고 있다. 이는 다분히 맑스의 개념[6]이다. 물론, 요즈음의 현실은 굳이 1차적 잉여물만이 전이된 것이 아닌 미래의 잉여가치를 이전하려는 양상으로 전개되기도 한다.(빚을 내서 집을 산다는 것과 같은)

더우기 이러한 건조환경론을 넘어 '지리적 발전의 불평등이론 theory of uneven geographical development'을 주장한다. 그는 태초부터 자본주의는 이러한 건조환경론을 구축함에 있어 자본이 빠져 나간 소위 '소외된' 공간을 타겟으로 한다. 이는 새로운 투자가 대부분 저평가되어 있는 곳에서 일어나며, 이는 곧 새로운 정착비용이 없는 원주민들은 떠나보내야 하는 구조에 다름 아니다. 이렇게 자본은 다시 전혀 새로운 곳에 자리를 잡고, 건조환경을 구축하게 된다. 그러므로 자본주의 체제 내의 시공간 안에서는 태초부터 지리적 발전은 불평등하게 된다. 그의 결론은 자본주의는 불평등한 건조환경으로 '먹고 산다'고 언술한다.

건축, 도시인의 관점에서 눈여겨 보아야 할 점

하비의 글을 만나게 되면 누구나 그의 화려한 필력에 반하고, 이내 빠져들고 만다. 그것은 초기의 포스트모던 공간론 시절에 닦여진 탄탄한 논리적 바탕 위의 그의 건조환경론, 불평등이론 등이 세워졌기 때문이리라.[7]

그의 이론은 건축, 도시인에게는 매우 방대한 사상적 기초를 제공해 준다. 자본이 만들어내는 시공간의 압축현상에서 어떻게 우리는 대응해야 할 것인가. 근원적 불평등이라는 태생적 모순을 안고 있는 자본의 시공간 안에서 우리는 무엇을 할 수 있을 것인가. 어쩌면 그의 이론의 결실은 독자인 건축, 도시인에게 아니 지리학, 인문학자들에게도 앞으로의 행동의 방향을 생각해 보라고 하는 것일지도 모른다.

도시이론을 처음 접하는 독자들이나 학생들은 아마도 맑스주의적 입장이 농후한 하비의 이론-특히 후기-은 자칫 당황스럽기도 할 것이다. 그러나 필자의 견해는 그의 초기이론을 먼저 본 후 후기이론까지 보아야 한다고 생각되어진다. 그래야 그의 미려

6) 맑스를 읽을 때는 맑스를 구조주의적 관점에서 읽을 것인가, 아니면 실천적 공산주의의 이데올로기로 읽을 것인가는 많은 차이가 있다. 필자는 전자의 관점을 추구한다.

7) 이 점에서 하비는 양날의 칼이다. 그의 미려한 문체의 초기작과 골수 맑스주의적 입장을 취하는 후기작을 빗대어 하는 말이다. 어느날인가 필자의 은사 Bernardo secchi교수(IUAV)는 그의 글에 대한 대화 중에 "Be careful"을 연발하였다.

한 사상들을 자기 것으로 만들고, 그것들을 앞으로의 건축, 도시계획가로 활동할 때 두고 두고 활용할 수 있는 것이다.

데이빗 하비에 관한 추천도서

i) 『The condition of postmodernity』, 1989, Blackwell publishers

ii) 『희망의 공간: 세계화, 신체, 유토피아』, 2009, 최병두 옮김, 한울

iii) 『Space of Global capitalism: a theory of uneven geographical development』, 2008, WW Norton & co Inc

■ 에드워드 소자(1941-현재)

소자는 그가 몸담고 있는 LA 지방을 중심으로 고유한 도시론을 펼쳐 왔다. 그는 소위 포스트모던 공간론이 한창 담론을 지배하고 있을 때 미래도시의 모습과 미래도시의 예측가능한 현상을 그려내었다. 그에게 있어 현대도시 LA는 미래의 모든 도시가 가야 하는, 아니 갈 것이 확실한 포스트메트로폴리스postmetropolice의 원형이다.

그는 '시네키즘synekism'이라는 용어를 사용, 도시팽창의 원동력을 설명한다. 즉, 도시는 사람이 모여서 만들어지는데, 그 이유는 집적의 시너지cynergy를 통해 다양한 경제적 활동을 일으키고, 이후 경제적 성장, 나아가 도시적 성장에 도달한다는 것이다. 이러한 시네키즘은 고대도시 Ur와 Jerico에서부터 이미 시작한 삶에 대한 집적의 방법이었다고 밝히고 있다. 이는 도시의 경제이론을 설명하는데 있어 Jane Jacobs의 '수입대체론import replacement'과 비교할 수 있는 논리이다.

에드워드 소자와 그의 저서 『Postmetropolis』

그의 대표적인 저서, 『포스트메트로폴리스 postmetropolis』는 6개의 그물망을 가지고 현대도시 LA를 논한다. 이는 마치 현대도시 LA를 언술한 일종의 백화점식 기술이지만, 각각의 시각이 모여지면, LA 뿐만이 아닌 세계의 모든 메트로폴리스의 미래를 LA를 통해 그려보려 했음을 알수 있다. 그 6개는 다음과 같다.

①. 포스트포디스트 Postfordist 산업의 도시: 도시정치경제의 재구성
②. 코스모폴리스 Cosmopolis: 글로벌리제이션 Globalization의 풍경
③. 엑소폴리스 Exopolis: 팽창되는 도시형상의 재구성
④. 프랙탈시티 Fractal city: 무연계적 사회적 모자이크의 재구성
⑤. 감옥같은 군도 carceral archipelago: 도시에 있어서의 정치적 감시
⑥. 심시티 simcities: 새로운 도시의 재현방법

① 포스트포디스트 post-Fordist 산업의 도시

이른바 공장굴뚝의 시대를 지나고 탈산업화시대가 도래하면서 많은 산업적 재편이 이루어졌다. 이는 주로 3가지의 섹터에서 이루어졌는데 전자, 항공, 약제 등으로 대표되는 신기술산업, 디자인이 중심가치가 되는 장인산업, 그리고 소위 금융산업, 이른바 FIRE Finace, Insurance and Real Estate 산업이 그것이다.

이것은 포디즘 Fordism 시대의 대량생산의 시대를 지나 유연한 자본축적의 시대인 포스트포디즘 post-Fordism의 시대로 넘어간 것인데, 이는 소비자 중심 생산, 비용절감이라는 긍정적 측면과 함께, 아웃소싱 outsourcing 등의 위기의 전가, 인수합병의 고용절감 등의 부정적 측면을 함께 의미한다. 특히 다운사이징 downsizing으로 대표되는 고용축소는 매우 심각한데 이는 또 다른 사회적 불평등을 야기한다. 이는 다시 산업과 지역, 기술의 세 단위의 지역적 재결합 regional agglomeration을 통해 극복될 수 있는데, 바로 융통성 reflexibility을 핵심가치로 한다. 여기서 말하는 융통성은 생산의 융통성, 소비의 융통성, 관리의 융통성을 말한다. 또 하나의 가치는 근접성 proximity이다. 이태리의 경우 고도의 기술이 아닌 장인기술을 상품화시켜 그들의 부를 축적하고 있는데, 이들의 산업양식을 살펴보면 전통적으로 지역과 연합한 클러스터를 이루고 있다.[8] 이렇

8) 상기 이태리의 경우는 4번째 단락에서 자세히 언급하였다.

게 포스트포디스트 산업의 도시는 지역적 재편성을 통해서 새로운 고용을 창출하고, 새로운 생산을 가능케 해야 한다.

② 코스모폴리스 Cosmopolis: 글로벌리제이션 Globalization의 풍경

앞서 하비가 이야기 했던 시공간의 압축은 바로 글로벌리제이션을 가져왔다. 이는 글로벌한 자본의 이동 뿐만이 아니라 글로벌한 사람의 이동을 포함한다. 일요일이면 외국인 노동자가 밀집해 있는 대학로의 풍경은 바로 글로벌리제이션의 한 단면이다. 주로 이는 두 종류의 노동력을 포함하는데, 하나는 상위 계층으로서의 인텔리 계층이다. 그들은 주로 화이트 칼라로서 첨단 과학, 첨단 금융시스템을 제3세계로 전파하는 파수꾼들이고, 또 하나의 계층은 이른바 싼 노동력을 팔기 위해 국경을 넘은 제3세계의 노동자들이다. 이들은 사회적으로 완전한 양극화를 이룬다. 유럽의 국제기구가 많이 위치한 헤이그 Hague의 예를 들면 살기 좋은 모래언덕 쪽으로는 인텔리 계층의 밀집이 이루어지지만, 도심재개발구역의 덴하그 HS역 지역은 주로 유색인종과 창녀, 그리고 이국인 노동자들이 밀집한 구역으로 이루어져 있다. 이는 분명히 어떤 지형적 topological인 영향이 그대로 사회적 계층분화로 이어진 것을 볼 수 있는 것이다.

글로벌 자본은 이렇게 위에서 아래로 시장을 재편하고, 생산시스템을 구조조정하지만, 또 아래에서 위로 마켓의 침투를 돕는 행위를 유발하기도 한다. 그리고 이러한 글로벌 자본이 토착화되는 과정에는 몇 번의 스케일 다운이 필요한데, 글로벌 Global-글로컬 Glocal-재영토화-지역토착화의 단계를 밟는다. 글로벌리제이션의 문제는 다시 사스키아 사센 Saskia sassen을 언급할 때 나오므로 이쯤으로 하겠다.

③ 엑소폴리스 Exopolis: 도시형상의 재구성

엑소폴리스는 도시확장을 다루는 말이다. 어쩌면 도시확장 대부분의 프론티어 frontier들은 도시 주변부 Edge에 있을 것이다. 도시 주변부는 그래서 매력적이다. 엑소폴리스는 새롭게 만들어지는 도시다 보니 시간이 쌓이지 않고, 단지 현재만이 있을 뿐이다. 우리나라의 분당과 일산같은 신도시들은 10년이 지나서야 비로소 장소의 의미가 생길 것이다. 이곳 대부분의 사람들은 중산층이며, 도시 노동자들이다. 이들은 또한 먼 출퇴근길을 감수하고 있으며, 자본과 정치가가 만들어 놓은 길에 적응하면서 살아가고 있다. 이렇게 불평등과 무無역사를 배경으로하는 엑소폴리스에서는 그것에 대한 반작용이 나오

기도 한다. 그것은 바로 뉴어버니즘New-urbanism이라고 하는 일종의 장소성 찾기의 측면이 강조된 어버니즘이다. 이 때 엑소폴리스는 뉴어버니즘의 실험장이 된다.

④ 프랙탈 시티 Fractal city: 사회적 모자이크의 재구성

사회는 다양한 사회계층을 가지고 있다. 여피 Yuppie, 딩크 Dink족 등으로 대표되는 대부분의 전문직 종사사들은 비교적 여유있는 환경과 경제력으로 상류층의 인클레이브 Enclave를 만들고 있다면, '땀의 경제 sweatshop economy'로 대표되는 도시 노동자들은 또 그들만의 하류층의 인클레이브를 만들어 살고 있다. 이렇게 다양한 도시의 패치 patch들을 재구성하는데 있어 좌익의 경우는 혁명, 우익의 경우는 시장의 원리를 주장한다. 이러한 패치들을 어떻게 바라볼 것인가. 그것을 한 공간 안에 묶어 준다고 문제가 해결하는 것일까. 우리나라의 임대아파트의 입장을 생각해 보라. 같이 공간적으로 묶어 준다고 해서 사회공간의 계층적 분리의 간극을 채울 수 있는가.

⑤ 감옥같은 군도 carceral archipelago

도시의 자유가 늘어날수록 도시가 가진 가버넌스 governace가 가지는 감시의 정도는 강해질 수 밖에 없다. 이는 판옵티콘 pan opticon으로 대표되는 근대의 숨은 감시체제가 이젠 CCTV와 같은 전시적 감시체제로 바뀌고 있다. 이는 자본의 착취양상이 보여지는 형태에서 안보여지게 은밀해지는 것과는 반대의 양상이다.[9] 이렇게 도시는 전방위적 감시기제를 통해 사생활을 은근히 감시하고 있으며, 이는 곧바로 인간의 행위에 영향을 미친다. 그 대표적인 장소들은 대부분 자본이나 정치의 힘들이 모이는 곳들이며, 이들은 도시조직의 부조화의 근원이기도 하다.

⑥ 심 시티 SIM cities: 새로운 도시의 재현방법

도시의 새로운 재현이 가장 활발하게 일어나고 있는 분야가 바로 상업건축들이다. 이는 현대사회로 대표되는 온갖 기호가 난무하는 클리쉐이 Cliche의 천국이고, 보들레르 Baudelaire가 이미 경험했던 '환등상 phantasmagoria'[10]의 현대적 재현이다. 백화점을

---

9) 필자의 '이케아 어버니즘(IKEA urbanism)' 은 그 양상을 고찰한 것이다. p. 216.

10) 환등상, 奐燈狀, phantasmagoria, 맑스에 의해 주창된 말로 소비자의 눈을 현혹시키는 마술과 같은 상품의 외양을 지칭한다.

지나 몰, 테마파크 등은 이미 우리에게 자본을 통한 새로운 도시의 양상을 미리 전시해주고 있는 것이다.

상업건축들이 이렇게 공간 내적으로 기호의 강도를 증폭시켰다면, 이것의 극한은 사이버 스페이스cyber space이다. 사이버 스페이스는 말 그대로 신체에 대한 실제 세계의 점유가 분리되는 현상인데, 이는 분명히 그 작동의 결과에 있어 점점 더 끔찍한 양상으로 바뀔 수 있다. 즉, 자신의 행동에 대해 자신의 신체가 어떻게 반응하는지 알지 못한다는 것이다. 즉, 이쪽에서 누르는 마우스 클릭 하나는 저쪽의 100만명을 살상할 수 있는 세계. 광케이블을 따라 흐르는 자본의 흐름이 저쪽 세계에서는 눈물나는 젠트리피케이션gentrification 11)으로 이어지고 있는 이야기이다.

건축, 도시인의 관점에서 눈여겨 보아야 할 점

아마도 현대도시 대부분의 메트로폴리스들은 이러한 6개의 해석의 그물망에서 모두 잡힐 것이다. 어쩌면 이 모든 6개의 구성을 합쳐 놓으면 두 가지의 그림을 전체적으로 잡을 수 있는데 하나는 다양성이 공존하는, 계속해서 변해가는 긍정의 도시와 끔찍한 자본의 착취와 감시기제가 작동하는 부정의 도시가 그것이다. 물론 그 둘 중 어떤 시각을 택할 것인가는 독자의 몫이다.

또한 그의 이론은 이러한 6개의 그물망들의 폐해와 장점들을 활용하는 돌파기제로서 새로운 지역적 시네키즘synekism이 작동하는 환경을 역설한다. 이를 어떻게 만들어 놓을 지는 건축, 도시인의 몫이다. 반월공단이 앞으로 어떻게 바뀔 것인가. 구로공단의 산업화 초기시대의 전기, 전자산업을 이끌었다면, 이후의 양상은 어떻게 바뀔 것인가. 아파트형 공장은 어떤가. 그것은 산업화적 클러스터를 형성하고 있는가 아니면 그저 임대형 사무실처럼 끝나고 있는가. 그의 이론들은 이런 연구들의 좋은 이론적 발판이 될 수 있을 것이다.

에드워드 소자에 관한 추천도서

i)『Third space』, 1996, Blackwell publishers

ii)『Postmetropolis』, 2000, Blackwell publishers

---

11) 자본에 의해 기획된 지역개발로 인해 원주민이 살던 터에서 쫓겨나야 한다는 이야기

사스키아 사센과 그의 저서 『글로벌 시티』

■ 사스키아 사센(1949-현재)

'글로벌 시티 Global city'. 그녀는 20년 전 이 단어를 발표하고 세계적 학자가 되었다. 글로벌 시티 개념은 사실 Friedmann의 글로벌 도시의 위계에서 나오는 말이다. 그리고 사실 그의 이론에 상당히 빚진 것도 사실이다. 그의 이론을 먼저 보면, 세계의 자본의 흐름, 정치의 움직임 등을 비교분석해 본 결과, 세계는 중심과 주변으로 나뉘고 또 이를 첫 번째 허브 HUB와 두 번째 허브로 구분할 수 있다고 주장하였다.[12) 1986년, 즉 30년 전에 작성된 이 세계도시의 위계는 말 그대로 지대한 담론 형성에 기여하였는데, 그 중의 하나가 바로 사스키아 사센의 글로벌 시티이다.

글로벌 시티는 런던, 뉴욕, 도쿄를 지칭하며, 이 3개의 도시를 기점으로 세계의 자본이 움직인다. 이 3개의 도시는 각각의 세계자본의 중심거점으로서 기능하며, 이는 곧 자본명령의 중심지로 해석될 수 있다. 그리고 여기서 글로벌 자본은 세계로 이동하는데 각각의 도시에 정착될 때 막대한 기존 도시를 파괴하면서 들어간다. 그 이유는 이러한 금융센터가 들어감은 바로 그 상부구조는 물론 도시인프라 INFRA와 같은 하부구조까지 최상급이어야 하기 때문이며, 이러한 상부구조로서의 물리적 환경과 사회전반적 어메니티 amenity의 추구는 이러한 자본의 요구에 맞추어 주기 위함이다. 즉, 아무리 네트워크사회가 발달하더라도, 최상급에서 일어나는 얼굴을 마주보는 face to face 대화는 자본의 이동결정에 결정적이며, 갈수록 이러한 만남의 장소의 역할이 각광을

12) 그 기준은 국제적 경제교류지수, 글로벌 업체의 헤드쿼터의 수, 그리고 글로벌 교통망의 허브 여부, 국제기구의 수, 서비스산업지수, 주요 생산거점 여부이다.

CORE NATIONS		PERIPHERY NATIONS	
1st	2nd	1st	2nd
London Paris Rotterdam Frankfurt Zurich	Brussels Milano Vienna Madrid		
New York Chicago Los Angeles	Toronto Miami Huston San Francisco	San Palo	Johannesburg Buenos Aires Rio de Janeiro Caracas Mexico city
Tokyo	Sydney	Singapore	Hong Kong Taipei Manila Bangkok Seoul

Friedmann의 글로벌 시티의 위계

받을 수밖에 없다는 것이다. 이는 이렇게 무역센터가 지어지면 그 옆에 컨벤션센터가 바로 지어지고 국제회의장이 붙는 아주 당연한 공식을 만들어주게 된다.

이렇게 전개되는 글로벌 자본의 정착장은 또한 새로운 하부구조를 만드는데, 이들에게 수직적으로 계약을 맺고 성장하는 소위 토착화된 회사들이 그것이다. 대부분의 글로벌 자본은 해외지사들을 가지고 있다. 이는 의사결정권은 본사의 헤드쿼터에서 갖고 있지만, 대부분의 생산활동은 이렇게 브랜치branch화된 분사조직에서 이루어지게 된다. 이들은 새로운 영역의 신중산층이 되며, 이들에 의해 소비문화가 만들어진다.

그 밑에는 다시 아웃소싱의 회사들이 붙는다. 이는 다시 한 번 재토착화의 구조에 다름 아닌데, 이렇게 내려갈수록 사회구조상, 그리고 부가가치상 생산활동의 효과가 작은 산업이 된다. 예를 들어 현대자동차의 본사는 한국 양재동이지만, 그 부품산업의 일부는 인도의 알지 못하는 지역, 그리고 그 곳에서 일하는 노동자의 몫이라는 것이다. 그 노동자의 삶의 질은 결코 언술했던 글로벌 자본의 최상위층과는 구분되는 삶인 것이다.

건축, 도시인의 관점에서 눈여겨 보아야 할 점

사센의 글로벌 시티는 글로벌 자본이 어떻게 지역사회에 정착하게 되는가, 그리고 그 여파는 어떻게 드러나는가를 보여준다. 이는 바로 물리적, 환경적 토대를 구현해 주는 건축, 도시인들에게 이러한 자본의 욕구가 무엇인지, 그리고 그 전략은 무엇인지를 알게 해 주는 좋은 자료가 된다. 그녀의 글로벌 자본의 토착화 과정과 국제허브로서의 역할을 하기 위한 각국의 인프라 구축의 전쟁-예를 들면 국제공항의 건설-은 앞으로도 꼭 관심있게 짚고 넘어가야 할 항목이다.

사스키아 사센에 관한 추천도서

i) 『Global Network』, Linked cities, 2002, Routledge

ii) 『the Global city』, 2001, Princeton university press

iii) 『Globalization and its discontents』, 1998, Perseus distribution serivices

유로피안 어버니즘의 경험 – 평등을 찾아가는 도시계획 이야기

Experience of European Urbanism

혼성의 경관

Hybrid landscape

Hybrid landscape

처음 받아 본 대지사진이었다.
아니 이 스케일은 대체 얼마나 큰 걸까?

네덜란드 간척지, 데 론데 비넨(De Ronde Venen), 구글어스

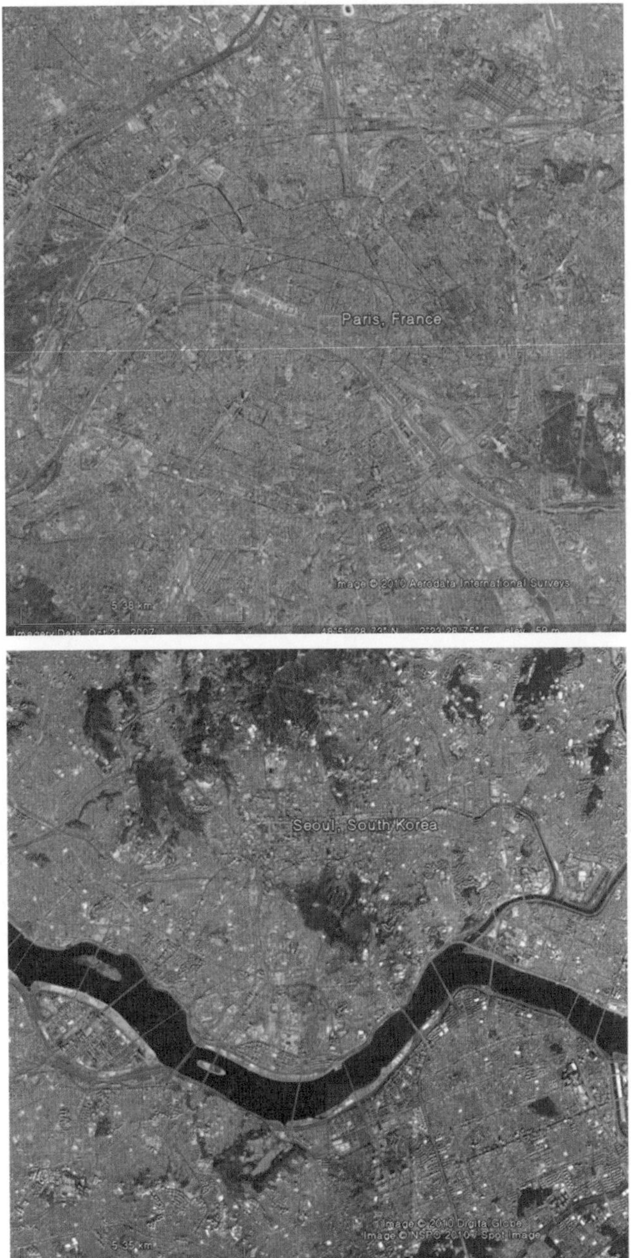

같은 크기의 박스 안에 넣어 본 파리와 서울

간척지 풍경들

1. 혼성의 경관

우리 눈 앞에 놓여 있는 경관은 그것이 다가 아니다. 이는 수직적으로 분해해서 살펴 보아야 비로소 경관이 어떤 적층된 결과로서의 '눈에 보이는 장면'이 된다. 즉, 층위의 개념으로 바라봄이다. 이러한 층위는 자연층위 natural layer, 경작층위 culitivation layer, 그리고 도시층위 urban layer, 마지막으로 건축적 층위 architectonic layer로 구분된다. 이

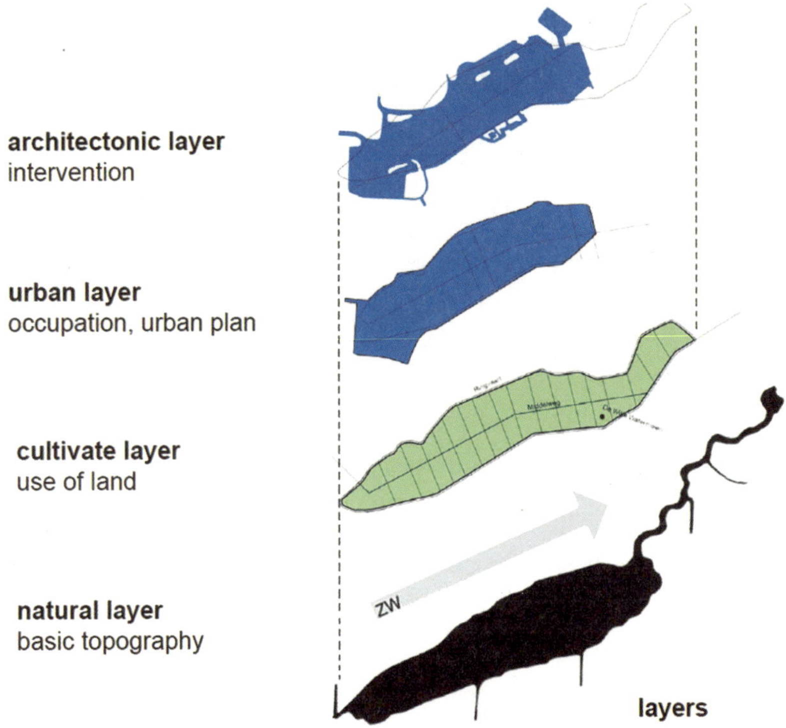

분석의 틀-4가지 층위[14)]

들 각각의 층위들은 일정한 시간을 담고 있으며[13)], 또한 도시화의 진행단계에 따라 경작층위단계에서 남아 있기도 하며, 또한 도시화에 의해 도시층위단계로 넘어가기도 한다. 또한 이러한 층위는 서로 서로가 영향을 미치며, 영향을 받게 된다. 랜드스케이프를 다룸에 있어 이 4가지의 층위의 개념은 가장 중요한 해석의 대상이며, 예상결과를 가정한 경관계획의 기본이다. 그렇기에 우리 눈 앞에 놓여진 경관은 단일층위의 결과가 아닌 혼성의 경관, 적층의 경관인 것이다.

---

13) 각각의 층위에서 담겨지는 시간은 표피에서부터 역순으로 담긴 시간의 양이 많아진다. 즉, 자연층위가 빙하기부터 시작되어 16C까지의 긴 시간이라면, 경작층위는 16C 이후 본격적으로 간척지가 개발되기 시작했을 때 부터의 시간이며, 도시층위는 대부분 근대화 이후에 형성된 간척지 도시에서 나타난다. 건축적 층위는 도시층위 이후의 개념이다.-필자주

14) 『Architecture and landscape』, p. 124, Clemens steenbergen, THT publishers, 2003

2. 랜드스케이프 어버니즘 landscape urbanism

랜드스케이프 어버니즘은 도시계획에 있어 건축보다 더 경관의 개념으로 접근하는 것을 말함이다. 즉, 경관의 개념으로 건축과 도시, 그리고 조경을 통합할 수 있다고 주장한다. 특히 제임스 코너 James corner는 그의 글 「흐르는 지평 terra fluxus」에서 랜드스케이프 어버니즘의 4가지 디자인 요건을 주장하는데 그것은 다음과 같다.

① 시간의 흐름의 과정 Process over time

새로운 어번디자인의 방법론으로서의 랜드스케이프 어버니즘은 시간 그 자체를 디자인 한다. 그것은 형태와 폼의 추구만이 아닌 그것으로 인해 바뀌어질 결과를 디자인 하는 것이며, 그 결과까지 가는 과정을 디자인 하는 것이다. 이러한 측면에서 볼 때 도시생태학적으로 도시를 바라봄은 아주 바람직한 결과를 잉태한다. 왜냐 하면 자연, 생태적 도시에 시간이 쌓이며, 인간의 정주지로서의 도시는 계속 변화하기 때문이다.

② 표면의 전개 staging the surface

건축이 수직적인 측면에서 건축물을 어떻게 세울까를 고민해 왔다면, 랜드스케이프 어버니즘은 또한 표면을 구성하는가에 관심이 있다. 여기서의 표면은 끊임없이 흐른다. 이러한 흐르는 표면은 그 자체로 경관적 인프라 스트럭쳐가 된다. 이것은 다시 도시구축의 배경이 되며 그 표면에 주목해야 한다.

③ 실제적인 작업활동방법 operation, working method

랜드스케이프 어버니즘은 이렇게 지금까지 경험하지 못했던, 그리고 시도하려고 하지 않았던 분야를 다루는 통합작업이므로 새로운 작업활동방법을 요구한다. 이는 매우 실제적으로 표현되어야 하고, 과정을 담아야 하고, 또한 새로운 분야인 만큼 지금까지 시도 하지 않았던 새로운 경관적 표현방법을 담아내야 한다.

④ 새로운 표현 the imaginary

시간을 담고, 과정을 담고, 표면을 다루면서 실제적인 이러한 랜드스케이프 어버니즘은 새로운 방법으로 이를 표현해야 한다. 그것은 바로 상상이다. 아마도 초기 모던디

river Delta, 삼각주

자인의 실패가 단순화, 명료화에 치우친 나머지 실체를 잃었다면, 랜드스케이프 어버니즘은 그에 맞는 표현법을 실현해야 한다. 그것은 아마도 좋은 디자이너가 되려면 공간의 시와 기술을 같이 꿰맬 수 있는 사람이어야 하기 때문일 것이다.[15)]

간척지의 땅 네덜란드

네덜란드는 간척지의 나라 이전에 2개의 큰 강이 만나는 강의 하구, 즉 '델타delta'의 나라이다. 델타는 지형적으로는 매우 불리한데, 강의 유기물의 퇴적층으로 의한 매우 취약한 대지기반을 가지고 있고, 바닷물의 범람 혹은 강물의 범람과 같은 홍수의 위험을 항시 안고 있다. 또한 물이 많음에도 불구하고 정작 하구이다 보니 깨끗한 물은 부족하다는 역설을 안고 있기도 하다. 이러한 지형적 불리함을 커버하고도 남을 경제적 가치가 있는 지역이 곧 델타이기도 한데, 그것은 강의 하구이다 보니 모든 선박의 왕래의 기점으로서 고대부터 상업이 융성했던 경제적 요충지이며, 또한 이러한 자본의

15) 상기의 내용은 그의 책 『recovering landscape』에서 인용

세계문화유산 간척지 빔스터(Beemster)

기착점이다 보니 문화와 정치에 대한 다양한 기술과 경험이 퇴적되어 있는 곳이 델타이기도 하다. 그러기에 네덜란드는 그 자신을 명칭할 때 'Living on Delta'라는 말을 자주 쓴다. 이 장에서는 이러한 델타라는 치명적 지형적인 약점을 극복한 네덜란드 고유한 땅의 이론으로서의 간척지이론을 소개하고자 한다.

3. 간척지이론[16)]

네덜란드 간척지이론을 한마디로 정의하면 이른바 간척지에 대한 '땅의 이론'이라 할 수 있다. 여기서 땅의 이론을 소개하는 것은 그만큼 네덜란드인들은 그들의 인위적 토양으로서의 간척지에 그들의 이론을 정립하였기 때문이다. 그것은 인공적인 대지로서의 간척지에 대해 땅이 가지는 역사, 지질의 변동과 같은 땅의 자연적 측면부터 시작하여, 그리고 경작이 시작됨과 동시에 나타나는 배수의 방법, 그리고 땅의 변화, 토지

16) 본 간척지 이론은 국토연구원 『국토』지 2010. 1월호에 소개되었다.

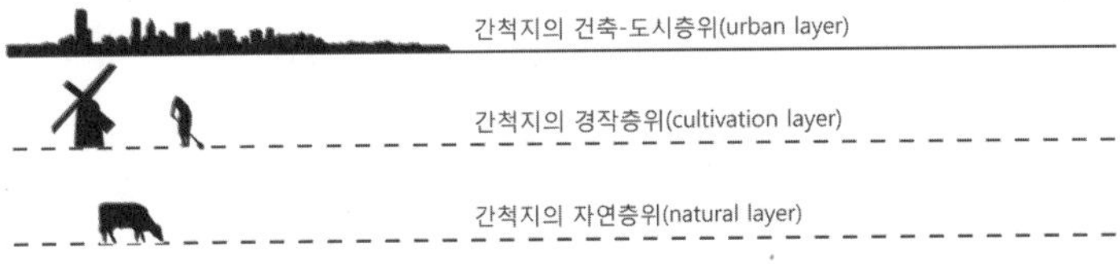

간척지의 3층위

의 구획, 더 나아가 근대화시기를 지나면서 나타나는 도시화의 단계까지를 총괄하고 있다. 이를 층위별로 표현하면 다음과 같다.[17)]

■ **간척지의 자연층위** natural layer

네덜란드의 국토는 다양한 지층을 가지고 있다. 이 장에서는 간략하게 피트가 형성되기까지의 지층의 역사만을 기술하고, 간척지의 자연층위라 말할 수 있는 피트형성 이후의 지층변화는 다음 장에서 기술하기로 한다.

네덜란드는 북서유럽을 관통하는 두 물줄기, 라인 Rhine 강과 마스 Mass 강의 하구 Delta 에 해당하는데, 그러한 하구에서 나타나는 원시지형으로의 해구 Trough 와 소금돔 salt dom, 그리고 단층모래 지형의 굴곡을 보여주고 있다. 이후 서서히 두 강은 상류의 퇴적물을 실어 나르게 되는데 그렇게 해서 퇴적된 유기물을 피트라 한다.[18)]

이후 빙하기에 접어들면서 북쪽의 빙하가 남쪽으로 하강하는 접경지역으로서 지형의 급격한 변화가 일어나게 되는데, 강의 물줄기를 따라 빙산의 계곡을 남기게 되며, 또한 빙산이 빠져나간 이후의 지층에는 바다모래 즉, 빙퇴석 morainec 을 남기게 된다.[19)]

이후 빙하기의 빙산들이 빠져 나간 자리엔 다시 상류의 퇴적물들이 쌓이게 되는데, 이때의 피트층을 특별히 영 피트 young peat 라 구분하여 칭한다. 이때의 퇴적물들이 점차 쌓여 피트의 덩어리를 이루는데, 그 모양을 두고 피트 쿠션 peat cushion, 또는 피트 복 peat bog 이라고 칭한다.[20)]

---

17) 필자가 굳이 한국에 네덜란드의 간척지 이론을 설명하는 이유는 이들의 이른바 땅의 이론이 정립되면 그 정립된 땅의 이론을 바탕으로 2차적 가치들이 파생되는 이론적 토대로서 역할을 하기 때문이다.

18) 특히 빙하기 이전에 퇴적된 피트층을 구 피트층(old peat)이라고 하여 구분한다.

19) 『the making of the Dutch landscape』, p. 15.

20) 『sea and land』, p. 48.

빙하기 때의 네덜란드 북동부 지형[21)]

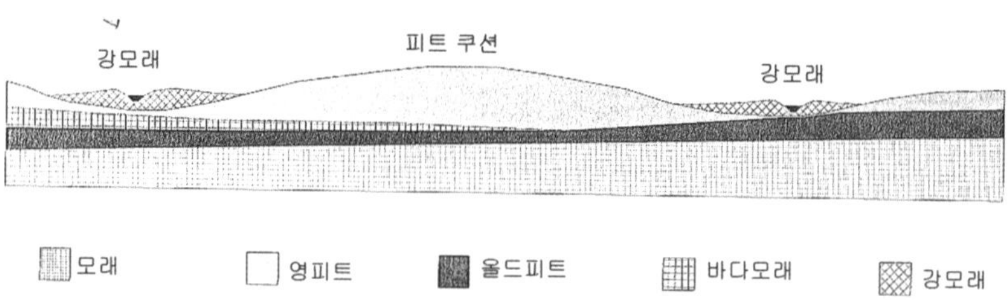

피트 쿠션의 단면[22)]

21) 『The making of the Dutch landscape』, p. 44.
22) 『Water Inzicht』, p. 12.

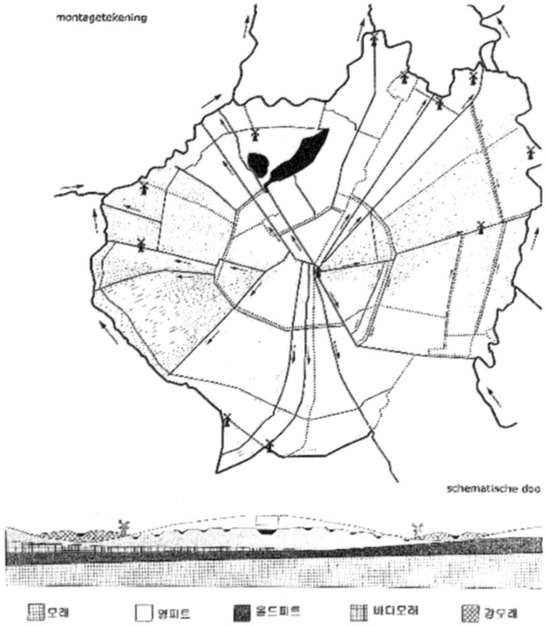

최초의 배수작업

■ 간척지의 경작층위 cultivation layer

간척지의 경작층위는 도시층위가 나타나기 전까지의 과정이며, 이는 네덜란드의 도시화가 이루어지지 않는 농촌지역 대부분의 지역에서 보여지는 경관이다. 특히 이 층위는 물과 대지와의 관계, 즉 배수의 정도에 따라 땅의 형태가 급변하는 층위이기도 한데, 이에 따라 구분되는 땅의 형태는 3가지로 나뉠 수 있다. 간척에 대한 일련의 과정이 끝난 호수저지대 간척지 lake-bed polder, 그리고 아직 완전한 물의 배수가 이루어지지 않고 피트가 남아 있는 피트 간척지 peat polder, 그리고 호수저지대 간척지에 물을 채운 호수 water reservoir가 그것이다.

피트 간척지와 호수저지대 간척지

간척지의 간척작업은 간척의 과정 자체가 그대로 땅의 경관에 드러난다. 또한 이를 토대로 한 과정별 정주의 흔적을 찾아볼 수 있다. 먼저 간척의 과정을 개략적으로 살펴보면,

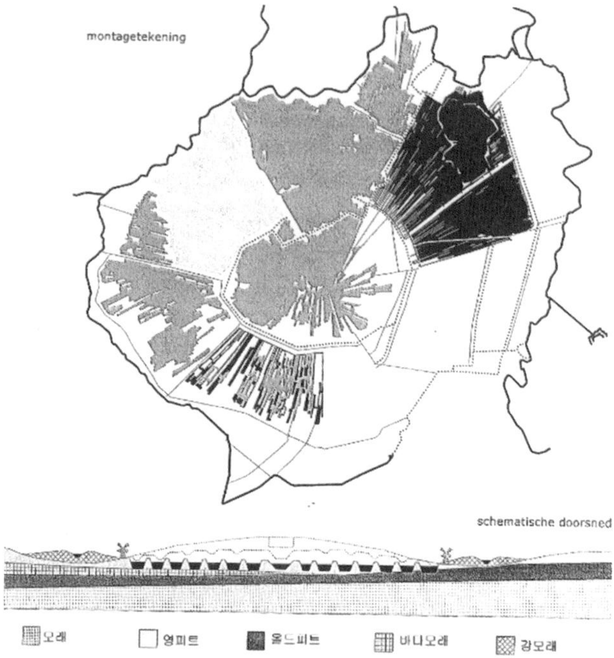

피트 간척지(Peat-Polder)의 형성

Ⅰ. 피트(쿠션)의 형태에 따라 달라지는 최초의 배수작업

Ⅱ. 피트가 수축된 이후의 본격적인 배수작업-피트 간척지의 형성

Ⅲ. 피트의 간척-호수저지대 간척지의 형성이다.

먼저 첫 번째의 과정[23]을 살펴보면,

사방으로 퍼진 피트 쿠션의 중심에서부터 물길을 내는 것을 볼 수 있다. 이 물길은 피트를 경작지로 이용하기 위한 최초의 인공작업이며, 이렇게 설치된 물길은 강과 같은 오픈워터 open water에 연결된다. 각각의 물길로 나뉘어진 구역들은 추후 물관리 체계상 독립되어 각각의 물관리에 있어 독립된 간척지로서 기능하게 된다.

두 번째의 단계는 첫 번째의 큰 물길이 지난 후 피트의 수축이 일어나면서 동시

23) 각각의 간척지의 형성과정과 예시그림은 「Water inzight」(Inge Bobbink, 2006, TU-Delft press)에 실린 암스테르담 남부의 간척지 '데 론데 비넨(De Ronde Venen)'의 것을 사용하였다.

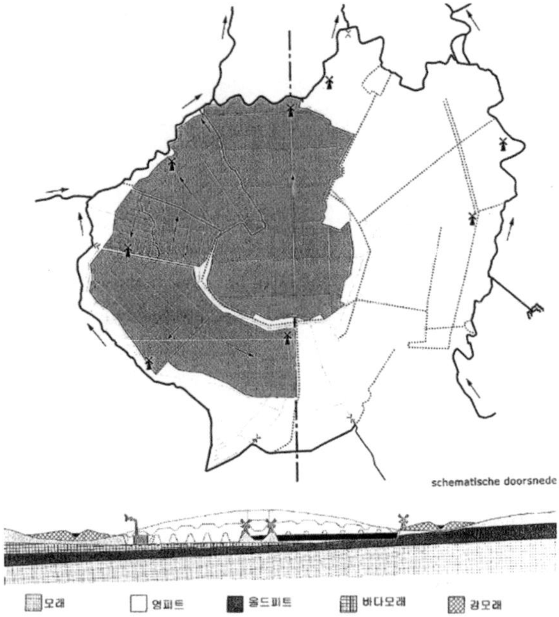

호수저지대 간척지(Lake-bed polder)의 형성

에 본격적인 배수작업을 하는 단계이다. 그림에서 보듯이 피트 쿠션의 높이는 낮아져 있으며, 물길의 폭이 좁아져 있음을 볼 수 있다. 이 단계는 이른바 피트 간척지로서 간척지의 최후의 단계인 호수저지대 간척지로 가는 마지막 단계이며, 이때부터는 소나 양들의 방목이 가능하여 최소한의 경작이 이루어지는 단계이기도 하다.

호수저지대 간척지 단계는 간척지의 마지막 단계이다. 피트 간척지에서의 배수작업과 함께 퇴적유기물로서의 피트를 걷어내는 작업이 시작된다. 이는 매우 큰 의미를 가지는데, 대지 자체의 물을 머금고 있는 개체가 사라지는 것과 동시에 그만큼 땅의 레벨이 낮아진다는 것을 의미한다.[24] 또한 이렇게 걷어진 피트 자체는 16C 증기기관의 도입과 때를 맞추어 연료로서 제작, 판매되기에 이른다.[25] 이 때부터는 본격적인 경작이 가능하여 옥수수나 감자, 또는 튜립까지 대부분의 경작을 행하게 된다.

24) 호수저지대 간척지의 평균 레벨은 대부분 SL 4-6m에서 형성된다. 『Sea and land』 부록의 지도를 참조할 것

25) '연료로서의 피트는 그 당시 가장 중요한 에너지원이었다'. 『the making of the dutch landscape』, p. 189.

1696

1846

1850

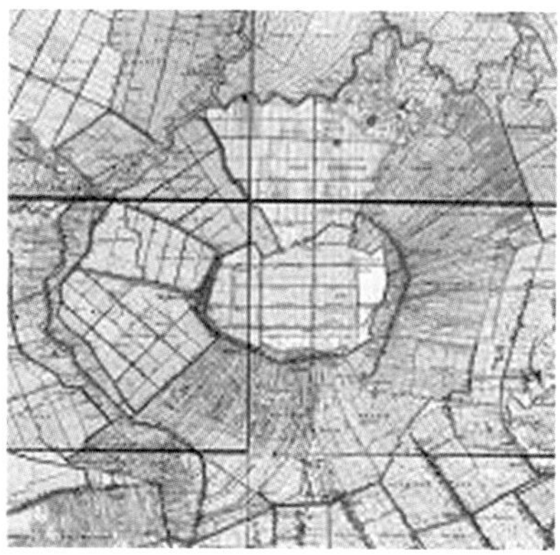

1902

이렇게 네덜란드의 간척지 경관은 지극히 인공적 경관으로서 경관사용의 의지에 따라 경관의 조절이 매우 빠르다. 곧 땅에서 물로 또는 물에서 땅으로 바뀌는데 불과 몇년 사이이다. 위의 그림들을 보면 간척지의 급격한 변화양상을 볼 수 있다.

간척지 문법 polder grammar

간척지 문법은 호수저지대 간척지에서 물을 관리하는 단위로서의 간척지 단위 polder parcel에서 시작한다. 이는 좁고 긴 형상을 가진 네덜란드 특유의 간척지 경관을 제공하는데, 이는 간척 당시의 배수기술에서 비롯되었다. 즉, 단변방향으로 물을 모아 배수

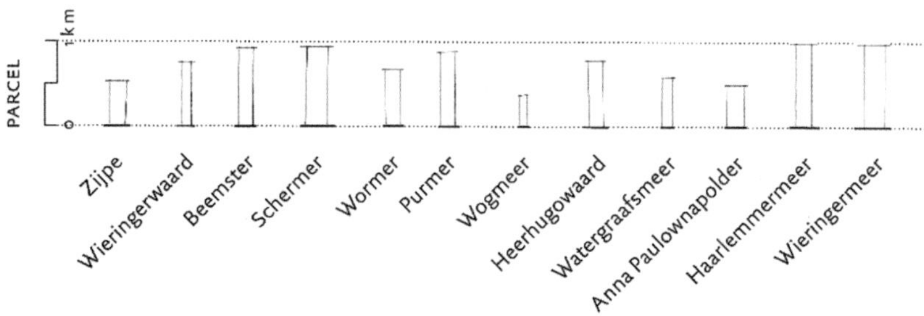

다양한 크기의 간척지 단위들(polder parcel)[27)]

의 기본 라인을 결정하고, 장변방향으로는 한 가구의 노동력이 소화될 수 있는 경작의 크기에 따라서 결정된다. 이는 간척의 일련의 과정 이후 토지의 안정화 작업을 거친 후 다시 조절된다.[26)]

특히, 단변방향의 길이는 바로 간척지의 건축적 층위와 직결되며, 이는 네덜란드 특유의 간척지 빌라의 형태결정 요인이 된다. 이렇게 몇개의 간척지 단위들이 모여 이른바 간척지 블록polder block을 이루며, 또 이러한 간척지 블록들이 모여 규칙적인 패턴을 이루게 되는데, 이를 간척지 모듈polder module이라고 한다. 간척지 모듈은 대지를 조성함에 있어 요구되는 기본적인 인프라 스트럭쳐를 모두 포함하고 있다. 구획단위로서의 간척지 단위, 도로, 배수로와 운하, 그리고 교차로, 교차운하가 그것이다. 이 하나의 폴더 모듈polder module은 간척지의 양상에 따라 고유하게 적용되는데, 그 이유 또한 구성요소가 되는 간척지 단위polder parcel가 다르기 때문이다.

이렇게 구성된 간척지 모듈은 둑으로 둘러싸인 간척지의 전체 경계까지 확장 적용되는데, 그 왜곡의 정도에 따라 중심지역으로서의 간척지 평면polder plane, 경계지역으로서의 간척지 경계polder fringe, 간척지 평면과 경계 사이의 주변 지역의 간척지 맨틀polder mantle이라 한다. 이러한 용어의 정의는 그 자체로 공간적 의미를 획득하며, 이후 도시층위를 수용할 때의 공간적 근거가 된다.

26) 즉, 토지의 안정화작업은 침출수의 영향이 가장 크다. 즉, 피트의 제거로서 나타나는 표피수의 양만큼을 펌핑이나, 풍차를 이용, 퍼내야 하는데, 이는 다른 곳의 수압의 변화를 야기시키게 된다. 이후 이러한 지하수압의 변화는 다시 침출수의 토출로서 나타나게 되며, 이를 다시 펌핑하게 된다. 이러한 일련의 과정을 거친 후 토지는 안정화 단계에 이른다.

27) 『sea and land』, p. 314.

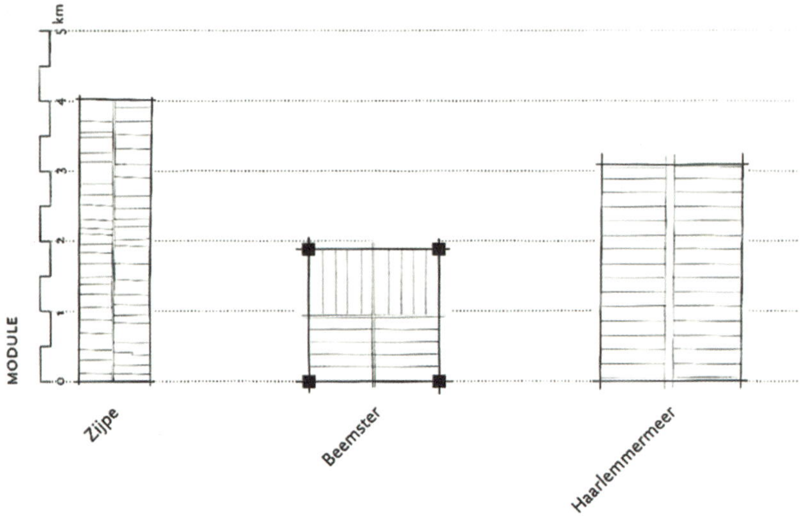

다양한 크기의 간척지 모듈(polder module)[28)]

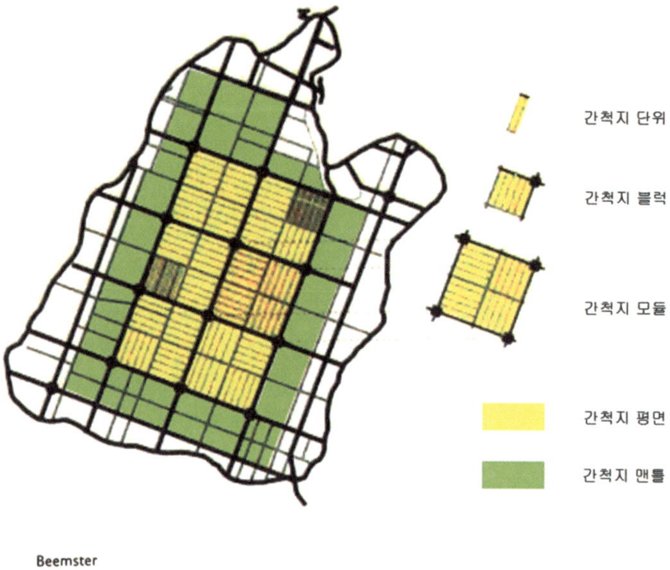

간척지 문법을 예시한 간척지 빔스터(Beemster)[29)]

28) 『ibid』, p. 314.
29) 『ibid』, p. 313.

간척지 물길의 종류와 적용[33]

■ 간척지의 물관리

간척지의 물은 저지대의 물을 안전하게 배수시켜 원하는 토질을 확보하는데 그 목적이 있다. 일반적으로 네덜란드 간척지 물관리의 3요소라 함은 둑dike, 내부의 배수물길(보좀워터Bozem water), 그리고 수로ditch이다.[30]

둑은 말 그대로 외부의 물을 막음과 동시에 물을 연결시키는 갑문, 그리고 펌핑장을 가지고 있다.[31] 둑은 그 자체로 간척지 단위를 나타내는 공간지표이기도 하며, 이렇게 둑으로 구성된 간척지들이 모여 둑의 도시dam city를 만들어 온 것이다.[32]

30) 『ibid』, p. 56.

31) 19C 증기기관이 발명되기 전엔 풍차가 내부의 물길을 펌핑하는 유일한 수단이었다. 『the making of the dutch landscape』, p. 237.

32) 네덜란드의 도시들은 'dam'으로 끝나는 도시가 많은데, 예를 들면, Amsterdam, Rotterdam 등이 그것이다. 이 도시들은 16C 이른바 네덜란드의 황금기(Golden Age) 때 간척지 단위들이 모여져 이루어진 간척지 도시의 대표적 사례들이다.

33) 『man-made low lands』, p. 208.

수로는 물을 실어나르는 물길로서 간척지 단위 polder parcel를 구성하는 실질적 경계이다. 자연구배로 모여진 물들은 수로로 모이며, 이 내부의 수로는 간척지 외부의 물길까지 연결시켜 주는 내부의 물길을 필요로 하는데 이 물길을 내부의 배수물길(보좀워터 Bozem water)이라고 한다. 내부의 배수물길은 둑과 비슷하게 완만한 경사를 이루면서 형성되므로 외양상 둑과 유사하다.

■ 간척지의 건축-도시층위 urban layer

이렇게 형성된 자연층위 위로 건축-도시층위가 들어선다. 이는 또한 16C부터 시작한 정착의 패턴으로서의 간척지 빌라 polder villa부터 시작하여 20C 들어 도시가 본격적으로 형성되기 시작한 이후의 패턴으로서의 간척지 도시 polder city로 발전한다.

간척지 빌라

간척지 빌라 또한 간척지의 형태에 따라 다른 배치형태를 가지게 되는데, 피트 간척지에서는 간척지 단위의 개발이 끝나지 않아 땅이 정주를 허락하지 않는다. 따라서 도로에 따라 일렬 배치되어 유선형적 흐름을 가지게 된다. 반면 호수저지대 간척지에서는

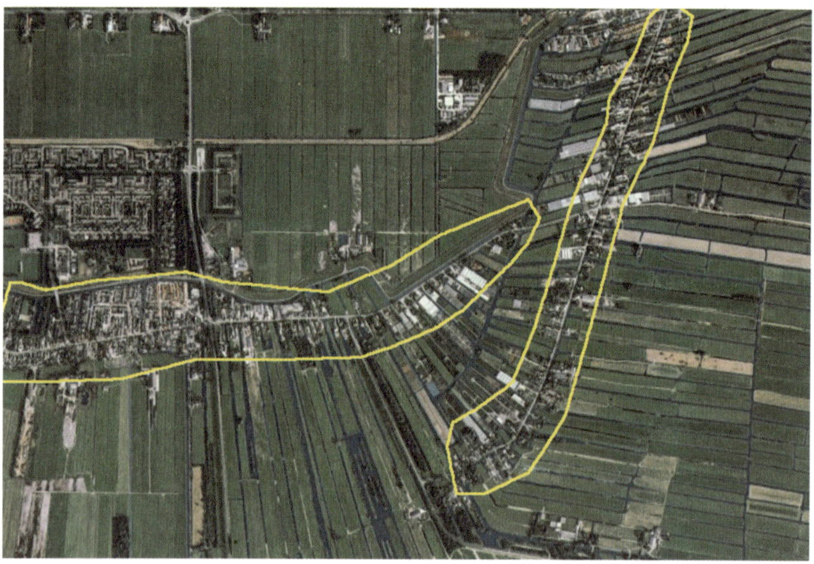

피트 간척지(Peat polder)의 빌라 배치형태

호수저지대 간척지(Lake-bed polder)의 빌라 배치형태

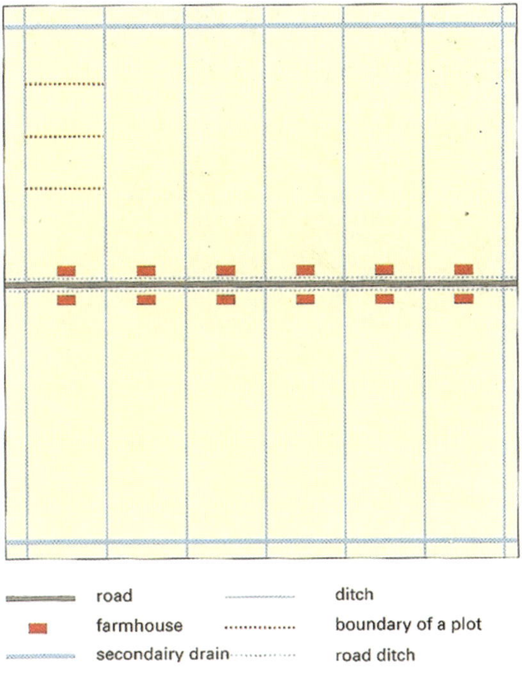

호수저지대 간척지의 간척지 모듈과 간척지 빌라, 도로와 물길의 다이아그램[34)]

34) 『man-made lowlands』, p. 257.

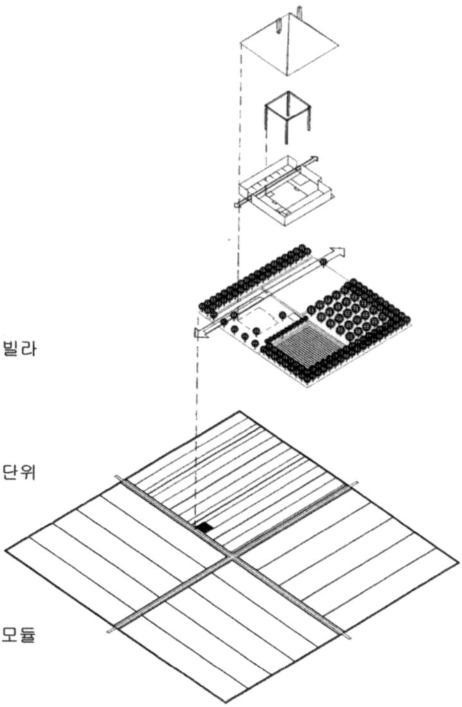

간척지 단위에서 파생되는 간척지 빌라[36)]

간척지 단위의 단변방향으로 빌라가 직접 경작지에 위치되어, 전방으로 긴 농토를 확보하는 형상을 갖는다.

또한 실내의 측면으로서는 하나의 지붕 아래에서 사람이 정주하는 공간을 비롯하여, 작업장, 가축의 우리, 곡식창고가 같이 있는 평면을 가지고 있다.[35)] 위의 그림에서 보여지듯이 이렇게 간척지의 모듈과 간척지의 문법, 그리고 그것의 스케일과 땅

---

35) 간척지 빌라의 건축적 형태 또한 각기의 지방마다 다른 형국으로 발달하게 되는데, 프리슬란드(Friesland) 지방의 Kop-hals-romp 타입(작업장과 거실공간의 분리형), 드렌테(Drente) 지방의 hall 타입(일체형, 장방형), 게덜란드(Gelderland) 지방의 T-huis 타입(건조창고가 앞으로 나와있는 형태), 북부 홀란드(noord holland) 지방의 stolp(일체형, 정방형평면), 림버그(Limberg) 지방의 enclosed(중정형, 작업장이 중심) 등으로 구분된다. 『the making of the Dutch landscape』, p. 196. 그림 참조할 것. 먼저 페이지 아래 그림은 stolp 타입에 해당한다. 이렇게 다른 땅의 형국에 따라 다른 유형의 주거양식이 발달한다.

36) 『Sea and land』, p. 94.

을 점유하는 방식은 간척지 빌라라는 건축물의 최종 점유에까지 지극한 영향을 미치며 관계를 갖게 된다.

간척지 도시[37)]

네덜란드의 간척지 이론에서 나타나는 간척지 문법은 그대로 간척지 도시에서 나타나게 되는데, 이는 경작층위에서 정립되는 간척지의 구획단위가 도시층위로 넘어가서도 지대한 영향을 주고 있다는 의미이다. 특히 암스테르담과 같은 현재까지 남아 있는 고도시의 구조를 살펴 보면 그때 당시의 경작층위에서 형성되었던 간척지 문법의 영향을 살펴볼 수 있다. 도시의 고지도를 이용한 이러한 통시적 접근을 통해 간척지 도시의 발달과정을 '댐의 도시'로부터 '운하의 도시', '피트 간척지의 도시', 마지막으로 '호수저지대 간척지의 도시'로 구분하여 살펴 볼 수 있다.[38)]

'댐의 도시'를 살펴 보면, 강이나 기타 개방물길 open water과 맞닿는 부분에 침수를 대비하여 댐을 먼저 건설하고, 그것에 맞게 물길을 조성, 내부에 있는 물을 빼내는 작업을 하면서 도시의 정주를 시작하는 단계이다. 특히 암스테르담은 무역과 상업의 좋은 입지로 인해 약 12C경부터 피트 위로 도시가 형성되면서 13C에 이르러 침수를 대비한 댐을 건설하게 된다. 댐의 크기는 초기에는 작았지만, 많은 배후지를 가지고 있었고, 또한 물길을 따라서 교역상품의 무게를 잴 수 있는 창고와 운송이 발달하게 되었고, 주거와 상업, 그리고 업무 등의 시설 등은 2차적인 운송네트워크에서 발달하게 되었다. 이때 강의 하구, 피트 간척지, 그리고 댐으로서의 도시는 같이 형성되기 시작했다.

'운하의 도시'는 댐의 도시 이후에 나타나는 도시의 형태이다. 도시에서의 운하는 물을 배수하는 의미와 함께, 도시를 방어하는 의미와 그 물길을 따라 도시의 상업을 활성화시키는 의미 또한 가지고 있다. 이러한 운하의 물길은 종종 피트 간척지의 구획과는 충돌을 일으키기도 하지만, 대부분 호수저지대 간척지의 구획과는 거의 동일

---

37) '간척지 도시'는 간척지 자체에 인구가 유입하여 자생적으로 성장한 유형과 19-20C로 넘어가면서 주요 도시의 인구를 분산시키기 위해 나타나는 전원도시(garden city)유형, 그리고 주요 도시에 속하는 배후지, 교외도시(suburban)의 개념으로도 설명할 수 있다. 『sea and land』, p. 283. 그러나 본고에서는 통시적 분석에 초점을 맞추어 암스테르담에서 보여지는 간척지의 개발에 따른 도시의 변천을 언급하고자 한다.

38) 상기의 통시적 접근은 Wouter Reh 외 2인의 저서 『sea and land』의 것을 요약, 발췌한 것이다. p. 283-293. 참조

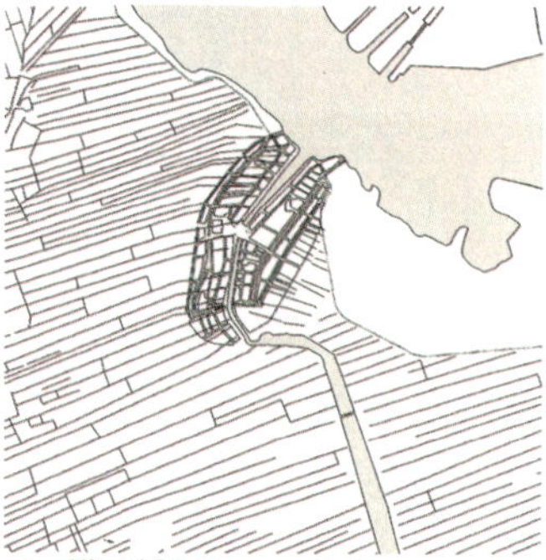

1. 댐 시티 Dam city

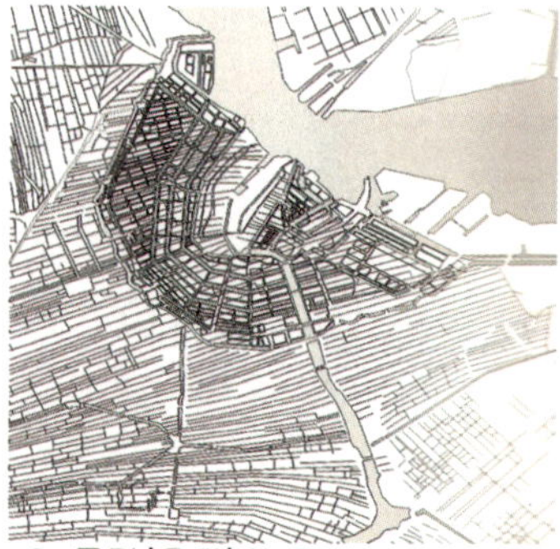

2. 물길(운하)의 도시 canal city

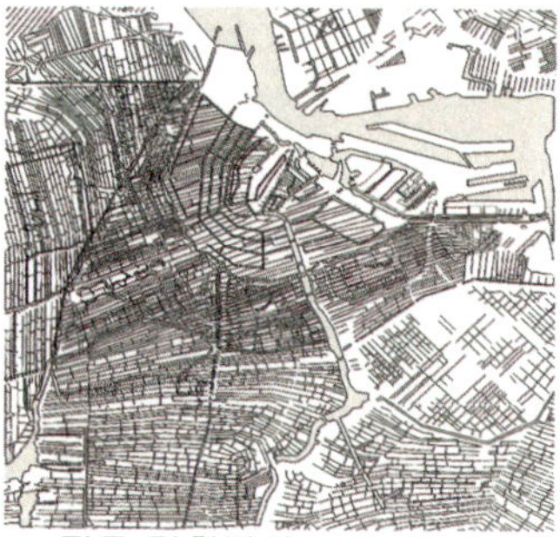

3. 피트 간척지의 도시
Peat polder city

4. 호수저지대 간척지의 도시
lake-bed polder city

댐의 도시에서부터 호수저지대 간척지 도시까지, 암스테르담의 변천[40)]

하다. 이는 농경적 의미의 단위parcel가 그대로 도로와 운하와 같은 도시구조로 적용됨을 의미한다.

'피트 간척지의 도시' 또한 간척지 단위와의 일관성을 충실히 지키고 있지만, 도시화되는 간척지 단위의 구분과 범위가 명확한 호수저지대의 간척지와는 달리 그 구분과 범위가 명확하지 않음이 특징이다. 아직 대지가 안정화되지 않은 상태이므로 대부분 급속한 도시개발[39)]이 있을 경우나 바로 정주의 목적보다는 인프라 스트럭쳐 등을 설치하는 단계에서 나타나는 도시형태이다.

---

39) 19C 후반의 암스테르담의 급속한 남부 확산정책은 피트 간척지의 도시를 양산하였다. 이후 20C에 들어서면서 이들은 호수간척지의 도시로 바뀌게 된다. 『the making of the dutch landscape』, p. 309.

40) 『Sea and land』, p. 282.

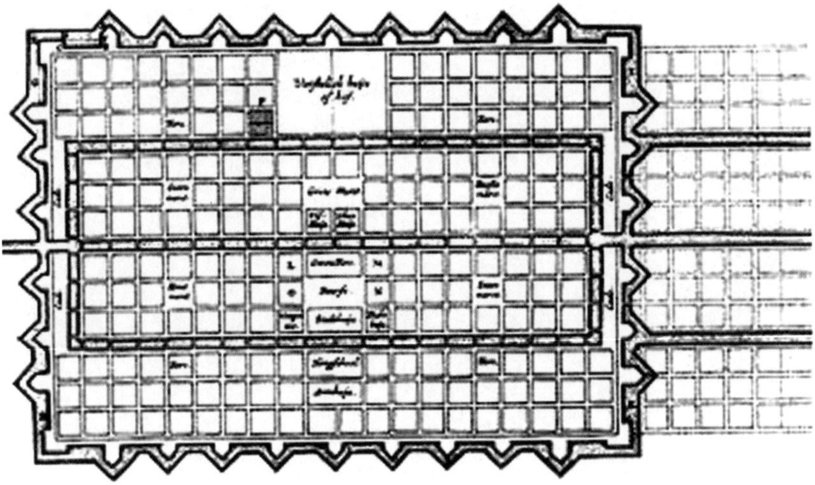

고대 네덜란드의 이상적 도시계획안, Simon Stevin 1600

'호수저지대 간척지의 도시'는 필지의 분할 등과 같은 도시의 구획이 그대로 경작층위에서의 간척지 문법으로 해석이 가능한 도시를 말한다. 물론, 후대에 접어들면서 도시의 기능을 수행함에 있어 얇고 세장한 비례를 가지는 간척지 단위를 넘어서서 개발하는 움직임이 보편화되고 있으나, 그래도 '댐의 도시' 단계에서부터 형성된 간척지 도시의 간척지 문법, 즉 간척지 모듈, 간척지 평면, 간척지 주변 등은 그대로 연속되어 나타난다.

이러한 그들의 간척지 형성의 과정을 특유의 간척지 이론으로 묶어내어 물의 배수로부터 시작되는 인간의 땅의 점유를 도시 인프라의 기본 골격, 그리고 간척지 빌라와 그것으로 이루어진 간척지 도시 구축까지 고유한 땅의 논리로 풀어가고 있다. 이는 이른바 경관론을 구성함에 있어 땅의 논리와 이론적 배경이 얼마나 가치있는 토대가 되는 것인지 보여주는 단적인 예일 것이다.

4. 물의 체계와 네덜란드의 도시

네덜란드 특유의 물관리의 방법은 그대로 도시의 구조에 영향을 미쳤다. 바로 물리적

중세도시 라이든(Leyden)

성채로 둘러싸인 유럽의 여느 도시와는 다르게 이들은 물로서 도시의 외부에 방어막을 형성했다. 이것은 도시의 첫 번째 물이 되며, 이 물은 외부의 경계를 만들어낸다. 또한 이후 도시 내부로 물을 끌어들여 물을 순환시키는데, 이 내부의 물은 그야말로 도시 가버넌스Governance의 흐름, 경제의 흐름, 그리고 생활의 흐름까지 담아내는 도시생활의 중심을 형성한다. 이는 16C 이렇게 도시 외부의 물과 내부의 물 그 둘을 가지게 되고, 이는 곧 현재까지도 그 뚜렷한 흔적을 볼 수 있다.[41)]

다음 도시들의 내부 물길과 외부 물길을 살펴 보라.

41) 필자는 네덜란드 도시를 보려면 대도시 암스테르담이나 로테르담도 좋지만, 꼭 시간을 내어 소도시를 보라고 권하고 싶다. 그 이유는 언급했던 이러한 내부와 외부 물길의 흔적들이 그대로 드러나 있으며, 이러한 물길들이 현재까지고 도시인의 생활이 영향을 미치고 있기 때문이다. 내부의 물길을 따라 펼쳐지는 도시의 중심과 생활공간, 그리고 외부의 물길을 따라 펼쳐지는 도시의 방벽과 에지. 그리고 이후에 펼쳐지는 도시의 확산의 모습. 그래서 유럽의 소도시는 유럽 어버니즘을 보는 진수인 것이다.

중세도시 쯔볼레(Zwolle)

중세도시 리우바든(Leeuwarden)

5. 개략적 물관리 이론

■ tool box

간척지 이론에서 보았듯이 물은 네덜란드 도시계획의 처음이자 마지막이다. 아니 랜드스케이프 어버니즘 landscape urbanism을 논하면서 물에 대한 고려가 없다는 것은 실체가 없는 것과도 같다. 이에 필자의 은사 델프트공대의 Sybrand Tjallingii 교수는 그만의 방법론을 가지고 물관리에 대한 일종의 tool box를 제공한다. 필자가 이 교수님의 자료를 공개하는 이유는 교수님의 툴박스를 공유하여, 또 이를 이용해 다른 적용을 기대하기 때문이다.

먼저 물관리의 기본은 어떻게 그냥 흘려 보내지 말고 잡아두느냐 retention에 있다. 이는 대부분의 도시화가 진해되면서 빠르고 신속한 배제에 중점을 두었다면 이는 그와는 반대의 발상이다. 그리고 어떻게 보관할 것인가 storage, 그리고 어떻게 버릴 것인가 discharge의 문제에 물관리의 핵심이 담겨 있는 것이다.

물관리 이론의 3종류

연결모델 Connection model: 용수의 지역별 기능에 따른 배제방법 제시
지연모델 Slow-down model: 용수의 지연배제의 방법 제시
순환모델 Circulation model: 용수의 순환에 의한 자족기능강화 제시

■ 연결모델 Connection model

이는 매우 기본적인 다이아그램이다. 이는 자연, 레저, 주거, 농업지역 등을 통과하는 물의 연결의 위계를 보여준다. 또한 구분된 이러한 도시의 각 부의 물은 각각의 다른 물관리의 체계를 가지거나 그림처럼 연계되면서 배제되는 체계를 보여준다. 이상적인 모델은 물론 자연지역으로부터 배제되는 물이 레저지역, 주거지역을 지나 생산용수로 이어지는 연결모델이 된다. 사례로서 제시한 아인트호벤시의 경우에서 보듯이 각각의 최종 배제지인 Zuid-Willamsvaart까지 확실한 위계를 가지고 각 지역의 물관리가 서로 나무모양처럼 연계되어 있음을 보여준다.

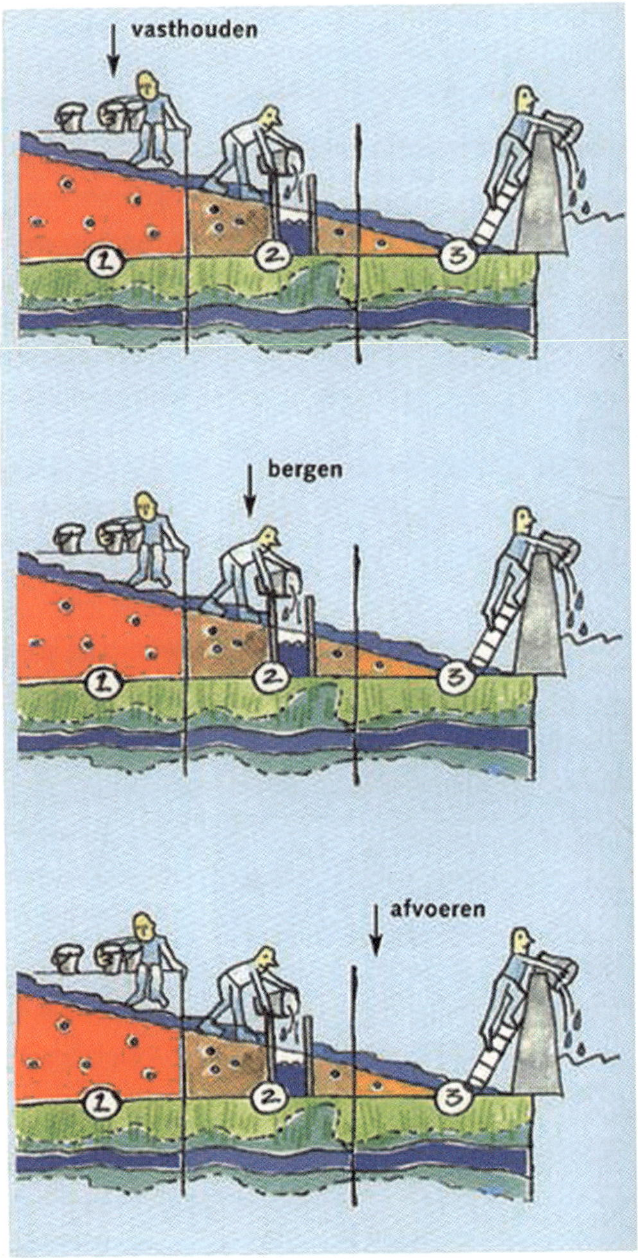

네덜란드의 3단계 물관리 이론
dutch commission WB21 "지연(retention)-저장(storage)-분배(discharge)"

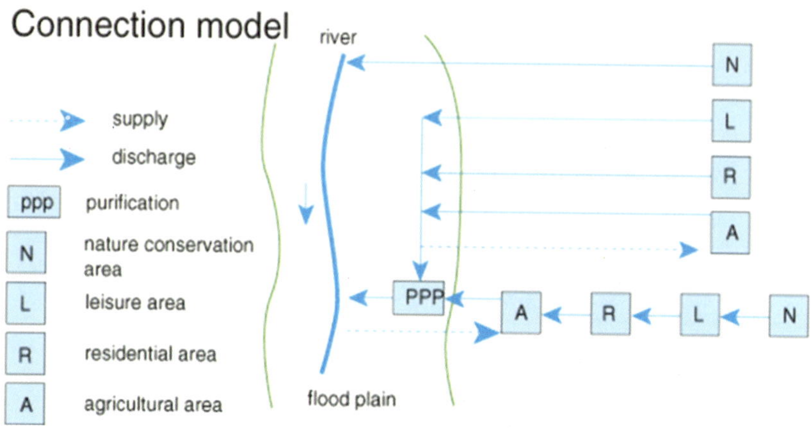

물관리에 있어서의 연결모델

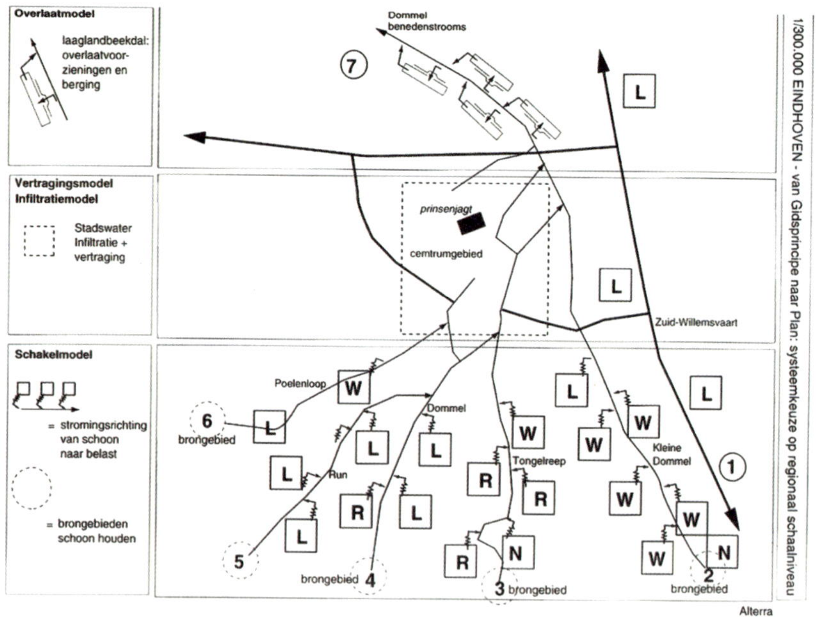

물관리에 있어서의 연결모델의 실례: 아인트호벤(Eindhoven)

■ 지연모델 Slow-down model

지연모델은 용수의 배제를 최대한 늦추는 속도를 조절함으로서 용지의 물에 대한 자족성을 강화하는 한편, 자연적 정화과정을 거쳐 최대한 자연의 원상태에 근접한 배제를 꾀하는 것을 뜻한다.

제시된 그림들은 도시의 거터들과 집수정, 맨홀 등의 체계와 같은 신속배제가 아니라 되도록 잡아두는 방법을 설명하고 있다. 각각의 방법적 툴을 사용해서 되도록 물을 천천히 흘려 보내는 것이다. 이렇게 천천히 흘려 보내는 물은 그 자체로 경관적 요소로서 활용할수 있다.

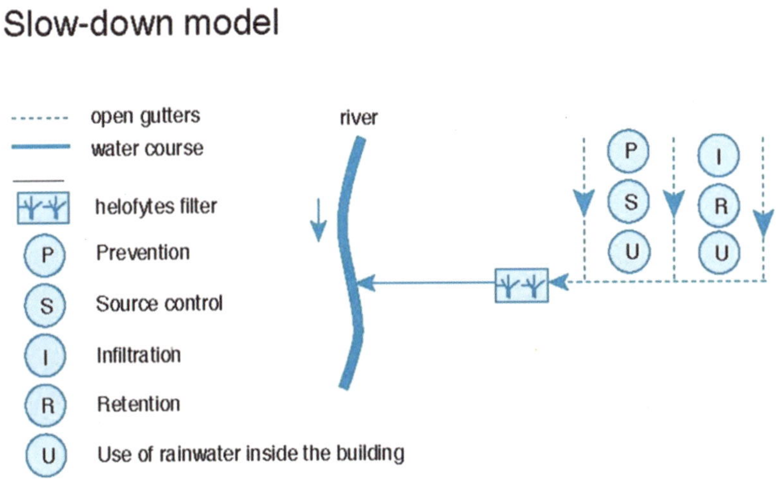

물관리에 있어서의 지연모델

이펜버그(Ypenburg), 할렘 자트공원(Haarlem Zaart park)에서 사용된 지연모델(slow-down model)의 경관적 활용사례

■ 순환모델 Circulation model

물관리에 있어 가급적 수입용수를 적게 하고, 또한 배제용수를 적게 하여 환경적 부담을 줄여주는 것은 가장 기본적 물관리의 핵심이라 할 수 있다. 순환모델은 가급적 끌어온 용수를 순환시켜 재사용하여 자급율을 높이는 것을 목적으로 한다. 이에는 몇가지의 방법적 툴이 있는데, 일단 물의 저장고를 확보하는 것이 가장 큰 과업이다. 이는 연도별, 계절별 최대물량을 검토한 후 적정 면적과 수심을 결정한다. 물론 저장시설은 자연적인 호수의 형태가 가장 바람직할 것이며, 이는 강이나 바다와 같은 오픈워터에 연결된다. 또한 순환되는 물은 지연처리를 기본으로 하여 자연정화기능을 강화하며, 물의 순환을 강제하는 장치와 병행, 물의 산소공급을 원활히 해야 한다.

다음 페이지에 제시된 그림은 암스테르담 서부의 도시 할렘Haarlem의 샤크바이크Schalkwijk라는 지역의 그림이다. 이는 기존의 물길로부터 저수지를 만들고, 다시 그것에서부터 물을 순환시키는 시스템을 보여준다. 4개의 다른 섹터로 나뉘어진 지역들을 물관리는 이렇게 각각의 용도에 맞게 다르게 디자인할 수 있고, 그것은 다시 경관디자인에 그대로 반영되어 나타난다.

스케일과 물관리

다음은 물 관리에 있어 꼭 알아야 할 스케일에 관한 이야기이다.

여느 분야나 마찬가지로 스케일을 인식하는 것은 매우 중요하다. 빌딩 규모에서 할 수 있는 것, 그리고 지역, 도시, 그리고 광역의 개념, 나아가 국가의 개념에서 다루

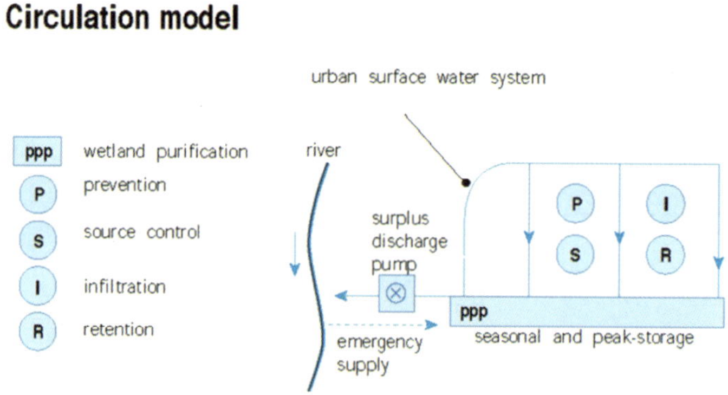

물관리의 순환모델

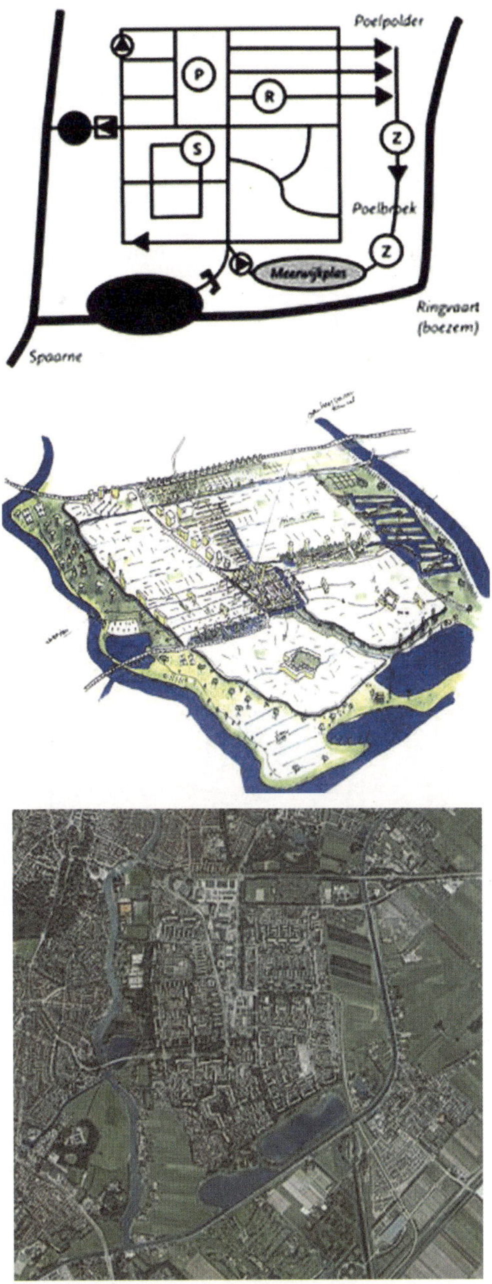

Haarlem, Schalkwijk의 물관리 시스템과 적용사례

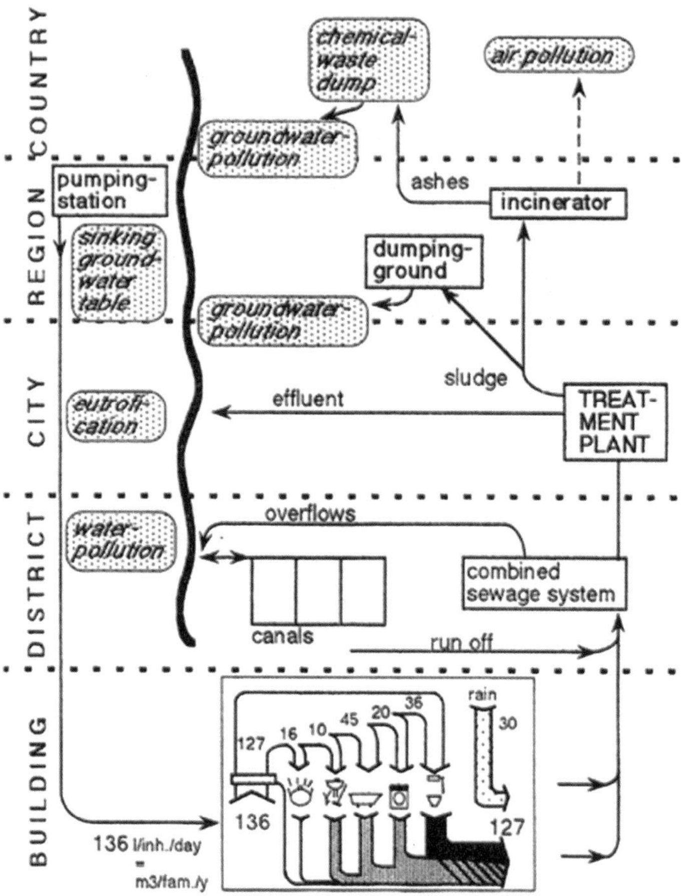

물관리의 스케일과 역할분담

어야 한 단계가 있다. 이는 또한 각각의 스케일에 맞게 다루는 영역이 세분화되고, 서로 피드백이 되어야 한다. 제시된 그림은 그 설명을 잘 보여주고 있다.

이러한 스케일의 개념은 다시 그 순환의 개념으로 나아간다. 한마디로 물은 순환되어야 하는데, 들어오는 만큼만 나가야 하고, 그것을 가능케 하려면 물을 순환시켜야 가능하다는 말이다. 종국엔 자체의 시스템으로 물을 순환시켜 들어오는 것과 나가는 것이 0이라는 절대적 목표에 도달하는 것이다. 이것을 다이아그램으로 설명하면 다음과 같다.

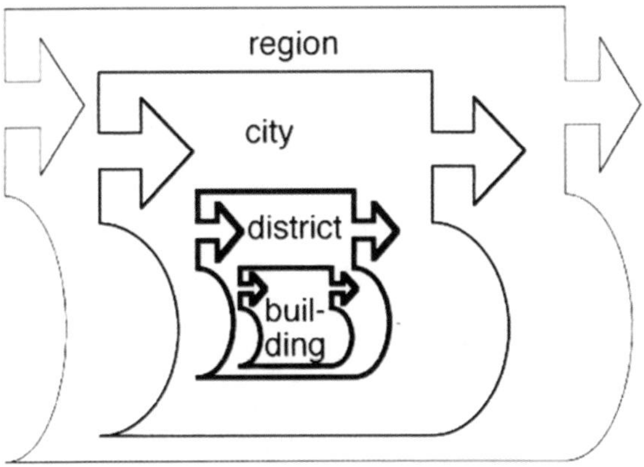

물관리의 순환의 개념[42]과 스케일

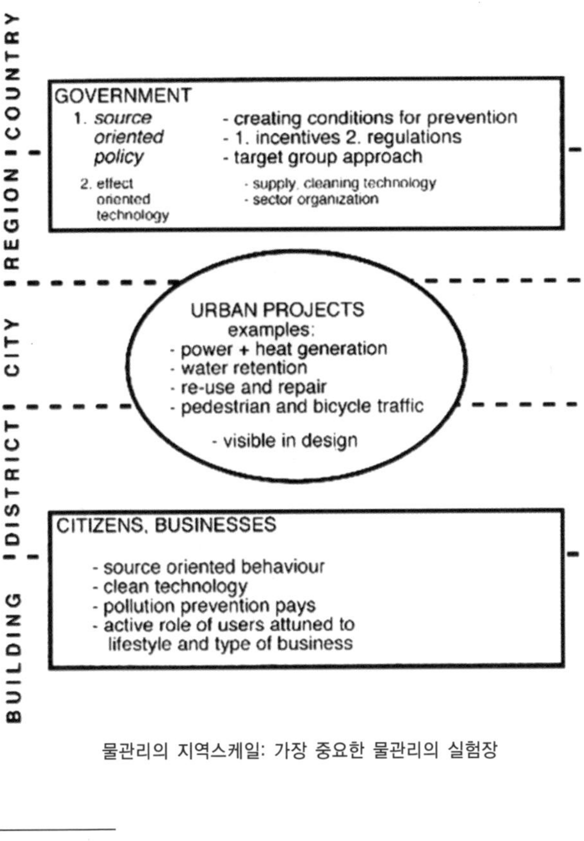

물관리의 지역스케일: 가장 중요한 물관리의 실험장

42) 작은 스케일로 갈수록 선이 굵어지는 것은 작을수록 중요하다는 말이다.

이러한 스케일과 순환의 개념에서 가장 중요한 레벨이 바로 지역의 레벨이다. 지역의 레벨은 위에서 아래로 내려오는 국가-도시적 레벨에서의 정책의 힘과 아래에서 위로 올라가는, 건축적 레벨에서의 의지의 힘이 만나는 절충점이기 때문이다. 빌딩 스케일을 만들 때는 나 홀로가 가능하지만, 위에서 오는 힘을 받을만한 여력이 안되고, 지역을 넘어선 광역의 스케일로 간다면 아래에서 올라오는 의지를 담을 만한 기회를 놓치기 때문이다. 그렇기 때문에 어버니스트로서 물을 다루는 것은 이 둘을 중재하며 실질적으로 물의 균형작업을 수행하는 지극히 중요한 일인 것이다.

부드럽게 바뀌는 에지edge의 처리

물의 단면은 스케일 면에서, 종류 면에서 매우 다양하게 나타난다. 집 앞의 물길부터

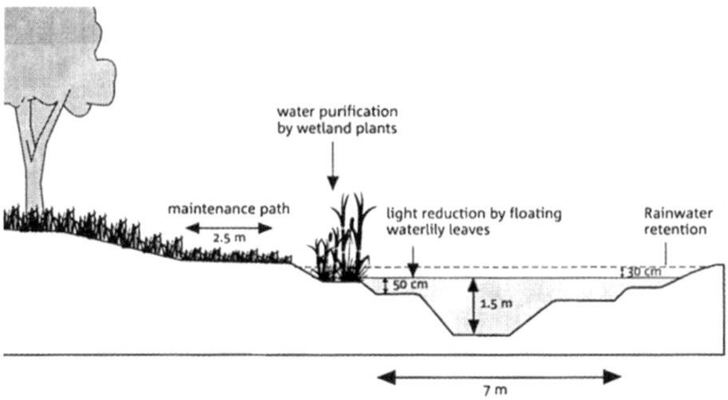

습지(wetland) 조성의 기본 매뉴얼

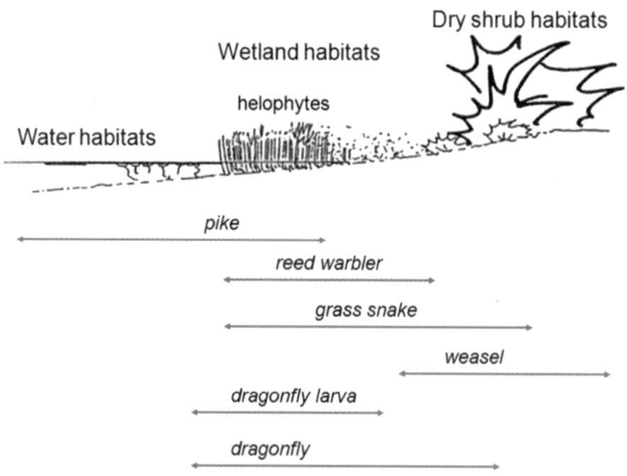

습지 생태계의 단골표식

도랑, 개천, 그리고 강과 호수까지 모든 물은 에지 edge를 가지고 있다. 그러나 한결같은 주장은 에지는 절대 급격해서는 안된다는 것이다. 즉, 소프트 에지 soft edge가 필요하다는 것. 어찌 보면 다 아는 이야기인 것 같지만, 이건 생태주의 건축가 및 랜드스케이프 어버니즘의 단골 등장메뉴인 생태계의 이야기와도 직결되는 이야기이다.

예를 들어 생태계의 보고와도 같은 인공습지를 조성하기 위해서는 그림과 같은 전이공간이 반드시 필요하다.

그린벨트 Green belt에서 그린스트럭쳐 Green Stucture로

그의 물관리 이론은 다시 그린스페이스 green space와 연결된다. 근대 도시이론은 그린에 대하여 그린벨트라는 개념을 도입하였다. 이는 도시의 팽창을 조절하려는 인간의 의지의 표현이었지만, 계속해서 팽창하는 도시의 욕구를 막아내지 못했을 뿐만 아니라 대부분의 그린이 도시 외곽에 위치하는 관계로 인해 정작 도시 내부의 사람들에겐 그린을 줄일 수 있는 기회조차 없었다. 그는 이러한 모순된 그린스페이스에 대한 정책은 이젠 그린스트럭쳐로 바뀌어야 한다고 주장한다. 물길과 기존의 그린공간들을 서로 만들어 엮어주는 그린스트럭쳐는 벨트가 가지는 태생적 한계를 보완하면서 도시 내부에 활력을 불어주는 휴식공간이 될 것이다. 그린벨트와 그린스트럭쳐의 차이를 정리하면 다음과 같다.

그린벨트 (green belt)	- 수동적(defensive) - 섹터 위주의 방식(sector policy) - 도시개발의 제한에 중점(limiting urban development)
그린스트럭쳐 (green structure)	- 종합적(integrative) - 섹터와 협력하는 방식(co-operation of sectors) - 도시개발과 함께 하는 방식(carrying urban development)

다음 페이지의 그림들과 같이 도시 녹지공간이 안에서 밖으로 때로는 밖에서 안으로 구성되어 도시조직과 만나며, 또한 물길과 녹지가 서로 엮여 네트워킹이 됨을 알 수 있다.

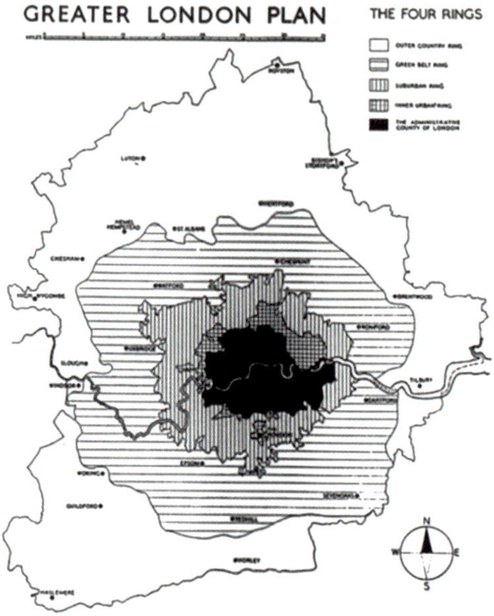

대표적 그린정책. 런던 그린벨트, Abercrombie, 1941

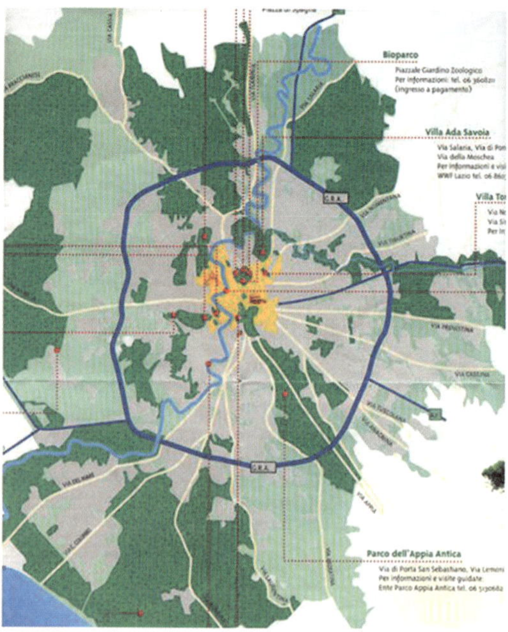

그린스트럭쳐의 사례들, 로마(Rome)

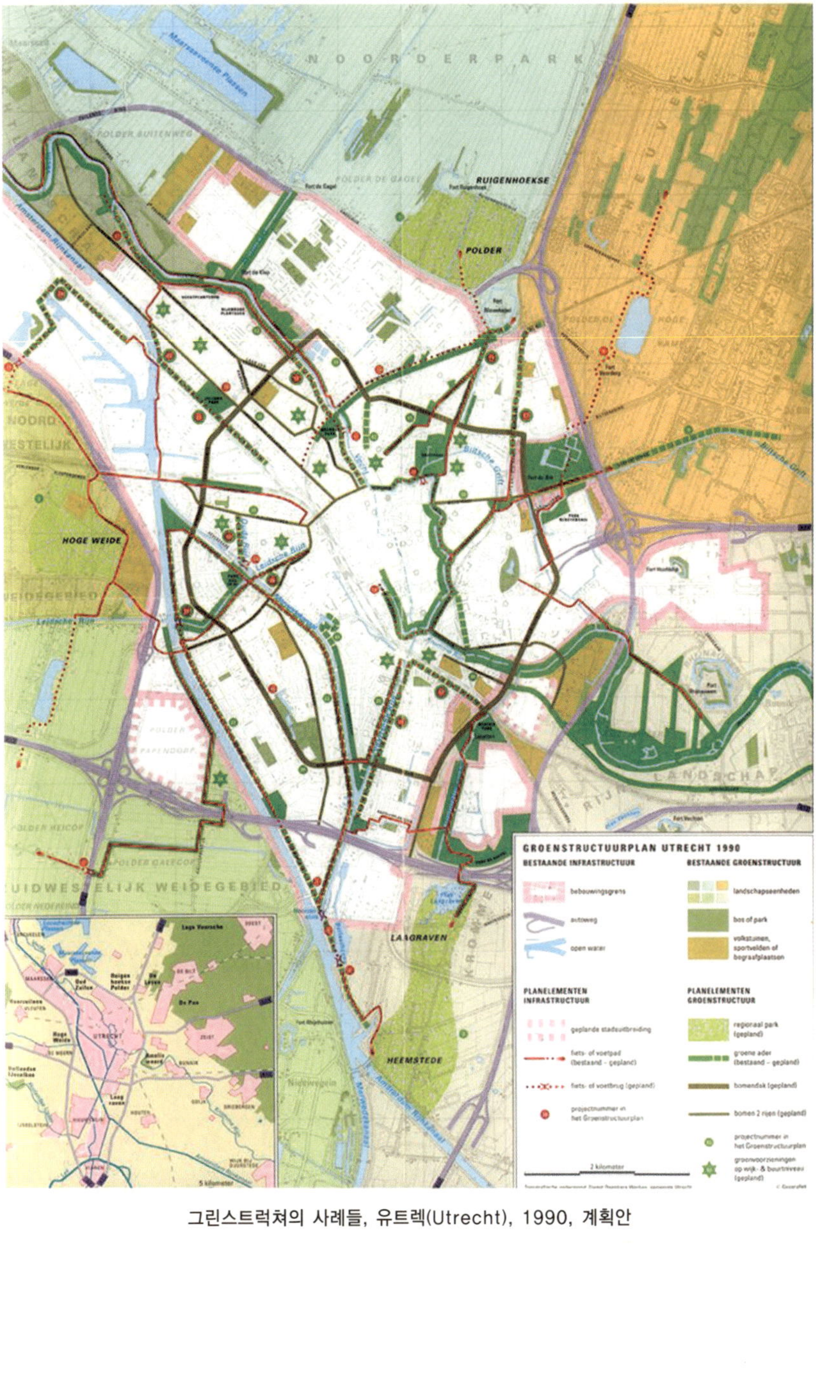

그린스트럭쳐의 사례들, 유트렉(Utrecht), 1990, 계획안

프로젝트-1

6. 문화적 풍경을 현대에 응용하기: 암스테르담 수방어선 계획

암스테르담 수방어선 계획(Stelling van Amsterdam)

손가락으로 댐의 물을 막아 주민의 목숨을 구했다는 '한스 브링커' 우화를 들어본 적이 있는가? 그 주인공의 나라가 바로 네덜란드이다. EMU의 학기 혼성의 경관 Hybrid landscape은 이러한 땅에 새겨진 역사를 읽는 관점을 다시 살펴볼 수 있는 기회를 제공해 주었는데, 그것은 다름 아닌 19C에 치밀하게 조직된 암스테르담 수공간 방어선 Stelling Amsterdam이었다. 이는 네덜란드 특유의 물관리 기술을 응용하여 침입해 들어오는 적을 물로서 막자는 논리로 만들어진 것이었다. 물론 세계 2차대전이 일어났을 땐 이미 전투기가 등장했던 시기였기에 이 계획은 실효를 거두지 못하고 말았다. 그러나 이러한 문화적, 역사적 가치를 인정받아 세계문화유산 유네스코에 등록되었다. 네

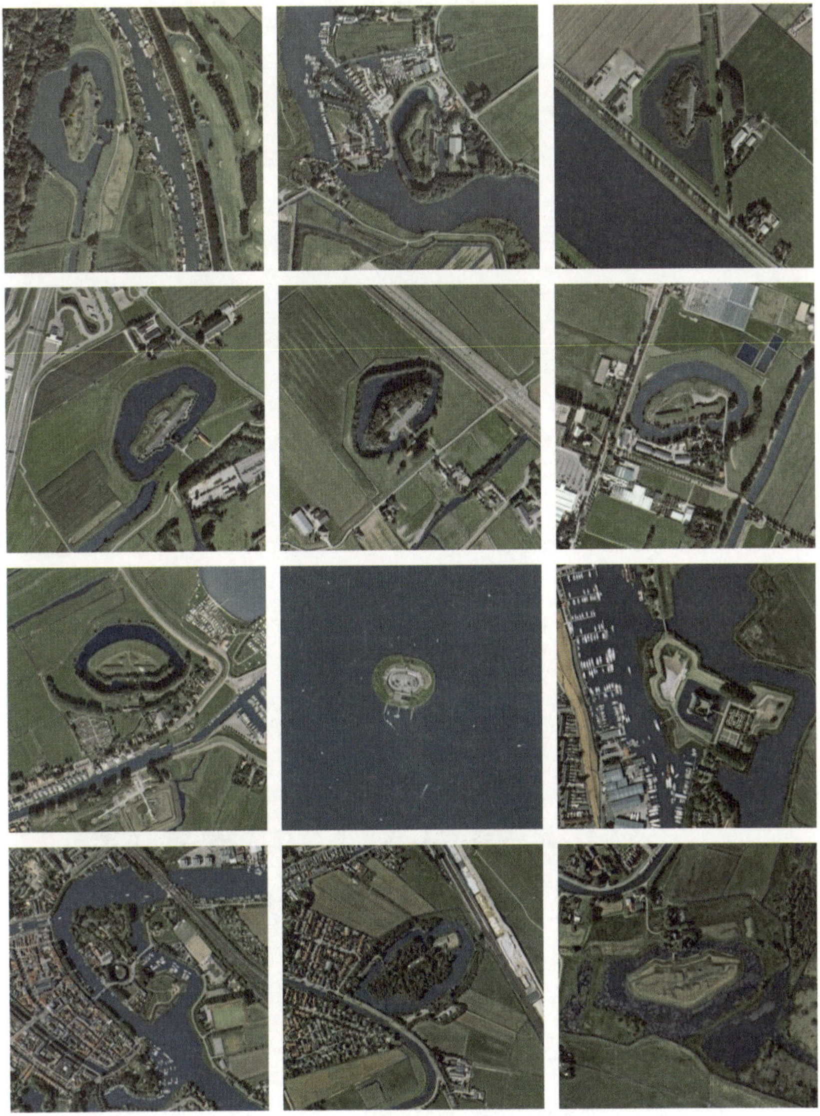

암스테르담 수방어선의 남아있는 진지들-
대부분 잘 보존되어 있으나 곳곳에는 도시화가 진행되기도 하였다.

덜란드 도시 유트렉Utrecht의 조경그룹 H+N+S는 이 특유의 문화자원을 가지고 새로운 문화유산의 랜드스케이프를 디자인 하기도 했다.

■ The war–경관유적을 이용한 도시urban와 그린green의 전쟁

암스테르담의 수방어선 계획은 전투기가 존재하지 않았던 근대의 유적이다. 물론 그렇기에 수방어선은 효력을 상실했고, 2차 세계대전에서 네덜란드는 무기력하게 독일군의 폭격에 고스란히 국토를 점령당하고 말았다. 이후 네덜란드인은 수방어선의 가치와 의미를 암스테르담을 둘러싸는 환형 문화유산공간으로 남겼고, 녹지체계와 연계시켜 복원하려는 계획을 가지고 있다. 이러한 녹지체계와 문화유산, 전쟁의 메타포를 가지고 필자는 경관유적을 이용한 도시와 그린의 전쟁을 기획해 본다. 매우 우스꽝스럽기도 할 이 계획을 이렇게 남겨두는 이유는 도시계획이라는 것이 때로는 이렇게 사고의 놀이를 하는 과정임을 보여주기 위함이다.

가정Assumption

전쟁이 시작되었다. 2차 세계대전 이후 모든 국가는 도시와 농촌, 자연과 인공, 보수와 진보, 그리고 그린과 아스팔트 등의 전쟁을 하고 있다. 이 전쟁은 계속되고 있다.
War begins. Since the finish of the second world war, every nation has the situation of debate between urban and rural, nature and man-made, conservative and progressive, and green and asphalt. The war has been continuously processing. endless argument, endless debate.

가상의 전쟁터, 암스테르담 Battle field, Amsterdam

가상의 편가르기, 아군과 적군 our force or enemy?

그러면 누가우리의 적이고 누가우리의 아군인가?
그것은 분명히 경관(Landscape)은 우리 편이고, 도시(urbanism)는 적군일 것이다.
분명 그렇다면, 수방어선 유적은 분명한 아군의 편일 것이고,
그것은 우리 전쟁의 최전방선이 될 것이다.
What if we decide our force as green, water, void, or passive development?
What if we decide our enemy as asphalt, concrete, solid, or aggressive development?
Our force is landscape and the enemy is urbanism.
OK. If so, the heritage of defense line is the old body of our force.
It would be the frontline of this war.

전략과 전술, 적극적 보이드 Positive void

전쟁은 전략과 그것에 맞는 전술을 가지고 있어야 한다.
여기서 우리는 전략으로서의 적극적인 보이드(Positive void)를 택한다.

from OMA, Melun-Senart, France, 1987, in S, M, L, XL

수방어선의 진지의 양상과 전선의 구축

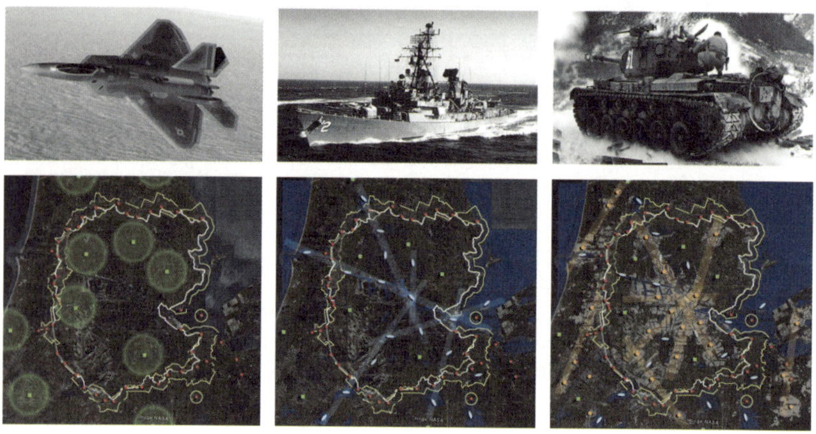

from air　　from water　　from land

단지 보이드를 보존한다는 것은 나름대로 쉽다. 우리는 도시의 취약한 면을 파고드는 적극적인 보이드를 생각한다. 이는 분명히 기존의 생각과는 반대이다.

The preservatoin of void is comparatively easy. In a deliberate surrender-tactical maneuver to reverse a defensive position – our project propose to extend this political shift to the domain of urbanism; to take urbanism's position of weakness as its premis.

전쟁기계 War machine

싸우려면 전쟁기계가필요하다.
전쟁기계는 육 · 해 · 공의 모두가필요할 것이다.
공군의 팬텀기가먼저 도시를 폭격하고,
해군의 군함이 물길을 따르며 공격,
최후에 육군의 탱크가도시를 항복시킨다.

해설

여기서 사용한 전쟁기계의 메타포는 기 설정된 암스테르담 수방어선의 진지에서부터 어떻게 조경의 영역이 도시로 침투하는가에 대한 상상이다. 공군기의 은유는 암스테르담에서의 거점 확보의 측면, 군함의 은유는 암스테르담 수공간을 이용한 도시공간의 녹지침투, 탱크의 의미는 도시공간의 육로를 따라 형성될수 있는 녹지공간의 구축을 은유한다.

총공격 파노라마 Full scale attack panorama

해설

여기서 총공격이란 가상의 육 · 해 · 공군의 작전을 총망라했을 때의 공격상황을 그린 것으로 그림상에서 보여지듯이 적색의 암스테르담 수방어선의 거점과 백색의 진지 확보를 기점으로 녹색의 공군기의 거점 확보와 파란색의 수공간을 통한 녹지의 침투, 그리고 노랑색의 육로를 타고 들어가는 녹지의 점유양상이 표현되었음을 볼 수 있다. 이렇게 암스테르담의 도시는 그린에 의해 공격당하고 있다.

경관의 네트워킹 Landscape network

해설

총공격의 성과에 기반한 그린의 거점 확보 이후 환형의 수방어선의 진지네트워크에서 출발한 각 경관요소들이 서로 네트워크를 형성, 침투경로를 확보한다. 그림에서 보여지는 녹색, 하늘색, 황색선들은 각 경관요소들이 침투하는 경로를 암시한다. 이 단계에 도시는 이미 그물 안에 갇힌 맹수처럼 보인다.

네트워크의 확산 Network Dispersion

해설

구축된 경관네트워크를 통해 육 · 해 · 공 경관요소들은 확산을 시작한다. 이 단계에서 도시는 무분별한 확산을 자제당하고 경관에 의해 조정당하는 형국이 된다. 이제 도시와 경관은 상생을 시작해야 한다. 기존의 도시는 죽었다. 이젠 새로운 도시, 경관과 도시가 상생하는 새로운 도시가 기획되어야 한다.

**Finally, the war is finished.
The urbanism is dead.
After this war, the urbanism begins with reorganizing and reformulating by landscape.**

암스테르담 수방어 계획의 경관 계획, H+N+S그룹(http://www.hnsland.nl 참조)

프로젝트-2

7. 단명하는 풍경을 위한 역도시 Reverse city for ephemeral landscape

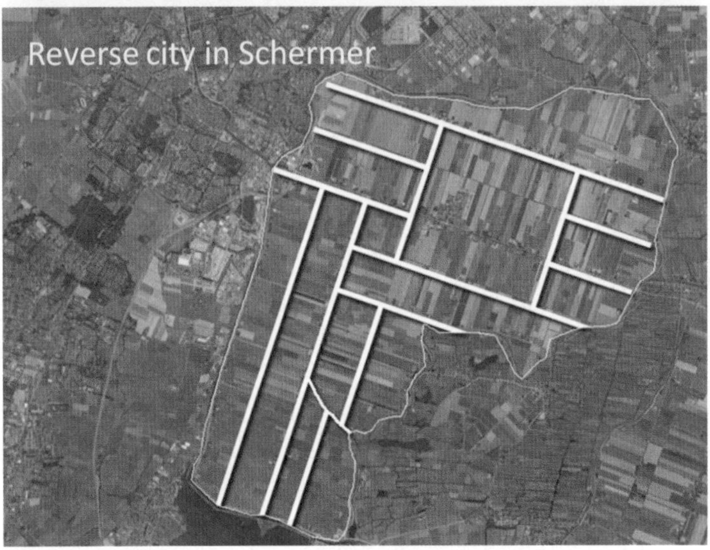

역도시의 제안을 다른 간척지들에게 적용한 그림.
간척지 zijpe(네덜란드 북서부 해안가-위), 간척지 Schermer(북서부 네덜란드-아래)

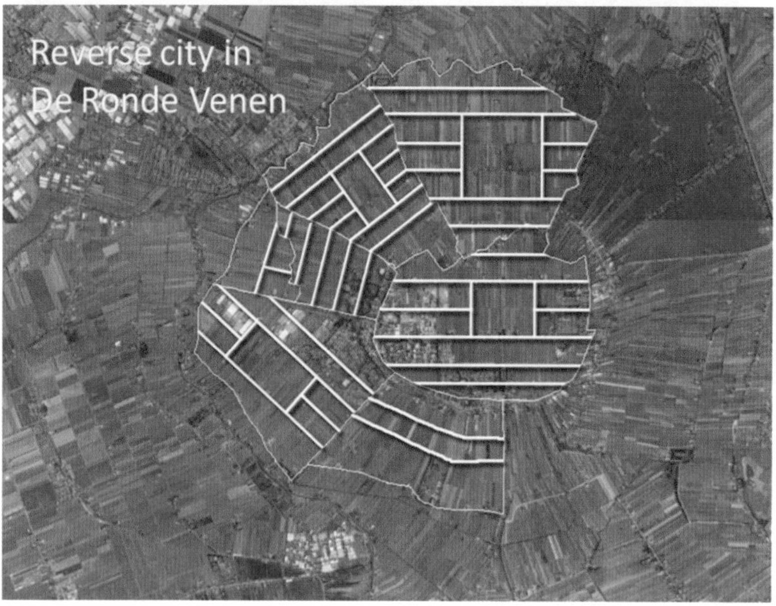

역도시의 제안을 다른 간척지들에게 적용한 그림.
간척지 Beemster(암스테르담 북부-위), 그리고 De Ronde Venen(암스테르담 남부-아래)

요약

네덜란드의 간척지는 인간의 노동력이 축적된 인공의 땅이다. 시기적으로 보면 펌프의 기술이 출현한 18C 이후에 대부분의 간척지들의 출현하였다. 그렇기에 도시화의 단계에서 보면 많은 간척지들은 아직 농촌과 도시의 중간단계에 해당하고 있다. 그리고 아직도 많은 도시계획을 행함에 있어 '간척지 이론'으로 대표되는 '간척지 단위'에 근거한 도시계획이 이루어지고 있음을 볼수 있다.

역도시는 두가지의 가정을 가지고 시작한다. 하나는 도시화를 진행함에 있어 기존의 방식, 간척지 polder의 모듈을 그대로 가져가 그것을 도시 문법으로 삼고, 그러한 도시 문법을 이용하여 전체적인 대지 경사작업을 통해 땅의 물기를 점진적으로 변화를 주어 생태계에 영향을 주는 것이다. 이는 경관의 극장 landscape theater이라는 개념을 최대한 활용하려는 동시에 급격한 도시화에 대응한 반도시의 개념이기도 하다.

여기에 더 나아가 역도시의 각각의 도시단위들은 물을 독자적으로 다룰 수 있는 둑 dike의 역할을 부여한다. 그렇기에 이곳의 주민은 자신의 의사에 따라 마치 수돗물의 꼭지를 조절하듯 자신의 땅을 물로 채울 수도, 아니면 건조한 땅으로, 혹은 그 둘을 동시에 추구할 수 있게 되는 것이다. 이는 네덜란드의 이른바 경관-기계 landscape-machine의 방식에 다름 아니다. 이렇게 필자의 역도시는 단명하는 풍경을 제공한다.

■ 서론

'역도시'는 기존의 어버니즘을 뒤집는 것이다. 이는 간척지 대지를 비워놓는 것으로 대지가 풍경으로 바뀌는 것이다. 이는 렘 콜하스가 언급한 '적극적 비움 positive void'전략에 다름아니다.(좋은 자리는 건물이 들어가서는 안된다. 그것은 비워져야 한다. 그리고 굳이 건물이 들어가려면 그 자리는 피해야 한다)

이를 간척지의 측면에서 바라보면, 좋은 자리는 간척지 polder 단위의 땅들이다. 그렇기에 이곳은 현재의 도시화가 진행되고 있는 장소이기도 하다. 이러한 적극적 비움을 위해선, 일정한 제약이 필요하다. 그렇기에 현재의 인프라로서 기능하고 있는 도로위의 공간은 새로운 도시구축 모델의 토대가 될 수 있다.

■ 계획의 목표

'경관도시론 landscape urbanism'은 1990년대부터 등장한 개념이다. 이 이론은 바로 효율과 기능위주의 공간만들기에 치중한 현대의 어버니즘에 경관의 개념을 들고 나온 것이다.

필자의 '역도시'는 이러한 경관도시론에 근거한다. 더 나아가 1960년대부터 네덜란드의 간척지 자체를 문화유산으로 보자는 논의는 필자의 계획에 더 더욱 정당성을 부여한다. 그것은 분명히 개발성향의 관점에서 도시를 보자는 개념과는 정반대의 개념이기 때문이다. 그렇기에 필자의 실험은 실천적인 경관-장소 만들기의 가능성에 대한 타진이기도 하다.

■ 3가지 네덜란드 간척지의 특색

도시와 비도시의 중간단계

네덜란드 간척지는 도시화에 대한 발전의 준비를 마친 땅이라고 볼 수 있다. 즉, 어느 정도의 인공화가 진행되어 땅주인의 의지만 있으면, 건물을 올릴 수 있는 준비를 마치고 기다리는 땅이다. 또는 반대로 도시화의 의지가 없다면, 그대로 소를 풀어 놓고 방목을 할 수 있는 땅이기도 하다.

중요한 것은 이러한 도시화의 길목에서 어떤 공간적 연속성이 있다는 것이다. 비록 도시화의 과정이 진행되었다 해도 그들 간척지의 가장 중요한 인프라인 물길과 도로는 대부분 도시화 이후에도 남겨진다는 것이다.

단명하는 풍경

모든 경관은 시간이 흐름에 따라 바뀐다. 즉, 영속하는 풍경은 없다. 특히, 네덜란드의 경우는 그 변화의 양상이 더욱 더 극적이며 도발적이다. 그 요인은 바로 물이다. 즉, 마치 수도꼭지를 틀면 물이 나오는 것처럼 둑의 수구를 열면 대지는 바로 물로 찬다. 그리고 그 수구를 닫고 물을 방류시키면 대지는 다시 마른다. 이렇게 대지의 상태를 조절하는 것은 여러 가지 이유가 있을 수 있다. 예를 들어 도시화를 추구하는 곳은 수구를 닫아 대지를 마른 상태로 놓아야 한다. 또한 습지나 초지로 활용해서 관광의 이익을 추구하는 곳은 수구를 열어 놓아야 한다. 이처럼 대지의 활용은 매우 인공적으로

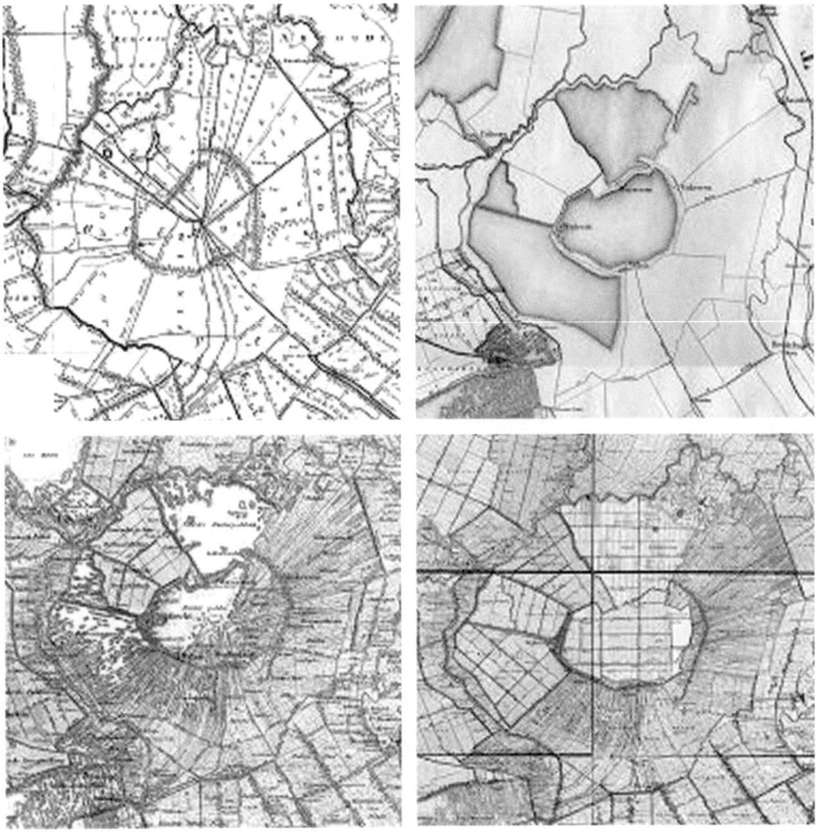

물에 의해 급변하는 경관의 단명성

이루어지며, 이것이 급격한 경관의 변화를 가능케 하는 것이다. 필자는 이것을 네덜란드 특유의 '경관의 단명성'이라 말하고 싶은 것이다. 고지도들은 이러한 경관의 단명성을 예시하고 있다.

간척지 문법

네덜란드의 간척지는 고유한 그들만의 대지 활용이론을 가지고 있다. 이는 간척지 이론 polder theory이라고 말하며, 이 이론의 핵심은 간척지 문법 polder grammar이다. 물은 인공의 선을 만든다. 물의 배수단위는 간척지 단위 polder parcel를 만들며, 그것들이 모여 간척지의 띠polder strip, 간척지의 블록polder block, 간척지의 평면polder plane을 만든다. 이렇게 조합되는 물관리 단위는 간척지 도시polder city로 귀결된다.

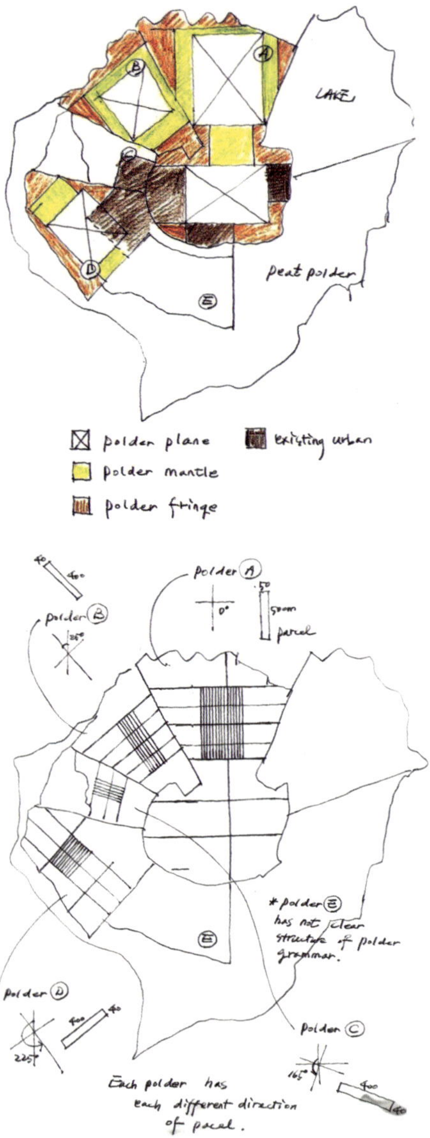

간척지 문법의 분석

역도시의 시나리오

시나리오를 만드는 것은 현대의 경관도시론의 근간이기도 하다. 즉, 시간을 디자인 하는 것이다. 그것은 절대 단시간에 도시는 만들어지지 않는다는 진리를 지키는 일이기도 하다. 그렇기에 그것은 연속적인 시나리오로 귀결되며, 그것은 또한 매우 훌륭한 도시만들기의 툴tool이기도 하다. 필자의 역도시는 7개의 과정을 거쳐서 완성되며, 첫 번째 두 과정은 이미 이루어진 것이다.

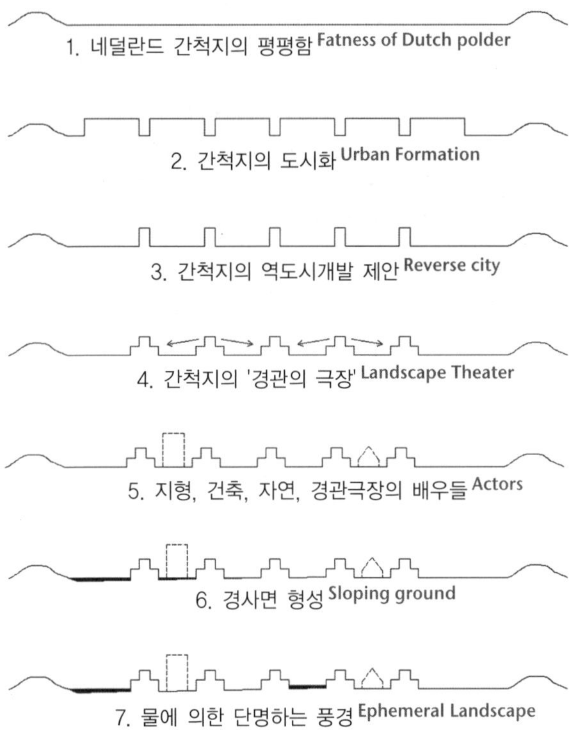

역도시의 프로세스

네덜란드의 간척지 풍경-평평함

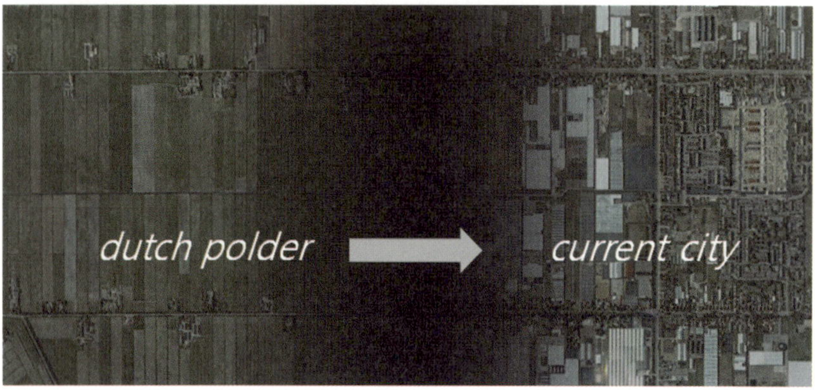

간척지의 도시화

평평함

네덜란드의 간척지는 평평하다. 유일하게 평평함을 깨뜨리는 것은 바로 둑dike이다. 기본적으로 하늘은 가장 크고, 변화무쌍하고, 풍경을 지배하는 간척지의 주 경관요소이다.

현재의 도시

간척지에 조성된 현재의 도시는 간척지 물관리 공간단위에 많은 영향을 받는다. 그러나 이러한 공간활용이 아무리 변해도 소위 간척지 문법에 기초한 공간구조의 연속성은 여전이 유효하다.

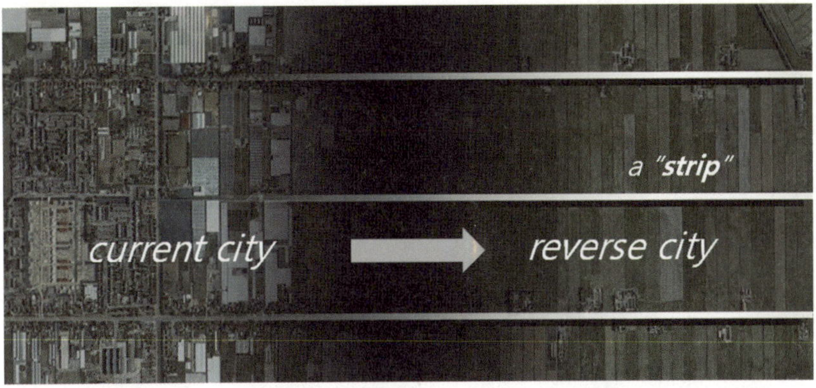

현재도시에서 역도시에로

경관 극장(landscape theator)

역도시

역도시는 이러한 간척지 단위의 땅을 사용하는 도시-비도시의 관계를 역전시킨다. 옛 도로는 그 상부에 건물이 놓인다. 건물로 채워졌던 간척지 단위는 비워진다. 이러한 의도된 비움은 경관 그자체로서 대지를 활용하려는 의지이다.

'띠 strip' 만들기와 경관의 극장 landscape theator

도로 상부를 이용하여, 띠의 구조를 삽입한다. 이 띠의 기능은 세 가지이다. 하나는 교통을 수용한다. 또 하나는 둑의 기능이다. 이는 수문을 가져서 물을 조절하기 위함이

'경관 극장'의 '배우들(Actors)'

다. 그리고 나머지 하나는 경관의 극장이다. 이 띠 구조물에서 사람은 변화하는 대지의 풍경을 감상하는 관객이 된다.

배우들 Actors

역도시에는 많은 배우들이 있다. 그 경관의 극장에는 자연경관들의 배우 뿐만이 아니라 도시경관의 배우들을 포함한다.

경사대지 만들기

이러한 과정을 거친 후 대지에 경사를 준다. 이는 중력을 이용한 물의 흐름을 만들기 위함이다. 이 경사는 매우 완만해야 하며, 이 완만한 경사는 물이라는 자연요소를 통해 완만한 속도로 대지를 바꾼다. 물은 대지를 젖은 땅에서 마른 땅까지의 변화를 만들어 주며, 이러한 다른 대지의 성질에 맞추어 다른 도시의 프로그램들이 들어간다. 이러한 대지의 습윤상태의 차이는 그 위에서 정주하는 생태계와도 직결된다.

단명하는 풍경만들기

띠의 구조물들은 각각의 수문을 가지고 있다. 이러한 수문들은 물의 흐름을 조절하며, 이 곳의 주민들은 그 수문의 열쇠를 가지고 있다. 자, 내 땅을 어떻게 만들까.

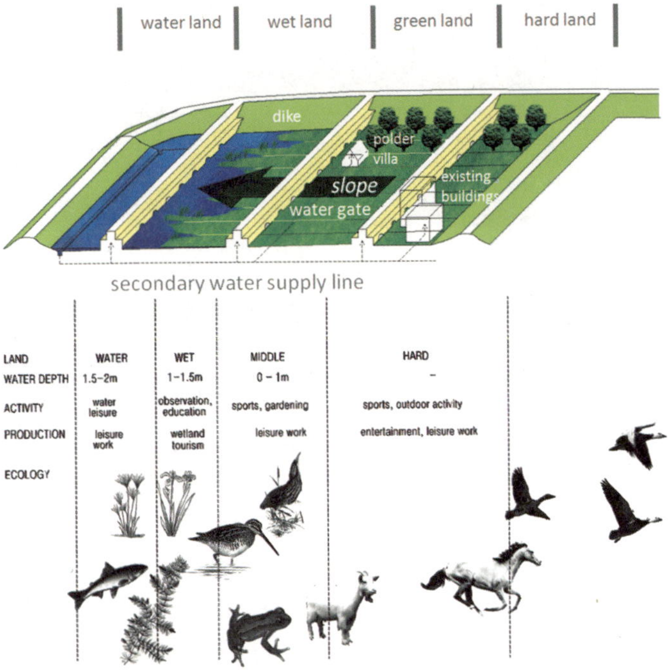

물, 대지, 행위, 생산, 에콜로지의 상관관계

■ '띠'의 구조를 만드는 과정

띠의 구조를 만드는 과정 또한 연속적인 단계를 요구한다.

현재의 간척지 도로

현재의 도로는 매우 정형적인 형태를 가지고 있다. 길을 중간으로 길 양 옆에 흐르는 물길이 있다. 그것은 간척지 단위에서 배수되어 나오는 물과 빗물이 지나가는 길이다. 이 도로의 폭은 각각의 간척지마다 다양하게 나타나나 그것은 대략 24m 안팎의 길이이다.

'기반구조' 만들기

이러한 기존의 간척지 도로 위에 기반구조 base-structure가 만들어진다. 그것의 폭은 24m 정도로 맞추어질 것이다. 물론 양 옆의 길은 그 기반구조 옆으로 이동될 것이다.

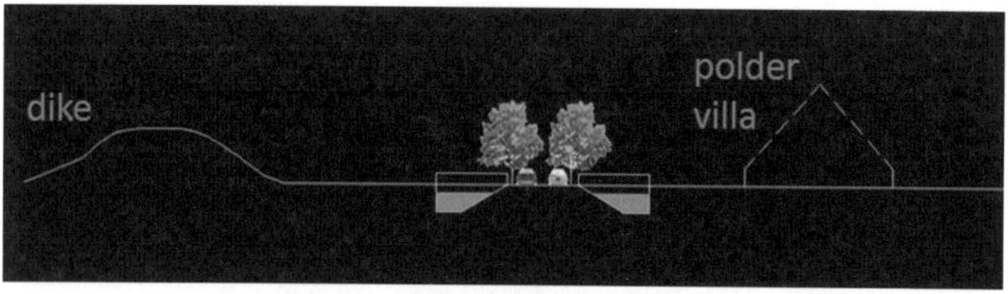

기존의 간척지 도로

기반구조(base-structure)

경관의 극장(landtheater)

이 위에 자동차와 보행자길이 만들어진다.

이렇게 만들어진 기반구조에 수문이 뚫린다. 그것은 물길을 조절하는 장치이며, 이를 통해 기반구조 자체는 일종의 둑dike이 된다. 그 둑은 물을 막는 둑이 아니라 물을 이용하는 둑이다.

'대지의 극장' 만들기

이 기반구조 위에 대지의 극장이 만들어진다. 그것은 보행인만의 길이다. 이는 자연과 기존의 도시가 배우가 되는 대지 극장의 객석land auditorium인 것이다. 자동차와 보행

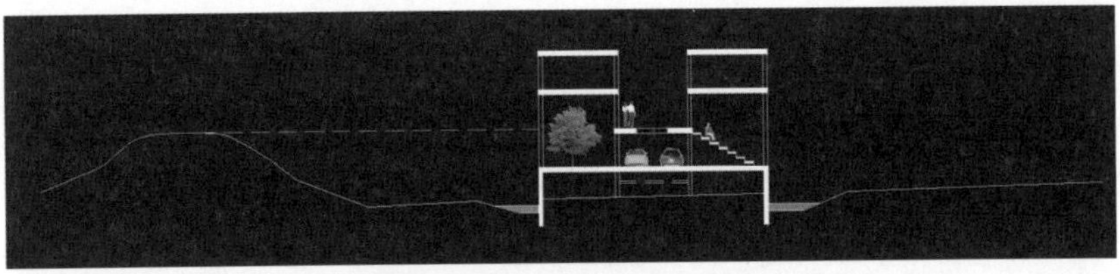

건축의 시작, 저층의 건축, 주거와 상업

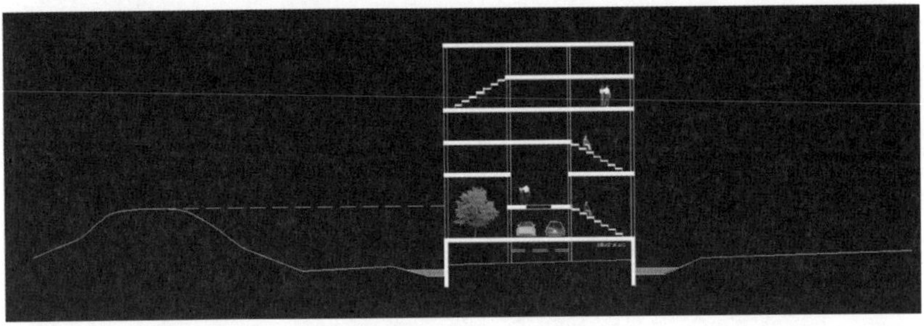

중층의 건축, 주거, 상업+업무

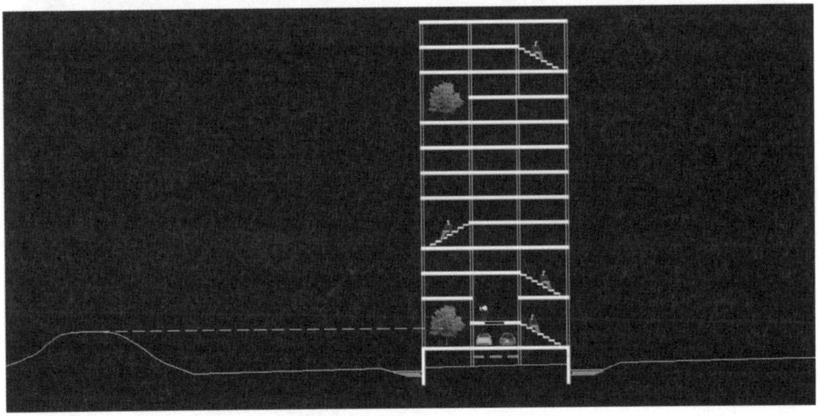

역도시의 마천루, 역도시의 랜드마크

인은 구별된다. 밑의 자동차를 위해서 보이드가 뚫리거나 필로티 구조, 혹은 브릿지만 지나가는 다양한 경관을 만들어낸다.

건축물의 구축

이후, 건축이 올라간다. 정주민을 위한 공사인 것이다. 첫 번째 빌딩 유형은 낮은 유형이 될 것이다. 이는 주거와 상업의 기능을 포함한다.

중간단계의 건물

점점 도시의 용량의 문제를 받아내기 위해서는 대지의 극장 위에 건물이 올라가야 한다. 이는 다양한 프로그램으로 다양한 기능을 갖추면서 자라난다.

역도시의 마천루

종국적으로는 마천루가 등장한다. 이는 간척지 도시의 마천루이며, 또한 사람들에게 장소 인식의 기회를 제공한다. 그것은 역도시상의 랜드마크이다. 그렇기에 그것의 위치는 매우 세심하게 고려되어야 하며, 그것은 주 시경관의 축상에 위치시킨다.

마스터플랜

역도시의 마스터플랜

■ 물관리 계획

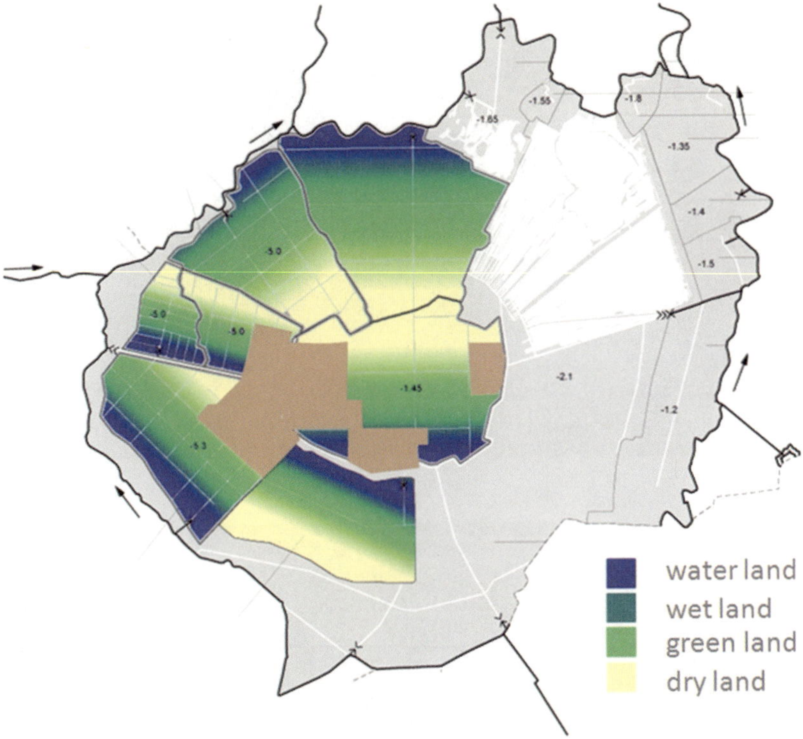

역도시의 물관리 계획

경계부로 다가가면서 파랗게 변하는 대지의 표면방향은 물이 흐르는 방향을 나타내 준다. 현재의 물관리 시스템이 물을 선형으로 처리하는 운하나 개울 등을 이용한다면, 역도시의 물관리는 면적인 물관리 시스템이며, 이들 각각은 간척지 단위에 장착된 수문을 통해 조절되는 것이다.

모빌리티 지도 Mobility map

역도시에서의 각각의 띠들은 모빌리티 라인을 의미한다. 즉, 띠 속의 공간에 들어있는 도시 모빌리티속으로 공공의 모빌리티가 들어갈 수 있다.

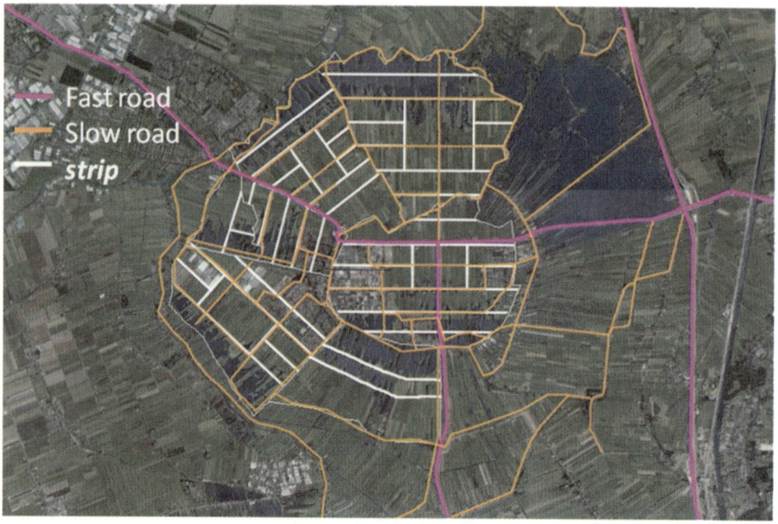

역도시의 모빌리티계획

도시의 옛 지형의 복원

도시의 옛 구조에 대한 활용

네덜란드의 간척지는 두터운 고고학적 지형의 흐름의 기록을 가지고 있다. 예를 들면, 물길의 변화, 지형의 변화 등등은 그들이 가지는 빠른 경관만들기에 대한 기록의 결과물이기도 하다. 이러한 옛 지형의 변화의 기록들은 역도시에 있어 훌륭한 경관만들기의 자원이 될 수도 있다. 상기의 그림은 옛 지도에 나타나는 물길의 흔적을 역도시 내에서 재현한 것이다.

■ 다음 단계의 가능성

이러한 역도시의 개념을 확장시키기 위해 다음의 단계를 고려할수 있다. 이는 좀 더 극한의 상황으로 가는 것이다.

'역' 그리드 Reverse grid

먼저, '역'그리드의 고려는 필수적이다. 이는 맨해튼의 그리드와는 전혀 다른데, 맨해튼의 그것이 자동차의 흐름을 빌딩 블럭으로 가져오는 것이라면, 역그리드는 이러한

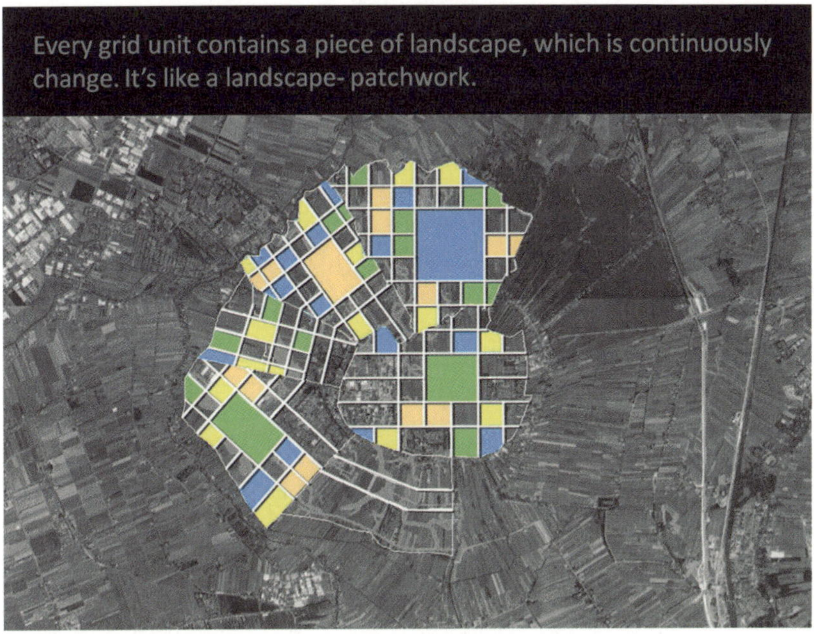

역그리드

모빌리티의 그리드와 정주의 그리드를 동시에 말해 준다. 이것은 분명히 극한의 건축이다. 좀 더 띠의 그리드의 밀도가 높아질수록, 좀 더 후대에게 남겨줄 수 있는 땅은 늘어나는 것이다.

이 역그리드의 상태가 되면, 각각의 그리드 내의 자연들은 각각의 정주민의 의지에 따라 경관을 바꿀 수 있게 된다. 즉, 이것은 통일된 하나의 경관이 아니라, 네덜란드 특유의 단명하는 풍경을 정주민의 의지에 의해 만들 수 있는 이른바 '경관-기계'인 것이다.

스케일의 수축 Scale shrinkage

'역'그리드의 단계를 넘어서면, 이젠 간척지 블록의 스케일로 넘어간다. 그리고 다시 이 단위를 넘어서면 간척지의 단위까지 갈 수 있다. 이 말은 물관리의 열쇠가 하나의 간척지 단위에서 간척지 블록, 간척지의 단위세포까지 내려옴을 이야기하는 것이며, 이것은 지역주민의 의사에 따라 자유로이 조절한다는 말이 된다. 이 이야기는 옆집은 물을 막아 마른 땅으로 만들어 축구장으로 사용한다면, 그 옆집은 물을 틀어 놓아 수영장으로 쓸 수 있다는 말이다. 옆집은 생태정원을 만들어 개구리를 키우지만, 그 옆집은 모래사막을 만들어 무생물의 대지를 만드는 것이다. 이 모든 결정권은 집주인에게 달려 있다.

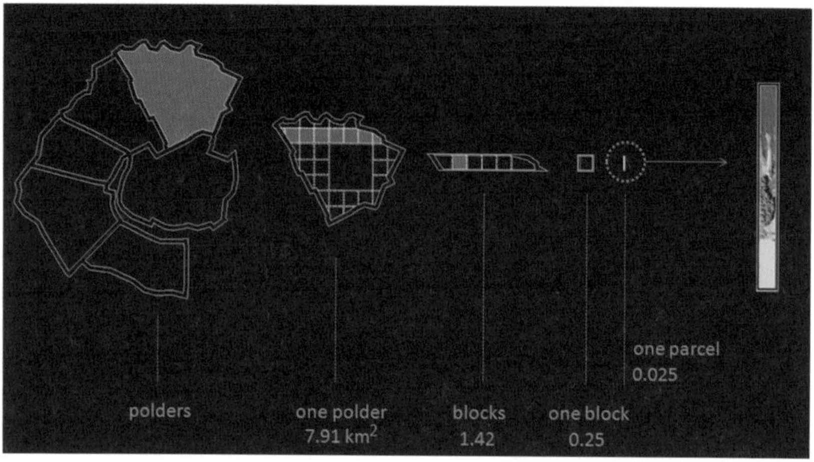

스케일의 수축(Scale shrinkage)

■ 결론

겉보기에 네덜란드의 간척지는 빈 곳처럼 보인다. 단지 평평함. 그러나 그 안에는 엄청난 인간의 땅에 대한 공력이 숨어 있다. 그리고 그 공력의 대부분은 물을 어떻게 처리했느냐에 모여 있다.

네덜란드의 간척지는 일종의 '대지-기계 land machine'이다. 그리고 이 기계를 돌리는 가장 큰 에너지원은 바로 물이다. 물은 양면을 가지고 있는데, 하나는 피해야 할 두려움이고, 하나는 조절할 수 있는 즐거움이다. 이를 가능케 해주는 것은 바로 기술이다. 기술은 조절의 즐거움을 선사한다. 바로 축축한 땅부터 마른 땅까지 인간의 의사에 따라 만들 수 있는 것이다. 그리고 이 결과는 행위, 생산, 그리고 생태에까지 영향을 미치는 연쇄효과를 가진다.

역도시는 이러한 물이 주는 기회를 최대한 활용하자는 일종의 '간척지-기계 polder-machine'이다. '띠' 구조물은 분명히 둑 dike의 역할이다. 그러나 그것은 수문을 가지고 있고, 물을 조절한다. 그리고 그러한 물관리의 단위가 작아질수록, 더 많은 사람들이 물을 조절할 수 있는 권리를 가진다.

역도시는 '적극적 보이드 positive void'의 하나의 방편이다. 이는 현재의 도시형성이 어떠한 한계나 제한 없이 적극적 대지활용에 근거한다면, 역도시는 이러한 대지활용에 분명한 제한을 가한다. 그것은 분명히 발상의 전환이 필요하다. 아마도 큰 공간을 요하는 도시프로그램은 이러한 역도시에서는 들어설 수 없다. 그 말은 어찌 보면 욕망을 줄이라는 말과도 같다. 우리가 이렇게 빈 땅을 남기면 남길수록, 우리의 후손은 더 많은 기회를 가지게 되는 것이다.

Dutch polder is a land-machine,
of water management.
It generates the polder-urbanism.
Reverse city is a polder-machine,
by reverse urbanism.
It generates the ephemerality.
So, dutch polder is
the mother- machine
of the reverse city.

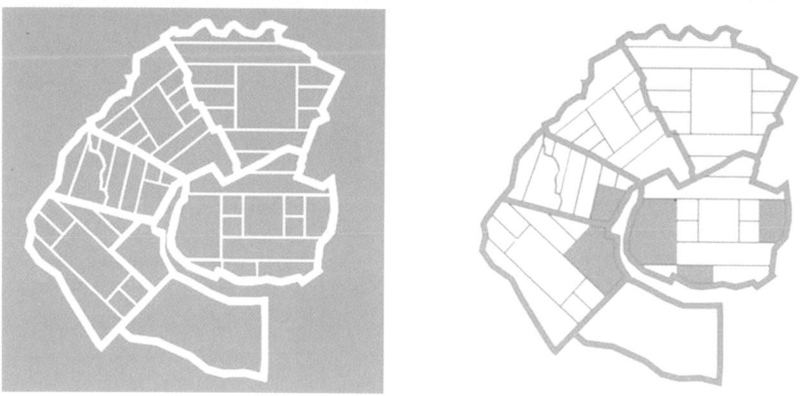

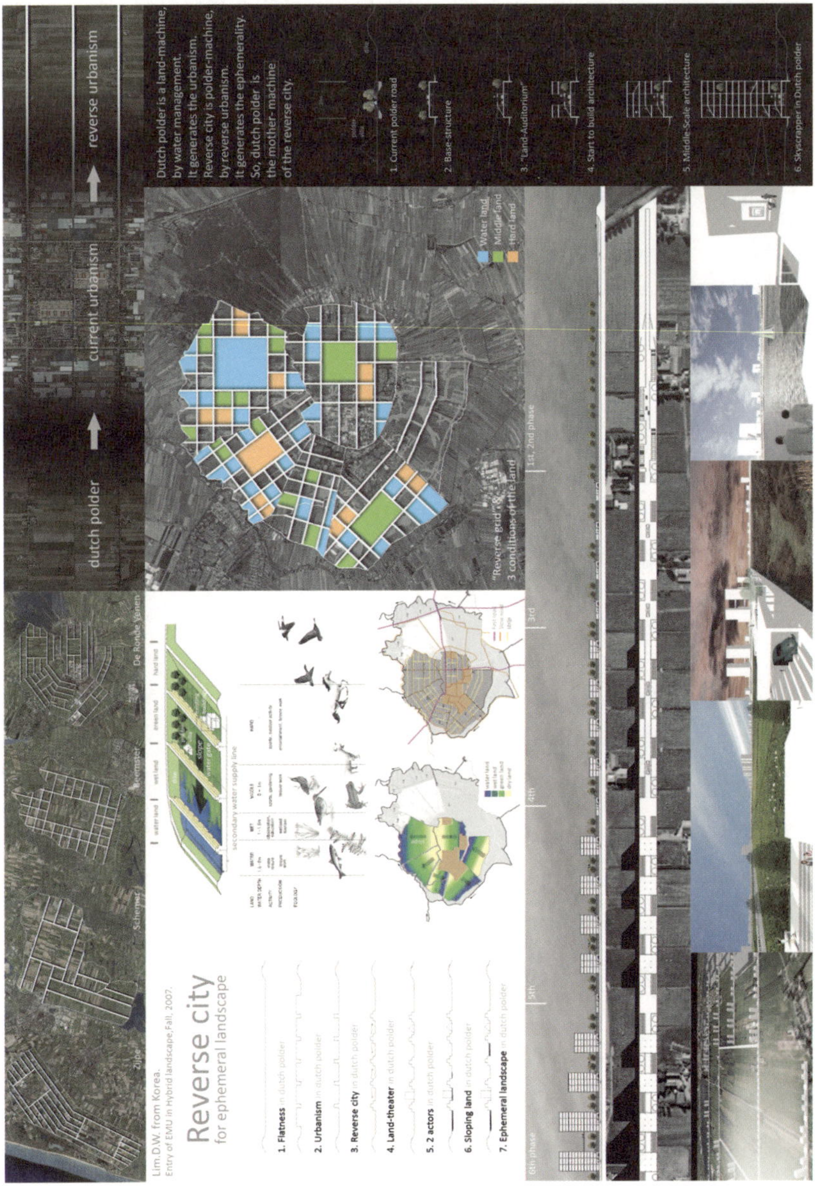
Lim.D.W. from Korea.
Entry of EMU in Hybrid landscape,Fall, 2007.
Zijpe
Schermer
Beemster
De Ronde Venen
Reverse city
for ephemeral landscape
1. Flatness in dutch polder
2. Urbanism in dutch polder
3. Reverse city in dutch polder
4. Land-theater in dutch polder
5. 2 actors in dutch polder
6. Sloping land in dutch polder
7. Ephemeral landscape in dutch polder
water land
wet land
green land
hard land
secondary water supply line
dutch polder
current urbanism
reverse urbanism
Dutch polder is a land-machine,
by water management.
It generates the urbanism.
Reverse city is polder-machine,
by reverse urbanism.
It generates the ephemerality.
So, dutch polder is
the mother-machine
of the reverse city.
1. Current polder road
2. Base-structure
3. "Land-Auditorium"
4. Start to build architecture
5. Middle-Scale architecture
6. Skyscrapper in Dutch polder
Water land
Middle land
Hard land
"Reverse grid" &
3 conditions of the land
1st, 2nd phase
3rd
4th
5th
6th phase

8. 랜드스케이프에 있어서의 개념과 표현: 다운스뷰 파크 토론토 현상설계 후기

다음은 캐나다 토론토에 있었던 다운스뷰 파크 현상설계에서 표현된 3개의 작품을 비교, 설명한 장이다. 필자는 이 장에서 랜드스케이프를 표현함에 있어 추상성이 얼마나 큰 역할을 하고 있는지 말해보고자 한다.('랜드스케이프'라는 말 자체가 얼마나 추상적인가?)

다운스뷰 파크 토론토 downsview park Toronto라는 프로젝트는 1980년대의 파리의 라 빌레뜨 공원 park de La Villette 이후 전세계의 이목을 집중시켰던 프로젝트였다. 퇴물처리된 공군비행장 부지를 가지고 어떻게 도시의 공원으로 만들 것인가를 묻는 것이었고, 이슈는 점진적 개발의 모습을 어떻게 디자인 할 것인가와 도시 에콜로지를 어떻게 디자인 할 것이가. 그리고 전통적인 도시와 공원의 경계의 의미를 어떻게 해석할 것인가의 3가지가 주된 주제였다. 5인의 finalist들 중에서 당선은 OMA가 차지했다. 5인중 2인을 제외하고, 3인의 디자인이 필자에게 다가왔는데, 공통 이슈는 '랜드스케이프에 있어서 개념과 표현, 그리고 추상성의 정도'라 할 수 있겠다.

첫 번째는 James corner+Stan Allen이 제출한 'Emergent Ecologies'이다. 대지 자체에 레이어링 layering 개념을 적용하여 2가지의 큰 레이어로서 Circuits와 Through-Flows를 설정하고 있다. Circuits는 랜드스케이핑 landscaping('랜드스케이프를 하다'는 동사적 의미)에 있어 동적인 요소를 담는 물리적 구조물이라 할 수 있는데, 5가지의 추상용어를 써서 제시한다. 그것은 활동트랙 activity track, 경계도로 perimeter trail, 미디어와 이벤트의 고리 media and event loop, 동-서의 분배기 east-west destributor, 그리고 조깅순환로 runway circuit이다. Through-Flows는 앞서의 것보다 좀 더 정적인 요소를 담고 있다. 역시 5가지의 요소인데, 연속되는 초원과 길의 매트릭스, 생물서식지를 위한 골판배수로, 전기, 설비 등을 위한 구조물들, 방풍림, 그리고 침엽수림대이다.

코너의 개념어들을 살펴 보면, 이른바 랜드스케이핑 작업에서 추출할 수 있는 모든 것들을 정적인 층위와 동적인 층위로 나누고, 또 그것에 어울리는 프로그램들을 집어 넣어 그 2개를 겹쳐 놓은 것이라 볼 수 있다. 이것은 매우 극적인 대위를 보여주고 있는데, 왁짜지껄한 circuit과 정적이 흐르는 throgh-flows. 미국의 대표 주자답게 개

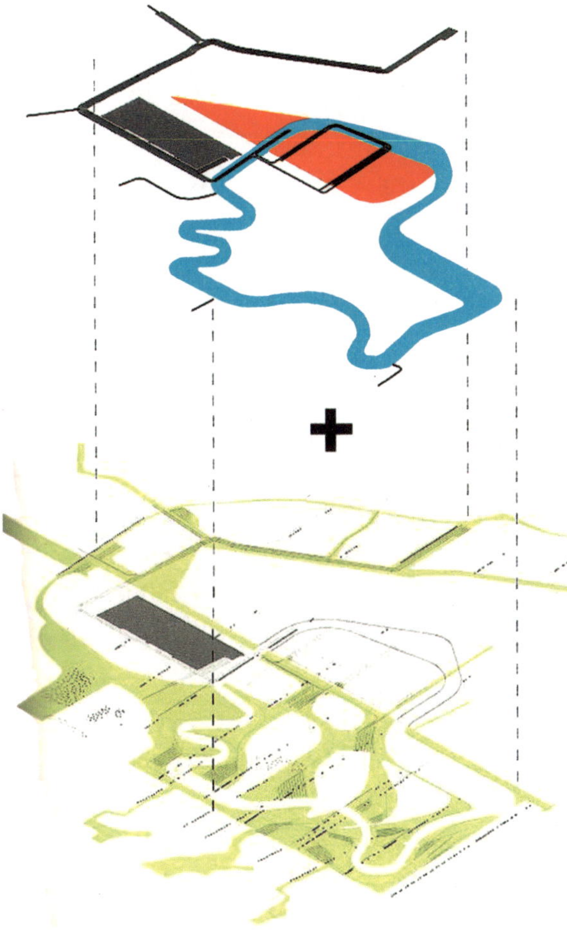

James corner+Stan Allen의 안

념과 그 개념을 구성하는 요소들의 매치가 잘 되어 있고, 그리고 대위되는 의미가 아주 명쾌하게 풀려 있다. 그렇지만, 표현의 질이 가지고 있는 내용보다 좀 못 미친다고나 할까.

두 번째는 오마OMA의 'Tree city' 이다. 필자는 학교에서 Jeffrey Inaba라는 사람의 렉쳐를 들을 기회가 있었는데(그는 AMO의 편집장 같은 역할을 했던 사람이다. 지금은 독립한 듯 보인다) 약 2시간의 그의 유창한 영어를 즐기고 난 후의 느낌이 있었다. 그 느낌은 바로 '사기당했다' 이다.

이 안에서는 한마디로 공간의 질이 없다. Genius Loci는 말할 것도 없다. 개념과 표현 모두 랜드스케이프에서 말하는 공간의 질을 찾아볼 수 없다. 그런데 왜 1등을 했

OMA의 안

을까. 필자가 보기엔 설득의 작전이다. 그리고 그 설득의 중심엔 바로 유려한 언술이 있었다. 누가 이것을 했을까. 바로 Bruce Mau였다. 그는 분명히 건축에 있어서 새로운 담론을 만들고, 할 줄 아는 사람이다. 10년 전 쎈세이션을 일으켰고 지금까지 막대한 영향을 미치는 렘의 S, M, L, XL 역시 Mau의 표현이 없었다면 나오지 못했을 것이다.

렘은 분명히 알고 있었다. 필자가 보기엔 그의 랜스케이핑은 내용을 찾기 힘들다. 그건 20년 전의 파리 라빌레뜨에서도 마찬가지였다. 넘치는 건 이미지들의 파편뿐. 그래서 영리한 렘은 자신의 랜스케이핑의 생각을 표현하기 전에 Mau를 불렀을 것이다. 머리는 렘, 표현은 마우. 이 당선안은 그렇게 탄생했다. 개념어만 보면, "자라는 공원+매뉴팩쳐 자연+1000개의 길+문화의 큐레이팅+희생과 축적+방향과 분산은 저밀도의 메트로폴리탄 일상을 만들고 그것은 바로 우리의 나무도시tree city의 모토이다."

세 번째로 츄미의 'Digital & Coyote'. 그 때의 츄미는 욕심이 많았던 것 같다. 라 빌레뜨의 당선이라는 일대의 성공을 거둔 이후, 아마도 그는 이 현상설계에서 post-라 빌레뜨의 레토릭rhetoric을 던져주고 싶었던 것 같다. 그의 슬로건을 정리하면 다음과 같다.

> "문화와 자연이라는 말은 이미 잡기 힘든 일이 되고 있다. 문화는 너무 상업화의 길을 걷고 있고, 자연 역시 인공적으로 가고 있는 것이다. 우리의 안은 테마파크도 아니고 그렇다고, 야생의 자연을 보호하는 것도 아니다. 인터넷과 월드와이드웹www은 자연과 공원, 그리고 도시의 구분을 재정의 할 것을 요구하고 있다. 인터넷만 있으면 어느 곳에 있어도 우리는 이미 도시urban에 있는 것이다. 심지어는 야생의 중심에 있어도. 우리의 안 'Digital과 코요테coyote'는 두 현실, 디지털과 야생을 물 흐르듯이 섞으려 한다."

매우 새롭고, 과연 거장다운 모토가 보인다. 그런데 무얼까. 역시 표현이 좀 거칠다고나 할까. 한마디로 생각은 현재에 있는데, 표현은 라빌레뜨식이다. 그리고 단어의 선택 또한 그 추상성이 너무 도를 넘는다.(spool이라는 말은 아직도 잘 다가오지 않는다) 또 한 가지, 세 가지의 메인요소, screen, spools, and digits 중 screen은 나머지 2개의 위상에 많이 못 미친다. 격이 좀 안맞는 요소를 대위시켰다고나 할까. 처음에 필자가 언급한 제임스 코너의 정교하고, 분명한 레이어링layering에 비하면, 그 세련미

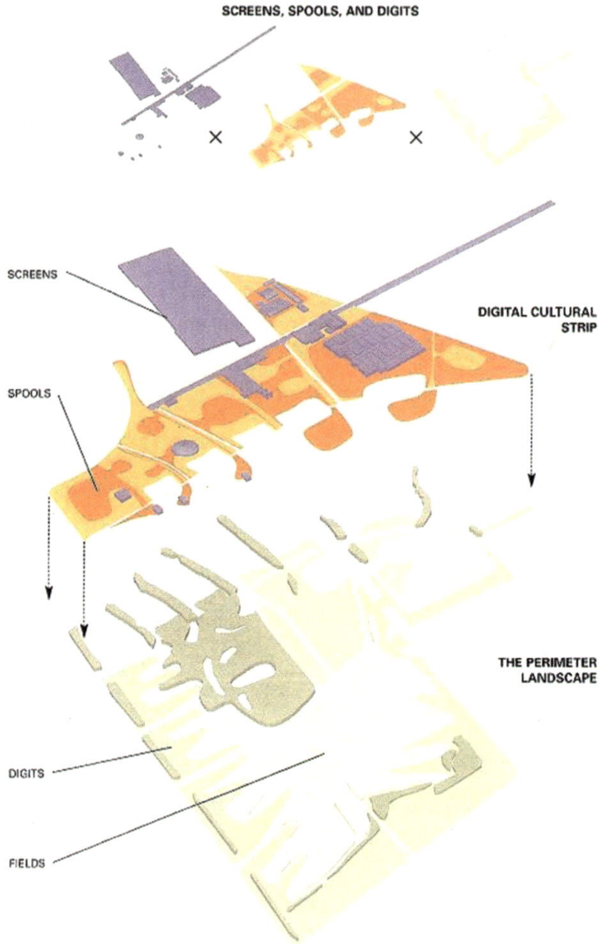

츄미의 안

가 떨어진다. 그래도 이 투시도 하나는 남는다. 이 투시도 하나는 그의 생각 모든 것을 설명하고도 남는다.

총평을 하자면, 제임스 코너의 안은 랜드스케이프에서 말할 수 있는 일반적인 요소들을 가지고 섬세한 레이어링 작업을 통해 대지에 정교하게 안치된 무난하면서도 충실한 안이다. 추상성의 정도 또한 현실과의 거리를 어느 정도 유지하면서 튼튼하게 자

츄미의 안-투시도

리 잡고 있다.(모든 표현에는 추상성이 깃든다. 특히, 랜드스케이프의 분야는 건축보다 더 그 도가 높다. 왜냐 하면, 경관이라는 말 자체가 더 추상적지 않는가) 그 말은 표현을 함에 있어 추상성은 좋은 방법이 될 수 있지만, 자칫 표현에 있어서 현실의 리얼리티를 잃기 쉬운 면이 있다. 바로 그 예가 츄미의 안이다.

츄미의 안은 대가답게 슬로건을 담고 있다. 그리고 그 슬로건을 가지고 역시 Geneus Loci를 잃지 않았다. 문제는 추상성의 정도와 표현력의 차이였다. 추상성을 현실로 담아내는 것이 바로 표현력이다. 그의 높은 추상성만큼 그는 그것을 담아낼 수 있는 다른 표현력을 가졌어야 했다. 그게 좀, 아니 많이 아쉽다.

오마OMA의 안은 그와는 반대로 추상성밖에 없다. 즉, 그 말은 실체가 없다는 말이다. 그러나 자칫 실체가 있는 것처럼 보인다. 그것이 바로 Mau의 능력이다. 이렇게 물리적이고 중력의 영향권에 있는 물질로서의 랜드스케이프의 리얼리티가 추상성의 그릇으로 현혹되어 버린다. 이건 사기다.

좀 더 설명하면, 이것은 사람들이 가지는 랜드스케이프라는 이미지를 그 이미지만으로 극대화시킨 것이다. 마치 물방울 같은 랜드스케이프의 요소들을 단어와 일대일 대응을 시키고, "이것은 '그것' 입니다" 하는 식이다. 이렇게 단순화된 기호는 기호 자체로 인식될 뿐 어떠한 현실의 리얼리티도 담아내지 못한다. 그러나 Mau는 그 기호 자체가 현실인양 표현하고 있는 것이다. 이것은 츄미가 라 빌레뜨에서 구현했던 '백색

의 랜드스케이프'와는 다른 의미를 갖는다.(이 즈음에서 말레비치의 절대추상이 생각난다)

20년 전 라 빌레뜨 공원에서 츄미는 랜드스케이프의 그 동안 쌓고 있었던 가치를 일거에 흔들어버렸다. 점, 선, 면의 중첩레이어의 조합 뿐. 어떠한 공간의 언어도 어떠한 지역의 가치도 없다. 그러한 추상덩어리로서의 점, 선, 면은 실체로 드러났어도 그 내용이 없다. 폴리 Folie는 폴리일 뿐, 어떤 의미가 있는가. 우리가 도널드 져드 Donald Judd의 작품을 보면, 무제는 무제일 뿐이다.

만일 오마의 안이 당선이 안되고 2등쯤으로 남았으면 어땠을까. 호사가들의 평가는 달라지지 않았을까.(이 다운스뷰 파크는 여러 가지 면으로 20년 전의 라 빌레뜨를 연상시킨다. 1등과 2등의 순서가 20년 후에 정확히 바뀐 것도 아이러니 아닐까. 그때는 츄미가 1등, 오마가 2등이었다) 아무튼 브루스 마우의 '표현'은 우리에게 시사하는 바가 크다. 개념 자체에 물질성을 담아내는 것. 그것을 가능케 하는 건 바로 사람들에게 침전된 이미지를 등에 타고 있기에 가능한 것이다. 그것이 지금처럼 사기로 가든, 안가든, 남겨진 몫은 그 영롱하고 만져질 것 같은 개념덩어리를 뽑은 캐나다 당국으로 넘어갔다.

투시도: 활동공간과 생태공간의 대비: 제임스 코너+스탄 알렌-emerging Ecologies 중

마지막으로 제임스 코너의 투시도를 들며 글을 마치고 싶다. 그의 앞서 언급했던 2가지의 개념은 이 투시도에서 극적으로 대비된다. 필자가 생각하는 양심적인 표현은 이런 것에 가깝다.

9. 양파껍질 같은 도시: 산책하고 싶은 도시 돌드레흐트Dordrecht

네덜란드의 도시들은 그 자체로 시간의 켜를 가지고 있다. 이는 어쩌면 자본의 욕망을 조금 줄이고, 정치와 자본, 그리고 지역민이 서로 타협하면서 만들어낸, 그러한 문화와

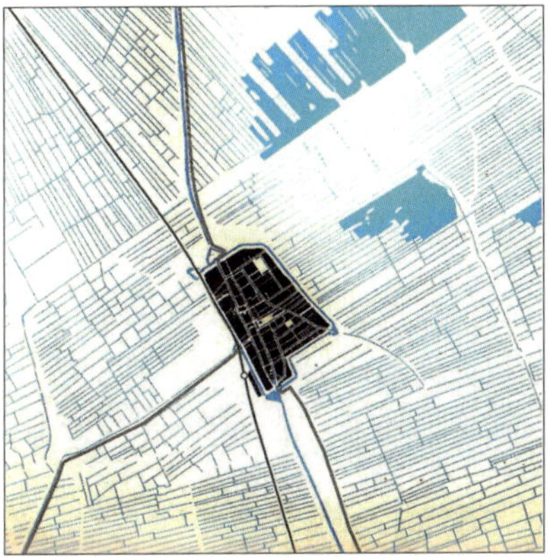

1847 Delft

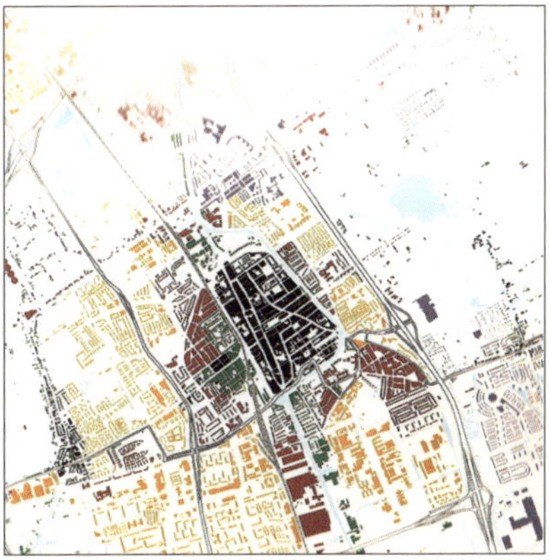

2000 Delft

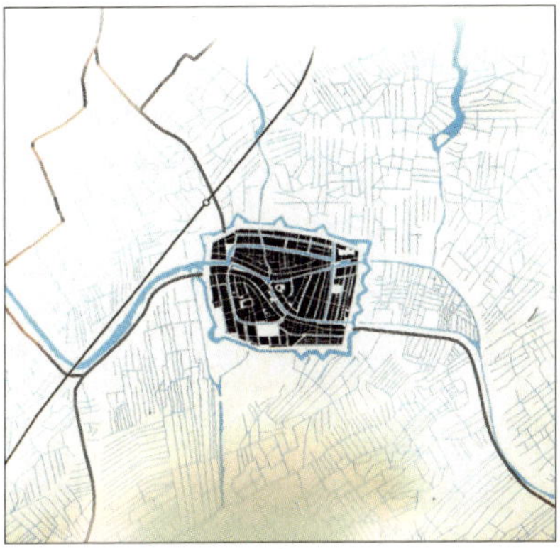

1843 Leiden

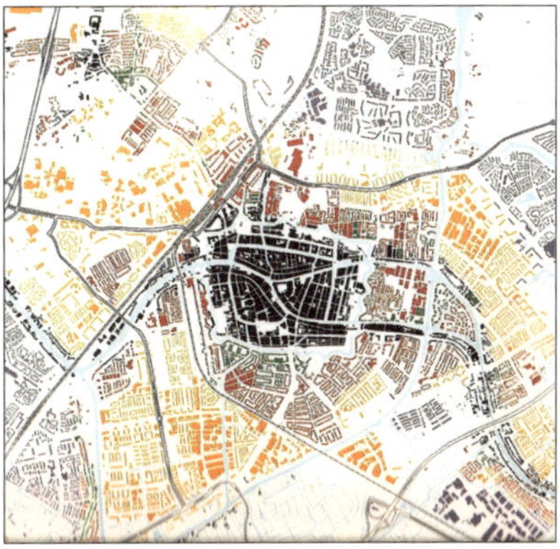

2000 Leiden

1842 Haarlem

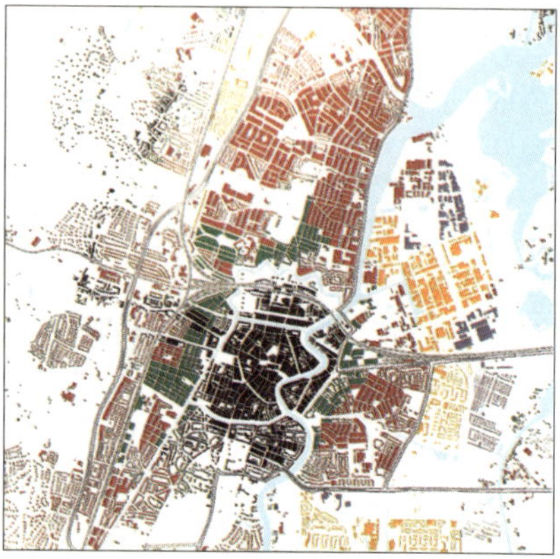

2000 Haarlem

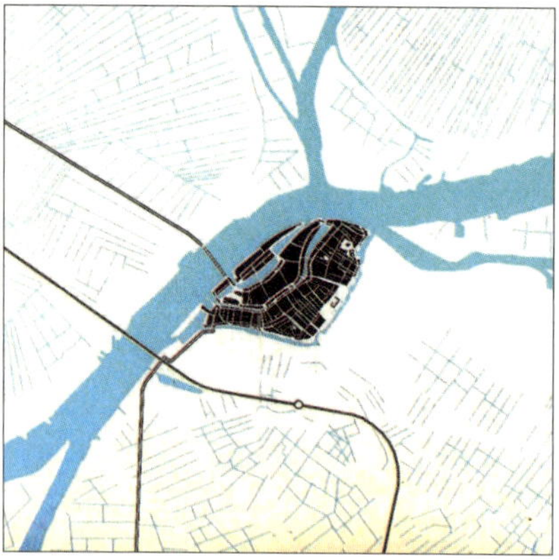

1832 Dordrecht

2000 Dordrecht

시간이 가지는 역사의 켜를 존중하려는 이들이 소망이 아니었을까. 이는 매우 풍요로운 공간경험을 만보객에게 선사한다. 이 한 예가 로틀담 남부 인구 11만의 작은 도시 돌드레흐트 Dordrecht이다. 필자와 함께 여행을 가 보자.

돌드레흐트는 델프트 Delft, 라이든 Leiden, 할렘 Haarlem과 함께 12C 네덜란드의 도시들이 형성되기 시작할 때 융성했던 고도시이다. 이후 소위 네덜란드의 황금기 golden age를 지나 해상의 주도권을 이웃하는 로틀담 Rotterdam에게 거의 빼앗기고, 옛 영화는 모두 사라졌지만, 그렇기에 이 도시는 옛 것과 새 것을 모두 볼 수 있는 아주 귀한 도시들이기도 하다.

유럽의 도시들은 그 흥망성쇠가 매우 기복이 심한 도시가 많다. 네덜란드만 하더라도 먼저 언급한 4개의 도시 뿐 아니라, 프리슬란드 지방의 관문이었던 켐팬 Kempen, 지금은 벨기에의 영토가 된 안트워프 Antwerpen 등등은 네덜란드국가의 흥망과는 관계없이 다른 도시적 경쟁에서 밀려 자연스럽게 도태된 대표적인 곳 들이다. 이 곳 돌드레흐트는 전술한대로 로틀담이 부상하기 전, 안트워프와 함께 라인 Rhine과 마스 Mass 강을 거쳐, 독일을 비롯한 중부유럽으로 가는 관문이었다.

돌드레흐트는 겹겹으로 쌓여진 중심을 가지고 있는 도시이다. 그렇기에 한 걸음 한 걸음 중심부로 다가갈 때마다 마치 양파의 껍질을 벗기듯 도시의 속살을 보여준다. 그 경험은 매우 흥미로운데, 하나 하나의 도시의 겹들이 헤쳐질 때마다 경계와 그에 따른 내외부의 현격한 변화를 보여준다. 스케일의 변화, 스타일의 변화, 퇴적된 시간의 변화.

기차역에서 나오면서 만나게 되는 도시는 신도시이다. 근대화 이후 형성된 20C의 도시구조. 가로는 직선이면서 큼직하다. 그리고 그 도로 사이로 멀리 15-16C의 도시의 블록이 보인다. 그건 시선상으로 분명하게 확인된다. 평면상의 구분이 가로에서

20C의 도시블럭과 가로

도 극명하게 보인다는 것은 그 만큼 도시를 만들고 환경을 정비할 때 그 점을 분명히 고려했다는 의미가 된다.

15-16C의 가로는 19C의 가로에 비해 매우 좁고 길다. 또한 연속되어 있다. 가로가 연속성이 있다는 것은 그 만큼의 도시의 경계가 가로로서 확연히 구분되어진다는 의미가 되며, 그것은 또한 고도시의 특성이기도 하다.

12C의 도시가 나타난다. 15C와 12C 도시의 차이는 물길 하나이다. 그러나 그 차이는 또한 현격하다. 15C가 비교적 치밀한 도시구조를 가지고 있다면, 12C는 좀 더 자유롭고 느슨하다. 아마도 큰 물길로서의 입구와 그것에 배후지로서의 기능들이 수로로 함께 연결될 때 기술의 한계로 인해 극명한 공간구획이 어려웠던 까닭이었을 것이다. 그 말은 자연의 제약요건을 비교적 쉽게 극복했었을 15C와는 다르게, 가지고 있는 기술의 한계는 자연 그대로의 한계를 받아들이는 공간구획을 추구했을 것이다.

이러한 공간구조 뿐만이 아니라 돌드레흐트의 켜들은 스케일의 변화 또한 함축하고 있다. 근대화의 도시부터 12C의 도시가 가지는 점점 작아지는 스케일의 변화가 큰 물길을 만나 확 터진다.

도시는 물길과 함께 발달한다. 가까이 암스테르담에서 보듯, 도시는 큰 물길을 만나 최초의 정주지를 이룬다. 그 곳으로 상업이 시작되고 교역이 형성된다. 사람들이 모인다. 그러면 자연스럽게 그러한 사람들을 수용하고, 행위를 영위할 수 있는 거주지가 요구된다. 그래서 대부분의 첫 번째 정주지는 큰 물길과 접하고 있는 곳이 된다. 그렇게 형성된 첫 번째 정주지의 외부로 인공적 물길을 건설한다. 그것은 도시의 내외부를 구분하는 하나의 경계이며, 또한 전쟁시의 훌륭한 방어막이 될 수 있다.

그렇게 형성된 도시의 첫 번째 정주지 너머 도시는 다시 팽창을 시작한다. 사람들이 더욱 모이면서 도시는 팽창의 가속을 시작하며, 그것에 맞는 또 다른 두 번째의 경계를 형성한다. 그리고 그 경계는 또 다시 물길이 된다. 크기의 차이는 있지만, 그렇게 네덜란드의 도시는 퇴적된 시간의 켜들이 물길을 중심으로 확산되어 있음을 볼 수 있다. 작게는 12C의 고도 캠팬이 그렇고, 육로로서의 델프트가 그렇고, 좀 더 크게는 라이든, 더 크게 암스테르담까지 그러한 시간의 퇴적이 평면상으로 나타난다.

하나 덧붙이고 싶은 건 네덜란드의 고도시를 위에서 바라볼 때 해자moat가 선명한 도시가 있고 그렇지 않는 도시가 있다. 전자로서는 라이든, 할렘, 브레다Breda, 리우워든Leeuwarden 등이 있으며, 후자의 도시로는 델프트, 캠팬, 돌드레흐트가 그렇다.

15-16C의 도시블럭과 가로

12C의 도시블럭과 가로

물론 여기에는 많은 이유가 있을 것이나, 필자가 추론하는 건 해자 moat 이론이 나오기 전에 도시가 이미 쇠락기에 접어들거나, 지형상 그러한 해자의 건설이 필요지 않았기 때문일 것이다.

돌드레흐트가 아름다운 건 그러한 도시의 극명한 대비를 아직도 훌륭하게 간직하고 있다는 것과 또한 그 도시의 크기가 걸어 다니기 아주 쉽다는 것이다. 그 말은 곧 도시의 크기가 아직도 고도의 상황대로 마차나 도보로 인한 모빌리티가 주종을 이룬 그때에 맞추어져 있다는 의미가 된다. 유럽의 도시가 부러운 건 이렇게 보석과도 같은 옛 역사로서의 도심이 그대로 남겨져 있다는 것이다. 또한 대도시보다는 소도시를 다녀보라고 권하는 이유도 이러한 도시의 원형과 그것의 확산과정을 별로 힘을 안 들이면서 확인할 수 있기 때문이다.

10. 나무, 경관, 랜드스케이프

한 번은 거리를 지나가는데 길가의 나무들이 시선이 꽂힌다. 그런데 하나같이 형상이 조작되어 있었다. 말인 즉슨, 여느 부분을 동아줄로 동여매 더 이상 자라지 못하게 하거나, 아니면 아예 일정 부분을 뭉텅 잘라내 버렸다. 그때 머릿속에 드는 생각이 있었다.

본래 랜드스케이프 아키텍처 landscape architecture 라는 말은 조경을 말함이다. 필자의 설익은 경험으로는 조경은 건축의 남는 땅을 법규적인 면적만큼 녹지공간을 확보해 주고, 그 땅의 성질과 그 위치에 걸맞는 식생만 신경 써 주면 되는 작은 일이었다.

시간이 지나 점점 조경의 포지션이 커지는 것을 경험할 수 있었는데, 건축심의 절차가 반복될 때마다 조경, 즉 그린에 대한 환상과 욕구가 시간이 감에 따라 더더욱 증폭되어감을 알 수 있었다. 이른바 친환경, 친조경 등과 같이 '친+'로 정리되는 많은 용어들은 그에 맞는 그린환상을 심어 주었고, 그것에 따라 건축주 및 관의 입맛을 맞추어주는 것을 일상으로 여겼다.

이제, 조경이 경관으로 넘어오면서는 이야기가 달라져야 하지 않을까. 그러한 그린환상은 또 다른 깨어져야 할 환등상 phantasmagoria 에 다름 아니다. 기능별 식재와 대지활용에 그치는 것이 아닌, 진정으로 시간을 생각해 보면 어떨까. 진정으로 시간을 담아내는 계획을 해보면 어떨까. 이 나무가 이만큼 자라면, 이곳은 이렇게 되겠구나. 이 곳을 이렇게 조정해 놓으면 나중엔 이렇게 되겠구나. 그렇게 시간을 디자인 해 보는 것이다. 아니 경관을 시간으로 디자인 해 보는 것이라 해도 좋을 것 같다.

경관도 자라난다. 마치 나무처럼. 그래서 랜드스케이프 어바니스트landscape urbanist는 나무같이 자라는 경관, 나무의 한 웅큼을 잘라내고, 나무의 여느 부분을 묶어주고 풀어주는 그러한 인위적 개입을 통해 경관을 조절할 줄 알고, 그것을 디자인 할 수 있어야 하지 않을까. 이쯤 되면 랜드스케이프라는 말로 조경, 도시, 건축을 포괄할 수 있지 않을까.

유로피안 어버니즘의 경험 – 평등을 찾아가는 도시계획 이야기

Experience of European Urbanism

도시 구축

Constructing the city

Constructing the city

네덜란드 제3의 도시 헤이그 Hague에는 수많은 국제기구들이 있다. 국제사법재판소, 유로검찰국, 유럽경찰국, 유고전범재판소 등 이름만 들어도 알 수 있는 국제기구들이 이 도시 안에 존재한다. 국제기구를 도시에 유치하는 것은 유치도시로서는 많은 반사이익을 얻는다. 도시의 아이덴티티 향상은 물론, 도시의 정치·경제적 파급효과는 실로 대단하다. 마치 올림픽의 유치가 국가경제와 국가 이미지 고양에 기여하듯이 이러한 국제기구의 유치는 유치도시, 아니 국가 전체에 활력을 주는 보증수표와도 같은 것이다. 그러나 이와는 반대로 반작용도 많다. 지역주민과의 부조화, 지역경제의 양극화, 고용구조의 양극화는 대표적 반작용이다.

이렇게 현대도시는 새로운 공간단위들이 기존 도시조직에 이식되어지며, 이때 나타나는 새 조직과 구 조직의 충돌과 그것의 조화의 문제가 항상 대두된다. 이는 공간적인 조화의 필요 뿐 아니라 이를 토대로 한 사회적, 경제적 2차적 가치의 조화 또한 요구된다. 이렇게 현대도시는 다양한 개체들의 이합집산이 끊임없이 일어나는 살아있는 유기체인 것이다.

헤이그(Hague) 한 복판입니다

헤이그의 다양한 풍경들-시계방향으로 국제사법재판소, 중심가로 SPUI,
도심의 야경, 국제기구들이 모여있는 World forum지역

1. 국제업무단지International Zone의 사례 연구–서유럽 도시를 중심으로[43)]

A study of International Zone in Western European cities

국제기구 International Organization의 유치는 영구적으로 국가-도시의 경제발전에 기여한다. 경제적 측면으로는 지역의 경제인구의 증가에 기여하면서, 지역의 아이덴티티를 향상시킨다. 또한 지역적으로는 지역주민들의 세수입의 확장으로 인해 지역경제에 이바지한다. 그러나 보안성이 요구되는 국제기구의 특성상 지역도시와의 부조화와 함께 지역주민과의 교류부족으로 인한 사회적 양극화의 문제점을 가지고 있기도 하다. 서유럽의 경우 이러한 국제기구의 원활한 유치와 시설 지원을 위해 국제업무단지 International Zone를 일정 지역에 지정하여 도시계획에 반영하고 있다. 이의 도시-건축적 입지는 도심과의 관계를 가지게 된다. 이를 유형별로 분류하면 도심분리형, 도심결합형, 도시분산형으로 분류되며, 또한 위치선정에 있어 기존의 교통거점과 밀접하게 연결되어 있다. 지원시설로는 주거, 교육, 문화, 상업시설 등이 고려되어 국제기구 종사자들의 원활한 지역정착을 지원하고 있다. 또한 국제기구의 건축적 특수성으로 야기되는 기존 도시와의 괴리를 극복함에 있어 기존 문화시설과의 연계, 국제기구 바깥, 중간영역의 공공 녹지공간화, 기존 모뉴먼트와의 연계, '새로운 성장의 축' 의 설정방법을 사용하고 있다.

●●●*Abstract*

Bidding the Internatioanl Organization(ater I.O) provides the chance to the development of national, urban economy perpetually. Increasing the population number of economy, strengthening the regional identity, and also increasing the amount of tax by the regional people who work for the I.O. However, due to the inherent character of I.O, some negative effects to the existing city, those are the spatial seperation between the new structure and old urban fabric, and social polarization by the short of interaction with local people. In western Euruope, for the sufficient support for the bidding and operating the I.O, some cities designates a certain area as International Zone, to be applied by urban masterplan. Referring to the relation of urban center, those are to be classified by Center-seperation type, Center-neighbor type, and Spreading type. Those are also closly located by multi-modal point as international airport or train station. As supporting facities, housing, education, hotel and convention, and commercial should

43) 본고는 한국도시계획학회 학술지「도시설계」2008년 12월호에 게제되었음.

be considered to help for the expat to settle down. To overcome the sepation of existing urban fabric, those cities have a strategy to anchoring their internatioanl Zone as connection of existing cultural facitlites, giving the public green space for the middle area, connecting the urban monument, and making a "new axis for the development."

주제어: 국제기구, 국제업무단지, 헤이그, 제네바, 브뤼셀, 룩셈부르크
Keyword: International Organization, International Zone, Hague, Geneva, Brussel, Luxembourg

■ 서론

연구의 배경과 목적

국제기구 International Organization들은 정치, 사회, 경제, 문화 각 분야 걸쳐 세계 각국과의 교류와 협의를 이끌어내는 중추적 역할을 수행하고 있다. 또한 냉전 시대를 지나 정치적 이슈에서 경제, 문화적 이슈로 주도권이 넘어간 현재는 더 더욱 이른바 얼굴을 맞대어 이야기하는 face to face의 중요성이 부각되고 있다.[44]

또한 전 세계적으로 글로벌리제이션 globalization[45] 현상이 두드러지면서 이러한 국제기구의 유치는 도시의 이미지제고와 지역적 경제활성화 등에 많은 기여를 하고 있다. 또한 전 세계가 유럽권, 미국권, 태평양권, 아시아권 등등의 권역별, 이슈별 네트워킹 networking을 시작하면서 새로운 국제기구의 출현이 예상되고 있다.

이러한 국제기구들의 원활한 수용을 위해 각국의 도시들은 그들마다 국제업무단지 International Zone를 별도로 지정해 도시의 일정한 구역에 따로 유치, 운영하고 있다. 이에 본고는 이러한 국제기구, 국제업무단지의 특성과 기존 도시와의 관계를 서술하고, 서유럽 4개 도시의 사례를 통해 이를 확인하고자 한다. 이는 국제기구 유치를 통한 사회, 경제적 성과와 역작용으로 나타나는 도시-건축적 괴리에 대한 극복에 대한 서술이다.

---

44) 이른바 네트워크(network)시대와 인터넷을 위시한 통신망의 발달에도 불구하고, 여전히 중요한 결정과 협의는 이른바 얼굴을 맞대고 하는 경향을 가지고 있다. Saskia Sassen(2001), Global cities-London, New york and Tokyo, Princeton: Princeton University Press.

45) 글로벌리제이션(globalization)-일정 지역에 특수한 경제, 기술, 사회문화, 정치적 요소들이 전 지구적인 크기로 확장하여 새로운 하나의 전 지구적 사회단위를 만든다는 의미. Sheila L. Croucher, 2004, 「Globalization and Belonging: The Politics of Identity a Changing World」, Rowman & Littlefield.

국제업무단지를 언급한 국내에 발간된 기존 논문으로 좌희선[46]의 사례가 있었으나, 이는 송도신도시의 한 부분, 특히 컨벤션개발의 측면으로 서술되어 국제기구들로 이루어진 국제업무단지의 포괄적인 이해를 위한 논문으로는 부족함이 있다. 또한 국제업무단지의 의미를 포괄적인 의미의 외국기업단지까지 확대할 때 런던의 도크랜드(김대성, 2002), 파리의 라 데팡스(미래한국재단, 2007) 등의 건축-도시적 해석을 적용할 수도 있겠으나, 역시 특유한 건축적 특성을 가지고 있는 국제기구에 대한 언급은 없다. 따라서 본고는 국제기구의 건축-도시적 특징을 그대로 가지고 있는 서유럽 도시의 사례를 살펴봄으로써 한국에 장차 유치 가능한 국제기구들의 건축-도시적 적용에 보탬이 되고자 한다. 또한 한국의 각종 신도시 사업들이 이러한 국제기구와 건축-도시적 맥락에서 유사한 국내기구[47]의 유치를 근간으로 하고 있기에 본 고의 사례들은 그 전례로서 활용 되어질 것을 희망한다.

연구의 대상과 방법

2장에서는 국제기구 IO와 국제업무단지 IZ에 대해 정의한다. 국제기구가 가지는 건축적 특징과 국제업무단지 조성의 도시적 의미를 서술한다. 3장은 국제업무단지와 기존도시와의 관계이다. 도심 city center과 관련한 유형별 분류와 도시 모빌리티 mobility와의 관계를 서술하고, 또한 기존 도시가 지원하는 국제업무단지를 위한 일반적 시설들을 서술한다. 4장은 국제업무단지의 각 도시의 사례를 예시한다. 예시되는 도시는 주로 국제연합 UN 및 유럽연합 European Union의 국제기구들이 위치한 도시로서 헤이그-네덜란드, 제네바-스위스, 룩셈부르크-룩셈부르크, 브뤼셀-벨기에이다. 각 도시는 특유한 도시의 역사와 제반 환경을 가지며, 그에 따라 상이한 도시-건축적 적용사례를 가지고 있다.

연구는 문헌조사와 현지답사를 통해 진행하였다. 현지답사는 네덜란드의 헤이그, 영국의 런던, 벨기에의 브뤼셀, 룩셈부르크, 제네바를 진행하였으며, 대표적 국제기구의 하나인 국제범죄재판소 International Criminal Court(헤이그)와 헤이그 시청사 관계자와의 면담조사를 병행하였다. 또한 본 연구는 델프트공대 TU-delft 어버니즘 urbanism과

46) 좌희선, 「컨벤션 개발에 대한 공무원과 지역주민의 인식 연구: 인천광역시 송도지구 국제업무단지를 중심으로」, 2007, 한림국제대학원

47) 혁신도시의 중추적 개념인 공기업 본사의 지방 이관, 기업도시의 개념인 민간기업 육성, 클러스터 조성을 통한 민간기업 유치전략 등을 들 수 있다.

정의 기존 문헌에 대한 검토와 도시디자인 Urban Design 과정 담당자와 협업하였다.

■ 국제업무단지 Internatioanl Zone 의 정의

용어의 정의

① 국제기구 International Organizations

국제기구는 말 그대로 국가간의 협력업무를 수행하는 기관으로 유엔, 유럽연합과 같은 국제적인 정치단위로서의 국제정치기구 Intergovernmental Organization 와 국제적십자연맹과 같은 국제비정치기구 Inter Non-governmental Orgnaization 로 구분된다.[48)]

② 국제업무단지 International Zone

국제업무단지[49)]는 이러한 국제기구들이 일련의 지역에 밀집해서 만들어지는 지역으로 각종 도시정책의 최우선의 고려대상으로 국제기구 및 기업유치를 목표로 설정된 일련의 지역을 말한다. 국제업무단지와 유사한 공간적 성격을 가지는 국제적 대기업 밀집단지는 1980년대의 프랑스의 라 데팡스지구, 1990년대의 영국의 도크랜드지구 개발사례가 있다. 현재 한국의 상황을 살펴보면 정부에서 추진하는 행정중심 복합도시를 포함하여 인천 송도, 새만금 등등 모든 새로운 대형 프로젝트들에서 국제업무단지의 유치전략을 가지고 있다.[50)] 이는 국제업무단지의 경제적, 상징적 가치를 대변하고 있는 것이다. 그러나 본고에서의 논의의 폭은 국제정치기구로 이루어진 단지로 국한하고자 한다.

48) 팽귄사전(The Penguin Dictionary)에 따르면 통상적 국제기구라 함은 국제정치기구(International Gorvernmental Organization)를 의미하며, 본고의 연구범위도 그에 따른다. Evans, Graham, and Richard Newnham(1998), 『Penguin Dictionary of International Relations』, Penguin, p. 270. 또한 폭을 넓혀 경제적 측면의 국제기구의 성격을 가지는 각종 국제적 대기업, 즉, 코카콜라나 도요타, 스웨덴의 이케아와 같은 기업의 헤드오피스(Head quarter)와 브런치 오피스(branch Office)들 또한 초국가적 네트워크를 가지면서 지역별 네트워크를 동시에 활용하는 경우 그 경제적, 상징적 파급효과가 공적인 국제기구와 비슷하다고 할 수 있다.

49) 서유럽의 도시에서 사용하고 있는 영문 "International Zone"을 해석함에는 여러 가지 단어가 있을 수 있다. 가깝게는 국제구역, 국제단지 등등으로 명명될 수 있으나, 본고는 선행연구와의 연속성을 고려하여 '국제업무단지'라는 용어를 사용하고자 한다.

50) 지역의 특성에 맞는 적절한 기업유치를 목표로 하는 기업도시, 현재 서울에 편중되어 있는 각종 공기업들을 이전함을 기본으로 하는 혁신도시 또한 지역에서 자생하는 경제, 정치조직이 아닌 외부에서 이식되어 정착을 목표로 설정된 도시라고 가정할 때 이러한 맥락에서의 외부성과 지역성의 조화야말로 시급한 검토대상이 되어야 한다.

크기상 기존도시조직과 어울리지 않는 국제기구(유럽연합 협의기구, 브뤼셀)

국제기구의 건축적 특징

국제기구는 그 성격과 기능상 기존의 도시-건축적 조직과 조화되기 힘들다. 그 원인으로 큰 연면적과 방호의 요구이다.

① 큰 연면적의 필요성

국제기구는 다양한 건축적 프로그램을 요구한다. 주재원과 지역종사자들의 업무공간을 중심으로 각종 회의공간, 컨벤션 공간과 같은 이벤트 공간과 우편수집소, 식당 및 기타 특수실과 같은 지원시설 공간들로 구성되어 있다. 한 예로 국제범죄재판소ICC(헤이그) 현상설계에서 요구되었던 지침의 기본면적은 42,000m²에 달한다.[51] 이와 같은 면적의 방대함은 국제기구들이 조밀한 기존의 도시조직 속으로 수용되기 힘든 이유이다. 특히 기존 도시조직이 조밀한 저층부 블록 주거형식인 서유럽의 경우 그 스케일의 대비가 극명하다.

② 방호의 요구

국제기구는 테러terror라는 위험요소를 항시 안고 있다. 그러므로 도시의 가로와 같은 공용공간에서 어느 정도의 후퇴거리는 설계의 필수요소이다. 국제범죄재판소ICC(헤이그)당국은 7가지 위험잠재 공간을 제시하는데, 그것은 공조기계, 창문, 로딩데크, 우편수집소, 로비공간, 지상 · 지하 주차장이다. 이러한 위험요소를 배제하고자 국제기구들은 다양한 방호책을 선택하게 되는데 헤이그의 국제범죄재판소의 경우 30m의 공용공

51) http://www.icc-architectural-competition.com/(2008)

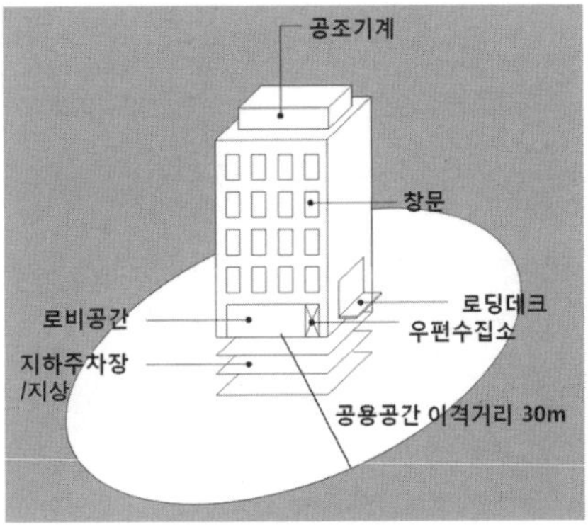

국제기구의 잠재 위험요소와 공용공간 이격거리
참고: Gemeente Hague(2007) Specialist meeting for new ICC competition report, Hague

간 이격거리[52] 규정과 지하주차장을 배제하는 방법을 쓰고 있다. 이러한 위험요소로부터의 후퇴는 더더욱 기존 도시조직과의 이격을 요구하며, 도시-건축적인 조화의 당위성을 가진다.

국제업무단지 조성의 도시적 의미

국제기구는 유치희망도시에 많은 도시-건축적 제반시설을 요구한다. 그렇기에 많은 도시들이 국제업무단지를 별도로 만들어 요구사항에 효과적으로 부응하려는 것이다. 먼저 국제기구는 유치희망도시가 가지고 있는 몇 가지의 상황을 고려한다. 그 고려사항은 다음과 같다.

국제기구의 유치조건

1. 유치하려는 국제기구의 성격과 기존 도시와 조화
2. 방문객들에게 제공할수 있는 충분한 호텔시설
3. 접근이 용이한 공항과 철도시설

참고: Gemeente Hague(2007), Specialist meeting for new ICC competition report, Hague

52) 30m의 의미는 일차적 폭탄 투척 및 폭발물의 비산을 감안한 물리적 거리제한의 의미이다.

또한 국제기구는 다양한 지원시설을 필요로 하는데 그것은 사회적 기반시설이기도 하다. 그 시설들은 다음과 같다.

국제기구의 사회적 기반시설

1. 국제학교
2. 고소득과 저소득층 주재원을 위한 지역 주거시장
3. 주재원의 욕구를 부응하는 쇼핑시설
4. 공공교통 기반시설
5. 주재원 커뮤니티를 위한 지방정부의 지원

참고: Gemeente Hague(2007), Specialist meeting for new ICC competition report, Hague

이러한 국제기구와 조성된 국제업무단지는 기존 도시에 사회, 경제적으로 많은 긍정적 파급효과를 부여한다. 마치 올림픽이 단기적인 이벤트를 통해 전세계의 집중적 주목을 받는 것과 반대로 국제기구의 유치는 영구적인 측면에서 유치도시의 경제에 기여한다. 이를 정리하면 다음과 같다.

기존 도시에의 파급효과

1. 하나의 국제기구를 유치하는 것으로 도시의 위상을 격상시킬수 있다.
2. 경제적 가치, 특히 지역경제에 미치는 영향이 크다.
   - 2.1 주재원(Expats)은 직·간접적으로 세수의 증가를 야기한다.
     - 2.1.1 생활필수항목, 즉 주거, 음식, 교육, 유흥 등
   - 2.2 국제기구의 필수 서비스들- 지역공급인에게 혜택이 돌아간다.
     - 2.2.1. 호텔 서비스
     - 2.2.2. 컨퍼런스 서비스
     - 2.2.3. 세탁, 유지관리, 음식 서비스 등
   - 2.3 지역 노동시장에의 영향(평균적으로 한 명의 주재원은 한 명의 지역 고용인을 창출한다)

참고: Gemeente Hague(2007), Specialist meeting for new ICC competition report, Hague

전술한 긍정적인 측면에 반하는 부정적인 측면이 있는데, 이는 국제기구 및 국제업무단지에 종사하는 주재원들만의 상류사회 커뮤니티가 형성되어 기존 도시 거주민과의 부조화를 일으킬 수 있다.[53] 또한 국제기구들이 유치되어 있는 기존 도시의 상황을 보면, 이른바 상류층으로 대표되는 주재원들 뿐만 아니라 그러한 국제적 우호 분위기에 편승, 불법이민자들이나 유색인종들로 이루어진 사회적 빈곤층들의 유입 또한 늘어나고 있는 것이 현실이다.[54] 또한 유치희망도시는 국제기구를 유치하기 위해 사회적 기반시설을 선투자해야 한다는 경제적 부담도 있다.

■ 국제업무단지와 기존 도시

국제업무단지는 기존 도시와는 다른 도시-건축적 형태와 조직을 가지고 있다. 따라서 국제기구가 도시에 유치될 때 어떻게 기존 도시에 수용되고 있는지 살펴볼 필요가 있다. 이에 필자는 국제업무단지의 수용형태를 도심City Center과 관련하여 유형별로 구분하고, 도시 모빌리티의 조건, 그리고 기존 도시가 지원하는 업무지원시설, 상호 모순되는 국제성과 지역성에 대해 서술한다.

도심과의 관계

국제기구들은 그 근방으로 호텔과 주거와 같은 지원시설과 함께 일련의 국제업무단지를 이루게 되는데 이는 기존 도심과의 형태적, 기능적 관계를 가지게 된다. 이러한 국제업무단지의 형태는 도시 조직상으로 그대로 반영되어 나타나는데, 본고에서는 도심분리형, 도심인접형, 도심혼합형의 3가지 유형으로 정의하고자 한다.

① 도심분리형

도심과 분리되어 독립적인 별도의 구역을 형성하고 있는 유형을 말한다. 이는 근대도

---

53) 이에 네덜란드 헤이그에 있는 유로검찰국(Eurojust)과 같은 경우 주재원과 거주민 사이의 교류를 증진하고자 현지인의 채용과 국제학교의 현지교사 임용 등을 장려하고 있다.-헤이그 시청직원 Stepen Read, 면담 2008.

54) 헤이그는 지리적으로 사회적 계층분화가 분명하게 나타난 도시이다. 북해에 인근한 이른바 모래언덕지역은 예로부터 도시부유층의 주거단지였으며, 현대에 이르러 많은 국제업무단지가 유치되어 주재원들의 커뮤니티들이 이루어진 곳이다. 이에 반하여 국제기차역, Den Haag HS station을 중심으로 하는 도시 내부의 이른바 피트(peat)지역(강 하구 특유의 개펄지역)은 헤이그의 도시 확장기부터 도시빈곤층이 밀집하였으며, 이후 도시빈민 및 차이나타운, 유색인종 밀집지구를 형성하고 있다.

심의 형성과정에 있어 국제기구 유치와의 시간의 차가 크거나, 기존 도심에서는 수용하기 힘든 프로그램이나 면적의 제약조건으로 분리되어 형성되는 유형이다. 이는 또한 도심에서 떨어진 공항이나 국제기차역, 또는 문화시설과 같은 기존 도시거점과 결합하는 양상으로 나타나기도 한다. 상기의 예로 방대한 협곡으로 이루어진 자연제약과 오래된 치밀한 도시조직을 도심으로 가지고 있는 룩셈부르크와 같은 경우 도심과는 떨어져 설치된 국제업무단지의 사례이다.

② 도심인접형

이 유형은 국제업무단지가 도심과 분리되지 않고 인접하여 형성된 유형이다. 기존 도심과의 관계가 긴밀한 유형으로 브뤼셀과 같이 기존 도심에 국제기차역이 설치되어 있고, 또한 도심에서 10km 이내에 저밀도 미개발지를 활용, 도시의 성장의 축으로 활용한 사례이다.

③ 도심혼합형

국제업무단지가 기존 도심과 별도로 일련의 구역을 형성하지 않고, 분산, 배치되어 있는 경우를 말한다. 이 유형은 국제기구유치의 역사가 오래된 네덜란드 헤이그의 경우(1899년)와 스위스 제네바의 경우(1863년)에서 보여지는데, 다수의 국제기구들이 도시의 각 지역에 분산 배치되어 비교적 느슨한 국제업무단지를 형성하고 있음을 볼 수 있다.

도시 모빌리티 mobility 와의 관계

국제업무단지는 도시 모빌리티와 밀접한 연관을 가진다. 이는 가급적 많은 사람들이 편리하게 국제기구에 도착해서 업무를 수행할 수 있는 환경을 만들어야 하는 것은 가장 중요한 유치평가 조건 중의 하나이다. 대부분의 국제업무단지는 도시간 Inter-city 모빌리티를 담당하는 국제공항, 국제철도역사와 같은 중요 모빌리티 거점과 인접해 있다. 필요에 따라 헤이그의 경우와 같이 귀빈 전용 공항과 같은 전용의 모빌리티 시설을 설치하기도 한다. 이후 국제기구까지는 도시내 Innner-city 모빌리티가 담당하게 되는데, 대부분의 경우 대중교통과 연계되며, 경우에 따라 특수 셔틀버스나 경전철을 신설해 직접 해당구간의 연결을 꾀하고 있다.

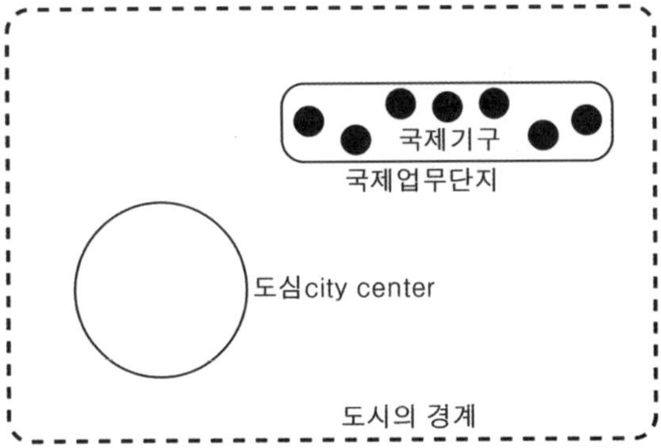

도심분리형

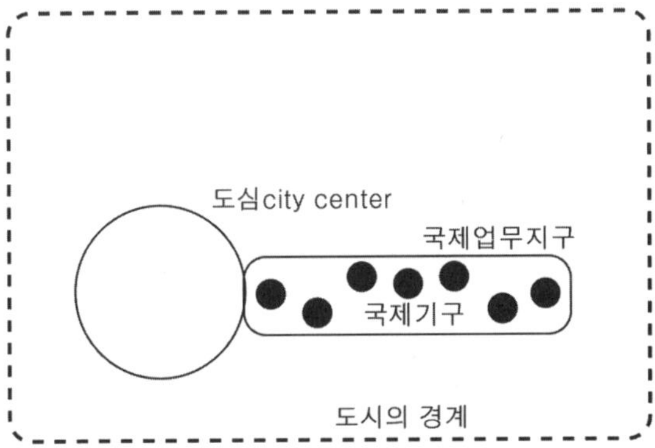

도심인접형

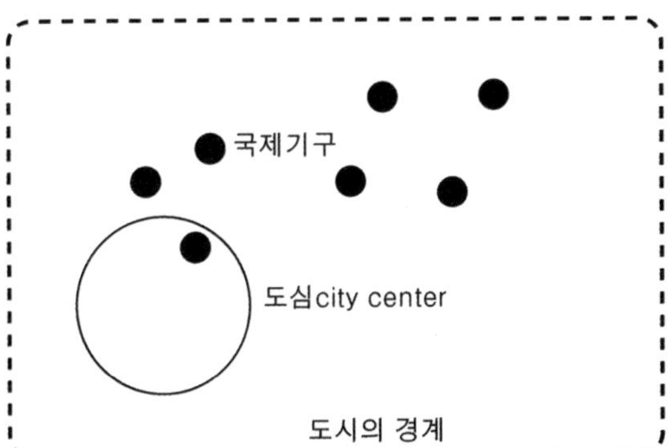

도심혼합형

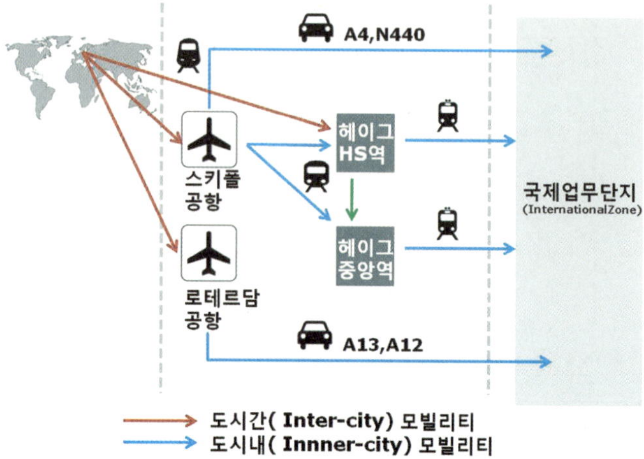

국제업무단지의 도시간, 도시내 모빌리티의 분석 다이아그램(헤이그)

지원시설과의 관계

국제업무단지를 유치하는 도시에는 수많은 지원시설들이 요구된다. 그 대표적인 예로 주거시설과 교육, 호텔 및 컨벤션 시설, 그리고 상업 및 문화시설로 구분하여 서술한다.[55)]

① 주거시설

국제업무단지의 효율적 기능을 위한 가장 기본적 지원시설이다. 국제업무단지의 특성상 주재원들의 사회 · 문화적 지위가 상위층에 해당되므로, 이들의 수요를 충족시킬 수 있는 주거 유형들을 선택하고 있다. 도심인접형인 브뤼셀은 고급 아파트를 적용하였으나, 대부분 미국식 프레리 Prairie 주거방식[56)]을 선호하고 있다. 또한 이들 상류층의 주재원들의 주거와는 별도로 이들에게 종사하는 지역민의 주거 또한 국제업무단지에 인접하고 있다. 네덜란드 헤이그의 경우 상류층의 주재원과 지역거주민의 주거유형이 극명하게 대비되고 있다.

55) 서유럽의 각도시들은 이러한 물리적 지원시설 뿐만 아니라 물리적 지원시설을 지원하는 기구 및 각국의 주재원들이 지역도시에의 정착을 돕기 위한 안내기구들을 운영하고 있다. 그 예로 헤이그 Xpat Desk of The Hague Hospitality Centre(http://www.denhaag.com/참조), 제네바 Expatriate reception center(http://www.ilovegeneva.ch 참조)를 들 수 있다.

56) 1필지, 1가구 주거방식으로 전형적 미국식 서버번(suburban) 주거형식을 말한다.

주재원의 프레리 주거방식과 지역 거주민의 블록 하우징(Block housing)의 대비-헤이그

② 교육시설

외국인학교로 대표되는 교육시설은 가장 중요한 사회적 기반시설이다. 일반적으로 유치원과 초등학교, 중등학교까지 설치되어 다양한 교육수요를 충족시키고 있으며, 또한 학교의 문화, 전시시설과 연계해 주재원들의 커뮤니티 형성에 크게 기여하고 있다. 위치상으로는 국제업무단지의 건물들과 인접해서 배치하고 있다. 네덜란드의 헤이그는 초·중등학교를 포함하여 20여개(학생수 12,000, 교직원수 770)의 학교가 있으며[57], 룩셈부르크는 10개[58], 제네바는 15개[59], 브뤼셀은 30여개(학생수 15,000, 교직원수 2,000)의 학교와 연간 9천9백만 유로를 지출하고 있다.[60]

② 호텔 및 컨벤션시설

국제업무단지는 그 특성상 수많은 단기적 이벤트, 즉 국제회의, 심포지엄 등을 개최하고 기획한다. 따라서 국제업무단지는 단기 체류객들을 위한 호텔 및 컨벤션+콩그레스

57) Hague statistics, Municipality of the Hague(2007).
58) http://www.eukn.org/
59) http://www.ville-ge.ch/
60) Demey, Thierry(2007) Brussels, 『capital of Europe』, Badeaux, Brussel, p. 7-8.

Congress 시설과 필수적으로 연계된다. 사례도시 중 헤이그를 제외하고[61], 룩셈부르크의 Luxexpo[62](35,000m^2), 브뤼셀의 Brussel Expo[63](13,000m^2), 제네바의 Geneva PALEXPO[64](12,000m^2)가 있다. 브뤼셀 엑스포는 국제업무단지 바깥에 존재하며, 나머지 둘은 단지 내에 존재한다.

④ 상업, 문화시설

상업시설은 항시 주재원들의 근무 후 환경 및 단기 체류객에게 휴식을 제공하는 장소로서 기능한다. 또한 문화시설과의 연계는 국제회의 등을 참가하는 단기 체류객에게 고급 문화의 이미지를 심어주는 역할을 하기도 한다. 이에 서유럽의 각 도시는 국제업무단지와 인접하여 상업시설 및 위락시설들을 배치하고 있으며, 또한 문화시설을 배치함에 있어 유명건축가들의 건물을 유치하여 활용하기도 한다. 그 예로 헤이그의 경우 베를라헤 Berlage가 설계한 시립미술관이 국제기구 바로 옆에 위치하며, 룩셈부르크는 포잠박 Cristian de Portzamparc이 설계한 필하모니 오케스트라가 있다.

상호 모순되는 국제성과 지역성

이러한 국제기구, 국제업무단지는 모순적인 성질을 가지고 있다. 이는 바로 국제성과 지역성이다. 국제성이란 말 그대로 도시-건축적으로 국제적인 이미지를 고양해야 한다는 말이고, 지역성이란 토착된 지역의 장소성을 담아내야 한다는 말이다. 이 말을 건축적으로 해석했을 때 방대한 크기와 방호의 요구에 부합하는 고립된 형태의 국제기구를 어떻게 기존의 도시조직과 연계시켜 조직과의 괴리를 극복하는가의 문제이다. 이는 또한 사회적 의미로서 상류층으로 대표되는 주재원의 사회계층과 그 하부에서 봉사하는 지역주민과의 사회계층의 융화의 측면 또한 간과할 수 없다. 따라서 본 고는 4개의 유치도시의 국제기구와 국제업무단지의 일반적 개요를 살펴보고, 기존 도시와의 관계와 도시-건축적 지역화 전략에 대해 서술하고자 한다.

---

61) 헤이그는 시 자체의 컨벤션센터가 없고, 콩그레스(Congress) 시설로서 World Forum(5,000m^2)을 가지고 있다. 이는 헤이그에 유치된 국제기구들이 대부분 국제정치에 관련 분야이므로 컨벤션센터를 통한 전시나 홍보보다는 회의나 조정의 목적이 많기 때문이다.

62) http://www.luxexpo.lu/

63) http://www.bruexpo.be/site/itinerary.asp

64) http://www.palexpo.ch/

헤이그의 국제기구 및 국제업무단지
참고: http://www.wereldstadaanzee.nl/
노란색 선으로 둘러싸인 영역이 도시계획으로 지정된 국제업무지구의 영역이다.

■ 국제업무단지의 도시별 사례: 건축-도시적 지역화 전략

네덜란드: 헤이그

① 국제업무단지의 형성 배경

네덜란드 헤이그는 1899년 국제평화컨퍼런스Peace Conference가 개최된 도시이다. 이후 UN이 창설되고 헤이그는 국제사법기구International Court of Justice를 유치했으며, 또한 1981년 이란-미국 분쟁위원회the Iran-US Claims Tribunal, 1993년 유고전범재판소International Criminal Tribunal for the former Yugoslavia, 2002년 국제범죄재판소International Criminal Court를 유치, 명실상부한 국제정치의 일번지로서 기능하고 있다. 또한 유럽연합이 결성되면서 유로검찰국Eurojust, 유로경찰국European Police Office, Europol 등 정치, 범죄, 사법기구의 성격을 가진 국제기구들을 연이어 유치하고 있다. 이를 통해 볼 때 기존 도시가 가지고 있는 아이덴티티identity가 새로운 국제기구 유치에 영향을 줌을 알 수 있다. 또한 2020년에 대비한 도시계획 마스터플랜 내에 국제업무단지를 지정, 도시계획에 반영하고 있다.[65]

---

65) http://www.wereldstadaanzee.nl, Global city by the sea, 2020 Hague masterplan

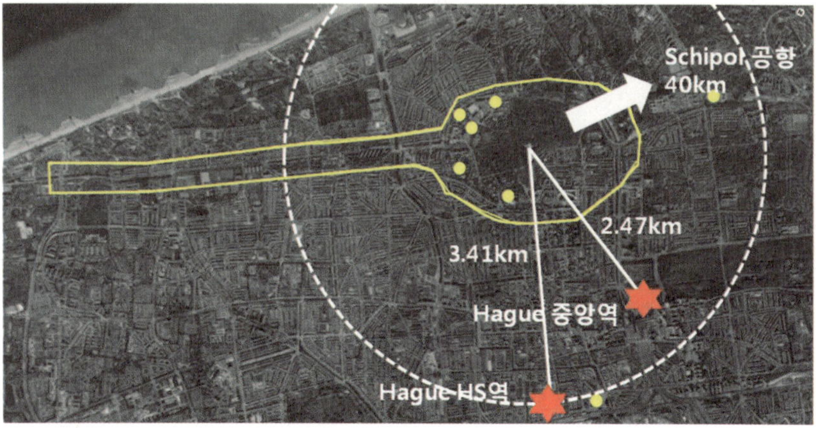

도시 모빌리티와의 관계, 헤이그

② 기존 도시와의 관계

도심과의 관계를 살펴 보면, 비교적 분산된 국제기구들의 배치를 볼 수 있다. 이는 상기했던 '도시분산형'이라고 할 수 있는데, 19C 초기 도시확장이 이루어지기 시작함과 동시기에 국제기구들이 유치되었기 때문이다. 이후 국제업무단지를 별도로 지정한 2020 마스터플랜에서는 이렇게 분산되어 있는 국제기구들을 도시 북측 북해연안으로 집중시켜 지원, 관리하려는 시 당국의 의지를 볼 수 있다.[66)]

모빌리티를 살펴 보면 국제업무단지와 인접하여 2개의 기차역이 있다. 헤이그 모빌리티의 거점으로서의 중앙역과 국제기차역으로서의 Hague HS역이 있다. 이는 파리와 릴[Lille]과 연결되는 국제열차가 정차하는 역이다.[67)] 국제공항은 북동쪽 40km 지점에 스키폴 국제공항이 위치, 타 도시에 비해 다소 떨어져 있으나, VIP와 군사적 목적으로 사용되는 로테르담 공항이 10km 지점에 위치하고 있어 귀빈들의 전용 공항으로 사용되고 있다. 지역 모빌리티와의 네트워크는 중앙역이 국제기차역이 아닌 것은 자칫

66) 시기별로 살펴 보면, 19C에 유치된 피스 팰리스(Peace Palace)와 같은 기구는 도심에 위치하고 있으나, 이후 국제 사법재판소, 유럽경찰국 등의 비교적 최근에 유치된 기구는 도시 북측, 북해연안에 도심과 떨어진 곳에 위치하고 있다. 이는 그 지역이 지리적으로 모래언덕 후면으로 대부분 녹지지역으로 남아있었기 때문이다.

67) 이 국제열차역은 광역적인 마스터플랜을 가지고 있는데, 남쪽으로 프랑스 릴(Liile)을 통해 영국 런던, 프랑스 파리와 현재 연결되고 있으며, 장차 네덜란드 북부 그로닝엔(Groningen)을 통과하여 독일의 함부르크(Hamburg)와 연계되는 계획을 가지고 있다.

헤이그의 전략. 기존 문화, 녹지시설과 연계된 국제업무단지

모빌리티상의 단점으로 지적되었으나, 중앙역과 HS역, 그리고 국제업무단지와 인근 위성도시[68]를 연결하는 Randstad rail을 설치하여 도시간Inter-city 모빌리티와 도시 내Inner-city 모빌리티와의 직접 연결을 꾀하고 있다.

③ 도시-건축적 지역화 전략: 기존 문화시설과의 연계

헤이그의 경우 국제업무단지가 도시 북측 북해연안의 녹지지대에 많은 시설들이 위치하고 있다. 이 지역은 특히 많은 문화시설들이 있는데, 월드포럼, 시립미술관 등이 그것이다. 네덜란드 도시-건축가 두독Dudok[69]이 만들어 놓은 도시조직은 현대의 헤이그까지 문화시설과 녹지의 연계를 강조하는 계획으로 나타나는데, 국제기구들이 그 비워 놓은 녹지에 분산 배치되면서 자연스럽게 도시조직에 수용되었다. 이렇게 새로운 유치계획을 가지고 있는 도시계획에 있어 녹지와 연계된 문화시설은 국제기구들의 유치장소가 됨에 있어 가장 용이한 장소가 된다.

---

68) 주재원들의 거주가 많은 헤이그는 크기와는 다르게 몇개의 위성도시를 가지고 있다. Zoetermeer, Vorburg, Ipenburg가 그 예인데, 이들 도시들은 대부분 1980년대 이후 제4차 국토계획(VINEX) 이후 개발된 도시들이다.

69) Willem Marinus Dudok(1884-1974,), 네덜란드의 근대 도시-건축가. 대표작으로 헤이그 마스터플랜(1952), 힐버섬(Hilversum) 시청사(1931), 유트랙시극장(1941) 등이 있다.

제네바의 국제기구 및 국제업무단지
참고 : http://www.ville-ge.ch/en/quartiers/
노란색 선으로 둘러싸인 영역이 도시계획으로 지정된 국제업무지구의 영역이다.

스위스: 제네바

① 국제업무단지의 형성 배경

제네바는 1863년 국제적십자기구 ICRC를 유치하였고 또한 국제연합과 유럽연합의 국제기구들을 골고루 유치하고 있는 도시이다. 이는 스위스 특유의 중립국의 위치에 기인한다. 특히, 1919년과 1946년 사이에 존속하였던 초기 국제연합 the League of Nations의 본부 윌슨 팰리스 Palais Wilson을 유치하였고 이후, 이 건물은 유엔기구가 뉴욕으로 건너간 이후에도 유엔 산하의 Nations로 남아있다. 주요 기관으로는 국제보건기구 WHO, 국제무역기구 WTO, 유엔인권협의기구 The United Nations High Commissioner for Human Rights, 유럽연합 방송연맹 The European Broadcasting Union 등이 있다.

② 기존 도시와의 관계

제네바의 국제업무단지는 제네바 도심 북쪽 제네바 공항과 제네바역 사이에 위치하며, 3개의 지구로 나뉘어 도시계획에 반영되고 있다.[70] 이는 기존 도시와 제네바 공항 사

70) Nations, Petit-Saconnex, Saint-Gervais지구이다. http://www.ville-ge.ch/en/quartiers

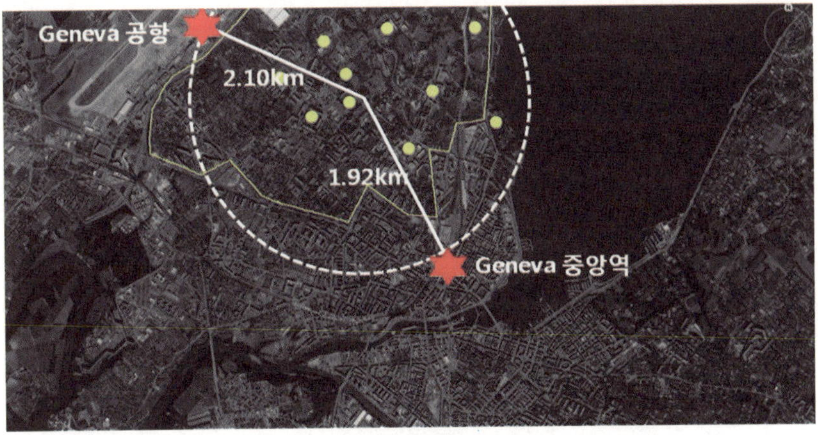

도시 모빌리티와의 관계, 제네바

이의 도시 북쪽에 해당하며, 북쪽으로 완만한 경사를 이루고 있다. 또한 제네바는 지리적으로 알프스산맥의 북부 평원지대에 위치하고 있어 경관이 매우 빼어나며, 특히 레만 호수를 가지고 있다. 이는 도시계획 및 국제업무단지의 단지조성에도 그대로 영향을 주는데, Nations를 비롯한 대부분의 국제기구 건물의 전면이 레만 호수를 바라보고 있다.

모빌리티의 측면으로는 제네바 중앙역이 국제업무단지와 약 2km 정도 떨어져 매우 근접하여 있다. 제네바는 또한 프랑스와 스위스 국경지대에 위치하여 프랑스 고속철도와 일반철도와 직접적으로 연결된다.[71] 이 중앙역은 또한 도시내 모빌리티의 출발점이기도 하며, 국제단지와의 연결은 경전철Tram과 경전철과 궤도를 같이 쓰는 트롤리 버스Trolley bus가 담당하고 있다. 공항은 도시 북쪽 국제업무단지의 경계를 이루는 지역에 있으며, 약 2km 떨어져 근접해 있다.

③ 도시-건축적 지역화 전략: 국제기구 바깥, 중간영역의 공공녹지 공간화

제네바 또한 기존 녹지를 활용하여 국제기구들을 유치하였는데, 먼저 국제현상설계에 의해 Nations가 위치하였고, 이후 많은 국제업무단지들이 개개의 고유한 영역을 형성

71) 고속철도는 Paris, Marseille 와 Montpellier와 연결되며, 일반철도는 프랑스 지역철도인 SNCF가 들어온다.

제네바의 전략: 국제기구 바깥, 중간영역의 공공녹지 공간화(황색은 지원시설)

하면서 자리잡고 있다. 이는 마치 국제기구의 군도archipelago를 연상하게 하는데, 이러한 국제기구들의 영역들 바깥의 중간영역을 주재원의 지원시설인 교육시설과 공공녹지공간이 들어가 전체적으로 느슨한 국제업무단지의 영역을 형성하고 있다. 이와 같은 전략은 충분한 여유부지를 가지고 있고, 시간적 차이를 두고 국제기구들이 유치될 것을 가정했을 때 적용할 수 있는 대안이 된다.

룩셈부르크-룩셈부르크

① 국제업무단지의 형성 배경

룩셈부르크는 유럽연합기구들이 모여있는 도시이다. 유럽연합의 참가국 중에서 두 번째로 작은 규모의 국가지만, 유럽연합이 처음 발족했을 때부터 벨기에, 독일, 프랑스, 이태리, 그리고 네덜란드와 함께 1957년 로마조약을 기점으로 참가하였다.[72)] 이후 벨기에의 브뤼셀, 프랑스의 Strasbruge와 함께 유럽연합의 수도로 지정되었다.[73)]

---

72) Luxembourg tourist office(2007), Nucleus of a United Europe, 『Luxembourg-Experience the city!』, p. 17.

73) 유럽연합은 초기 결성때부터 1992년 암스테르담조약에 힘입어 별도의 1개의 수도만을 정하지 않았다. 그 이유는 힘의 분산을 유도한 것인데, 개략적으로 국제협의 및 조정부분을 벨기에의 브뤼셀에, 사법기관을 룩셈부르크에, 그리고 국회를 스트라스부르크에 분산 배치하였다.-Europa(web portal-2007), Institutions: The Council of the European Union.

룩셈부르크의 국제기구 및 국제업무단지
참고: http://www.eukn.org/binaries/luxembourg.,
노란색 선으로 둘러싸인 영역이 도시계획으로 지정된 Kirchberg platuau의 영역이다.

주요 기구로는 유럽국회본부 the General Secretariat of the European Parliament, 유럽연합사법기구 European court of Justice, 유럽연합 투자은행 European Investment Bank, 유럽감사국 European court of Auditors, 유럽연합 경제협의기구 European Economic Community, 유럽연합 원자력 협의기구 European Atomic Energy Community 등이 있다. 도시계획상에서 국제업무단지라는 명칭을 사용하지 않고, 그 지역의 이름인 Kirchberg platuau라는 지역 명칭을 사용한다.[74]

② 기존 도시와의 관계

룩셈부르크는 지형적으로 협곡 속에 위치한 도심을 가진 도시이다. 그렇기에 '유럽의 요새' 라는 명칭에 걸맞게 아직까지 공국 Grand duchy으로 남아 있다. 그러나 이러한 자연조건은 국제업무단지가 기존 도심과 융화할 수 없는 제약으로 작용하게 되었다. 결국 도심간 연결이 용이하고, 도시간 모빌리티의 거점인 철도역과 공항에 근접한 Kirchberg platuau 지역을 국제업무단지로 특별 지정하고, 기존 도심보다 훨씬 큰 면적의 배후지를 확보해야만 했다. 이는 상기했던 도심과의 관계에서 '도심분리형' 에 해당한다.

74) http://www.eukn.org/binaries/luxembourg

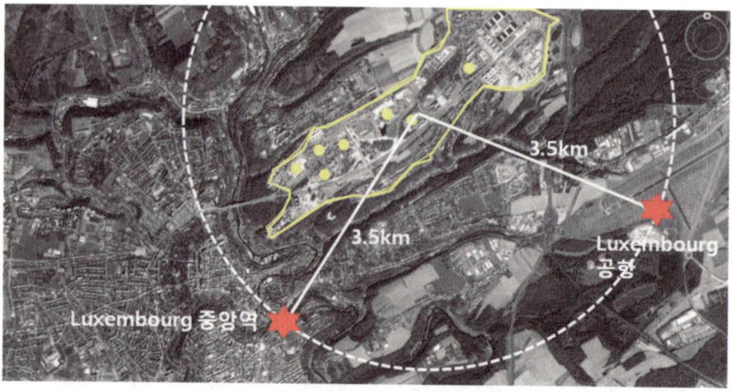

도시 모빌리티와의 관계, 룩셈부르크

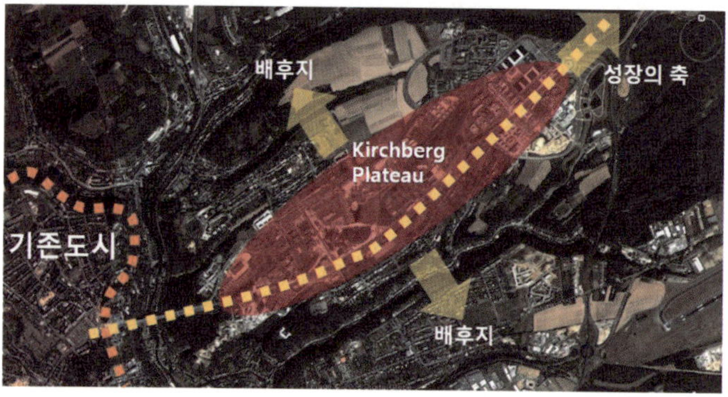

룩셈부르크의 전략: 도시의 '새로운 성장의 축'으로서의 국제업무단지

모빌리티의 측면은 룩셈부르크 중앙역이 약 3.5.km에 인접해서 위치하고 있다. 룩셈부루크는 지역적으로 유럽의 중심부에 해당되므로 많은 유럽의 주요도시들이 룩셈부르크 역을 통과하는데, 특히 프랑스 파리를 연결하는 고속열차가 2007년부터 운행되고 있으며, 서유럽의 벨기에와 중부의 독일과는 지역열차가 상시 운행하고 있다. 룩셈부르크 공항도 매우 근접하게 위치하였다. 도시내 Inner-city 모빌리티와의 연결은 중앙역을 기점으로 지역 버스로의 환승을 통해 이루어지고 있다.

③ 도시-건축적 지역화 전략: 새로운 축의 형성

협곡으로 둘러싸인 도심의 공간적, 크기적 한계를 가지고 있는 룩셈부르크는 미개발지로 남아 있던 Kirchberg platuau지역을 공항과 결합하여 개발하였다. 또한 도심에서

브뤼셀의 국제기구 및 국제업무단지

참고: http://geowebas1.ci.irisnet.be/

노란색 선으로 둘러싸인 영역이 도시계획으로 지정된 ZONES ADMINISTRATIVES의 영역이다.

시도할 수 없는 새로운 도시계획을 시도하였는데, Avenue John Fitzerald Kennedy를 축으로 몇개의 국제기구와 국제기구 사무국들을 배열하고, 그 시작 지점에 랜드마크로서의 문화시설을 배치하였다. 이는 강한 시각적 경험을 제공하는 '새로운 축의 형성'으로 해석된다. 구도심으로 대표되는 역사적 이미지와 새로운 국제업무단지의 축으로 대표되는 신도시의 이미지를 대비하여 장소성의 대비를 부각시키는 사례이다.

벨기에-브뤼셀

① 국제업무단지의 형성 배경

브뤼셀은 유럽연합의 수도이다. 1951년 유럽 석탄 · 철강연합 European Coal and Steel Community을 시작으로 특히 브뤼셀은 조정과 협의, 실무적 국제기구들을 유치하였는데, 특히 유럽연합의 실무를 집행하는 유럽연합 본부 European Commisions, 유럽연합의 의견 조정, 결정기구인 유럽연합 협의기구 Council of European를 유치하고 있다. 이를 위해 특별히 865,000m^{2}에 달하는 유럽연합단지[75]를 조성했는데, 기존의 도심 동쪽에 위치하고 있다. 또한 브뤼셀 인구의 30%가 외지인이며, 그 중 약 2만여 명이 국제기구의 상주직원으로 근무하고 있다.

---

75) 브뤼셀의 국제업무단지는 행정적으로 'ZONES ADMINISTRATIVES'에 속해 있다. http://www.eukn.org.

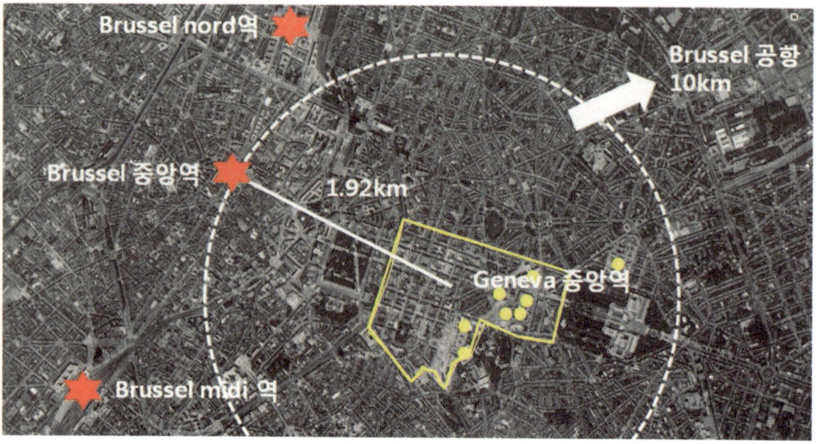

도시 모빌리티와의 관계, 브뤼셀

② 기존 도시와의 관계

2차 세계대전의 독일공습 이후 브뤼셀은 도시재건과 함께 도시팽창을 하게 되는데 그 중 하나가 바로 European Quarter로 지정된 지금의 국제업무단지 지역이었다. 처음부터 브뤼셀은 국내의 행정기관이 밀집되어 있는 지역와 연계해 국제기구를 유치하였는데, 이는 상기했던 '도심인접형' 국제업무지구의 유형이다.

모빌리티 측면에서 브뤼셀은 도버해협의 관통, 이후 고속열차 TGV의 등장과 함께 유럽의 중간 기착지의 역할을 하고 있다. 북역인 Brussel Nord역은 파리로 가는 열차의 기착점이며, Brussel Central역은 도시내 Inner-city 모빌리티와의 연결, 그리고 남역인 Brussel Midi역은 런던을 가는 고속열차의 출발지이다.[76] 이들은 국제업무지구와 대략 2km 정도 떨어져 인접해 있다. 북동쪽으로 10km 떨어져 있는 브뤼셀 국제공항 BRU은 세계 전역을 순항하는 주요 항공사의 공항이며, 약 30km 떨어져 있는 브뤼셀 남공항 Charleroi Brussels CRL은 유럽지역만을 순항하는 저가항공사의 공항이다.[77] 또한 브뤼셀은 5개의 지하철 라인 중 2개의 지하철이 도심과 국제업무단지, 위

76) 이렇게 갈수록 늘어나는 모빌리티의 수요에 반하게 도심은 매우 조밀하여 새로운 국제역의 출현을 방해하였는데, 그것이 부득이 국제역으로서의 기차역을 3개나 가지게 된 이유이다. 3개역 모두 지하에 위치한다.

77) 이는 저가항공과 주요항공을 구분하여 차별적 모빌리티의 조건을 만들려는 브뤼셀의 의지를 알 수 있다.

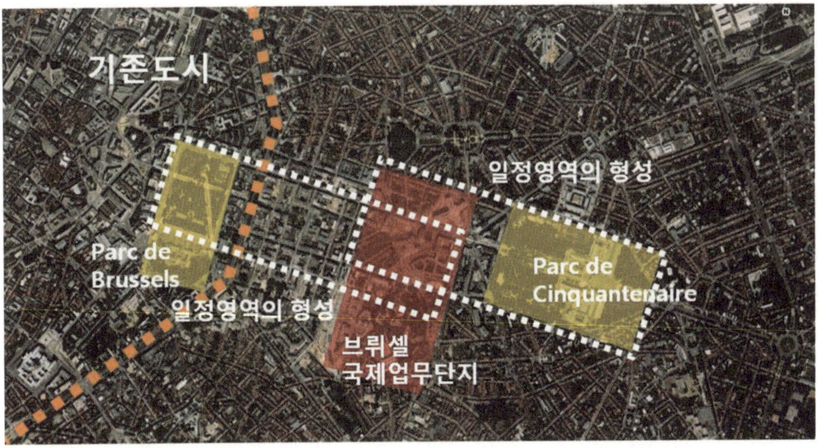

브뤼셀의 전략: 기존 모뉴먼트와의 연계-새로운 영역의 형성

성도시 지역들을 관통하고 있고, 공항과의 연결은 환승버스로 하고 있다.

③ 도시-건축적 지역화 전략: 기존 모뉴먼트와의 연계
브뤼셀은 국제업무단지를 기존 모뉴먼트와 연계하여 새로운 영역을 형성하고 있다. 이는 지역적으로 프랑스, 파리의 영향을 많이 받은 특유한 기존 도시의 역사와도 연결된다.[78] 기존의 모뉴먼트의 존재는 이렇게 기존 모뉴먼트+중간영역+국제업무단지가 결합하는 새로운 도시영역을 만드는 출발점이 된다. Parc de Brussels[79]에서부터 연계되는 유럽연합의 영역은 La Loi 거리와 Belliard 거리에 의해 묶여져 새로운 장소가 형성된다. 이는 특별히 국제업무지구를 도심에 이식시킬때 사용될 수 있는 방법론으로 기존 도시의 모뉴먼트 및 랜드마크와 같은 시각적 초점과 연계하여 새로운 장소성을 기획할 수 있다.

■ 소결

앞서의 4개 도시에서 연구된 국제업무단지의 사례를 종합하면 다음과 같다.

78) 파리의 도시계획에서 보여지는 블록형 건물과 대로, 그리고, 그 대로의 시각적 초점으로의 모뉴먼트와 같은 전형적 방법들은 브뤼셀에서도 그대로 발견된다.
79) 브뤼셀궁전을 포함하고 있는 브뤼셀의 대표적 정원

서유럽 4개 도시 국제업무단지 비교표

			헤이그	제네바	룩셈부르크	브뤼셀
국제업무지구의 면적			2,580,000m^2	3,180,000m^2	2,690,000m^2	865,000m^2
주요 유치기구			피스 펠리스(Peace Palace), 유로검찰국, 유로경찰국, 유고전범재판소	Nations, 국제적십자기구, 국제보건기구, 국제무역기구, 유엔 인권협의기구	유럽국회 본부, 유럽연합 사법기구, 유럽감사국, 유럽연합 경제협의기구	유럽연합 협의기구, 유럽연합 본부, 유럽연합 방위기구
도시와의 관계	형태 · 입지 유형		도심분산형	도심분산형	도심분리형	도심인접형
	모빌리티	도시간 (Inter city)	스키폴공항(40km), 로테르담공항(10km, 귀빈전용) / Hague HS 기차역	제네바공항(2km) / 제네바중앙역(2km)	룩셈부르크공항(3.5km) / 룩셈부르크 중앙역(3.5km)	브뤼셀 공항(10km), 브뤼셀 남공항(30km) / Brussel Nord, Central, Midi 역(2km)
		도시내 (Inner city)	버스, 트램 Randstad rail	버스, 트램	버스	버스, 지하철
	지원시설	주거	인근지역과 위성도시	인근지역	인근지역	인근지역과 위성도시
		학교	초 · 중등학교 20여개	초 · 중등학교 15개	초 · 중등학교 10여개	초 · 중등학교 30여개
		컨벤션	(World Forum이 Congress 수용)	Geneva Palexpo (12,000m^2)	Luxexpo (35,000m^2)	Brussel Expo (13,000m^2, 단지 외에 위치)
		문화시설/모뉴먼트	헤이그 시립미술관, World Forum, Maurodam	–	음악당, 체육관	브뤼셀 궁전, 브뤼셀 행정부
국제업무단지의 유치부지의 특수성			북해 연안과 도심 사이의 기존 녹지대와 연계한 문화시설지구 내에 유치부지 조성	철도역과 도심 사이의 풍부한 녹지공간을 활용한 유치부지 조성	자연적 제약(협곡)으로 인한 도심과 떨어진 새로운 부지의 조성 필요	기존 행정 관청지역과 연계한 유치부지의 조성
도시-건축적 지역화 전략			국제기구들이 기존 문화시설과 연계되어 새로운 공공영역을 형성	각각의 국제기구의 영역들 사이의 중간 영역을 녹지휴식공간화하여 시민에 개방	새로운 유휴지 개발을 통해 구도심의 역사적 이미지와 대비되는 새로운 국제업무단지의 새로운 성장의 축을 설정	기존 모뉴먼트+중간영역+국제업무단지로 결합되는 새로운 영역의 형성

참고: 브뤼셀을 제외한 3도시의 국제업무단지의 면적은 필자의 대지구적에 따른 것임(구글어스, Autocad 이용)

■ 결론

국제업무단지는 그 성격상 기존 도시조직을 파괴할 수 있는 위험요소임에도 불구하고, 새로운 도시경제의 활력을 불어넣을 수 있는 기회의 땅임에는 틀림없다. 외지 인구의 활기찬 유입으로 이끌어 올 수 있는 끊임없는 자본의 이동은 이를 보증하며, 부가적으로 지역의 장소성을 국제적으로 알리게 되는 계기가 된다.

연구의 결과 국제업무단지는 형태적, 기능적으로 기존 도시와 밀접한 관계를 맺는다. 이는 물리적 형태의 유형으로서 도심인접, 도심분리, 도심혼합형으로 유형화가 가능하다. 또한 모빌리티적 측면으로 국제기차역과 국제공항으로 대표되는 도시간Inter city 모빌리티와 근접하며, 또한 이는 도시내Inner city 모빌리티 네트워크와의 원활한 연계를 요구한다. 사회적 기반시설로서의 업무지원시설로는 주재원과 지역 종사자들의 주거시설과 교육시설, 호텔 및 컨벤션시설, 그리고 상업, 문화시설 등이 있다.

연구의 결과 서유럽의 4개의 도시사례에서 국제업무단지들은 각 도시의 역사와 제반환경에 따라 서로 다르게 조성되었다. 네덜란드 헤이그의 경우 도시내에 분산되어 유치된 〈도심분산형〉으로 유형화되며, 도시-건축적 지역화 전략으로서 기존 문화시설과의 연계의 전략을 채택하였다. 제네바의 경우에는 도심과 국제공항 사이의 방대한 지역에 분산되어 유치된 〈도심분산형〉으로 정의되며, 지역화 전략으로는 국제기구의 군도archipelago의 바깥인 중간영역으로 공공 녹지공간을 설치하여 지역 주민과의 교류를 꾀하고 있다. 룩셈부르크의 경우는 도심이 협곡으로부터 자연적으로 분리되어 있는 〈도심분리형〉이며, 지역화 전략으로서 도시유휴지였던 대지를 가로지르는 대로를 새로운 성장의 축을 설정, 개발하였다. 브뤼셀의 경우 도시확장기와 동시기에 국제업무지구가 조성되었으며, 이는 도심과 바로 인접한 〈도심인접형〉이다. 또한 지역화전략으로서 기존의 모뉴먼트와 연계해 기존 모뉴먼트-중간영역-국제기구로 이루어진 새로운 영역을 구축한 사례이다.

이와 같은 국제기구로 이루어진 국제업무단지에 대한 연구는 한국의 도시개발정책 중 수많은 부분들이 기존 도시와는 이질적인 공간단위를 가진 민간 및 공기업의 이전 등과 같은 작업이 도시형성의 중요한 축으로 자리매김하고 있고, 또한 장차 블록화block되고 있는 세계 정치경제의 흐름에 따라 새로운 국제기구를 유치하는 데에 있어 나타날 수 있는 도시건축적인 부조화를 극복하려는 노력의 전례가 될 수 있을 것으로 판단이 된다.

참고문헌

1. Demey, Thierry(2007), Brussels, capital of Europe, Brussel: Badeaux
2. Gemeente Hague(2007), Specialist meeting for new ICC competition report, Hague: Gemeente Hague
3. Municipality of the Hague(2007), Hague statistics, Hague: Gemeente Hague
4. Saskia Sassen(2001), Global cities-London, New york and Tokyo, Princeton: Princeton University Press
5. Sheila L. Croucher(2004), Globalization and Belonging, New York: Rowman & Littlefield
6. Willem Harmes(2008), Constructing the city, EMU studio book, Delft: TU Delft press
7. http://www.wereldstadaanzee.nl(헤이그 도시계획)
8. http://www.eukn.org/binaries/luxembourg(룩셈부르크 도시계획)
9. http://geowebas1.ci.irisnet.be/(브뤼셀 도시계획)
10. http://www.ville-ge.ch/en/quartiers(제네바 도시계획)

그런데 이러한 국제기구들의 특성은 고스란히 국제기업의 단지들이 모여 있는 이른바 경제특구, 경제센터라 할 수 있는 프랑스의 라 데팡스, 런던의 도크랜드, 그리고 한국에서 일어나고 있는 각종 혁신도시 등등의 사례에도 그대로 반영되어 나타나고 있다. 즉, 이방인과 원주민의 문제, 그리고 다른 문화와 다른 문화의 충돌, 글로벌 자본과 로컬 자본의 이동. 모든 것들은 자본과 경제, 정치의 흐름을 담아내려는 지리적 전쟁의 결과인 것이다.

London	– 'Southbank'
Paris	– 'La defance'
Berlin	– 'Adlershof-city of science'
Brussel	– 'Espace Leopard' - European Union District
Lisbon	– 'Expo 1998'
Copenhagen	– 'Orestaden'
Vienna	– 'Donau city'
Dublin	– 'Docklands' - international financial services center
Athens	– 'Olympic village'
Bilbao	– 'Abandoibarra'
Birmingham	– 'Central Business district'
Naples	– 'Centro Direzionale'
Lille	– 'Euralille'

"Emblematic project" Source from 『Europe Amsterdam Zuidas european project』

2. 도시계획의 설득기제들 urban technology

도시계획가의 의지를 일반인에게 전달함에 있어 원활한 의사소통을 이루는 것은 도시계획을 수행함에 있어 가장 중요한 성공요인이다. 여기서 언급하는 도시계획의 설득기제들은 일반인과 소통하는 도구, 일종의 툴박스toolbox라고 말할 수 있겠다. 이는 매우 실천적인 문제임과 동시에 새로운 도시 해석의 가능성을 제공하기도 한다. 즉, 이 단락의 가장 중요한 점은 각각의 프로젝트들이 어떠한 개념적 도구tool를 사용하고 있느

냐를 파악하는 것이다.

- urban gateway project의 분석
- OMA의 프로젝트 분석
- urban developent strategy
- urban density에 대한 분석
- urban design rule의 분석

처음 두 단락이 개념적 도구를 찾아내는 것이라면, 세 번째 단락부터는 직접적인 개념의 도구를 익히는 것이 된다.

■ '도시의 관문'의 분석 urban gateway project

도시의 관문은 사람들이 모이고 일정한 곳을 향해 출발하고, 떠나는 장소이다. 그렇기에 그 '관문gateway'는 매우 특별한 장소일 수밖에 없다. 사람들의 인식속에 남아있는 관문의 기억은 각도시의 문화만큼이나 다양하다.

필자가 있던 유럽은 각 나라간의 이동이라기 보다는 각 도시간의 이동이 매우 활발하다. 그것은 국경을 초월하여 자본과 인구가 이동한다는 이야기인데, 그렇기에 각 도시의 관문, 즉 공항이나 국제기차역들은 매우 훌륭한 도시의 관문이 된다.

가면 갈수록 자본의 경쟁은 치열하게 전개되고 있다. 그렇기에 각 도시는 자신의 도시를 팔기 위해, 각 도시의 이미지를 팔기위해 안간힘을 쓰고 있다. 그것은 일종의 자본의 유치전쟁과도 같다. 앞서 언급한 국제업무지구에 관한 사항도 알고 보면 이러한 자본의 유치를 위한 것이다.

도시의 관문은 관문이라는 이미지만으로 끝나지 않는다. 최소한 현대도시는 이러한 도시의 관문만큼은 자본의 유치와 사람의 유치를 위해 무엇이라도 가져다 놓는다. 하다못해 상업시설을 가져다 놓는 것은 아마도 가장 낮은 수준의 조치일지도 모른다. 잠시 프로그램을 살펴보자.

국제도시급의 런던이나 파리. 기타의 메이저급 도시들은 이러한 도시의 관문에 비즈니스센터를 만들어준다. 아니면 반대로 도심지 재개발구역에다 이러한 비즈니스센터를 만들어 놓고 도시의 관문을 연결시켜 주는 경우도 있다. 런던의 도크랜드, 파리의 라 데팡스는 그 좋은 예이다. 반대로 암스테르담 같은 경우는 도심에 그러한 공간을 만들 수 있는 장소가 없었다. 그렇기에 암스테르담 Zuid를 특화시켜 국제공항 스키폴과 암스테르담의 중간 사이에 국제업무지구를 조성했다.

이러한 도시의 관문은 이러한 자본의 집합장일 뿐 아니라 글로벌global한 움직임과 로컬local한 움직임의 교차점으로 보는 시각이 또한 필요하다. 글로벌한 자본과 사람의 움직임이 로컬의 자본과 사람이 만나는 것이다. 그러니 자연스럽게 만남의 장의 욕구가 생겨나고, 그것은 바로 컨벤션센터convention center의 건설욕과도 맞아 떨어진다. 대부분의 '관문gateway' 프로젝트는 그래서 컨벤션센터와 아주 밀접하다.

암스테르담 남부개발Amsterdam zuidas

① 암스테르담 주이다스Amsterdam Zuidas

이 단지는 네덜란드의 수도 암스테르담의 남쪽 약 10km 떨어진 곳에 위치하며, 스키폴공항과 암스테르담 센터의 중간에 입지한다. 문제는 스키폴공항의 존재였는데 암스

암스테르담 쥬이다스(Amsterdam zuidas)

테르담 주이다스Amsterdam Zuidas의 건설은 네덜란드 정부로서도 매우 어려운 결정이었다. 즉, 암스테르담을 중심으로 계속 자본과 사람을 더 집중시킬 것인가, 아니면 새로운 남부의 지역을 찾을 것인가였다. 그 당시 이미 암스테르담은 암스테르담의 IJ강을 터널로 뚫어 새로운 개발의 방향을 북쪽에서 찾고 있었던 상황이었다. 갑론을박 끝에 결국 남부에 새로운 중심을 짓기로 하고 그래서 탄생한 것이 이 쥬이다스였다.

② 모빌리티

국가내Innercity 모빌리티-스키폴과 암스테르담의 중앙부에 위치, 그 둘을 연결시키며, 또한 동서축으로 알미르Almere와 유트랙Utrecht에 연결된다.

국가간Intercity 모빌리티-이 곳은 고속철도 탈리스Thalys가 지나가는 길목이기도 하다. 이는 암스테르담에서 출발한 탈리스는 이곳을 지나 파리까지 직행한다. 또한 독일의 고속철도 ICE를 이용하여 아르넴Arhnem을 지나 독일 함부르크까지 연결된다.

그러나 역시 암스테르담 쥬이다스의 가장 큰 유치의 이유는 바로 스키폴Schipol 공항이다. 이는 이곳 개발의 가장 큰 추진제driver였다. 즉, 이 스키폴 공항을 유럽의 허브로 만들기 위해 이러한 국가간 네트워크의 연계가능성이 더 중요했던 것이다.

③ 연계프로그램

기본적으로 주거와 사무동, 국제비즈니스센터 지역을 가지고 있으며, 또한 VU대학이 근처에 있어 산학의 클러스터를 가지고 있다. 근처에 있는 암스테르담 컨벤션센터는 매우 중요한 어번 앵커urban anchor이다.

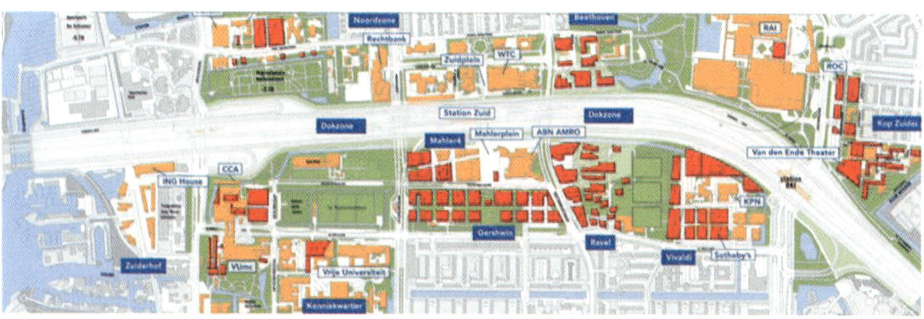

암스테르담 쥬이다스의 프로그램 맵(http://www.zuidas.nl/ 참조)

④ 지역 패브릭과의 밀착 여부

지역 도시조직의 고려는 국제관문의 계획상 매우 중요하다. 이는 대개 국제관문의 모빌리티의 상부 또는 하부로 지역 조직의 흐름을 연결시키는데, 상부에 인공지반 플랫폼 platform을 조성하는 것과 하부에 연결통로를 설치하는 경우로 나뉜다.

현재까지의 암스테르담 쥬이다스는 하부연결통로 방식이다. 결국은 비용의 문제인데, 상부인공지반 플랫폼은 엄청난 지자체의 예산을 필요로 하기 때문이다. 그러나 시 당국은 결국은 인공지반으로 갈 것을 예상하고 있고, 그것에 맞게 기본계획을 진행하고 있다. 즉, 연결통로로 쓰면서도 인공지반으로 바꿀 수 있는 유연한 계획을 실현하고 있는 것이다.

하부 연결통로 설치안, 상부 인공지반 플랫폼의 설치예시도

들어서는 비즈니스 센터들

암스테르담 자우드역 하부의 연결통로

유로릴 계획부지

유로릴 프로젝트 Lille- Eurolille

유로릴은 어찌보면 영국이 프랑스를 도와주는 형국이 되었다. 영국의 대륙진출의 욕망은 전통의 라이벌인 프랑스를 거쳐야만 가능했고, 그것이 이 프로젝트의 원동력이 되었다.

영국은 항상 대륙진출의 핸디캡을 가지고 있었다. 육로의 유로터널이 완공되지 않았기에 영국의 히드로 Hithro 공항은 세계 1위의 항공수요를 가지고 있는 것이다. 결국 1993년 영국정부는 프랑스, 네덜란드, 벨기에와의 협력을 통해 유로터널을 완공하고, 그에 맞추어 프랑스의 릴 lille에 환승역을 만들었다.

① 모빌리티

Eurolille은 영국과 프랑스, 그리고 벨기에와 네덜란드를 이어주는 서유럽의 가장 강력한 지상 허브이다. 현재는 북쪽으로는 네덜란드 스키폴까지 연결시키고, 남쪽으로는 프랑스 전역을 통과하는 TGV 네트워크와 바로 환승된다. 서쪽으로는 유로터널을 통해 런던과 연결되며, 동쪽으로는 브뤼셀을 지나 독일행 ICE로 환승, 독일로 갈 수 있다.

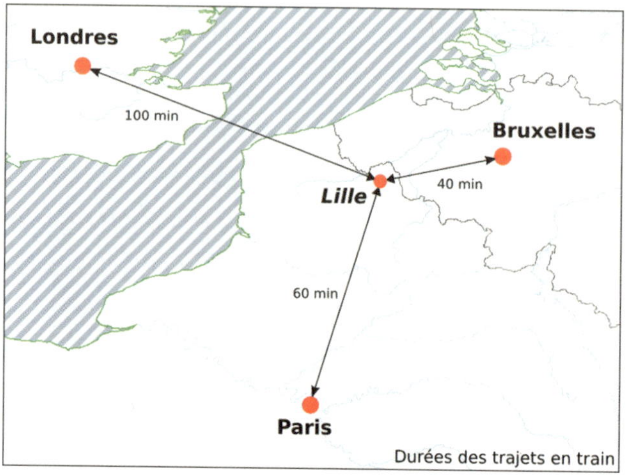

유로릴의 모빌리티

② 연계프로그램

80만m^2에 해당하는 면적에 복합적 프로그램을 수용하고 있다. TGV역을 비롯해 쇼핑, 업무, 주거, 콘서트홀, 콩그레스Congress 등이 있다.

③ 지역과의 밀착여부

이 프로젝트는 설계자 램에게 있어서는 매우 경이적인 프로젝트였을 것이다. 그의 말을 잠시 빌리면,

> "릴은 여러모로 참 도전적인 프로젝트였다. 이는 말하자면, 유럽의 지금까지의 경험을 바꾸는 일이었다. 즉, 영국을 한 번에 대륙에서 넘어간다는 경험. 그것은 아마도 새로운 경험이며, 어떤 새로운 유럽성을 세계에 알리는 일이기도 하다."[80)]

릴역은 먼저 도시의 옛 경계가 남아있는 곳을 선정했다. 이는 다분히 전략적인데, 역사적인 흔적이 남아있는 도시의 경계부, 성채자리에서 이러한 새로운 유럽의 관문을 배치, 기존의 역사와 새로운 역사를 공존하려는 의도였다. 이것은 다시 경제적인

---

80) 내용 출처, www.oma.nl

상업시설 카르푸와 오피스동

런던으로 가는 유로스타역

의미도 있는데, 이러한 도시의 주변에 새로운 액티비티를 부여해 도시 경제를 전체적으로 살려보자는 의미이기도 했다.

그러나 부정적 의견도 만만치 않다. 일단 대부분의 승객들은 릴을 단지 거쳐만 가는 곳으로 인식하고 있지 그곳에서의 어떤 행위를 기대하지 않는다. 그 이유는 아마도 릴이라는 도시의 존재 자체가 그리 크지 않았기 때문이다. 이러한 소도시 로서의 릴, 역사도시로서의 릴에 TGV와 연계된 유로릴의 조성은 기존도시에 엄청난 활력을 부여한다.

■ OMA 프로젝트 분석

현대의 도시계획에서 아마도 OMA만큼 영향력이 있는 그룹이 있을까. 아마도 그들의 대표작들에서 사용된 방법론을 한번 살펴 본다면, 도시계획을 공부함에 많은 도움이 될 것이기에 필자로서 한번 정리해 보고자 한다. 한 가지 첨부한다면, 여기에서 소개하고자 하는 것은 그들의 계획안 전체가 아니라, 그들이 사용하는 개념과 언어들, 그리고 그것들의 표현법이다.

겐트 Gent시의 올드 도크 Old Dock지역에 대한 계획

본 계획은 벨기에의 중소도시인 겐트 Gent시가 가지고 있는 오래된 도크를 도시 프로

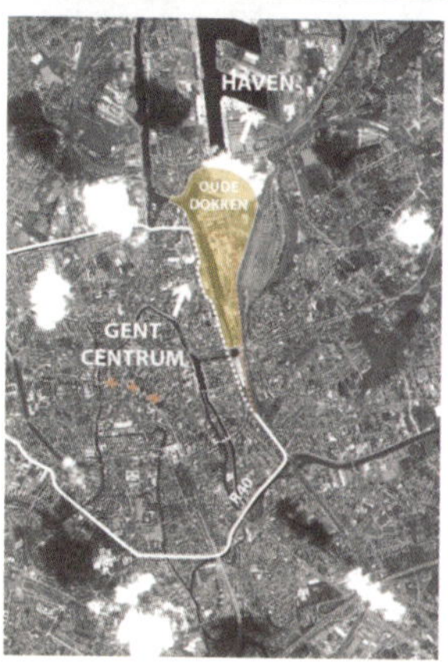

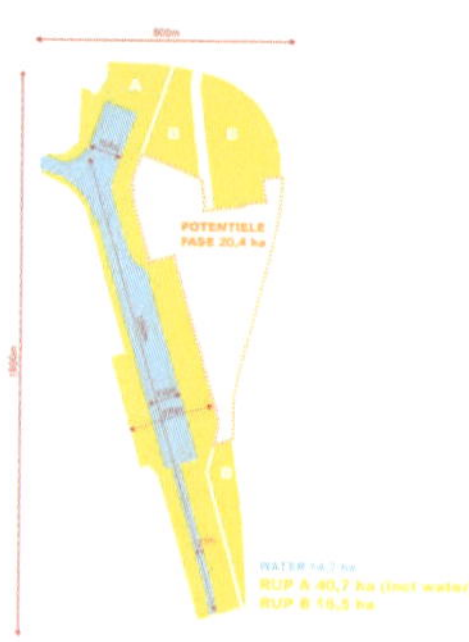

올드도크(Old Dock) 계획안(OMA)

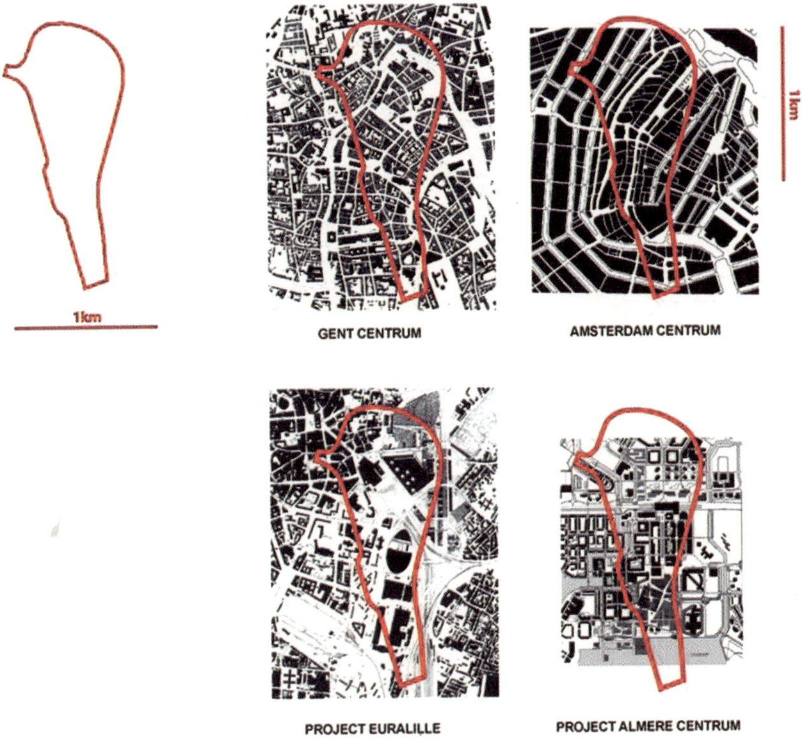

타 지역과의 크기 비교(OMA)

젝트로서 재생하는 프로젝트이다. 공업의 발전이 근대화 시기에 같이 발 맞추어진 유럽의 여느 도시와 마찬가지로, 벨기에 또한 이렇게 물길을 기본으로 수많은 근대화의 유적, 즉 공장지대를 가지고 있다. 마찬가지로 유럽의 수많은 프로젝트들은 이렇게 한 번 근대화의 흔적이 지나간 이후의 재생되지 않은 공장지대를 가지고 있고, 그런 의미에서 이러한 갈색지역 brown field은 또 다른 도시 재생의 기회의 땅이기도 하다.

계획안에서 사용하는 면적에 대한 개념설명은 반드시 다른 지역의 사례와 함께 보여준다.

이렇게 프로그램을 배치함에 있어 평행한 스트립을 사용하는 것은 매우 익숙한 방식인데, 파리의 라빌레뜨 공원 때부터 시작하여, 여러 작품에서 이러한 분절의 스트립을 사용한다.

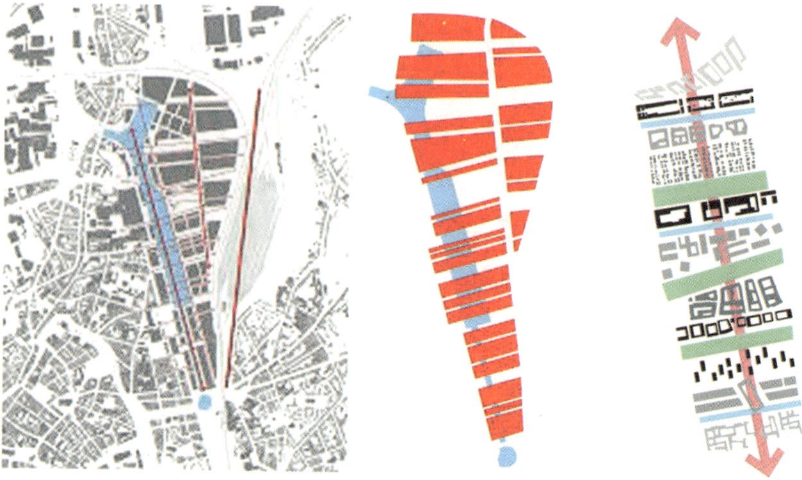

프로그램과 매스의 분절(OMA)

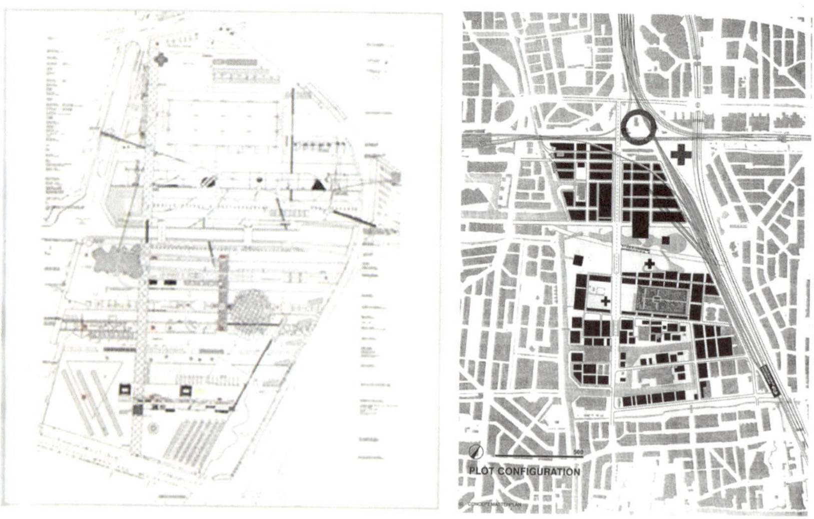

프로그램과 매스의 선형적 분절의 사례:
라빌레뜨공원 1988, 빙코스란(Binchoslaan)–헤이그 2008계획안(OMA)

도시교통처리계획(OMA)

교통을 다루는 것은 매우 기본적인 일인데, 기존의 도로망과 기존의 대중교통의 라인을 조사한 후 그것을 새 지역과 연결시키는 일이다. 연결시키는 방법 또한 새로 형성되는 문맥에 맞게 때로는 지하로, 때로는 지상으로, 또한 교차점의 개발방식을 유도하는 방식으로 도시 문맥에 맞게 조절된다. 물론 이는 도시 교통당국과 전문가와의 협의과정을 거친다.

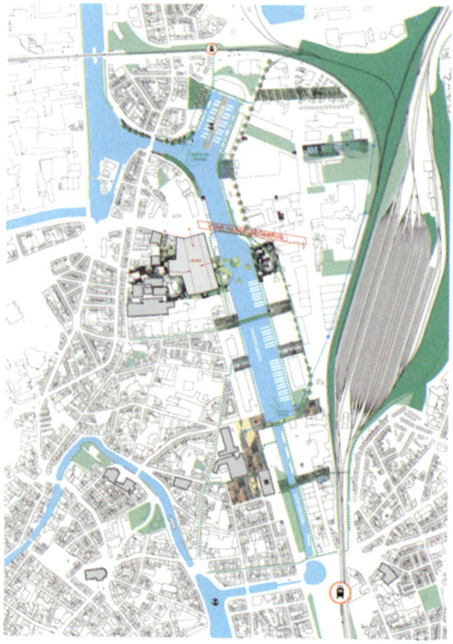

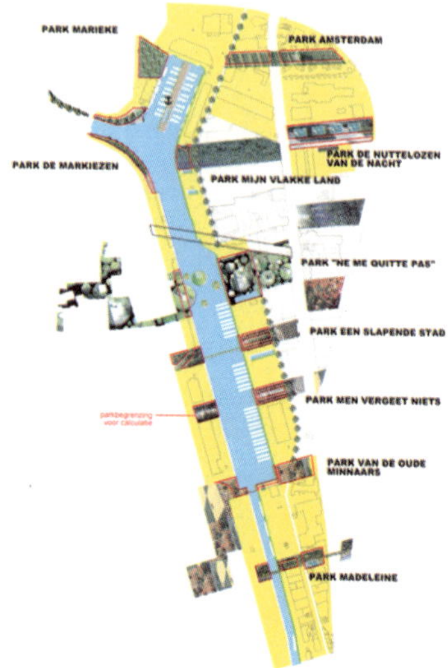

오픈스페이스의 연결(OMA)

오픈스페이스를 역시 진열된 스트립에 의해 표현하고 있다. 도시의 오픈스페이스를 어떻게 만들 것이며, 그것에의 녹지공간과 어떻게 연관시킬 것인가가 대두된다. 이렇게 도시 문맥을 읽고, 그것에 맞는 도시 패브릭을 찾고, 인프라와의 관계를 고려하며, 다시 이러한 공공공간의 체계를 만드는 것은 어찌보면 가장 기본적인 어번 플래닝이라는 것을 보여주는 것이다.

■ 도시개발 전략 urban development strategy의 표현

필자의 중국인 동료 Luuk는 이 7개의 개발전략의 '언어'에 대해 매우 흥미로운 발상을 제안했는데, 이러한 도시개발의 입장을 식물을 키우는 것에 비유했다.

먼저 개발단위 chunk이다. 이는 어디에 무엇을 어떻게 얼마만큼 개발할 것인가를 말하는 것이다. 즉, 땅에 대한 기본적 정리작업이라 하겠다. 이를 두고 식물을 키우는 것으로 비유하자면 '땅'이다.

두 번째는 '드라이버 driver' 와 '씨앗 grassroot' 이다. 이는 식물로 치자면 비료에 해당하는 것인데, '드라이버 driver' 가 도로, 인터넷 회선과 같은 대규모의 규모있는 투

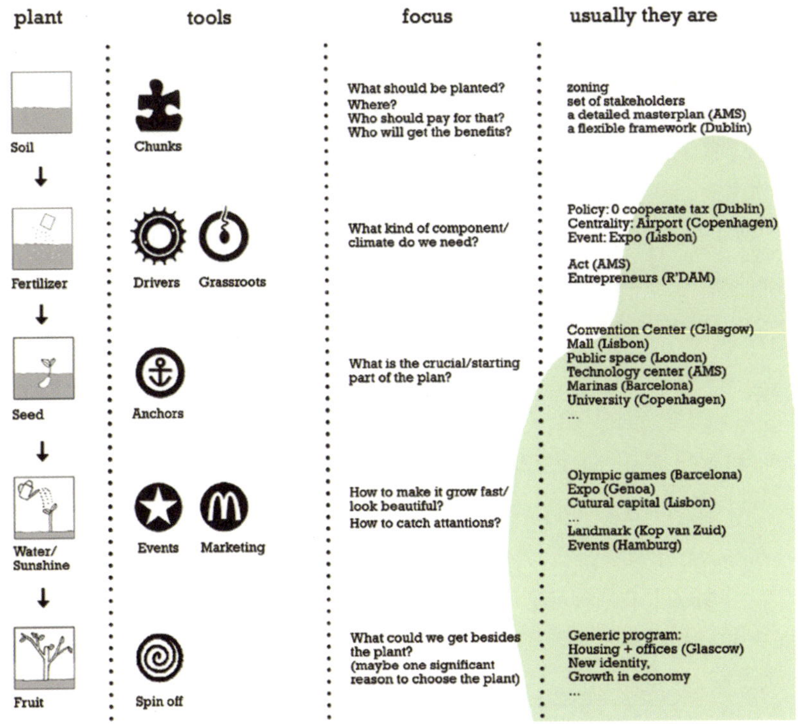

도시개발의 전략(Luuk)

자를 통해 개발환경의 분위기를 조성한다면, '씨앗grassroot'은 시작은 소규모로 하지만 나중에 그것이 자생해서 성장함을 의도하는 것이다. 즉, 쇠락한 공장지대에 어떤 예술인마을이 형성되는 것은 그 곳의 저렴한 토지비용과 임대료로 한 두명의 예술인이 들어와서 정착됨으로서 시작되는 것이다. 이렇게 한 두개의 소규모 프로젝트들이 하나의 개발의 씨앗이 될 수도 있는 것이다. 드라이버는 '위에서 아래로top-down' 식 방법이라면, 씨앗grassroot은 '아래서부터 위로bottom up'의 방법이라 할수 있겠다.

세 번째는 '앵커anchor'이다. 이는 앵커는 소위말해 대중의 관심을 가질 수 있는, 그리고 대중의 투자를 이끌어 낼만한 인구유발 시설을 말한다. 공공시설로서는 기차역과 공항, 그리고 선착장같은 곳이 될 수 있고, 민간인 경우는 대규모의 오피스 블록, 상업시설군, 기타 유흥 집객 시설들을 들 수 있다. 이러한 집객능력이 있는 소위 도시의 앵커urban anchor들은 지역개발의 성공에 필수적인 고려사항이다.

네 번째는 이벤트event와 마켓팅 전략marketing strategy이다. 이는 언술했던 드라이버와 씨앗, 그리고 앵커가 하드웨어적 물리적 환경개발이라면, 이는 소프트웨어적 측면의 고려이다. 올림픽과 엑스포 같은 국제적 큰 행사는 도시의 환경을 바꿀 수 있는 절호의 기회이다. 바르셀로나와 리스본 같은 경우 아니 우리나라의 서울, 그리고 곧 개최될 여수 엑스포와 같은 시설은 그 지역 전체에 파급을 줄 수 있는 큰 이벤트이다. 마케팅 전략은 말 그대로 어떻게 대중의 관심을 계속해서 이끌어내느냐의 전략이다. 마치 바겐세일로 상업시설들이 대중을 끌어모으듯, 이러한 도시개발 또한 관객의 관심을 끌만한 요소를 가져다 놓는 것으로 마케팅을 하는 것이다. 영국의 도크랜드에 있는 도크랜드 미술관은 그 지역의 문화에 기여하는 것이지만, 개발적 측면으로 볼땐 다분히 마케팅 전략이 된다.

다섯 번째는 '스핀오프 spin-off'이다. 이는 도시계획의 마지막 단계라 할수 있는데, 나무로 치자면 열매와 같다. 즉, 일정 지역의 개발이 끝나면, 인근의 다른 지역까지 영향을 받아 새로운 지역의 범위가 더 커지는 것이다.

이 각각의 용어에 대한 정의를 코스의 튜터 Daan Zandbelt의 원어로 소개하고자 하면 다음과 같다.

Anchor – a key function in an trasformation area that is supposed to attract other investments in that area: I.e. a congress venue that attracts hotels and restaurants.

Chunk – a piece of something, for example, bread, chocolate, or a plan, here a unit of development.

Driver – The engine behind change. A process on a higher level that determines or has a major influence on developments in an area like the company tax-cut in Ireland or the construction of the Oreseundilikn between Denmakr and Sweden.

Event – the organization of an international manifestation like the Olympics or the World Exposition

Grassroots – Small scale initiatives with a future potential. Grassroots are characterized by their bottom up approach, low budgets and mobile characters like small enterprised, artist workshops and small events.

Spin off – Indirect effects from investment in an area in the form of revenues, development or attention.

다음은 이러한 개발의 개념으로 도시개발의 사례를 분석한 것이다.[81)]

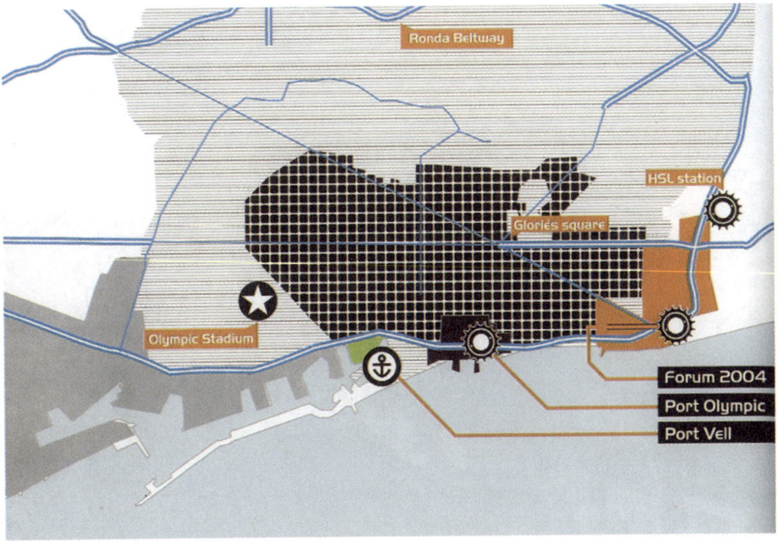

바르셀로나의 워터프론트 도시개발 전략 분석(Daan Zandbelt)

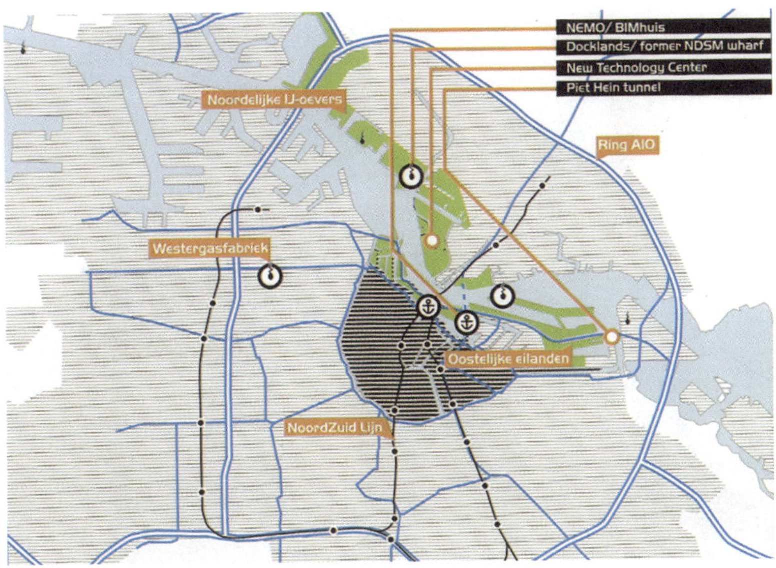

암스테르담 워터프론트 도시개발 전략 분석(Daan Zandbelt)

81) 각각의 그림들은 코스의 튜터 단잔벨트의 'Big & beatiful'의 것임

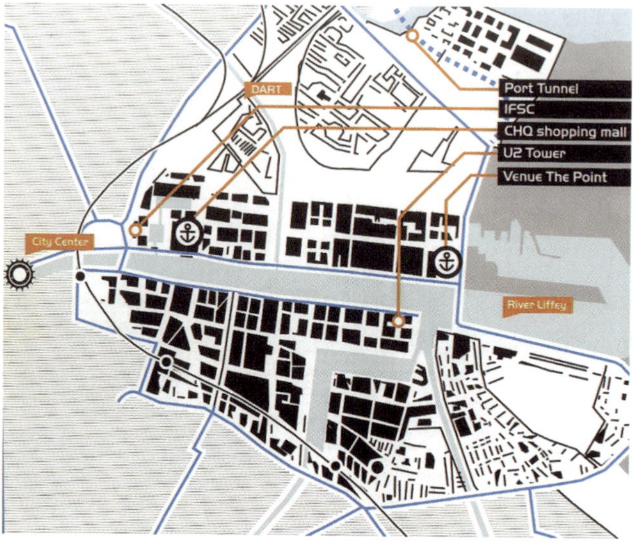

더블린 도크랜드 도시개발 전략 분석(Daan Zandbelt)

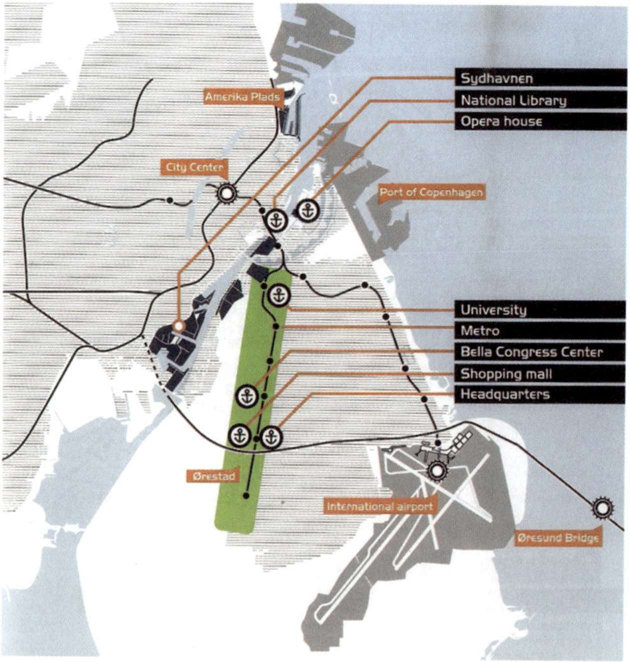

코펜하겐 워터프론트 도시개발 전략 분석(Daan Zandbelt)

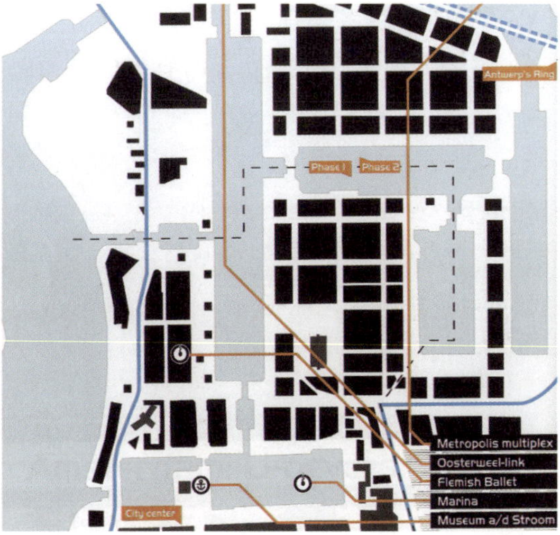

안트워프 워터프론트 도시개발 전략 분석(Daan Zandbelt)

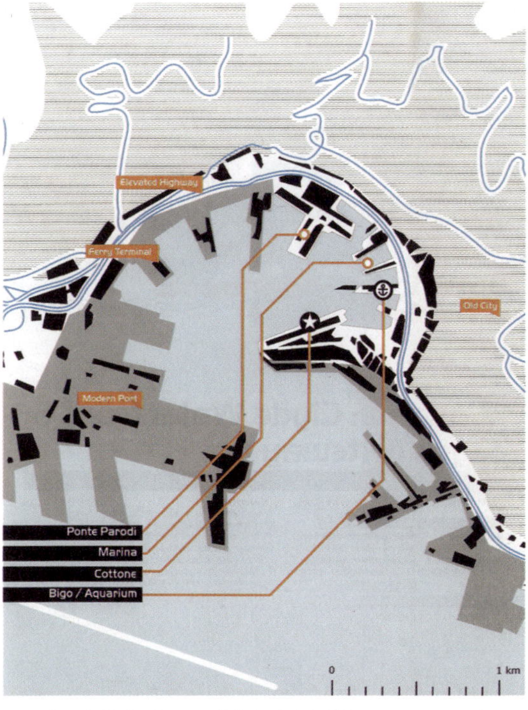

제노바 워터프론트 도시개발 전략 분석(Daan Zandbelt)

■ 도시밀도 urban density에 대한 분석

도시를 개발함에 있어 도시의 용량을 분석하는 것은 필수적이며, 이는 곧 사업비와도 직결된다. 이에 대한 도시밀도를 분석함에 있어 델프트 공대의 Meta Berghauser Pont 는 'Spacemate'라는 프로그램을 개발, 자칫 숫자로 표현되는 도시의 밀도를 우리가 일상에서 느낄 수 있는 도시의 감각으로 연결시키고 있다.

필자가 느끼는 이 프로그램의 가장 흥미로왔던 부분은 바로 이른바 OSR(공지의 비율)이라 부르는 도시개발에 있어서의 오픈스페이스와의 연관관계였다. 먼저 개념정리부터 들어가면 다음과 같다.

Floor Space Index(FSI): The FSI expresses the built intensity of an area.

FSI = gross floor area/plan area 우리나라의 용적률과 같다.

Ground Space Index(GSI): The GSI expresses the compactness of an area.

GSI = built area/plan area 우리나라의 건폐율과 같다.

Open Space Ratio(OSR): The OSR expresses the openness of an area and the pressure on the non-built space.

OSR = (plan area- built area)/gross floor area

우리나라의 말로 풀어 설명하면,

OSR = (대지면적-건폐율면적)/연면적이다. 즉, 오픈스페이스면적/연면적이다.

앞으로는 '공지의 비율'이라 하겠다.

Layers(L): L expresses the average number of floors in an area.

L = gross floor area/built area 층수를 말한다.[82]

82) 층수와 같은 경우 다양한 설계언어의 개발(-필로티, 공중정원과 같은)로 인해 자칫 설계현실과 동떨어질 수도 있다. 그러나 이것은 개략적 개념이므로 그냥 넘어가도록 하자.

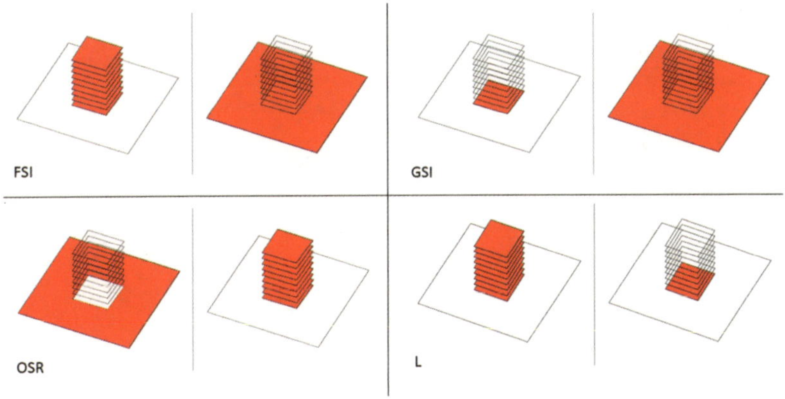

스페이스메이트의 기본 용어의 도식(Meta B. Pont)

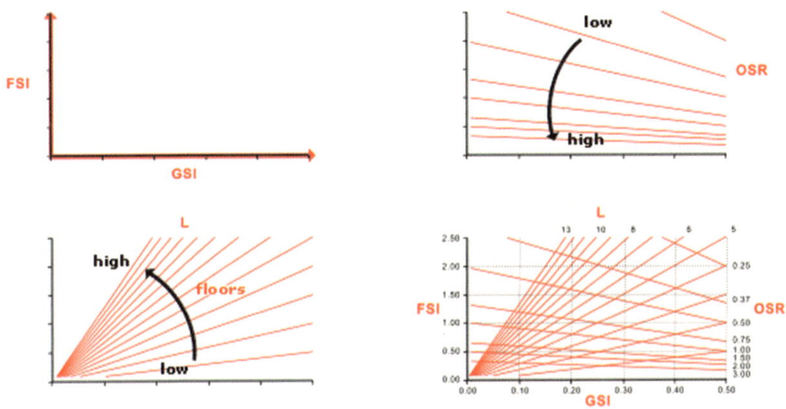

각 변수들의 상관관계(Meta B. Pont)

프로그램 스페이스 메이트는 이 4개의 변수를 가지고 출발한다.

각각의 변수는 상관관계를 갖는데, 가로축을 GSI로 놓고, 세로축을 FSI라 가정하면 많은 실험적 결과를 양산해낼 수 있다. 즉, 그 둘을 이용하면 층수가 나오고, 다시 공지의 비율, 그리고 이 상관관계를 유형화할 수 있다.

위의 그림에서 밀도와 도시유형을 보면 그림의 왼쪽 하단인 용적률은 낮고 공지비율이 높은 Low-rise development에서 오른쪽 상단인 용적률은 높고, 공지비율이 낮은 mid-rise super block까지 유형화됨을 알수 있다. 이 대각선을 축으로 해서 위

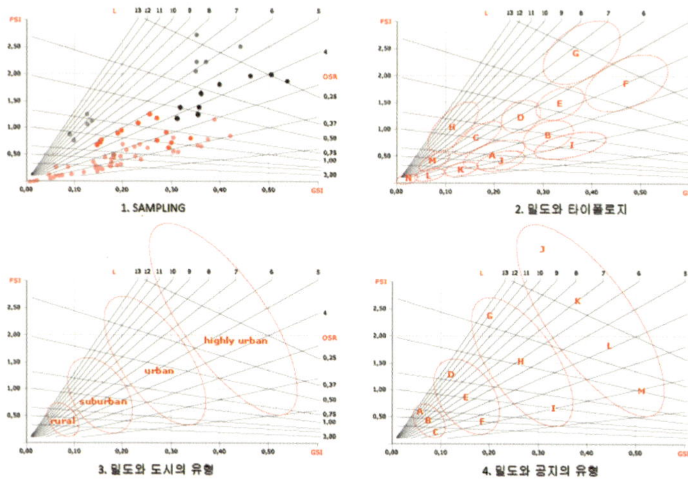

밀도와 도시유형의 상관관계(Meta B. Pont)

쪽은 용적률이 높지만, 공지비율도 높은 high-rise block이며, 대각선 아래는 용적률은 낮고, 공지비율이 높은 low-rise detached house을 연상하면 된다.

이 프로그램의 궁극적인 목적은 이러한 숫자적인 밀도의 개념에 도시의 질이 담겨진다는 것이며, 건축주를 설득할때나 설계를 할때 자신의 프로젝트가 어떤 밀도를 원하는가를 이 프로그램을 통해서 유형적으로 접근할 수 있다는 것이다.[83)]

서두에 언급했듯이 필자에게 있어서 이 프로그램의 가장 큰 발견은 바로 '공지의 비율'이었다. 물론 이 공지의 비율이 높으면 살기에 쾌적할 것이고, 녹지가 많아 소위 '저탄소도시' 형성에도 기여하겠지만, 치안이라든가, 죠닝에 의한 도시성의 단절로 인한 피해 또한 적지 않았다. 필자의 조사 결과 유럽 대부분의 도심은 작은 공지를 가지는 지극한 고밀이었지만, 그들의 층수는 대부분 7층을 넘지 않는다. 즉, 유럽에서 만큼은 '높은 도시밀도 = 초고층아파트'의 공식이 아니다. 물론 홍콩과 같은 도시는 또 하나의 극한extreme이다. 홍콩은 유럽식의 중층부 고밀도에서 더 나아가 초고층의 이른바 '바늘' 건축군을 형성하고 있다. 글쎄 한국은 어떤식으로 가야 할까. 지금까지의 한국에서의 방식이 전형적인 많은 공지, 많은 용적률. 그럼으로서의 초고층 개발위주로

83) 이 스페이스 메이트는 공용 프로그램이므로 누구나 들어가서 적용해 볼 수 있다. www.spacemate.nl

개발밀도와 도시환경 1: 미국의 교외

개발밀도와 도시환경 2: 유럽의 도심

개발밀도와 도시환경 3: 한국의 아파트

개발밀도와 도시환경 4: 홍콩의 도심

변하였다면 다음 단계는 연속되는 도시성을 보장하는 유럽식으로 가고 이후는 이에 다시 층수를 더 올려 밀도를 높이는 홍콩식으로 가는 건가. 홍콩이 높은 도시성과 높은 용적률을 보장하는 최후의 방법론인가. 밀도와 도시환경이 가지는 상관관계에 대해 다시 한 번 생각해 보아야 한다.

■ 도시개발의 가이드 라인urban design guideline의 분석

도시계획가는 주어진 도시환경의 디자인만 하지 않는다. 때로는 관의 입장에서 발주처의 입장에서 그들의 입장을 대변해주고, 그들이 필요한 비전과 관심, 한마디로 그들의 머리가 되어야 할 때가 있다. 즉, 어떤 도시개발의 측면에서 피발주인의 입장에서 발주인의 입장으로 바뀌는 것이다. 이는 현대의 도시개발이 많은 전문적인 지식과 견해와 비젼을 필요로 하는 복잡다난한 사업이기에 앞으로 어버니스트에 있어 이러한 발주처를 대변하는 입장에 서는 일을 더욱 많아질 것이다.

이때의 어버니스트는 어떤 역할인가. 바로 규칙을 만들어주는 역할이다. 현재의 한국의 입장에서 보면 바로 '지구단위계획'을 비롯한 도시개발계획을 만드는 일과도 동일할 것이다. 지구단위계획은 지구에 있어서 건축물의 용도와 크기, 밀도, 형태 등 많은 일련의 규정사항을 제시하고 이것에 의해 건축행위가 이루어지게 하는 일종의 가이드 라인이다. 이러한 가이드 라인을 제시함에 있어 어버니스트들이 항상 직면하는 일이 어떻게 가급적 건축가들의 창작욕구를 살려주면서 도시의 일관된 도시성을 구현할 수 있을것인가. 즉, 다양성과 조화를 어떻게 구현하는가가 바로 그 역할이다.

네덜란드의 설계회사 KCAP는 많은 작업을 이러한 발주처의 입장에서 먼저 밑그림을 만드는 일을 많이 하는 회사이다. 이들이 한 독일 Hamburg의 Hafencity의 사례를 보면, 밑그림 작업으로서의 마스터플랜 때의 룰rule이 그대로 설계에 반영되어 있음을 볼 수 있다.

하펜시티Hafen city

① 개요

하펜시티는 함부르크시의 중앙에 있는 오래된 항구에 대한 도시 리모델링 작업이다. 위치가 도시의 중앙부에 인접한 지라 함부르크시의 아이덴티티를 결정하는 매우 중요한 입지를 가지고 있었다. 이에 발주처는 몇 개의 가이드라인을 제시하고 1998년에 국제현상설계를 붙여 KCAP가 당선한다. 발주처였던 Free and Hanseatic city of Hamburg가 제시했던 몇가지 사항을 살펴보면, 다음과 같다.[84)]

Ⅰ. 복합적인 토지이용: 단순한 죠닝방식을 지양함
Ⅱ. 적절한 도시밀도를 확보할것: 용적률 2.5
Ⅲ. 공공적 워터프론트를 제시할것: 민간이 워터프론트의 독점 사용을 지양할 것
Ⅳ. 구 도시와의 연계성을 고려할것
Ⅴ. 지속가능성과 도시생태계를 고려할 것

이러한 발주처의 지침은 일종의 도시설계에 필요한 구체적 가이드 라인을 만드는데 있어 기본적인 개념들이었다.

② 가이드 라인

그들의 가이드 라인은 하펜시티의 도시 패브릭을 형성하는 것부터 시작한다. 기존 도시에서 오는 흐름을 그대로 수용하면서 도시의 형태를 잡는다.

이후 전체적인 도시의 얼개를 몇가지의 관점에서 분석하는데, 교통, 홍수, 공원, 커뮤니티, 하수도, 기존 건축물의 보존, 소음관리, 냄새관리, 공기오염관리 등으로 나누어 고려하며, 이들에 맞게 도시의 마스터플랜을 짠다.

이들의 마스터플랜을 보면 언급했었던 기존 도시와의 연계, 그리고 녹지체계의 구성, 황색으로 표시된 랜드마크 포인트, 보라색의 기존 항구의 창고건물의 보존, 트램라인 등을 볼 수 있다. 이 계획도는 이후 건축가들에게 넘어갈 다음 단계의 건축물의 건축에서 가이드 라인으로 그대로 활용된다.

다음 페이지의 그림은 도시의 프로그램을 보여준다. 먼저 짙은 적색은 순수 주거기능을 담당하며, 옅은 노란색으로 갈수록 주거의 비율이 낮아지고 다른 기능(상업, 오피스)등이 높아지는 복합개발을 표현하고 있다.(주거의 비율은 각각 50%, 20%, 10%이다.) 보라색은 도시의 특수기능-문화, 상업, 레저 등이며, 특히 중앙부의 선명한 하늘색은 필히 지상부에 상업을 두라는 표시이다. 이는 상업가로의 형성의도를 보

84) 지침및 기타 자료는 http://www.hafencity.com를 참고할 것

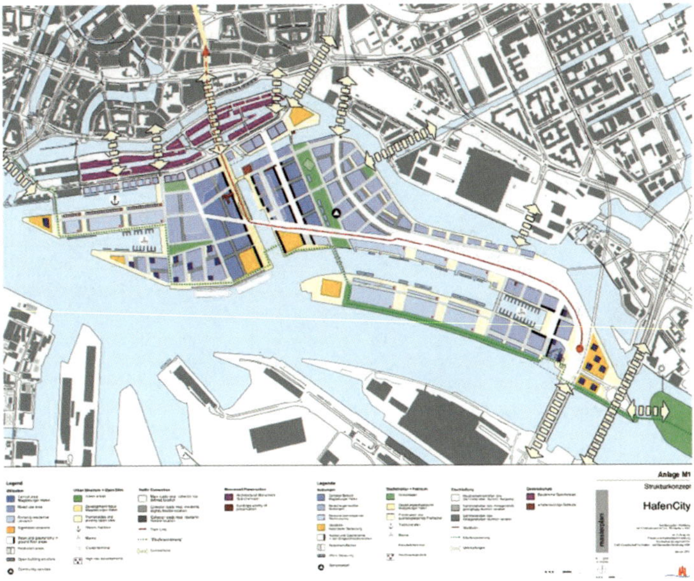

KCAP가 최종으로 제시한 하펜시티의 계획도(KCAP)

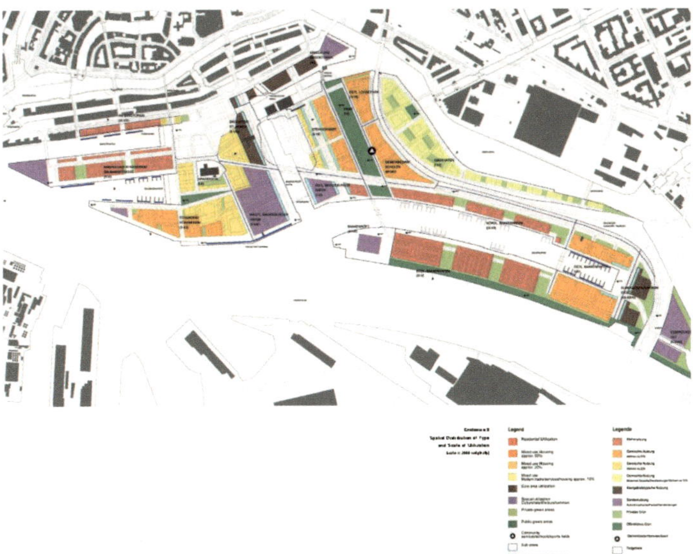

프로그램 분배계획도(KCAP)

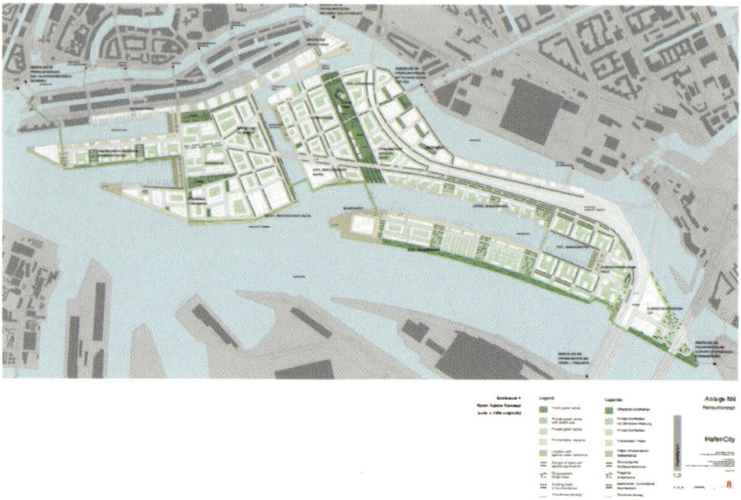

녹지계획도(KCAP)

여준다. 짙은 고동색은 핵심기능이 들어가는 곳으로 공공의 청사가 될 것이다. 녹색으로 표현된 녹지도 구분되는데, 옅은 녹색은 개인의 녹지이며, 짙은 녹색은 공공의 녹지이다. 짙은 녹지가 워터프론트쪽으로 간 것은 워터프론트의 공공적 활용을 꾀하는 발주처의 의지가 표현된 것이다. 중앙부의 삼각형표시는 커뮤니티포인트로서 학교나, 스포츠필드를 나타낸다.

이전 페이지의 그림에서 보여지듯 이러한 개개의 기능분배는 매우 유연하다. 먼저 그림에서 확정되어 있는 것은 개략적인 도시의 얼개와 이에 따른 기능의 분배정도이지 더 이상의 자세한 계획방향을 주문하지 않는다. 아니면 반대로 우리나라 도시계획의 지구단위계획이 너무 도시용량에 대한 문제에만 치우쳐 정작 필요한 도시의 매스랄지, 이러한 구도시와의 조화같은 중요한 부분을 놓치는 것은 아닐까.

이 페이지의 그림은 녹지계획도이다. 범례를 살펴보면 매우 자세하게 그 관리 및 도시디자인의 의지를 알 수 있는데, 짙은 녹색은 공공의 녹지이며, 중간색녹지는 개인의 녹지지만 공공에 개방하며(한국의 현실과는 다름), 옅은색 녹지는 개인의 정원이다. 그리고 선명한 연두색은 산책로이다. 옅은 회색은 공공보행통로이며, 짙은 회색은 워터프론트의 성격이 더 들어갈 예정이다. 각각의 식재들 또한 수종의 성격에 따라 다르게 나타나는데, 띠 식재는 어떤 중요한 시각적 초점을 형성시키는 조경이며, 분산되

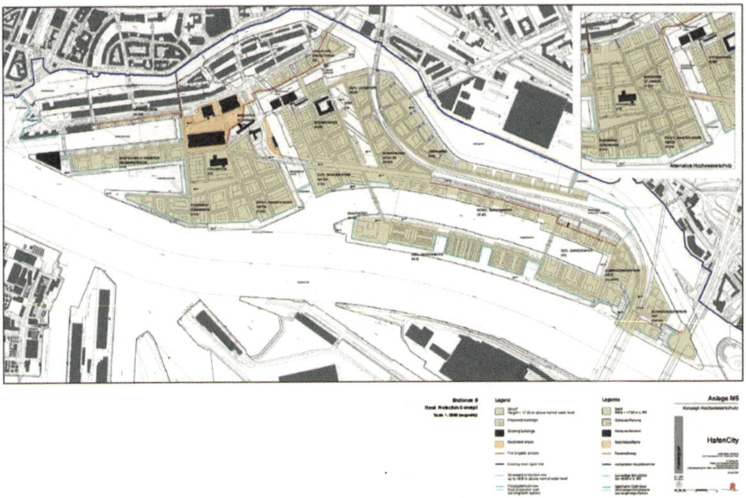

방재계획도(KCAP)

어 있지만, 병렬된 식재는 가로수를 만들려는 의지이다. 마지막에는 보존하는 수목까지 지정해 놓았다.

이곳 하펜시티는 강에 면한 지역으로서 기존의 침수방벽선(그림의 짙은 파랑색)에서 벗어나 있는 지역이다. 이는 물론 이 새로운 도시개발을 하면서 다시 수방어벽을 세우고 공사를 그것에 맞게 하면 되겠지만, 이들의 생각은 이러한 수방어선을 형성하기 보다는 오히려 그러한 침수를 적극적인 도시디자인의 한 방편으로 생각하였다.

즉, 그러한 모든 위험요소를 고려한 8.4m의 레벨로 대지를 올려 친수적인 입장에서 전혀 불리한 대안을 채택하기 보다는 홍수위에 대한 안전레벨로 7.5m로 대지를 맞추어 그 나머지의 레벨은 비상시에 대비한 건축적 디자인, 즉, 둑의 처리, 계단, 옹벽과 건축물 자체로 처리하고자 했다. 대지를 둘러싸는 검은색 실선이 레벨 7.5m로 맞추어진 대지의 형상이며, 하늘색 라인이 8.4m의 위험라인이다. 이 사이에서 언급했던 수방어시설들이 설치되는 것이다. 붉은 점선은 소방차의 활동라인이다.

다음의 그림은 교통계획도이다. 먼저 도로상의 위계(주도로, 보조도로, 소도로)들을 표현하며, 이러한 위계별로 도로의 폭과 그에 따른 식재와 건물의 상관관계를 표현하고 있다. 원들은 트램과 버스정류장의 반경을 나타내며, 대략 400m에서 600m로 표현되어 있다.푸른점선은 중보행로이며, 녹색은 산책로이다.

선명하게 보이는 quay라인-기존 수방어선(KCAP)

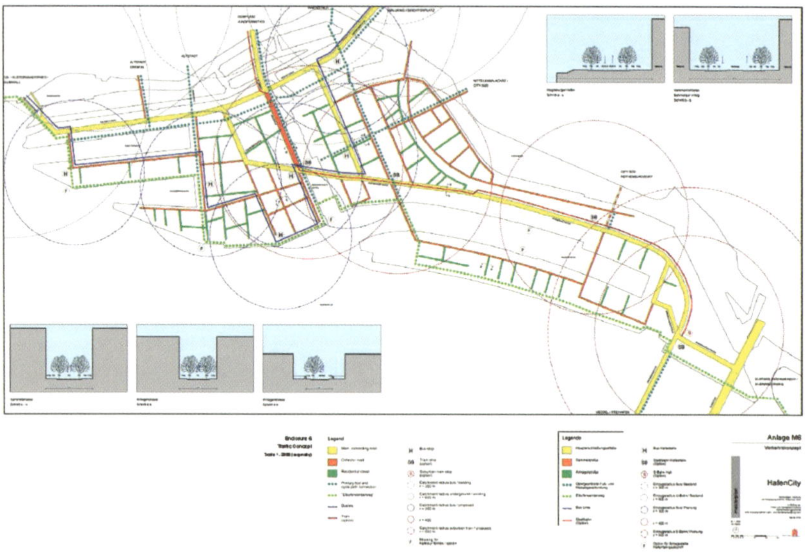

교통계획도(KCAP)

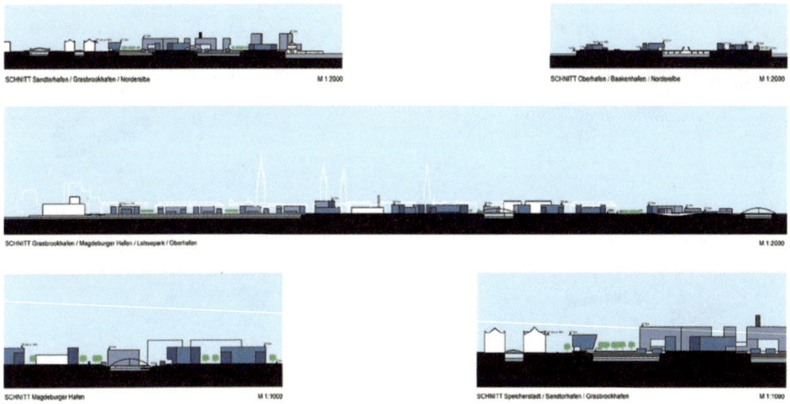

입단면도(KCAP)

이 페이지의 그림은 개략적인 입단면도이다. 건물의 대략적 높이는 물론이고, 수변공간의 처리방식, 또한 하얗게 표현되어 있는 기존 건물의 크기, 그리고 중간그림에서 보이는 함부르크의 스카이 라인이 들어가 있는 것을 볼 수 있다. 이 정도의 개략적인 개발방향이 이후 건축가들에게 제공되며, 건축가들은 이러한 가이드 라인을 수용하면서 설계하게 되는 것이다.

③ 단계적 개발

또한 주목할 만한 점은 일거에 도시를 동시에 개발하는 것이 아니라, 25년에 최종 완공시점을 목표로 한 권역별로 도시를 개발하는 전략을 제시한다. 즉, 동시다발적인 공사가 이루어지는 것이 아니라, 한 권역별로 공사를 하며, 이는 그 권역 하나로서도 도시로서 혹은 기존 도시의 일부분으로서 기능을 할 수 있도록 고려한 것이다. 이는 물론 25년 사이에 벌어질 수 있는 어떤 제반여건의 변화를 담아낼 수 있는 유연한[flexible] 가이드 라인이기도 하다.

이와 같이 발주처의 입장을 대신하는 역할은 앞으로도 많을 것이며, 또 일부러라도 그렇게 찾아서 해야만 한다. 물론 그 입장 또한 쉽지만은 않다. 그리고 발주처가 하나의 목소리를 낼 경우는 극히 드물다. 또한 발주처가 하나일 경우도 극히 드물다. 왜냐 하면 이와 같은 어번 디자인이야말로 수 많은 이권과 개인의 권리와 이익이 서로 연결되어 있기 때문이다. 그래서 이 네덜란드의 디자인 그룹 KCAP는 그들의 작품집

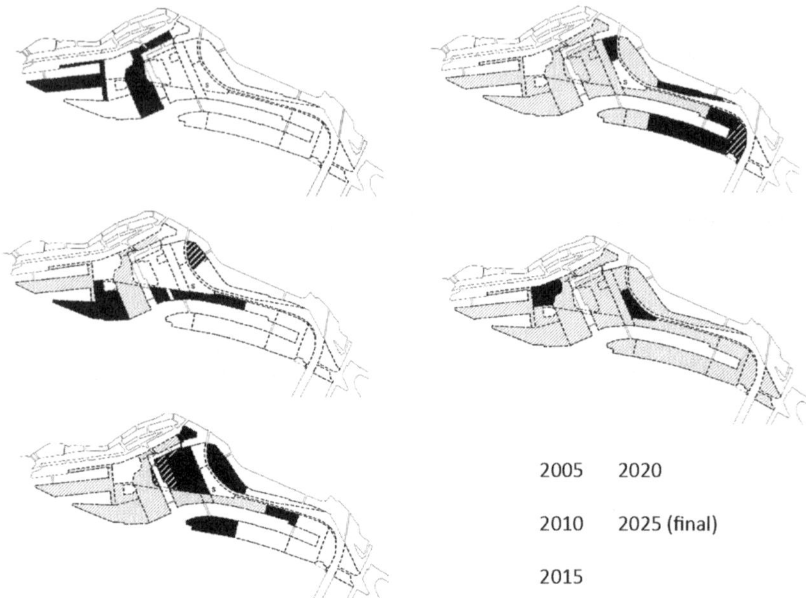

단계별 건설전략

종합계획도 하펜시티

인 『SITUATIONS』에서 그들의 작업을 'consultantation, not constraints' 라고 말하는지도 모르겠다.

3. 도시구축방법론 urban Methodology: 아래로부터의 도시 Bottom up urbanism

대부분의 도시개발은 이른바 큰 자본이 들어오거나, 아니면 어떤 외부적 정치적 힘에 의해 결정되고 그것을 아래의 민간 주체가 수용하는 방식으로 이루어지는 것이 대부분이다. 그러나 이러한 전통적 탑다운 top down 방법론에 반하여 뉴어버니즘 등을 위시한 새로운 도시계획의 방법론으로 아래에서 위로 바틈업 bottom up 의 방법이 싹터왔다. 이에 코스의 교수였던 Han Meyer는 두 가지의 다른 아래로부터의 도시를 볼 것을 제안했는데, 하나는 승인받지 못한 Informal city이며, 또 하나는 주민 스스로 만드는 도시 즉, Self organizing city로 나누어 설명하였다.

용어의 정의(bottom up urbanism)

- **Top-down urbanism**: 정부나 정부로부터 승인받은 기관이 공식적인 경로를 통해 도시 전반의 정책을 반영하는, 위에서 아래로 내려오는 방식의 도시만들기의 방법
- **Bottom-up urbanism**: 해석의 여지가 많으나, 먼저 top-down과는 반대로 승인받지 않은 민간이 행하는 informal city가 있고, 승인을 받은 상태에서 주민이 스스로 자신들의 권리를 찾아 다양성을 만들어가는 self-organizing city로 나뉠수 있다.
- **Informal city**: 승인받지 못한 unauthorized 도시로도 해석될 수 있으며, 대부분 개발도상국이나, 극빈국가들에서 나타나는 급속한 도시팽창에 미처 정부나 공공의 개발계획이 대응하지 못한 결과이다. 우리나라 또한 최근까지 몇몇 곳에서 존재하는 무허가 집성촌을 연상하면 된다.
- **Self-organizing city**: 주민스스로가 자신들의 이익을 위해 구미에 맞게 자신의 도시를 만드는 방법론으로 정부의 승인을 받는다.

■ 승인받지 못한 도시 informal city

먼저 소개되는 것은 승인받지 못한 도시 informal city이다. 극빈국가나 개발도상국과 같이 빠른 팽창이 일어나는 곳에서 팽창에서 밀려난 사람들은 버려진 도시의 외곽지역에

승인받지 못한 도시-콜롬비아

하나둘씩 모여서 규정되지 못한 도시를 만들어갔는데, 그 수가 하나 둘씩 늘어나면서 하나의 촌을 이루고 더 커져 하나의 도시가 만들어져 왔다.

필자로서 하나 이해가 되지 못한 것은 어떻게 이렇게 도시가 승인받지 못하게 커지도록 놓아두는 것이냐였는데, 그들의 가버넌스 governance의 체계가 정교하지 못하고, 또한 그렇게 인포멀한 시장상황이 워낙 광범위하게, 시간의 층위를 가지고 이미 퍼져 있기 때문에 정부로서도 그냥 방치하는 수준까지 다다랐다는 것이다. 오히려 베네수엘라의 차베스나 브라질의 룰라와 같은 경우 이러한 승인받지 못한 도시의 서민들의 지지를 받아 정부를 꾸려나가도 있는 상황이니 이들이 '승인받지 못함'의 상태는 영구히 고착화되고 있다고 한다.

그런데 하나 흥미로운 것은 어느 나라를 막론하고, 이러한 승인받지 못한 도시들은 정부의 역할을 대신하는 내부의 조직을 가지고 있으며, 그 힘 또한 막강하다는 것이다. 이들은 자체로 경비를 지출해-물론 주민에게서 갹출한-수도를 끌어오고, 전기를 끌어오고, 하수도를 만든다. 이들은 이렇게 해서 주민들에게서의 지지를 영구화한

승인받지 못한 도시-브라질

승인받지 못한 도시-이란

다. 이렇게 일종의 정치적인 조정과 개발의 역할을 하는 내부의 조직은 또한 다른 부문으로 사업을 확장해 주민들을 고용, 일종의 이익집단으로 행사한다. 일부는 마약이나 매춘, 그리고 불법 무기를 판매하는 등의 불법행위를 하기도 한다.

또 다른 특이점은 이들 도시의 생김새였는데 하나같이 그리드시스템에 직각인 점이었다. 물론 그것이 자동차와 보행인의 구분도 없고, 심지어는 가로등과 치안등도 없는 경우가 많다. 브라질 상파울로의 일부의 도로는 자동차도로의 개념이 아닌 이들 마을 전용으로 사용하는 지게차의 레일이 설치되어 있기도 한다.

이들 대부분의 도시들은 정부의 관할에 있지 못하며, 아직은 정부가 그 역할을 할 수 있는 상황도 아닌 듯 보인다. 어찌보면 우리나라의 이른바 달동네 없애기 운동이 성공한 것은 정부의 힘이 그만큼 셌기 때문이기도 하다. 군사독재의 시절, 중앙정부와 민간이 앞장서서 새 건물을 올리고, 살던 주민들을 자본의 논리로 다른 곳으로

승인받지 못한 도시-페루

이전시켰는데, 남미와 다른 점이 정부가 통치의 힘을 이용했다는 것이었다. 이후 이러한 소위 '길들이기'의 과정이 끝난 후 작금의 한국 국민들의 생각은 으레 승인받지 못한 도시는 당연히 정부나 민간의 힘에 의해 승인 받아야 하고, 이후 그 옛날 도시는 없어지는 것을 으레 당연시 하지 않았나 싶다.

가버넌스의 기초는 이렇게 남미의 경우, 슬럼의 경우와 마찬가지로 땅에서부터 나온다. 땅을 실질적으로, 그리고 합법적으로 지배할 수 있어야 가버넌스의 중심이 선다. 글쎄 앞으로의 전세계의 개발도상국들이나 극빈국들의 이러한 승인받지 못한 도시들은 어떻게 될 것인가. 아니 어쩌면 이미 정부가 이들의 힘을 빌어 들어섰다면, 이들의 승인받지 못한 주거는 이미 승인을 받았는지도 모른다. 그리고 이들도 서구의 학자들의 머리를 이용해, 아니면 자국의 젊은 학자들을 이곳 네덜란드로 보내 이들의 인포멀한 도시에 대한 연구물을 주문하는 것을 보면, 이들 정부도 이러한 자국의 실정을 파악하고 있다는 것이며, 또한 앞으로 일어날 정부 주도의 대변혁이 일어날 수도 있는 땅이기도 한 것이다.

■ 주민 스스로 만드는 도시 self-organizing city

'주민 스스로 만드는 도시'라는 이슈는 사실 많은 선각자들이 있었다. 팀텐 Team Ten을 위시한 많은 모더니스트들은 모더니즘 특유의 매스터 master 건축가들의 top-down식의 개발을 부정하고 그에 반하는 많은 대안들을 찾고 있었다.

먼저 벨기에의 건축가 Lucein Kroll은 모던건축의 매스터-빌더 Master builder에게서 소외당하는 사용자의 입장을 담아내고자 이른바 open architecture라는 모토를 들고 나왔다. 그것은 '반만 결정된 건축 half-determined structure'으로서 나머지 절반은

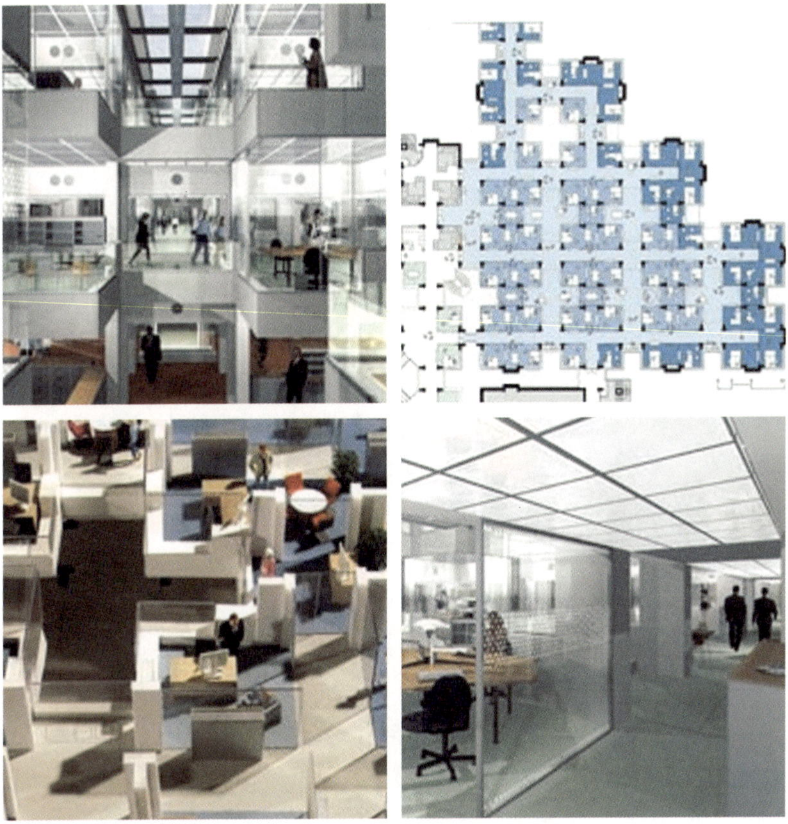

Herman hertzberger의 집합적 건축,
Kantoorinovatie Centraal Beheer, 2003. Apeldoorn, Netherlands

소비자, 즉 유저의 몫으로 남겨져야 한다는 말이었다. 그들의 작업은 그리 많진 않았지만, 오픈된 건축은 오픈된 사회를 만든다는 모토까지 연결된 소중한 선례가 되었다.

이후 네덜란드의 Herman Hertzberger와 그의 제자 Aldo van Eyck가 등장한다. 이들은 좀더 개념적으로 나아간 'polyvalent space'라는 개념을 들고 나온다. 이들의 주 모토는 개개인의 표현을 담아내는 집합적 패턴을 찾는 것이었다.[85] 주로 그의 초기작을 보면 대체로 개개의 단위공간들이 모여 하나의 집합적 형태를 이루는 이러한

85) 『prototype allow for individual interpretations of collective patterns』, p. 41. postmodern urbanism, Nan ellin.

식의 공간구성이 많았다. 그리고 그 단위공간들은 사용자에 의해 구성 · 조합되는 형식이었다.

미국에서는 이른바 '뉴어버니즘 New Urbanism'이라고 명명한 새로운 대안세력들이 있었는데, 그들의 주된 관심사는 자동차로부터 소외된 보행인 공간을 고려하는것, 모던의 무색무취 공간에서 지역성의 요소를 찾아내는 것, 미국의 교외화 suburbanization가 망쳐 놓은 공공공간과 커뮤니티 시설에 집중하는 것 등이 있다. 이들의 이러한 이른바 지역성을 살리는 모던건축의 모토는 후에 참여건축 participatory planning 등의 담론을 지나 생태, 지역건축 등의 탄생을 알리는 시금석이기도 했다.

아직도 도시계획가로서 가장 어려운 부분이라면 어떻게 하면 주민의 요구를 효과적으로 잘 담아내느냐일 것이다. 대부분 이는 이른바 시장의 힘으로-즉, 경제력이 있으면 좀더 넓고 융통성 있는 집을 고를 것이다는 생각- 해결하는 것이 가장 간편한 생각이고, 따라서 건축가들은 그저 다양한 타입을 개발해주고, 그것에 만족하는 일이 반복되고 있는 것이다. 그러나 어버니스트가 되어 이른바 기획의 단계에서 고려하는 입장이 되면 사정이 다를 것이다. 즉, 대중의 기호에 맞는, 그리고 대중의 요구에 부응하는, 그리고 그것이 지나치지 않게 조정하는 방법론을 개발하는 것은 많은 연구와 노력이 필요할 것이다.

어버니스트로서 가질 수 있는 권리 중의 하나인 지침-가이드 라인-을 만드는 것은 어쩌면 주민이 스스로 만드는 도시의 문제와 가장 밀접하게 연결되어 있다. 이는 어버니스트로서 건축가에게 넘어가기 전의 마스터플랜의 상황에서 어떤 통제의 정도를 조절한다는 논지이다. 즉, 중요한 공공공간이거나, 혹은 설계상 통제적 디자인이 꼭 필요하다는 공간일 경우 어버니스트는 강한 통제를 하여야 하며, 반대로 공공공간의 성격상 대중의 움직임이 크지 않거나, 후미진 외곽지역들에 대해선 통제의 강도를 약하게 한다는 말이다. 통제의 강도가 약하면 무질서가 증가하며, 긍정적 의미에서 다양성이 강해진다. 이는 사진에서 보듯 이용자 계층과도 연결되는 이야기가 된다. 즉, 대부분의 네덜란드의 단지계획의 경우 단지 중앙부에 광장과 함께 상업가로, 그리고 고밀도의 주거들이 들어가며, 단지 주변부가 될 수록 저밀도와 큰 자신의 정원을 가지는 단독형 주거를 이루는 것이 가장 보편화되어 있다. 즉, 공공성이 중요한 단지 중앙부는 대부분 임대료가 상대적으로 저렴한 적은 평수의 젊은 사람들이 많이 살며, 단지 주변부로 갈수록 임대료가 비싸고, 상대적으로 자연적 요소-인공 수변공간, 산책로-

각기 다른 통제의 강도와 그 결과 사례. 사진제공, de Architekten Cie

이펜버그(Ypenbug)

전형적 네덜란드식 시가지 형식을 보여주는 이펜버그(Ypenburg)

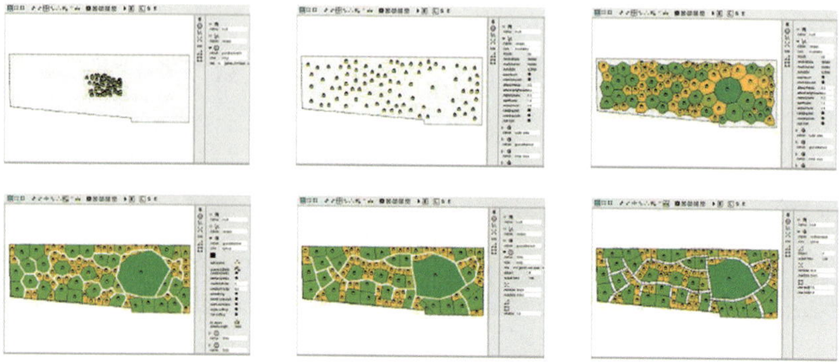

KAISERSROT의 parceling program

등이 넓게 사용할 수 있는 당연히 나이가 든 고소득층이 된다. 그들은 대부분의 시간을 집에서 보내며, 그들의 다양한 욕구충족을 위해 비교적 통제를 풀어 놓는 것이 되는 것이다. 이렇게 건축적, 도시적 통제 하나 하나에도 사회적 의미가 있음을 알 수 있다.

중앙부의 고밀도 블록형 건축과 단지 주변부의 넓은 자연과 수공간, 그리고 그와 어루어지는 저밀도 주거의 다양성을 볼 수 있다.

스위스 쥬리히공대의 KAISERSROT[86]라는 연구집단은 매우 홍미로운 방법론을 제시한다. 즉, 그것은 가히 '가이드 라인을 만들어주는 프로그램'이라 할 만하다. 도시환경을 고려하면서 나올 수 있는 모든 물리적 제반사항을 정량화하여 그것을 함수로 만들고 그것을 개인의 이익을 최대화하는 쪽으로 프로그램을 돌려 일종의 평형상태 equilibrium를 찾는 것이다. 방법은 시각적으로나 실제적으로나 매우 파워풀한 일종의 tool로서 여겨져 여기에 소개하고자 한다. 하나는 'Parceling' program이다.

이 프로그램은 결정되어 있는 부지의 한계 안에서 각각의 요구되는 플롯plot의 크기에 맞게 각각의 이익의 균형상태가 찾아질 때까지 컴퓨터가 그것을 대신해 준다. 여기에서 고려되는 함수들은 물, 자연요소, 상점, 그리고 대중교통 연결점 등이 있다.

---

86) Kaisersrot는 쥬리히 공대의 컴퓨터를 활용한 디자인 방법론을 연구하는 집단으로서 ETH Zurich, Prof. Dr. Ludger Hovestadt 교수와 Prof. Kees Christiaanse-네덜란드 KCAP그룹의 대표이사이기도 하다-와 함께 이론과 실제적 적용작업을 같이 하고 있다. 연락처는 다음과 같다. ETH Höonggerberg CH-8093 Zuerich, Tel: +41 1 633 34 23, FAX: +41 1 633 10 50 http://www.caad.arch.ethz.ch lehnerer@arch.ethz.ch

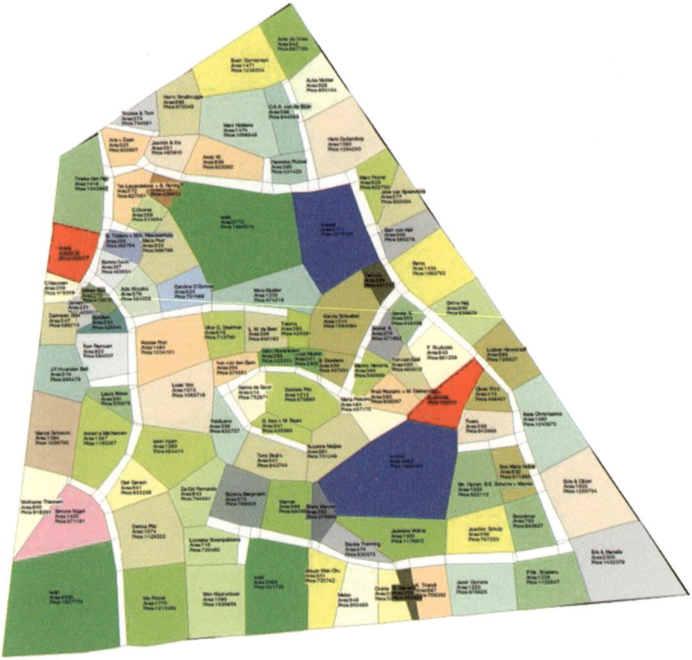

파슬링프로그램(parceling program)이 적용된 Schuytgraaf 부지개발, Netherlands, KCAP

각각의 함수를 다르게 입력할 때마다 최종의 결과물은 다르게 나타난다. 아마도 이 프로그램의 가장 큰 장점은 이러한 컴퓨터에 의해 객관화된 드로잉들을 관청이나, 민간, 그리고 계획가의 각기 다른 요구를 즉시 수행해 보고, 테스트해 볼 수 있는 것이며, 이는 사용인의 다양한 요구에 즉각적으로 대처할 수 있다.

또 다른 사례로는 용량프로그램이 있는데, 이 또한 언급했던 parceling program 처럼 각각의 변수를 대입하고, 그것에 의해 건물단지의 전체적 매스를 결정해주는 프로그램이다. 각각의 변수는 일조량, 그림자, 주변의소음, 가시선조절 등 정량화시킬 수 있는 도시설계 요소들이다. 상기의 그림에서 보듯 대지가 정해져 있고, 각각의 결정변수들을 대입하기만 하면 바로 형태를 뽑아주는 프로그램이다. 이를 통해 이들은 빠른 의사소통을 강조한다. 즉, 한마디로 설계일정에 있어 가장 힘든 사항인 건축주와 관의 의사소통의 시간과 에너지를 이들 프로그램을 이용해 줄일 수 있다는 이야기이다. 글쎄 필자의 글을 보고 우리나라의 건축학도들도 이 분야에 많은 관심을 가질 수

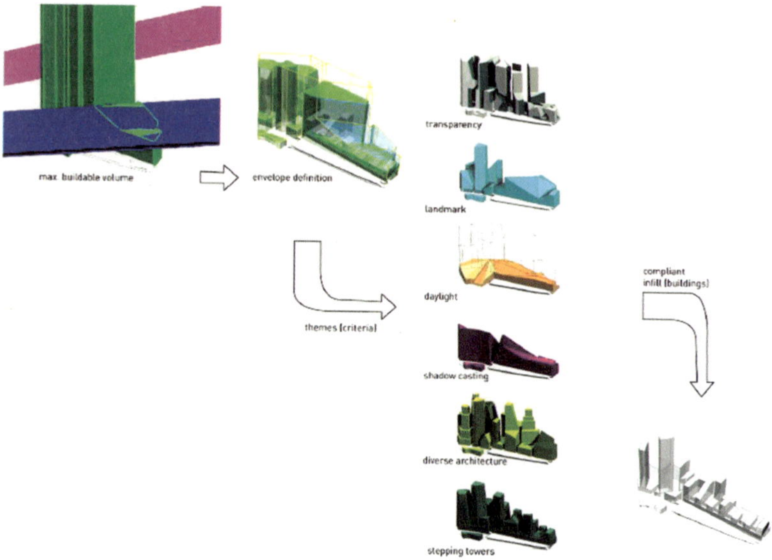

대지 용량 프로그래밍

있는 기회가 될 수도 있겠다 생각해 본다. 사실 어버니스트로서, 건축가로서 가장 어려운 것이 상대방과의 의사소통인 것은 분명한 사실이니까 말이다.

이렇게 개략적이지만, bottom up ubanism이라고 하는 분야를 다뤄 보았다. 물론 필자의 글이 전부는 아니고, 이 분야에 평생을 바치는 사람도 보았다.-그때 남미의 승인받지 못한 도시를 열강하고 간 강사는 그 날로 짐을 싸고 아프리카로 갔다고 한다. 그의 이론을 전하러 말이다.-장소로서의 유럽, 현재의 시간에서 이들이 관심을 가지고 있는 분야가 이렇다는 것이고, 아마도 우리나라의 많은 학교 및 연구기관에서도 비슷한 분야의 연구가 많이 있을 것으로 믿는다. 관심있는 사람들은 각 연구소의 사이트를 찾아보아도 좋을 것이다.

또한 이러한 자생적 도시만들기의 측면에서 파주출판단지의 사례는 필자로 하여금 어버니스트의 역할에 대해 많은 생각을 할 수 있게 한 프로젝트였다. 시행 초기부터 사용자측과의 수차례의 협의와 토론의 과정을 통해 의견을 수렴하고, 사용자들이 자체적으로 모임을 만들어 자신들의 요구를 발언하며, 그것을 반영하는 사례가 된 것은 우리나라의 self-organizing 어버니즘의 귀중한 사례가 아닐까.

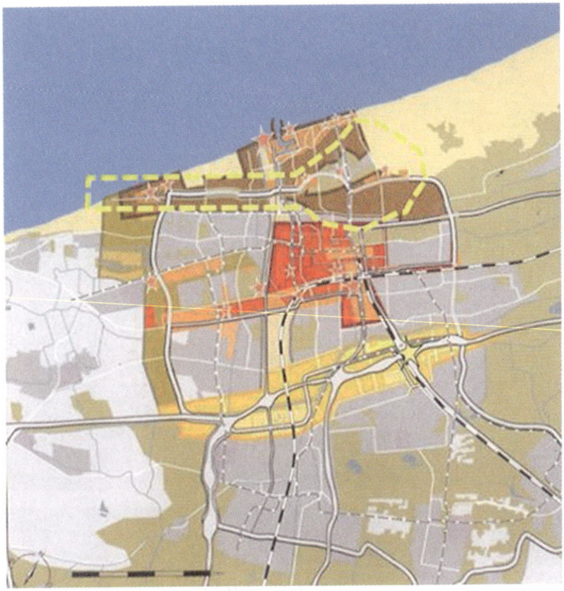

헤이그 마스터플랜(2020 global city by the sea)
노란색 점선부분이 국제지역(international zone)

프로젝트

4. 지하화되는 링로드와 도시의 연속성 Covering the road & urban continuity in International Zone

■ MASTER PLAN "global city by the sea"

필자의 인터내셔널 존[87]의 제안은 현재의 헤이그 마스터플랜 Global city by the sea 2020, Hague masterplan 으로부터 시작하였다. 이미 시 당국은 인터내셔널 존의 중요성을 인식하고 그곳을 특별 발전지구로 지정하여 별도의 세부계획을 따로 지정하고자 하였다. 이에 필자의 제안은 이 지역을 관통하는 기존 도로에 대한 지하화를 통해 각각 이격되어 있는 도시패브릭을 연결시키는 안이었다.

87) 헤이그의 인터네셔널죤에 대한 개략적 역사와 개요는 본 단락의 첫장을 참조할 것.-국제업무단지의 사례연구. p. 124.

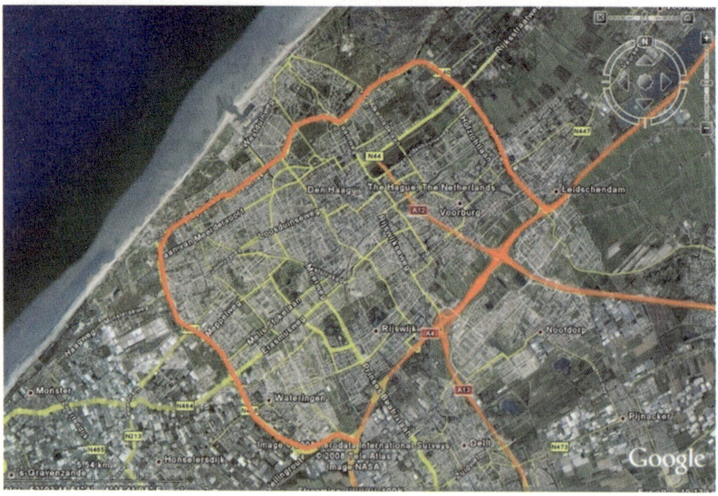

현 상태의 도로 헤이그와 링로드 체계를 갖춘 모습(가정)

■ RING ROAD AND CITY

필자의 제안은 그러한 기존도로에 대한 지하화를 수용하여 기존에 설정된 링로드 마스터플랜을 기본으로 시작하였다. 본래 헤이그의 경우 시 북쪽이 북해와 인근해 있어 ring road의 필요성을 느끼지 않고 있었다. 사실 ring road의 개념은 도시에 대한 통과차량을 수용하겠다는 개념으로서 차량 정체가 빈번한 도시의 중심을 벗어나 도시외

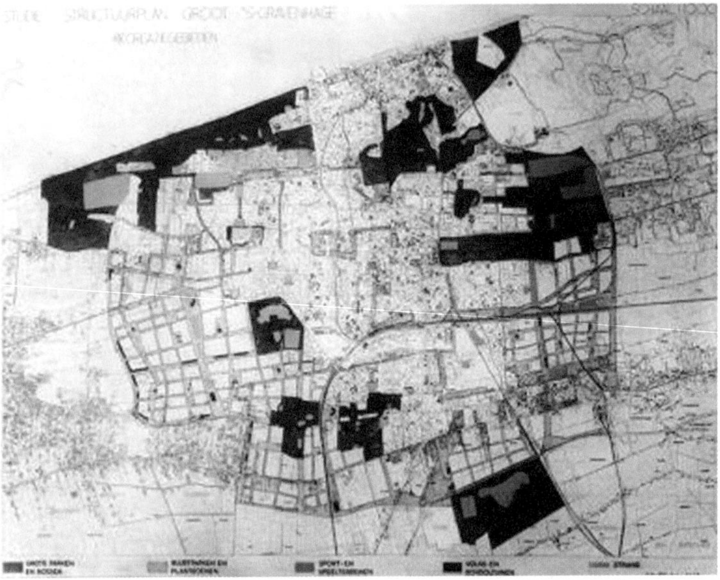

헤이그 마스터플랜 –두독(Dudok)

곽으로 짜여진 링로드를 이용해 원활히 통과차량을 보내겠다는 의미이다. 시 당국 헤이그로서도 시 전체의 활력이 되는 국제지구 international zone 자체를 링로드의 통과지역으로 만들 수는 없는 일이었고, 또한 그렇다고 현재의 상태처럼 링로드도 아니고- 따라서 도로가 정리되어 있지도 않는- 상태를 그대로 놓아둘 수는 없는 노릇이었다. 결국 이 마스터플랜에서 보여지듯이 기존의 도로를 링로드로서 한 단계 격상시키고, 이러한 링로드의 지역단절의 문제점을 중요한 몇 군데의 포인트를 지정해 지하화시켜 지역을 연결시키겠다는 일종의 절충안으로 정리한 것이었다.

■ 도시건축가 DUDOK

도시 헤이그를 걷다보면 의외로 많은 의도된 경관의 처리들을 볼 수 있는 데 그것은 바로 19C의 건축가 및 도시계획가였던 Dudok의 계획이다. 두독은 도시를 논함에 있어 큰 도그마 dogma 적인 이야기를 하기 보다는 단편적인 도시의 경험을 예상하고, 그것들을 묶어 큰 그림을 만드는 스타일을 가지고 있었다. 즉, 그의 그림은 위력적인 발언 statement 보다는 도시 곳곳에서 제안된 세밀한 디자인이다. 자동차도로와 인도의

두독(Dudok)이 고려했던 도시의 경관들.
투시도로 만들어지는 모래언덕의 조망, 대지 북쪽 바다로 향하는 의도된 축

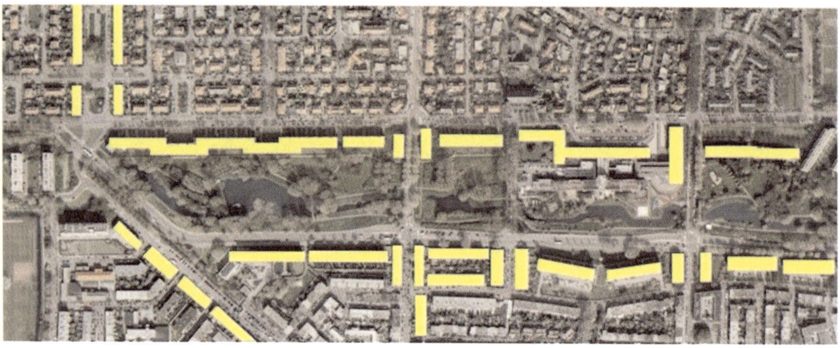

가로를 만드는 블록형 주거유형과 녹지공간, 도로의 관계

분리, 녹지와 도시의 관계, 헤이그 특유의 모래언덕 dune에 대한 고려 등등은 지금도 그대로 헤이그의 도시에 반영되어 있다.

이러한 두독의 계획들은 단편적으로 경험되지만, 그 경험들이 연속되어 헤이그의 이미지를 만들고 있다.

■ '바늘 needle'과 '카펫 carpet'

필자는 이렇게 도로를 지하화하는 것에 대해 두가지의 개념을 가지고 설명하고자 한다. 하나는 '바늘'로서 그것은 도시가 먼저 들어섰고, 이후 도로가 도시패브릭을 들어갔다 나왔다 하면서 연결되는 개념이다. 즉, 도시가 먼저고 도로, 즉, 모빌리티가 나중에 들어선 개념이다. 다른 하나는 '카펫'으로 기존에 도로가 만들어져 있어, 그것이 일

바늘과 카펫

Witteveen 마스 터널(maas tunnel) 프로젝트

종의 에지edge를 형성하고 있던 것을 도로를 지하화시켜 새로운 대지를 만들고, 그 공간을 이용해 새로운 연결공간을 만드는 것이다. 이 바늘과 카펫의 예는 수없이 많으나, 몇 개를 추리면 다음과 같다.

엔지니어링 업체 비테빈Witteveen의 마스 터널Maas Turnnel 88) 프로젝트는 필자의 바늘개념을 그대로 표현하고 있다. 즉, 기존 도시 로테르담의 도시조직을 그대로 살리면서 어떻게 마스 터널을 만들어 기존도시에 '삽입'시키는가가 주된 관건이었는데, 몇군데의 매우 중요한 지점으로 지하화시켜 기존 도시조직을 살리고 있고, 또한

88) 마스 터널, 로테르담의 남북을 연결하는 터널로서 로테르담 남부개발의 주축이었다.

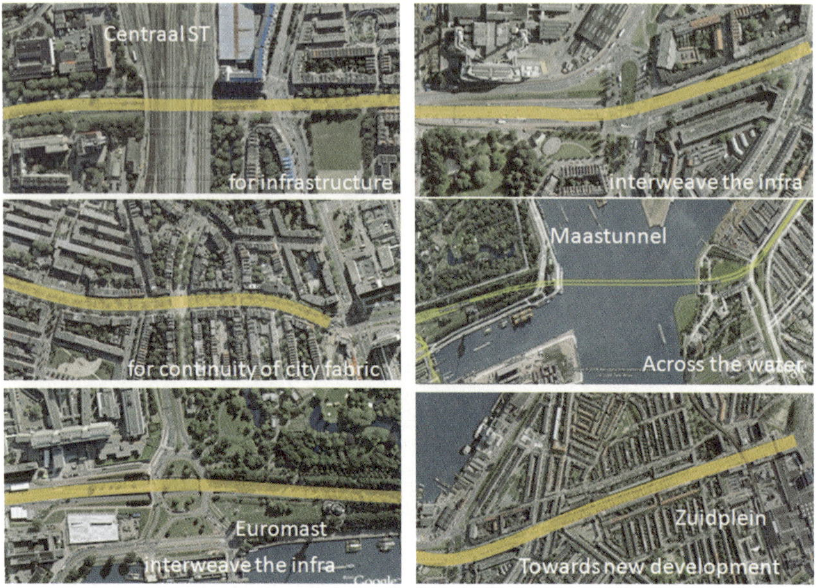

지하화되어 삽입되는 '바늘', 마스 터널 프로젝트, 로테르담

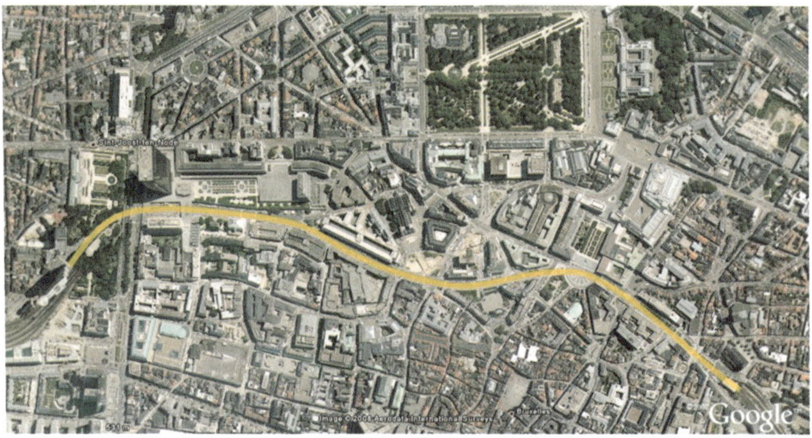

지하하된 철도와 상부의 도시, 브뤼셀

이렇게 오르고 내리는 움직임 자체의 경험만으로 로테르담의 도시경험은 다양해질 수 있는 것이다.

이러한 바늘의 예는 브뤼셀의 기차역에서도 보여진다.

바르셀로나의 카펫. 확장되는 도시의 연속성

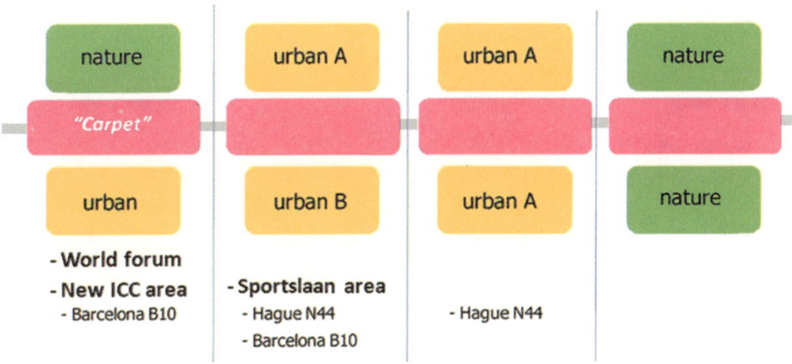

카펫의 유형 1, 주변과의 유형

그림을 보면 브뤼셀의 남역과 북역의 끝자락이 보이고, 이 중간에 센트럴역이 위치한다. 그 상부로 연결되어 있는 도시 조직이 선명하게 확인된다.

'카펫' 의 경우는 바르셀로나의 경우가 가장 대표적인 케이스이다. 바르셀로나 올림픽을 계기로 이 도시는 일대 정비에 들어갔는데, 가장 중요했던 프로젝트가 해변가에 놓여진 간선도로를 일부 지하화시켜 도시의 경관의 연속성을 꾀한 것이었다.

헤이그의 인터내셔널 존의 경우는 카펫의 개념으로서 도로가 선행되었고 이후, 도로를 지하화해 상부에 이른바 카펫을 설치, 도시를 연속시킨다는 의도이다. 또한 이 개념 카펫은 몇가지의 유형별로 정의가 가능한데, 그것은 다음과 같다.

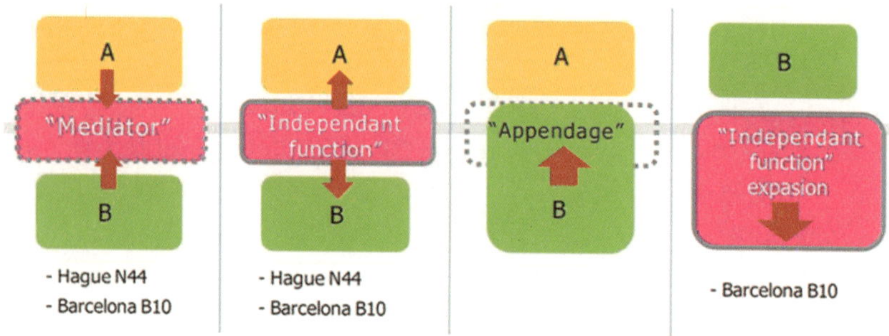

카펫의 성격에 의한 분류

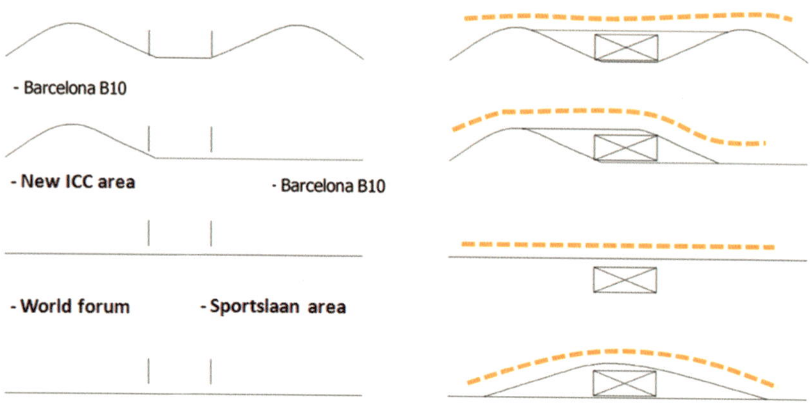

단면에 의한 분류

그림에서 보듯이 카펫은 그 연결대상이 자연환경인지, 그리고 도시간의 연결인지에 따라 구분될수 있다. 인터내셔널 존 내의 월드포럼지역은 자연과 도시지역과의 경계인 반면, sportlaan 지구는 도시간의 연결이다.

두 번째로 유형화 할 수 있는 것은 바로 카펫의 성격이다. 이는 중간자로서 매개하는 역할mediator과 연결대상과는 상관없는 독립적인 개체로서의 존재, 혹은 어느 한 곳에 합병되거나, 또한 독립개체로서 다른 지역과 연계되는 경우로서 나뉘어 질 수 있다.

카펫은 다시 단면의 형태에 따라 유형화될 수 있다. 기존의 도로가 주변의 땅보다 낮은 경우와 같은 경우 등등으로 나뉠수 있다.

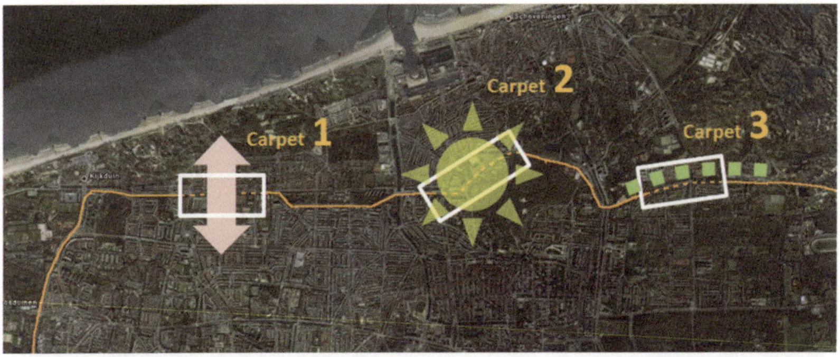

국제지구의 세 가지의 카펫

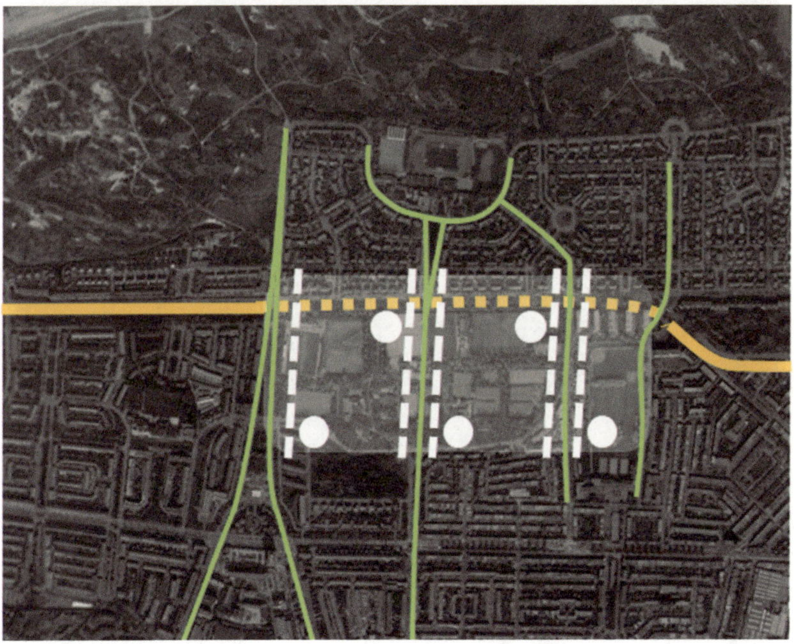
각기 다르게 적용되는 카펫들, carpet 1

필자의 카펫은 3군데의 다른 전략과 다른 장소의 적응을 필요로 한다.

Carpet 1인 sportlaan 지역은 도시조직의 연속성 획득에 주안점을 둔다면, Carpet 2인 월드포럼 world forum 지역은 인터내셔널 존의 중심성을 부여하는 카펫이며, 군 주둔지역인 Carpet 3은 은폐의 개념을 강조한 카펫이 된다.

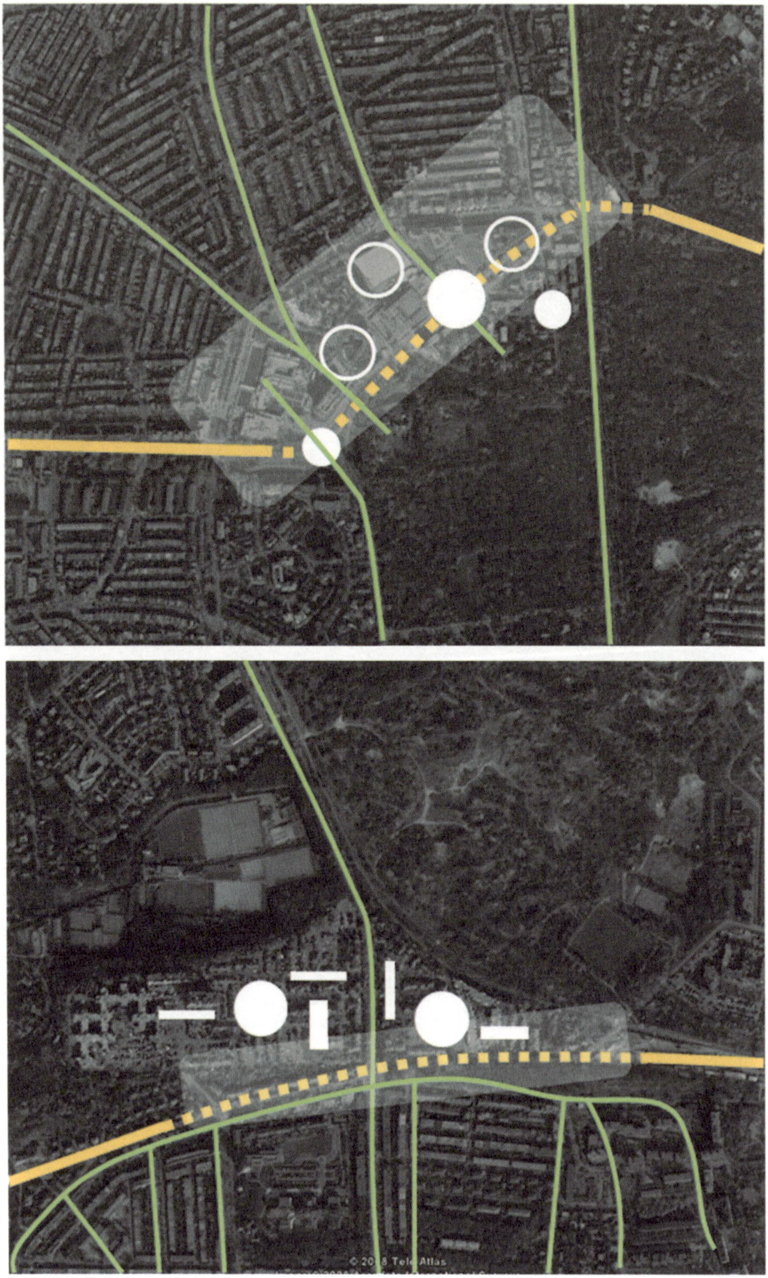

각기 다르게 적용되는 카펫들, carpet 2, 3

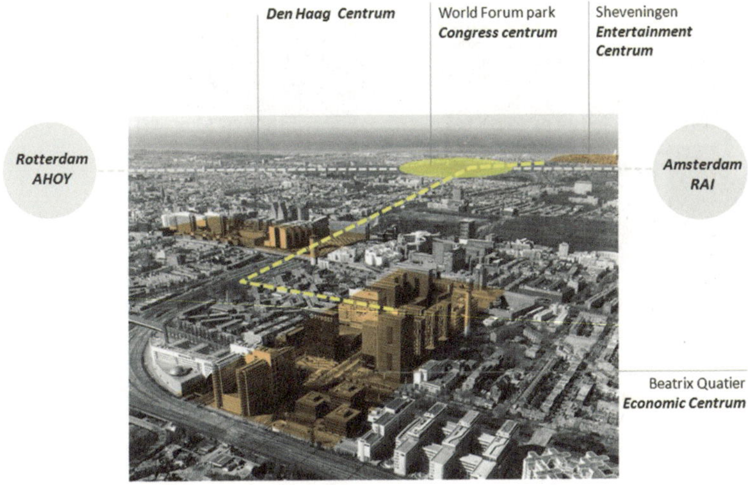

헤이그의 콩그레스 센터의 설정과 가상 컨벤션 네트워크

■ '카펫 2' : 월드포럼지구 재개발

이렇게 개략적인 세 개의 새로운 대지 carpet에 대한 유형의 정리 작업 이후, 인터내셔널 존의 중심지역으로서의 카펫 2에 집중하였다. 이는 본격적인 건축적 스케일의 작업이기도 하였다. 먼저 필자는 congress centrum의 성격을 부여하자는 안을 제안했는데, 이는 네덜란드의 3대 도시 중 헤이그를 제외한 두 도시, 암스테르담과 로테르담은 각각의 큰 컨벤션센터 및 국제 이벤트 공간이 존재하였으나, 헤이그만이 월드포럼이라는 매우 협소한 건물에 이러한 국제행사를 수용하고 있음에 착안하였다. 물론 헤이그의 도시 성격상 암스테르담과 로테르담과 같은 상업적인 측면이 아닌, 국제정치의 1번지로서 이를 제대로 수행하기 위해선 제대로 된 콩그레스센터를 가지고 있어야 한다는 것이다.

상기의 그림은 콩그레스센터 Congress center였을때 기존 도시와의 관계를 나타내는 도식이다. 헤이그는 4개의 센터를 가지게 된다. 북쪽부터 Sheveningen이 가지는 관광의 중심, 그리고 이곳 월드포럼이 가지는 콩스레스, 국제회의의 중심, 그리고 덴하그 중앙역의 중심, 그리고 Beatrix 지구의 경제의 중심이 그것이다. 이렇게 월드포럼의 위치적 중요성과 그 정치일번지라는 상징적 의미로 볼 때 국제회의의 중심으로 만드는 것은 어쩌면 당연한 것이라 하겠다.

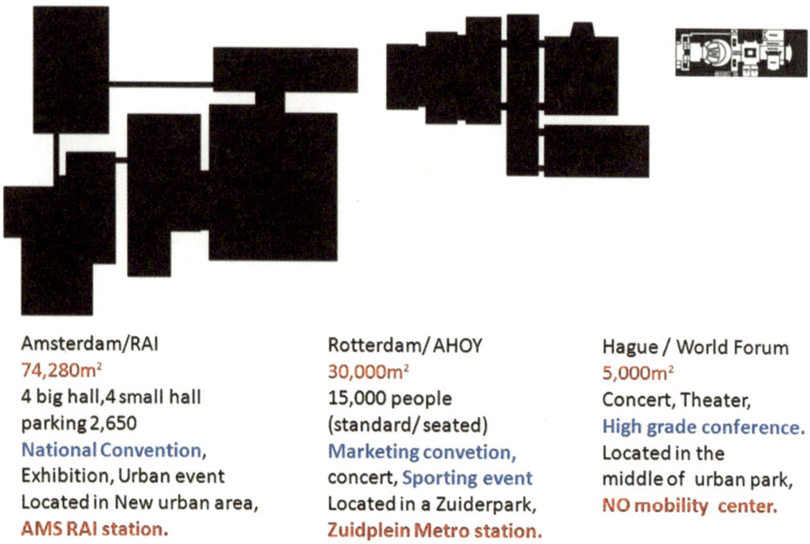

기존 세 도시의 컨벤션센터 비교:
헤이그의 컨벤션센터가 상대적으로 미약함을 표현한 삽도

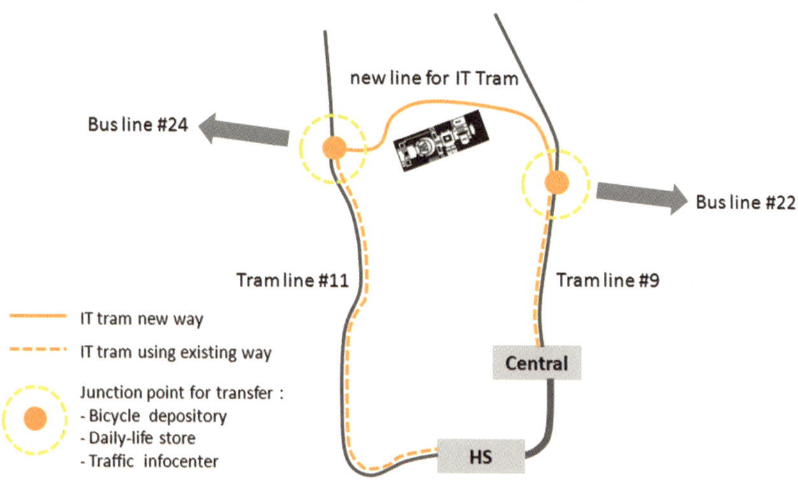

모빌리티의 개선안, 'IT tram'의 제안

이러한 월드포럼에서 또 하나 시급하게 해결해야 할 일은 바로 모빌리티의 문제였다. 다른 여느 국제 업무지구와는 다르게 이곳의 국제지구의 교통은 너무 차별화되지 못했다. 즉, 다른 나라에서 오는 주요 관문인 공항에서 이곳의 월드포럼까지 오려면 자동차를 이용하다면 별 무리가 없겠지만, 대중교통을 이용한다면 매우 불편하기 짝이 없다. 기차를 타고 헤이그 HS역까지 와야 하고, 다시 그 곳에서 트램을 갈아타야 하는데, 직접 가는 트램은 없어 어느 트램을 이용하든 일정 거리를 걸어야 했다. 이에 필자는 비용을 최소화하는 전략으로 신설트램의 대부분을 기존의 트램라인을 사용하는 새로운 트램라인을 하나 건설하는 것을 제안하였다. 그림의 노란실선이 제안하는 신설 트랙이고, 점선은 기존의 라인을 사용하는 것이다. 그리고 2개의 환승점을 만들어 이를 이용해 버스와 연계하는 프로그램을 제안하였다.

■ 도시만들기의 과정

본격적인 도시만들기의 과정으로 각각의 과정은 먼저 언급했던 urban development strategy에 사용하였던 용어를 사용하여 기술하기로 한다.

① 먼저 기존의 도로를 지하화한다. 이는 그 자체만으로 도시에 활력을 일으키는 드라이버 driver로서 기능하며, 이는 다시 다른 개발의 기대감을 불러일으킨다. 상부의 새로 얻게되는 땅은 말 그대로 개발의 부지 chunk이다.

② 새롭게 얻어진 땅은 기존의 녹지와 도시지역의 연속성을 이어갈 수 있다. 상부의 국제기구건물 지역은 오른쪽과 연결되며, 하부의 녹지 또한 기존의 미술관 쪽으로 연결되어 기능상의 조화를 꾀할 수 있다. 왼편의 새로운 유럽경찰국 Europol은 새로운 랜드마크로서 부상될수 있는 자리이다.

③ 국제기구건물의 방호이격거리 30m는 다양하게 활용될수 있다. 이는 녹지공간이 될 수도 있고, 다양한 방법으로 활용될 수 있으나, 필자는 가장 극단적인 물을 사용하기로 하며, 이를 서로 연결시켜 수공간의 활용가능성을 제시한다.

④ 새롭게 나타나는 건물의 형태와 보행공간의 체계를 디자인한다. 보행공간은 기존의

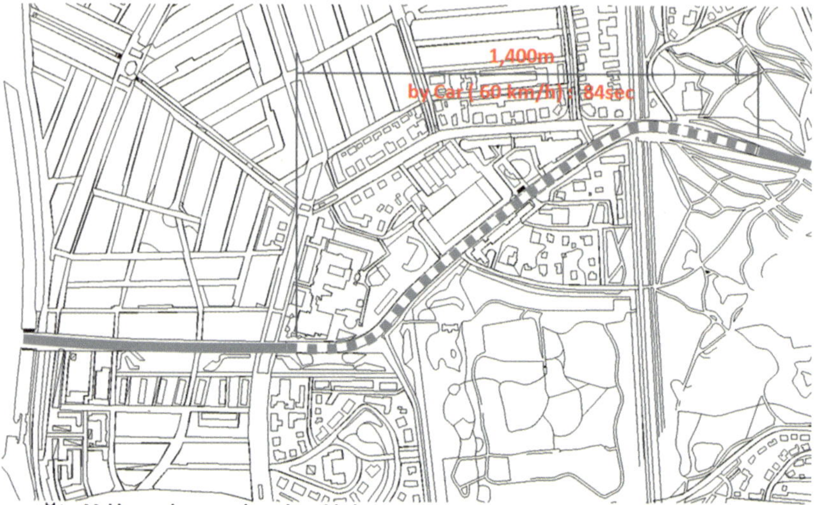

Driver — Making underground road could give the opportunity to prosper regional identity.

Chunk — Upper part of the underground road is the new place of opportunity.

도시만들기, 과정 1

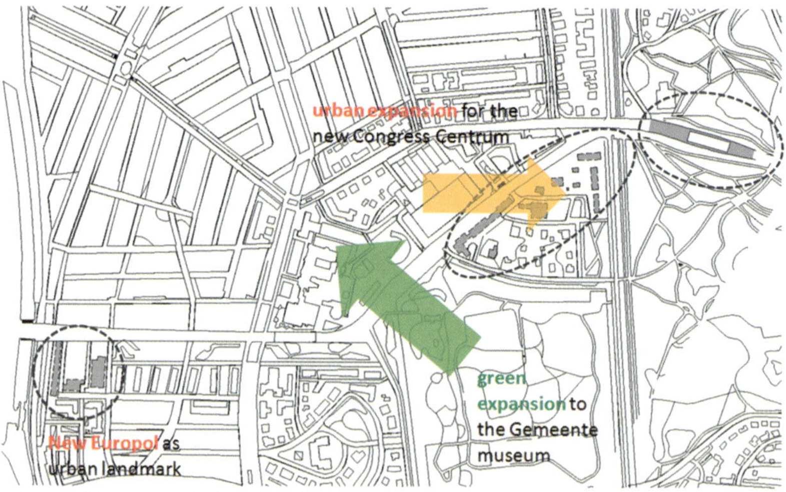

Green & Urban expansion is projected towards the existing programs, like a Gemeente Museum and Office area. New Europol site could be a strong landmark by crossing point of 2 Axis.

도시만들기, 과정 2

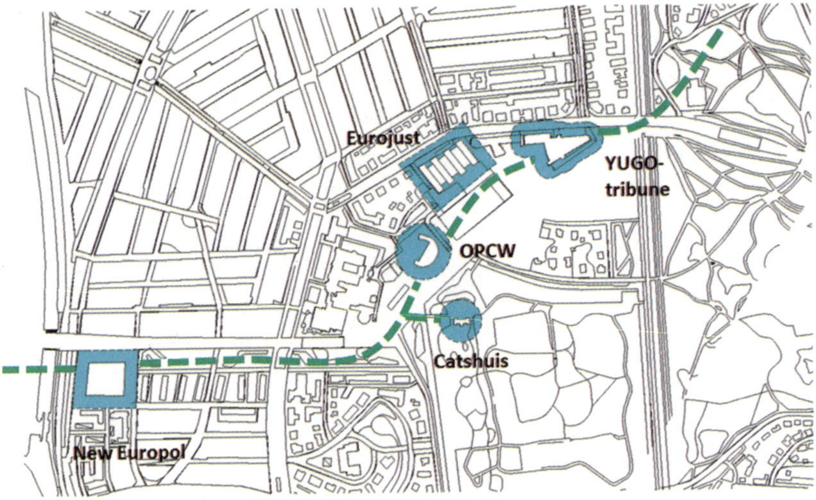

Important buildings have to consider security zone, which is 30m. Those spaces could be connected , and give a chance to make new public space.

도시만들기, 과정 3

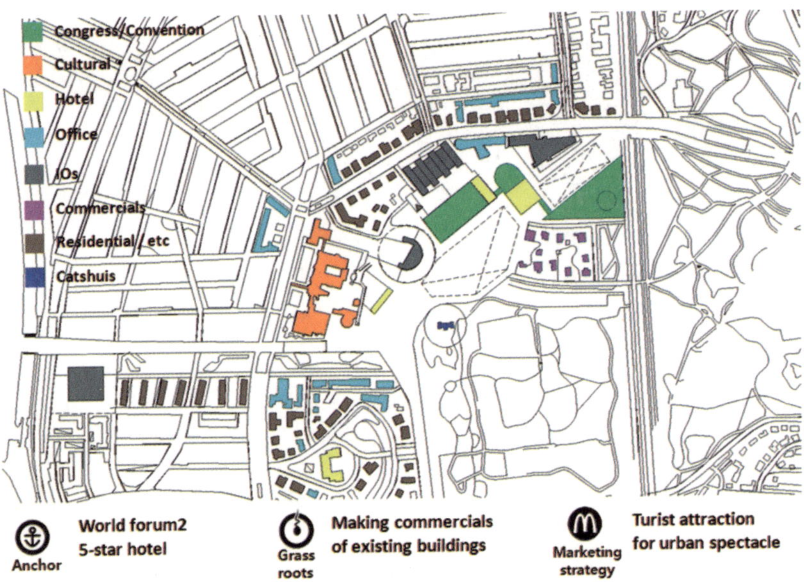

도시만들기, 과정 4

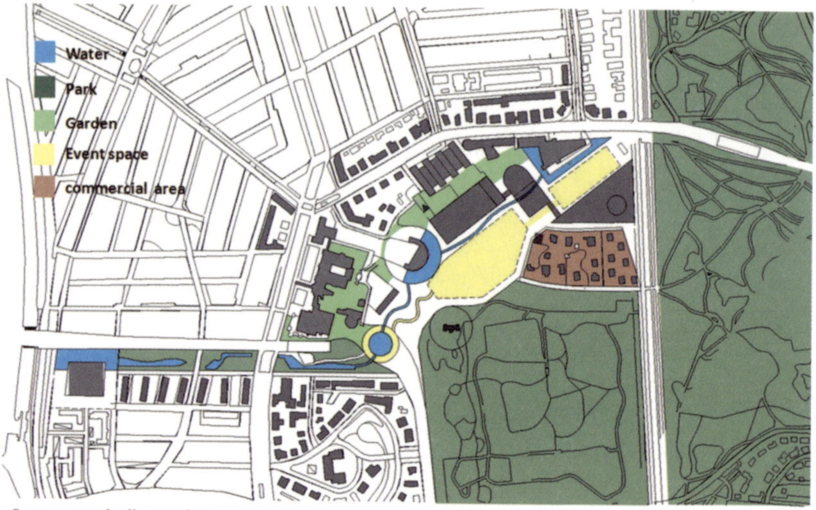

Open space is diverse from soft to hard.
Those have a certain direction and connection with their character.

Event — 2 event space is the place of convention event

Marketing strategy

도시만들기, 과정 5

Spin off — In this phase, Carpet starts to effect the neighborhood. Connection is formulated. Main connection way is from the east axis, and split the way to the park and Peace place. Along these main flow, many minor flows are combined and met. It's a "Spin- off".

도시만들기, 과정 6

도시에서 녹지로 빠져나가는 흐름을 그대로 유지시키고, 각각 2개의 큰 마당을 만들어 야외 행사에 대비한다. 또한 연두색 부분의 컨벤션센터의 기능을 기존의 것에서 대폭 증설하여 콩그레스 센트럼을 형성한다. 또한 기존에 다소 빈약했던 호텔기능을 보완하여 증설하며, 기존의 녹지공간과 문화시설-기존, 헤이그 시립 미술관, 베를라헤 설계-을 연계한다. 새롭게 제안되는 월드포럼 2와 5성급 호텔은 지역의 앵커anchor 프로젝트가 될 것이며, 이러한 큰 건물들 사이로 들어서는 조그만 상업시설은 씨뿌리기grassroot의 개념을 의도한 것이다. 또한 이렇게 만드는 모든 것들은 헤이그의 국제도시의 위상을 높이고, 지역의 가치를 증대시키는 마케팅 전략은 두말할 나위 없다.

⑤ 이렇게 프로그래밍과 건물의 배치, 그리고 외부 공간의 성격을 고려하면서 기존 자연요소와의 관계를 빠뜨릴 수는 없다. 기존의 풍부한 녹지공간과 산책로 등등은 현재의 월드포럼지구의 아이덴티티의 중요한 요소로서 기능하며, 이에 맞추어 건물의 후면공간과 국제기구의 방호이격거리로 기인한 수공간들은 서로 연계되어 녹지의 네트워크를 만들어낸다.

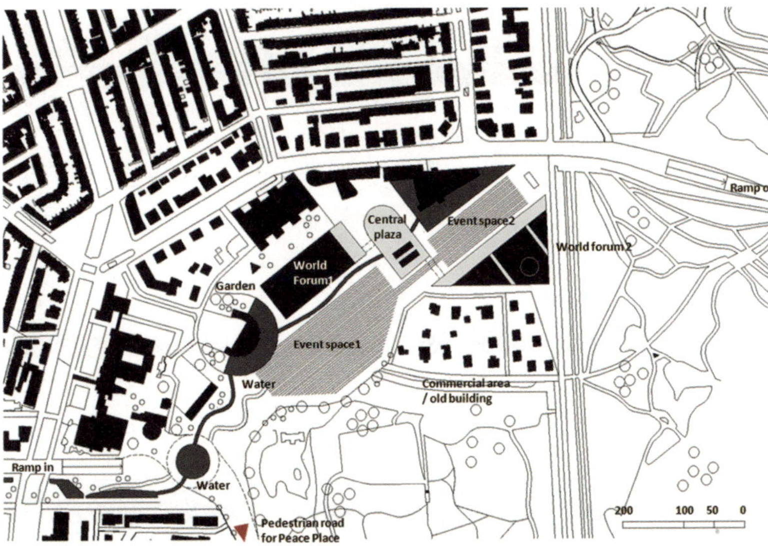

1층 평면도, 월드포럼, 인터내셔널지구

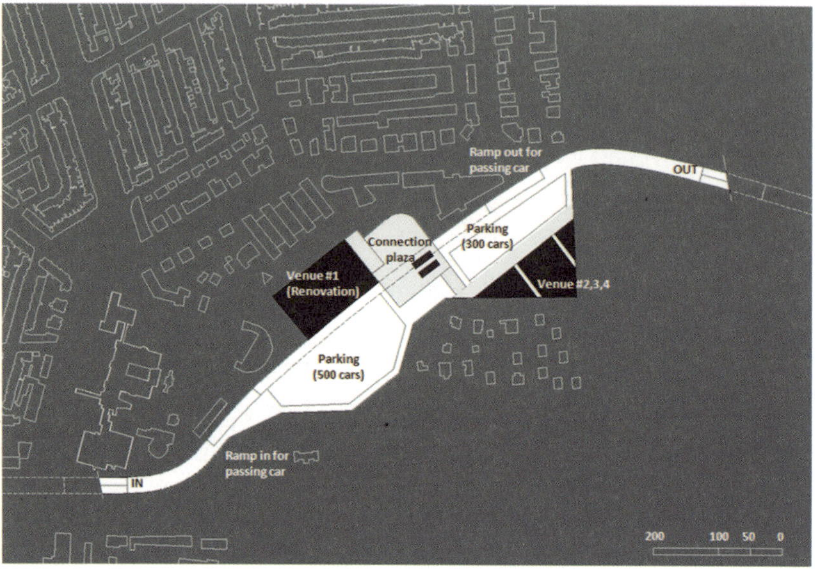

지하층 평면도, 월드포럼, 인터내셔널지구

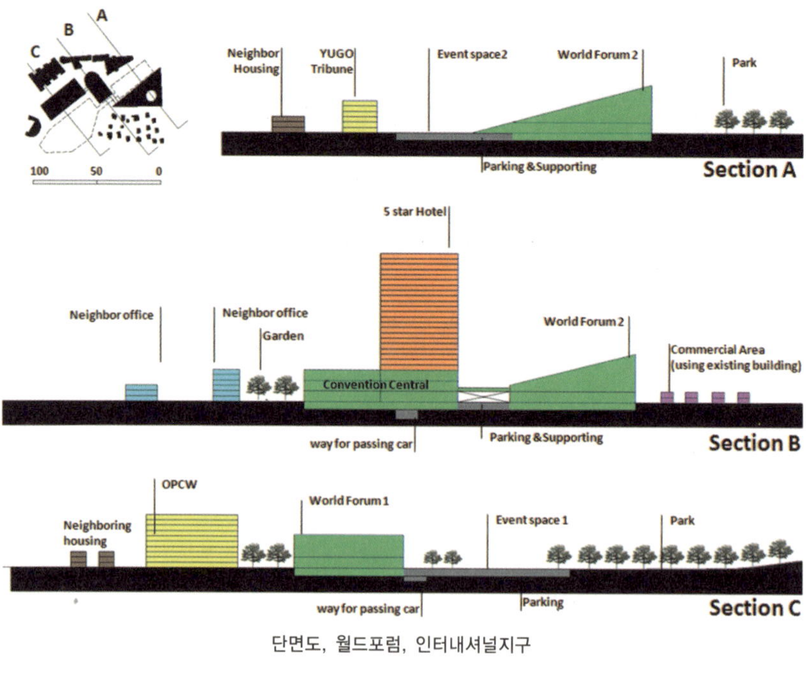

단면도, 월드포럼, 인터내셔널지구

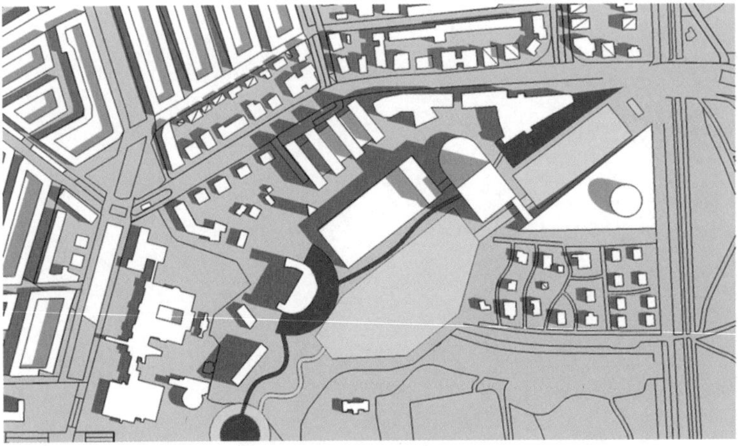

배치도, 월드포럼, 인터내셔널지구

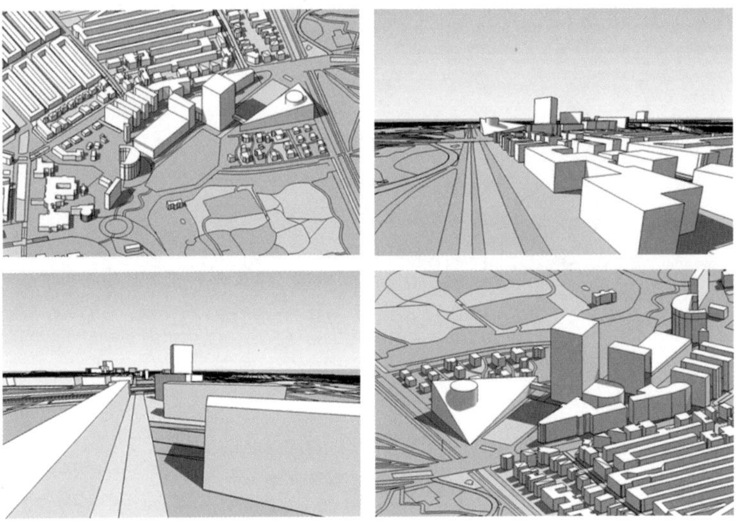

이미지

⑥ 이렇게 완성된 건물과 녹지공간의 체계는 기존 도시조직과의 연계를 이루어낸다. 이는 도시계획의 최종 단계인 '스핀오프 SPIN-OFF'로서 이렇게 연계되어 나타나는 지역의 아이덴티티 상승과 그에 따른 기대감의 상승은 다른 인근 지역의 개발로 이어질 수 있는 것이다.

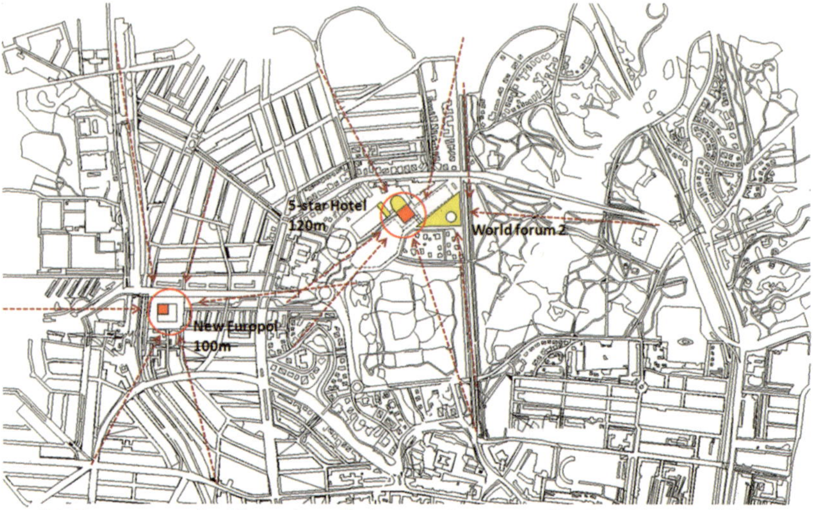

Sight lines are expressing this way. These line's distance is determined by the height of the high-rise. 2 Towers are projecting in this area, those are New Europol and 5-star hotel in the middle of the world forum park. Those are "idetity-catcher."

경관계획

⑦ 경관계획

이렇게 조성된 건물을 고려함에 있어 시각라인을 고려하는 것은 매우 중요한 일이다. 지역의 랜드마크가 될 수 있는 고층건물이나 기존의 시각축 Vista을 형성하고 있었던 선형적 요소들-도로와 같은-에서 보여지는 건물의 라인을 고려함으로서 랜드마크의 입지를 보다 미세하게 조정할 수 있다.

⑧ 지하도로가 만들어내는 시네마토그래피 Cinematography

모빌리티라인의 경험에 대한 재검토는 도시를 경험함에 있어 새로운 인식의 틀을 제공한다. 이것을 표현함에 있어 시네마토그래피 Cinematograpy라는 표현을 사용하여 표현할 수 있다. 이는 마치 영화의 콘티를 짜듯이 도시의 경관을 고려함에 있어 조망점과 같은 도시의 중요한 요소들의 위치나, 도시의 밀도의 변화, 전경의 변화 등을 마치 영화의 필름롤을 보듯이 표현할 수 있다는 것이다.

로테르담의 건축비엔날레에서 출품했던 전시, "mobility: room with a view"에서 큐레이터였던 Luisa calabrise는 지금까지의 도시설계의 관점에서 주요한 3영역,

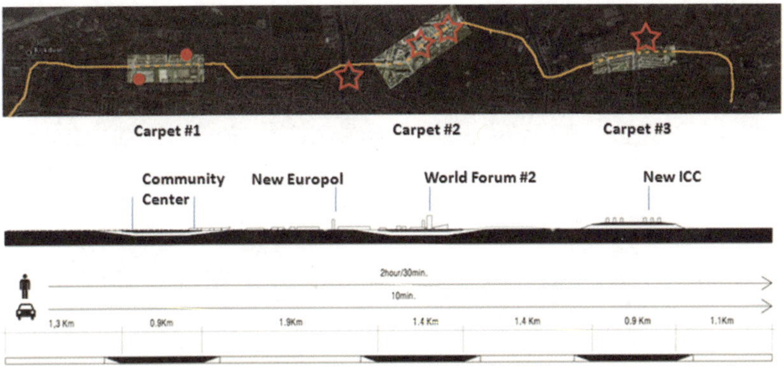

Light & Darkness is repeated by carpet.

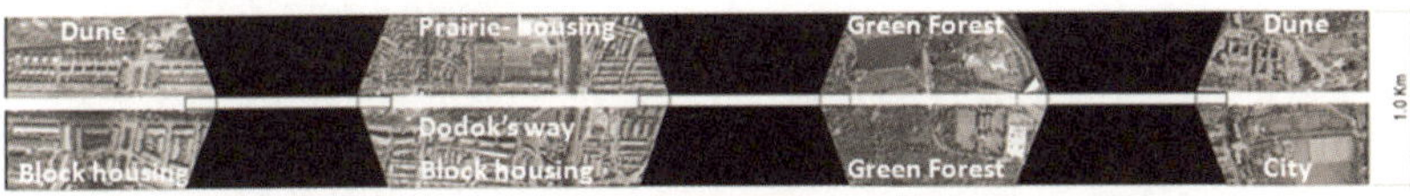

Dudok's heritage could be perceived by Mobility-Cinematography.
On top of that, each Carpet has it own "Identity – Catcher "to give identity of INTL Zone.

Passing by the Prarie house

Passing by the Scene of Beautiful Dune

Passing underneath the Carpet

Glimpse the image of Europol

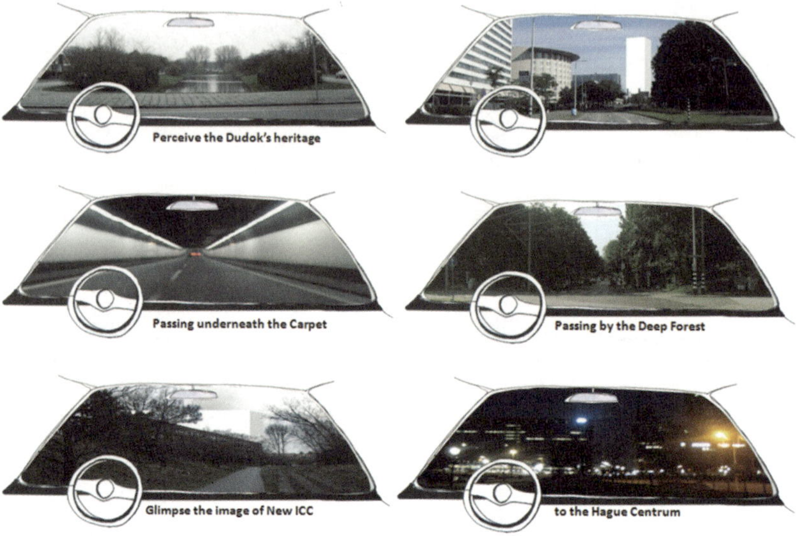
Perceive the Dudok's heritage
Passing underneath the Carpet
Passing by the Deep Forest
Glimpse the image of New ICC
to the Hague Centrum

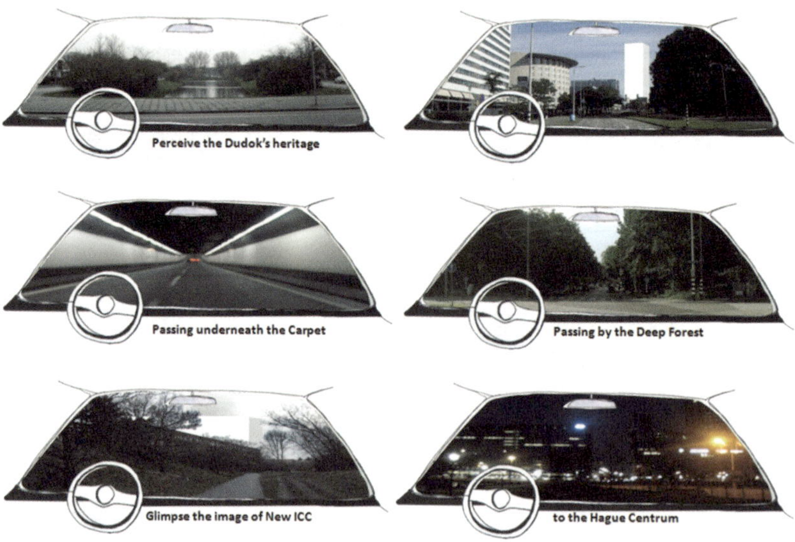
Perceive the Dudok's heritage
Passing underneath the Carpet
Passing by the Deep Forest
Glimpse the image of New ICC
to the Hague Centrum

지금 헤이그의 이곳은 필자의 제안대로 이렇게 가고 있다.
2009, http://www.wereldstadaanzee.nl/

즉, 도시-건축-교통간의 협력설계의 중요성을 역설한다. 이후 도로 자체가 디자인 대상이 되고, 그 동안 엔지니어의 몫으로만 여겼던 많은 도시의 인프라스트럭쳐들이 건축미학적인 디자인의 대상이 되었다. 필자의 시네마토그래피와 같은 작업 또한 그러한 도시-건축-교통의 통합움직임에 나름대로 반응한 것이라 생각한다.[89)]

89) 이러한 통합적 움직임에 대해 좀더 시례적인 사례나 이론을 요구한다면, Luisa의 책이 많이 도움이 될것이다. 『reweaving UMA』, 『Mobility: Room with a view』

에세이

5. 이케아 어버니즘IKEA-urbanism – 보이지 않는 착취의 도시[90)]

IKEA-urbanism, The city of invisible exploitation.

■ 트루먼쇼의 메타포

영화 "트루먼쇼"의 메타포는 매우 강력하다. 한 남자 트루먼에게 둘러싸인 일상은 모두 가짜였고, 시뮬레이션이었고, 그는 그 안에서 주연이고, 조연이고, 관객 모두를 연기한 것이었다. 그는 하나의 거대한 캡슐 안에서 그의 실존의 부재를 발견한 것이었다.

"Truman show"

The metaphor of "Truman show" is very strong. A man of Truman's daily life is all of fake, simulation. In there, he performs a leading actor, supporting actor and even audience's role. In the big capsule, finally, he found his inexistence of his real being, his existence.

---

90) 이론수업은 Nan Ellin의 『Postmodern urbanism』(1996, princeton architectural press)로 진행하였다. 모던의 어버니즘과 건축에 대한 개략적 설명과 이후 소위 '포스트모던' 시대로 넘어가면서 달라지는 다양한 이론적 발전과정을 다룬 책이다. 매우 일반적인 책으로서 현대의 어버니즘의 조류를 관통하는 지식을 얻기엔 충분한 책이라 생각한다. 본 에세이는 이론수업의 최종 결과물로서 현대사회의 정치적 통제와 경제적, 자율적 착취양상을 스웨덴의 가구회사 이케아의 소비자조정에 비유하여 기술한 에세이이며 이 수업의 최우수 에세이로 선정되었다.

영화 '트루먼쇼(Truman show)'

■ '캡슐 Capsule'의 두 힘: 정치와 자본

우리는 캡슐의 세계에 살고 있다. 그 캡슐은 다름아닌 자본의 캡슐이다. 벨기에 루벤 Leuven의 철학자 Lieven은 우리의 이 세계를 '캡슐문명의 사회'로 지칭한다. 그리고 캡슐문명에는 두 개의 다른방향이 존재한다. 하나는 정치적인 힘 power에 관한 것이고 다른 하나는 바로 자본 capital이다.

Two big forces in Capsule : Politics and Capital.
We are living in "Capsular" world like "Truman." That capsule is the capsule for capital. Belgium's philosopher Lieven commented that our world is in the "Capsular civilization."[91] In that civilization, there are 2 directions of forces, one is power of politics and the other is Capital.

---

91) 「The capsular civilization on the city in the age of fear」, Leiven De Cauter, reflect #03, Nai, 2004.

The capsular civilization by Lieven De cauter

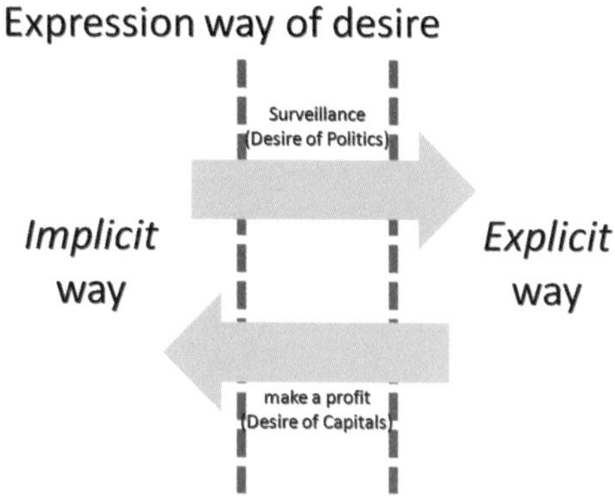

'욕망의 표현방법(Expression way of Desire)'

■ 욕망표현의 방법: 내연과 외연

정치적인 힘은 항상 관리와 감독의 메커니즘으로 대중들에게 다가온다. 왜냐면, 관리와 감독의 외연은 곧 정치적 힘의 표현이기 때문이다. 필자가 제기하고 싶은 것은 바로 표현의 방법이다. 마찬가지로 자본 또한 이윤창출의 메커니즘을 가지고 대중들에게 다가온다. 마찬가지로 자본에게도 이윤창출은 바로 자본주의적 움직임의 동력원이고 자본주의 욕망표현의 산물이다. 여기서도 자본주의 욕망표현의 방법의 문제가 대두된다. 결론은 두가지이다. 하나는 내포적, 하나는 외포적방향. 역설적으로 이 두가지의 커다란 힘, 정치의 힘과 자본력은 정반대의 길을 걷게 된다. 정치적 힘의 표현은 내연적이었던것이 외연적으로 바뀌며, 자본력은 외연적인 것이 내연적으로 바뀐다. 먼저 정치적인 힘을 살펴보자.

The expression method of Desire : implicit and explicit

I would like to show the very method of expression. Power of politics appears to the mass people as a control-surveillance mechanism. Because control and surveillance are the expressions of political power. Capital also expresses it's desire which is making profit. The profit making is the generating force of capitalism and the product of desire's expression. There is also the problem of showing method of desire like politic's case. In conclusion, the method is two. One is implicit, the other is explicit. one is directly expressed, determined and shown, other is indirect. The expression of politics and capital is absolutely different direction. In politics, the expression is from implicit to explicit, In capital, from explicit to implicit. Let's go to the politics at first.

■ 정치의 내연적 욕망표현: 판옵티콘 Pan-Opticon

19C의 판옵티콘은 그 당시의 감시의 전형을 보여준다. 판옵티콘안의 사람은 자신을 누군가가 감시하고 있다는 일종의 묵약적 부담을 느끼게 된다. 그것은 바로 타인의 시선을 의식하는 것인데, 그러한 내재적 시선은 개개의 주체에게 각인되어 의도하지 않아도 알아서 스스로 제어하게 만드는 묵약적 힘이 된다. 그것은 근대사회가 분화되기 전의 공동체 사회의 자율감시 사회를 연상하게 한다.

Politics - Implicit expression of desire: "Pan-Opticon"

Pan Opticon structure shows us the basic type of surveillance in 19Century style. People in Pan-opticon could perceive the other people's gaze, which is invisible, and continuous. Such inherent gaze could affect the individual's mind and so without any intention, every individuals control their behavior by themselves.[92)] It could be thought about the pre-modern society of community.

■ 정치의 외연적 욕망표현: CCTV

현재의 판옵티콘은 어떠한가. 현재의 방식은 이러한 내연적인 감시를 더 이상 사용하지 않는다. 이미 극한의 분화로 치닫고 있는 현대사회에서는 이러한 내연적 감시의 강도로는 어떠한 사회적 안전을 보장하지 못한다. 사람들은 자신이 감시되고 있음을 느껴야 안전함을 느낀다. 바로 감시의 시선을 욕망하는 것이다. 항상 거리에서 만나게 되는 청원경찰들, 거리에서, 상점에서, 매일 만나는 CCTV들은 당신의 지금 안전한 구역에 있다는, 소위 캡슐 속에 있다는 하나의 신호물인 것이다.

Politics - explicit expression of desire: CCTV

What is about the current pan-opticon? Current method doesn't use the inherent way. Already full-fledged diverse society could not guarantee the public safety using this inherent surveillance intensity. It needs more physical appearing. the society today is no longer available with panopticon's self regulation. Even peoples feel their safety in recognizing the condition of being surveilled by others. It means they want the gaze of surveillance. Anytime, anywhere, we can meet across the police, private guards, and CCTV, Those are the signs that "you are safe now."

---

92) According to nan ellin in his 『postmodern urbanism』, "Panopticon plan for institutional buildings as the paradigmatic example of the interworkings of space, power, and knowledge in a disciplinary society, and Foucault contends that " space is where discourses about power and knowledge are transtormed into actual relationship of power". p. 278.

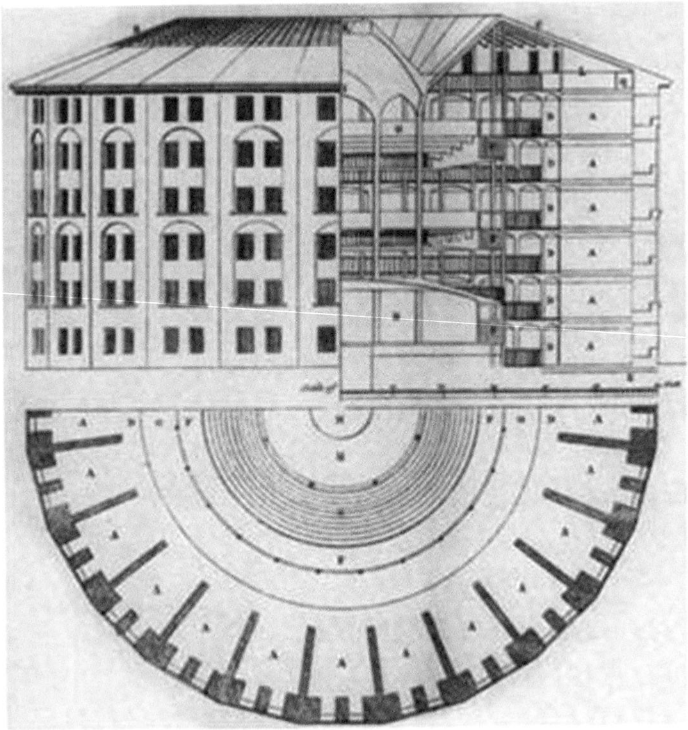

판옵티콘: 은밀한 감시장치(Pan-opticon: examples of implicit surveillance)

CCTV: 노출되는 감시장치(CCTV: examples of explicit surveillance)

■ 자본의 근원적 욕망

이젠 자본의 측면을 살펴보자. 자본의 욕망표현을 알아보려면, 필자는 도시의 상업공간을 살펴볼 것을 권고한다. 상업공간이야 말로 자본의 욕망, 즉, "모든 소비주체의 주머니에서 현금을 빼가는 것"이 최고의 목적으로 설정된 공간 인 것이다.

Fundamental desire of Capital.

Let's see the capital. For whomever want to see the expression of capital, I recommend them to see the commercial space. That space is created, designed and manipulated for taking out of the cash of consumers.

■ 자본의 외연적 욕망표현 1: 파사쥬 Passage

19C 이래로 소비공간은 많은 분화를 거듭해갔다. 그러나 그 분기의 원형상은 바로 파리의 파사쥬라 할만하다. 굳이 벤야민의 언급이 아니더라도, 파사쥬는 소비공간이 무엇이고, 어떻게 시선이 작동하고 있는 보여주는 경제의 판옵티콘이라 할만하다. 파사쥬는 시선을 욕망한다. 기획된 공간 파사쥬에서 상품은 진열을 통해 시선을 획득한다. 진열의 몫은 당연히 자본의 몫이고, 그러한 진열에 시선을 투사하는 사람은 소비자이다. 진열과 소비, 그것은 너무도 극명한 자본주의의 역할분담이었다. 즉, 외연적으로 자본의 욕망은 표현되어 나타나고 있는 것이다.

Capital - Explicit expression of desire 1: assage.

Since 19c, commercial space has been divided for many fields. But the basic type ,before this division or development, it could be called Paris's passage. Nonetheless of Benjamin's comments, passage could be regarded as the economical pan-opticon which shows what is commercial space and how the gaze operates and contained. Passage desires the gaze. In this manipulated space, commodity could take the gaze by display. The portion of display naturally is for capital and the portion of projecting the gaze into commodity is for consumer. Display and consumption, those are very distinctive sharing role by capitalism. That is, explicitly, the desire of capital is expressed.

파사쥬: 외연적인 자본의 표현방식-상품은 유리장 안에
(the "Passage": explicit expression of capital)

■ 자본의 외연적 욕망표현 2: 그루엔과 저디 Gruen VS Jerde

이렇게 자본의 욕망을 표현하는 진열을 통한 외연적 표현은 또 다른 공간양상으로 전개되었다. 하나는 Victor Gruen식의 모더니즘식 공간과 Jon Jerde식의 포스트모던식 공간으로 나뉜다. Victor Gruen의 공간은 상품 위주의 전시이다. 이는 곧 상품의 진열을 위한다면 건축은 되도록 간결하고, 자신의 존재를 드러내지 말아야 한다는 논리이다. 그러나 이와 반대로 Jerde는 상품의 진열보다는 공간의 존재감에 무게를 더한다. 즉, 상업공간은 판타지 Fantasy를 심어주어야 하며, 그것에 어울리는 일종의 'urban spectacle'을 꾀함이다. 그래서 Jerde의 공간은 상품 자체의 존재보다는 건축에서의 spectacle을 제공하는 상업공간이다.

2명의 상업건축의 대가(Two Giants of commercial architect: Victor Gruen & Jon Jerde)

Capital - Explicit espression of desire 2: Gruen VS Jerde

This explicit expression of desire by capital becomes another spacial aspects. One is Victor Gruen's modernist's expression, The other is Jon Jerde's post-modern's one. Gruen's space is for display of commodity. In case of the assumption that display of commodity would be the first priority, architecture of accommodation should limit their expression of their presence on behalf of the existence of commodity. On the contrary, In Jerde's case, the space is far more prior to the commodity. That is, commercial space should provide a certain Fantasy, and it should have a certain degree of urban spectacle. So, Jerde's space is for more spacial presence than commodity itself.

■ 자본의 내연적 욕망표현: 총론

20C에 들면 이러한 자본의 욕망은 은근히 구매, 판매의 시스템 안으로 그 존재를 감춘다. 즉, 소비자의 구매행위와 자본의 판매행위 자체의 구분이 모호해 진다는 이야기이며, 이러한 양상은 소비자의 구매행위 자체에 자본의 판매행위가 녹아들어가 있는 양상으로 전개된다. 즉, 소비자는 본인도 모르는 사이에 자본의 판매행위에 봉사하고 있다는 의미이다. 즉, 단순히 소비자의 주머니에서 현금을 빼가는 것이 아니라 일정량의 일을 시키면서 현금을 빼가는 것이다.

은밀한 자본의 의도: pos 앞에서 직접 계산을 수행하는 소비자, 소비자에게 은밀히 전가된 노동(POS in wholesale mart: consumer as volutary walker)

Capital - implicit expression of desire: in short

Into the 20c, such a capital's desire has hidden their existence in the system of selling and buying. In the other words, the division or distinction between purchasing by consumer and selling by Capital becomes getting weaker, and the purchasing behavior by consumer melt into the selling behavior by capital. Consumer, without any notice, serves their labor voluntarily. Capital not only takes money of consumer but also make them work without any signs.

■ 자본의 내연적 욕망표현 2: 포스 POS 시스템

상기의 조그만 예로 POS purchase on the spot 시스템을 들수 있다. 맨처음 이 장치는 창고형 매장이 들어서면서 소비자의 계산대 앞에서의 보다 신속히 퇴장하도록 고안된 장치이다. 이는 자동화단계, 즉 포디즘 Fordism 의 산물이기도 한데, 왜냐 하면 POS가 가지고 있는 메커니즘 자체가 컨베이어 벨트에 의해 움직이고, 소비자에 의해 놓여진 상품은 그 자체의 바코드 데이터를 통해 자동적으로 정보처리장치로 연결되어 상품 구매와 제어, 창고의 재고정리, 그리고 미래의 소비예측 데이터까지 기록으로 남겨지게 된다. 이것은 소비자의 구매행위에 위임된 자본의 보이지 않는 일의 전가이다.

Capital - implicit expression of desire 2: POS

Volutary-working example could be POS(Purchase On the Spot) system in commercial space. At first, this device was designed for quick leaving of customer who already gets something. But in every time consumer takes their commodity to pay on the counter, they saves the money of merchant for dealing with it. This is the product of Fordism, because it has not only analogy of conveyor belt system and but furthermore the checking the bar code makes possible to register the information of commodity like how many number of stock now is or prediciton systems like how many things to be sold in tomorrow, in a information-center system. This means that kind of work would be transferred from the merchant to the consumer which is originally for their counterpart.

■ 자본의 내연적 욕망표현 3: 스펙터클 Spectacle

언술한 POS시스템이 모던상업공간의 자본착취양상을 대표한다면, 현대의 쇼핑몰은 Jon Jerde로 대표되는 포스트모던 상업공간으로써 또 다른 자본의 착취양상을 드러낸다. 바로 스팩터클에 의한 대중어필이다. 상업공간의 스팩터클은 소비자에게 환상을 심어놓는다. 그것은 Guy Debord가 말하는 일상과의 완벽한 분리 perfect seperation에서 나타나며, 지루한 일상의 통로에서 나와 소비자들은 별다른 비용을 지불하지 않아도 상업공간으로 들어가기만 하면 편안하게 스펙터클의 폭격을 즐길수 있다. 즉, 소비자는 스펙터클에 중독되는 것이다. 그러나 이러한 스펙터클의 비일상의 공간은 대부분 상업적 슬로건, 상업적 모토로 가득 차있다. 자본은 이러한 스펙터클을 통해 무비용 이벤트를 제공한다. 각종 제품의 시연, 미래의 상품전략, 그건 마치 영화의 예고편과 같다. 소비자는 가만히 있기만 해도 자본의 선전에 머리를 혹사당해야 하는 것이다. 그리고 그것은 스펙터클과 함께 이루어진다.

상업건축의 스펙터클: 자본에 의한 은밀한 선전효과
(Spectacle in commercial space: as non-payment advertisement by capital)

Capital - implicit expression of desire 3: Spectacle

If the POS system is very good example of 'modern' way of exploitation of commercial space, the shopping mall which represented as Jon Jerde's would be a best example of "post-modern" way of exploitation. In his mall, there are spectacles which appear to the public. The spectacle implants a certain phantasy into the public. It could be called as " perfect seperation" between daily life and extraordinay days, which was called by Guy Debord. If the customer enter into the commercial space, he or she could enjoy the scenery of the "bombardment of spectacle" without any payment. Since this experience of spectacle appreciation, customer could be intoxicated by spectacle. However, this space of spectacle is filled with commercial slogans and signs. Capital provides the nonpay event by spectacle. Pre-use of a certain commodity, preview of a certain movie, is the very best example. Customer have to accept this preview event for appreciating the spectacle which they want to feel it.

■ 둘의 종합: IKEA

스웨덴의 브랜드 이케아는 지금까지의 상업공간이 보여주었던 보이지 않는 착취의 결정판이다. 소비자는 먼저 꿈의 공간으로 들어간다. 각종 상품의 전시로 이루어진 쇼룸의 공간은 소비자들의 구매욕망을 증폭시킨다. 즉, 전시되어 있는 가구의 존재를 자신의 공간으로 투영시킴으로써 구매욕을 불러 일으킨다. 그리고 소비자는 준비되어 있는 연필과 종이를 이용하여, 태그되어 있는 고유의 넘버와 이름을 적어가면 된다.

이후 소비자는 창고공간으로 이동되는데, 그 이동은 매우 자연스러우며, 준비되어 있는 긴 통로를 이용하여 구매에 대한 마음의 준비를 한다. 창고공간은 매우 크며, 또한 기호, 코드에 의해 철저하게 분류되어 있다. 이 코드는 바로 공간의 표현에 다름 아니다. 어떠한 상품이건 자신의 자리가 정해져 있으며, 소비자는 코드에 의해 정해진 그 자리로 찾아가서 카트에 담고 퇴장하면 된다. 이케아는 이러한 **일련의 과정을 디자인한 상점이지 상업공간 자체를 디자인한 상점이 아니다. 즉, 구매의 시스템을 고안한 것이지 구매의 환경을 디자인한 것이 아니다**.

Combination of the two: IKEA

Swedish brand IKEA shows the most effective commercial exploitation by capital. At first part of the journey of this market, customers enter the room for dreams, it is "Show-room." This room with the exhibition of furniture amplifies the desire of customers. That means, the display technique is working on the right way. The role of customer could write the number and the specific name by using their pencils and small paper which is already prepared by merchant for list of what they want to buy.

And then, customer moves to the space of warehouse. The flow is very smooth. and in that time, they could get the "trolley car", and prepare to get the thing of being listed. The space is very big. and classified by cord and symbol. This cord is direct converted into the allotment of space. All commodities are supposed to be located a certain place

이케아의 장면, 2개의 조합. 진열된 상품과 은밀히 전가된 소비자의 노동
(Scene of IKEA : Showroom and warehouse)

in warehouse. And that location is expressed by a unique symbol or cord of their own. Customers could notice the tag and goes to the place, and take the commodity into the trolley car, and leave the space to pay. That's all. The shop of IKEA designs the procedure, not only design the commercial interior. In other words, they invented the system of purchasing. There are very good expression of their motto. "You do your part, We do our part. Together we save the money." [93, 94]

■ 도시로의 확장: 이케아 어버니즘 IKEA urbanism

우리는 어쩌면 이케아 어버니즘의 시대에 살고 있는지도 모른다. 그것은 너무도 Guy debord의 분리에 닿아 있다. 일상과 비일상의 분리. 일상과 스팩터클의 분리. 한쪽은 이른바 스펙터클로 대표되는 쇼룸도시이며, 다른 한쪽은 경제적 관리체계와 노출되는 감시 속에서 이루어지는 창고로서의 도시이다. 아마도 트루먼쇼의 트루먼의 뚫고 지나간 캡슐 밖은 자본의 욕망에 의해 코드화된 이케아의 창고공간과 쇼룸을 위한 봉사공간이 기다리고 있을지도 모른다.

Extension to city: IKEA - urbanism

We would live in the era of IKEA-urbanism. This is directly connected the perfect separation of Guy Debord between the ordinariness and the spectacle.[95] One thing is the "showroom city" by spectacle, the other is the "warehouse city" by the systems of economic codificatoins or manipulations and exposing the surveillance. Maybe, the exterior of the capsule which Truman tears would be an warehouse-city with a hard codification of capital's desire.

---

93) "IKEA innovation such as flat-pack furniture and self-serve warehouse are now commonplace in retailing around the world. Retail innovation and competence are at the core of the IKEA Concept's success" - Competition booklet of 2008, IKEA innovation for students of the Delft university of Technology, supported by Inter IKEA systems B.V.

94) Also in competition booklet, the goal of new strategy is expressed. those are, "1. increase the sales, 2. lowers operational costs, 3. increases customer satisfaction, 4. demonstrates an understanding of the IKEA Retail system."

95) 『The society of spectacle』, 2006. Guy Debord, Zone books. p. 12.

■ 쇼룸도시 1: 스펙터클의 도시

쇼룸도시는 도시의 얼굴이요, 보여주고 싶은 도시의 피막이다. 사람들은 쇼룸도시에서 사람들을 만나고, 교류하고, 소통한다. 그 역할은 고대 로마시대부터 연원한 광장의 기능에 다름아니다. 쇼룸도시는 도시 스펙터클로 채워져 있다. 그것은 Jerde의 상업공간이 만들어 놓은 스팩터클과 같다. 도시 스펙터클은 또한 내적, 외적 스펙터클로 나뉜다.

Showroom city 1: the city of Spectacle

"Showroom city" is the face of the city and skin of the city which is wanted to be seen by others. In that place, peoples are to meet, to communicate and to interact. This role came from the ancient Rome's plaza. The "showroom city" is filled with urban spectacle. That is also the Jerde's commercial space. The urban spectacle could be divided by introvert and extrovert one.

내적 스펙터클은 도시의 이벤트들을 내적으로 수용하는 것으로써 도시의 야구장, 도시의 스타디움과 같은 거대 이벤트를 담을 수 있는 거대구조물의 공간이다. 이들은

다저스 스타디움: 외부로 응축되는 스펙터클
(LA Dadger's Stadium: Urban intovert spectacle)

런던 아이: 외부로 확산하는 스펙터클(London Eye : Urban extrovert spectacle)

그들의 크기만으로 도시맥락의 큰 영향을 미치며, 순간의 이용과 순간의 도시사건을 담아내는 일종의 고대 로마의 콜롯세움에 다름 아니다.

Introvert spectacle is the thing of urban event which could be contained a certain space, normally big one. like a baseball stadium or big event hall. This space is big enough to affect the existing urban fabric. It is linked the Roman Colloseum's role for containing the temporary urban event.

외적 스펙터클은 이렇게 내적으로 응축되는 도시 이벤트가 아닌, 존재 위치상 도시 외부에 노출되어 있는 스펙터클이라 할 수 있다. 이러한 외적 스펙터클은 도시에 대한 새로운 경험을 제공해 줄 수 있다. 런던 아이와 같이 외부에 노출된 구조물부터 유리카모메 라인과 시드니의 모노레일과 같이 선형적 움직임을 통해 스펙터클을 제공하는 경우가 있다.

Extrovert spectacle is not the spectacle of inward condensation, but the thing of

전화기 안으로 들어온 야구장(Baseball stadium in Mobile Phone)

outward radiation into the city. This extrovert one could provide the new experience of the city. From the "London eye", which is a skeleton for urban appreciation of London's scenery to the Sydney's monorail or Tokyo's Yuricamone line which give the another spectacle by linear movement. There are many cases in all over the world cities in that point of view.

그런데 언술했던 내적 스펙터클은 그 물리적 규모를 계속 줄여 나가고 있다. 이는 또다른 소규모 캡슐의 양산체계로 전환하는 경우라 볼 수있다. 이른바 '코쿤 Cocoon' 속의 스펙터클이다. 현재의 폐쇄문화 양산의 논리는 바로 이러한 내적 스팩터클의 규모축소에 닿아 있는 논리이다. 이러한 내적인 스펙터클의 가장 급진적인 아이콘은 스크린이다. 언술했던 Lieven의 말처럼 스크린은 또 다른 공간이 담기는 캡슐이기도 하다. 스크린만 있으면 내적인 스펙터클은 얼마든지 담을 수 있다. 1인치 짜리 핸드폰 스크린 안에 30000m^{2}의 야구장이 들어오는 세상이다. 도시는 계속해서 내적 스펙터클을 담아내는 캡슐들을 양산할 것이며, 그 규모 또한 다양해질 것이다.

The introvert spectacle mentioned before, has a tendency to decrease the physical size. It becomes a capsule, or could be called as spectacle in Cocoon's.96) Currently many closed space is occurred and that trend is directly connected the fact of decrease the size of the capsular, introvert spectacle. "Screen" is the most radical icon in such a introvert spectacle proliferation. To Lieven's point of view, the screen itself, is another capsule for another space.97) If there is a screen, it could contain any kinds of spectacle regardless of the size issues. Even 1 inch width of screen of mobile phone could contain the New York Yankee's stadium which has 50 thousands seats. The more the city would make the capsule contained the introvert spectacle continuously, the more the size of the spectacle could be various.

■ 쇼룸도시 2: 테마파크 도시

테마파크에는 이른바 테마, 즉 주제를 가지고, 대중들에게 어필한다. 그것은 마치 종합선물세트와도 같은데, 여러 개의 스펙터클의 꾸러미를 대중들에게 한 가지의 주제로 묶어 판매하는 것이다. 이는 짧은 시간에 많은 것을 보고 싶어하는, 그래서 그들만의 이야기를 만들고 싶어하는 관광객의 도시에 다름아니다. 각종 도시의 투어버스들은 이렇게 산재되어 있는 문화적 도시구조물들을 묶어 판매하는 테마파크도시의 발이다.

"Showroom city 2": "Theme park city"

In Theme park, there is a certain theme to understand for mass people, which is legible. It's like a bundle or package of presents. Some bundle of urban spectacle could be packed by a certain "theme" and then it could be sold by people. This city is for the tourist who really want to make a story of their own, but the story is already manipulated by capital's desire. In many cases in a big city, there are tourist-bus to give the bundle of this urban spectacle to tourist. It is the real "foot" of the theme park city.

---

96) 『the capsular civilization–on the city in the age of fear』, p. 94. Lieven De Cauter, 2006, Nai pubishers.

97) 『ibid』, p. 223.

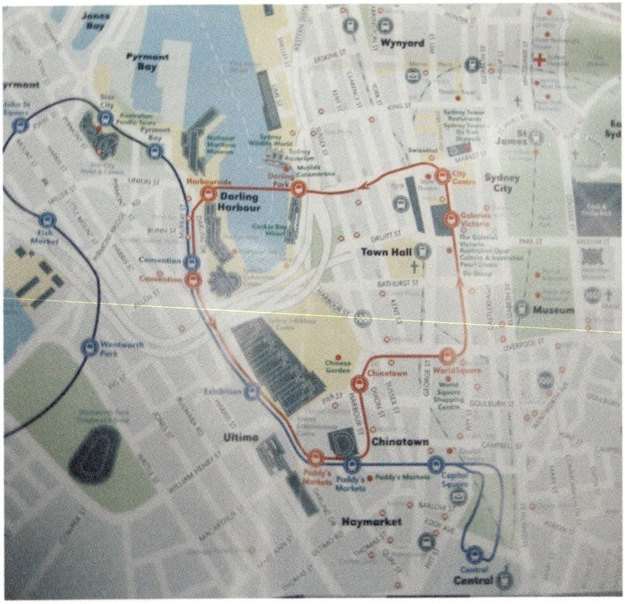

2개의 모노레일, 시드니(2 Monorail line in Sydey)

■ 쇼룸도시 3: 디즈니 도시 Disney city

디즈니랜드는 자본의 물리적 욕망의 유토피아이다. 월트 디즈니는 영화(특히 애니메이션)에서의 성공을 거둔 이후 곧 바로 그러한 영화의 물리적 이상공간을 꿈꾼다. 그렇게 탄생한 디즈니 도시는 영화기술 시각화 cinematography, 스케일의 왜곡 Scale manipulation, 왜곡된 투시도 Forced Perspective, 그리고 안전한 랜드마크 Wienie의 특성이 있다고 Rem의 저서 쇼핑에서는 논한다.

"Showroom city 3": "Disney city"

There is no place to show the real utopia of the city by the capital but the Disney land. Walt Disney had a very big success in movie (especially animation) field, he had a dream of making a real physical space in which contain an image of his dream animation. With an intention of his dream's coming true, He hired a number of architects and urban planners to make a real being of his phatasy. Accordingly, in his disney-space, there are some unique features. According to the Rem's "Shopping",

테마파크(Disneyland plan)

those are "Cinematography, Scale manipulation, Forced Perspective, and safe landmark, the Wienie"[98)]

디즈니 도시에서의 영화기술시각화는 입장객에게 도시를 마치 영화를 보는 듯한 이야기를 줄 수 있게 만들어졌다. 그에 따라 입장객들은 얼마 안가서 자신의 바로 앞에서 현시되는 갖가지의 시뮬레이션 장치를 만나게 된다. 즉 연속된 도시 이벤트의 체험. 스케일의 왜곡과 왜곡된 투시도의 사용은 그러한 현시의 긴장감을 극대화하기 위해 사용되는 방법으로써 현실을 조금만 시각적으로 조절해도 도시 입장객에게는 전혀 다른 공간감을 느낄수 있다는 의미이다.(이는 Madurodam[99)]의 논리와 같다) 랜드마크 위니는 디즈니 도시의 핵심으로써, 어느 디즈니랜드를 가도 볼 수 있는 성채의 이미지를 말함이다. 그러한 인공 상징물로서의 위니는 디즈니 도시의 시각적 중심이며, 고대 도시의 성당, 델프트의 신교회의 존재감에 비하는 정신적, 상징적 지주이다. 이렇

98) 『Disney-space』 in Shopping-harvard research design, 2000. Rem Koolhaas.Tachen.

99) 마우로담(Madurodam), 헤이그시 서부 작은 네덜란드를 만든다는 목적으로 모든 건물의 스케일을 1/15로 줄여 재현한 테마파크, http://www.madurodam.nl 참조

서울랜드(Seoul land plan)

게 디즈니 도시는 실제 도시의 시뮬레이션과 시각적 조절 manipulation을 통해 무의식 속에 자리잡은 인간의 도시 원형상에 대한 인식을 끄집어 내준다.

"Cinematography" means the "Land" sould provide narrative to the customer as movie does. In that space, the city becomes the movie set, movie background. Visitors could meet the continuous urban event by manipulated story line which is already "designed." "Scale manipulation and Forced Perspective" is intended for amplifying the reality than the reality is. Furthermore, it is beyond the reality. Even a small visual manipulation could change the feeling of visitor's.[100] Finally the landmark "Wienie" is the core of the disney land, it has a fortress image, which is to be seen in anywhere, anytime in the "Land." It's a symble of Disneyland and visual, spiritual focal point. It would be a "cathedral" of ancient European city, and would be "new church" in Delft. In such a way, The Disney city draws the cognition of original form of urbanity in people's mind with visual manipulation and narrative story-telling technique.

100) We can see in Maurodam in Hague.-by writer

트루먼쇼의 마지막 장면(Last scene of the Truman show)

■ 창고도시 1: 쇼룸의 외부, 실존의 도시?

도시는 언술했던 쇼룸만으로 이루어지지 않는다. 쇼룸을 위해선 반드시 그 외부가 필요하다.(그 말은 어떤 체계는 그 자체 내에서는 증명할수 없고 반드시 그 체계 외부의 존재가 반드시 필요하다는 괴델의 논제와도 같다.) 쇼룸 밖의 도시. 이케아의 창고공간의 도시, 트루먼쇼의 트루먼이 박차고 나간 캡슐 밖의 도시는 어떤 양상인가. 그것은 혹시 실존의 도시가 아닐까.

"Warehouse city 1": The exterior of the Showroom, the city of existence?

City is not only composed of the "showroom". For the existence of the showroom, the exterior or otherness is necessary. It's like a Goudel's maxim " A certain system could not be proven by oneself, so it needs an exterior of oneself." What is about the city of the exterior of the showroom, what is the otherness of it? Is it warehouse of the IKEA, or exterior space of capsule torn by Truman? Is it a city of existence?

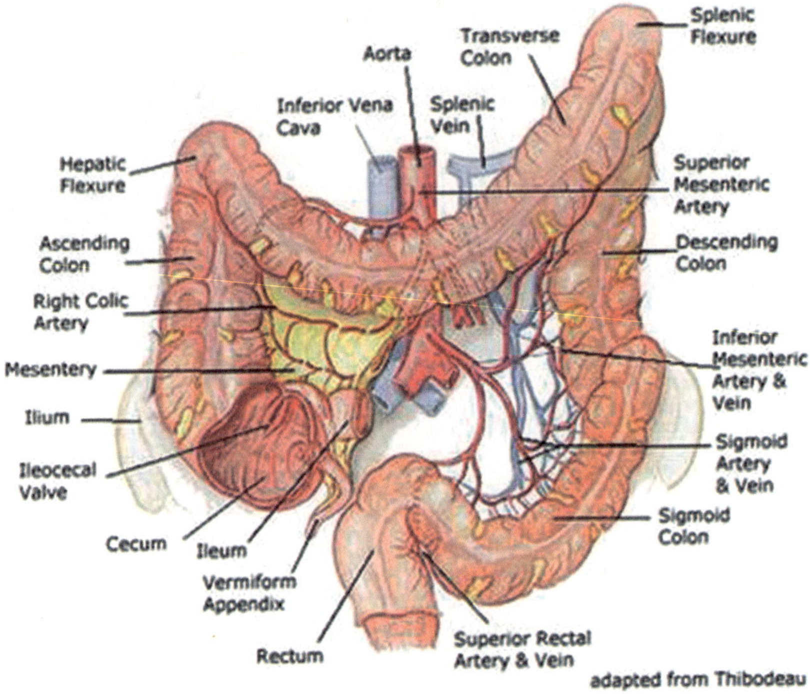

내장기관(Human Intestine)

■ 창고도시 1: 내장공간

인간의 몸도 또한 겉으로 보이는 육신의 외부 활동영역, 손과 다리, 머리와 몸체와 함께 눈에 보이지 않는 기관이 있다. 내장으로 대표되는 심장, 폐, 소화기관 등. 이건 또한 흥미로운 은유가 가능한데, 자동차도 또한 어떤 기관도 그 자체의 추진기관을 가지고 있고, 그것은 우리의 시야에서 가려져 있다. 그러한 은유는 바로 도시에도 존재한다. 필자는 그 공간을 두고 내장공간이라 칭하고 싶다.

홍콩의 여인가는 매우 흥미로운 공간을 가지고 있다. 계속해서 나타나는 쇼룸의 공간의 켜 뒤켠으로 바로 붙어서 그 쇼룸을 위한 생산공간이 위치하고 있다. 상품의 현현으로 넘쳐나는 쇼룸의 공간과는 달리 이곳은 끊임없는 직원의 움직임. 창고의 하역과 운반, unloading 그리고 목록표 붙이기와 직원휴식의 장으로 사용되고 있다. 한마디로 쇼룸을 위한 내장공간이라 할만하다. 그리고 그러한 내장공간은 상업건축물 어

'내장공간', 여인가, 홍콩('Yuinga' in Hongkong)

디를 보아도 소비자의 눈에 가려져 있는 직원영역의 공간이다. 그리고 언술했듯이 이케아는 이러한 내장공간 또한 소비자에게 내주었다.

"Warehouse city 1": "Intestinal" space

The human body not only has external part of arms, legs, head and trunk to do something outwardly but also has invisible organs like heart, lung, stomach, and intestines to do something for living or maintaining. It could be an interesting analogy. Every car, automoble has also the system of engines, which is also invisible apparently. It's all case of the machines. There is also the same space in our city. I want to call it as "intestinal" space.

"Yuinga" in Hongkong is very good example of this. Behind the street of showroom space, the production space is existed. In oppositon to the space of showroom which is the space for display of commodities, this space is composed of the movement of employees and freight's loading, unloading, and tagging. Such a preparation of showroom is filled with this space. This space could be called the "intestinal space" for "showroom city," which is absolutely hidden by consumer's view. However, as I mention before, IKEA even gives it to the consumer's hands to control to work volutarily.

막동이의 마지막 실존공간, 영화 초록물고기의 마지막 장면
(city of Existence in the movie, 「Chorok Mulgogi(Green fish)」)[101]

■ 창고도시 2: 실존의 공간

쇼룸도시의 반대편엔 내장공간 뿐만 아니라 쇼룸이 필요없는 공간이 존재한다. 그것은 바로 실존의 공간이다. 실존의 공간은 쇼룸을 필요치 않는다. 그저 최소한의 삶의 욕망, 먹고, 자고 편히 쉬고, 배설하면 그 뿐이다. 배고프면 근처 가게에서 빵을 사먹으면 되고, 목마르면 물을 사먹으면 된다. 인간은 이렇게 실존의 근거, 아니 생존의 터를 찾는다. 이후 인간은 이러한 실존의 공간에 쇼룸의 공간에서 날라온 상품들로 채운다. 그러면 곧바로 쇼룸 안에 진열되어 있었던 상품은 실존의 먼지가 쌓이며 바로 발터 벤야민이 언급했던 폐허의 이미지로 바뀐다.

101) The reason why I want to comment the movie is that the movie has a very good metaphor of what the place of existence is. Leading actor was born in the small village in suburban district, but afterwards his home town becomes the suburban development, "forest of apartment blocks," but his house only remained. Until he died, he missed his previous house with a small court yard. In the ending scene, after he died, the camera shows the contrast between the new emerging city as a background and remaining his court yard house in the center as a small utopia. - by writer

"Warehouse city 2": the city of existence

In the back side of the showroom, not only the intestinal space, but also the room for existence is there. There is no need for showing. no need for displaying. The only important thing is the thing for basic, primary desire. Those are eating, resting, and excretion. That's all. Humans need to fulfill the primary desire and try to find the place which could provide it. And then, humans are eager to fill the space by commodities bought from "showroom city." Right after that, "dust" lies on the commodity which has been in showroom city, and it makes the city as ruin image.

■ 창고도시 3: 비자본의 도시

또다른 창고도시에는 그냥 버려진 도시가 있다. 그냥 버려졌다는 의미는 자본의 힘, 자본의 숨결이 미치지 않는다는 의미이다. 아니면 자본의 힘을 행사하기전의 대기공간이라고도 볼수 있다. 도시는 자본을 만들어내는 기계이다. 그리고 그러한 자본을 만들어내는 근원력은 바로 기술에 있다. 시대에 맞는 기술을 도시에서 적절하게 공간구획을 제공해주어 이윤을 창출하게 하는 것은 도시경제학의 기본이다. 산업화시기를 지나 탈산업화 사회로, 또한 글로벌시대로 진입하면서 대다수의 근대산업의 기반들은 개발도상국으로 넘어갔다. 도시는 이 과정에서 도시 곳곳에 폐허를 남겼다. 로테르담의 부두가. 앤트워프의 부둣가는 말할 것도 없고, 세계 어디를 가도 만날 수 있는 1차 공업시대의 산물들의 흔적은 그 상징이다. 지금 세계의 모든 도시들는 이러한 비어진 공간을두고 어떻게 이윤을 창출할 것인가를 고민하고 있다. NL architect의 고가도로 밑의 공간제안은 매우 흥미롭다. 고가도로 밑의 공간과 같은 곳은 그야말로 내장공간의 그림자 공간이다. 어쩌면 어버니스트들은 이러한 버려진 공간, 비자본의 공간활용에 심혈을 기울여야 할지도 모른다.

"Warehouse city 3": non-capital city

Another "warehouse city" could be an "abandoned city." The meaning of abandoning place is that there is no touch by capital, no control by capital, and no breath by capital. Surely, the current city is the machines of making capital. Technology is the vital force of this money making. Basic thing of urban economy is to treat and to care the technology to make money as much as possible. It's a general role of what the city does

안트베르펜의 오래된 항구(Harbor of Antwerpen)

currently. Passing by the industrial period, into the post- industrial one, or into the globalized era, most of the industrial structure was transferred to the developing countries as China. City leaves the ruins by this process of transferring. Inner harbor in Rotterdam and Antwerpen is the best example. Every city has it's own structure of first generation of industry which is abandoned, neglected by now. Nowadays, all over the world cities are struggling to find a way to make a profit to use this abandoned space. I want to call it, this abandoned space is "non-capital space." It has been waiting capital's concerns, interest, and care. It's been waiting for manipulated.

The case of below space of elevated road is another good example of the hidden space by capital. It's shadow space by intestinal space. In that point of view, the proposal of NL architect's is very interesting. They provides a certain public program which could help the generation of this neglected space. As urbanist, such vision towards the non-capital space is necessary especially currently.

고가도로 밑의 휴식공간-NL architects(Leisure space under highway A8)

■ 미래

다음의 이케아 어버니즘은 어떻게 전개되어야 할 것인가. 다음 도시의 쇼룸공간과 창고공간은 어떻게 나타날 것인가. 이케아의 양상처럼 직원의 창고공간도 마찬가지로 도시 창고공간에서 소비자의 자발적 노동으로 채워질 것인가. 도시의 이른바 '내장공간' 속에서도 소비자는 기꺼이 들어가서 자본에 봉사할 수 있을 것인가? 아마도 자본은 이러한 내장공간조차도 효율과 코드화를 통해 최대한의 소비자의 자발적 봉사를 꾀하든지 아니면 그 내장공간을 다시 쇼룸공간으로 바꿔 버릴 것이다. 그것은 포디즘으로 대표되는 생산공간과 거주공간의 분화에 기반을 둔 교외의 도시화 suburbanizatioin 도 아니고, 포스트 포디즘으로 대표되는 재생되는 도시 urban regeneration, 다핵도시도 아니고, 전지전능한 자본주의가 행하는 "보이지 않는 착취의 도시"가 될 것이다.

Future

What is about the Next IKEA urbanism? How is the "showroom and warehouse space" in the "next-generation" city? Beyond IKEA, is it imaginable that the showroom could be more filled up with the ultra phantasy of commodity? Or the warehouse could create the system for more voluntary labor by consumer? Maybe it is supposed to be. Maybe capital tries to transfer the "intestinal" space into the voluntary labor space by consumer or make it into another "showroom" space. It's neither the space of Fordism's urbanism by dividing the working and living, nor the space of post-Fordism's urbanism by urban regeneration or poly-centric city. This city would be a city of invisible exploitation, motivated by trancendental capitalism.

유로피안 어버니즘의 경험 – 평등을 찾아가는 도시계획 이야기

Experience of European Urbanism

영역의 확산

Territorial dispersion

Territorial dispersion

이태리의 한복판, 베네토(veneto)의 평원의 모습입니다

대표적 시타 디퓨자(citta diffusa) 지역 Piombino dese
위로부터 도시주거, 공장지역, 농업지역

1. 광역의 어버니즘

이태리 베니스 건축대학IUAV에서 수학한 1학기의 과정은 좀더 광역적인 스케일을 다루는 과정이었다. 이러한 광역을 논할 때 어디서부터 어떻게 논해야 하는가에 매우 난감한 경우가 많다. 특히 건축을 베이스로 출발한 학도들은 큰 스케일을 접할 기회가 없기 때문에 더더욱 그렇다. 그러나 한마디로 말하면 광역을 다루는 것은 공간을 다루는 것이고, 그것에 맞게 어번 디자이너의 의지에 따라 충분히 그 의지를 펴내면 되는 것이다.

마치 건축가가 어떤 건축적 의지를 가지고 건축주와 상의하면서 자신의 안을 만들어가듯이 도시 또한 마찬가지이다. 물론 도시를 다룰 때는 건축 스케일에서 다루듯 손으로 만져가면서 다듬어내는 느낌은 아마도 부족할 것이다. 그것은 아마도 인간의 스케일 측면에서 1km가 넘어가기 시작하면 인간의 몸으로 인식하는 도시는 그 한계를 넘어서기 때문이다. 그래서 도시는 수많은 보조표현의 도구tool를 개발하는데, 컴퓨터에 의한 드로잉의 시대가 본격화되면서 더 더욱 도시쪽에서는 많은 표현의 도구가 등장한다. 그 대표적인 예가 GIS Geographic Information System와 같은 것이다.

광역스케일을 논할 때는 어느 정도의 추상성을 전제로 할 경우가 많다. 추상성은 단순화를 의미한다. 50km×50km의 스케일을 논할 때 우리는 그 안에 담긴 공간 하나하나를 전부 알 수도 없고, 알 필요도 없다. 단지 **도시계획가, 즉 어버니스트로서 당신이 무엇을 표현하고 싶은가**를 먼저 알아야 한다.[102] 그렇게 무엇을 표현할 것인가가 명확해지고 나면 그것은 반드시 추상화의 단계를 거치게 되며, 그렇게 해서 우리에게 의미로서 전달된다.[103] 그건 마치 건축도면, 평면도에서 창호 기호를 보고 그 창문의 재질과 형태 등의 의미를 전달받는 것과 같다. 이러한 새로운 영역으로서의 광역을 다루는 것만큼이나 어버니스트에게 흥분되는 일은 아마도 없을 것이다. 이는 마치 거대도시 전체를 자신의 책상 앞에 펼쳐 놓고 이리 저리 궁리하고 소위 '주무르는' 기분은 어버니스트의 충분한 특권이라 하겠다.

---

102) 이 말은 필자 또한 수없이 현업 사무실에서 들었던 이야기이고, 또 후임들에게 수 없이 이야기 했던 것이기도 하다. "우리가 표현할 것이 무엇인지를 확실히 알자. 해답은 거기에 있다. 너가 전등 상세를 그릴 때 카피가 아니라 너가 진정으로 원하는 것을 먼저 그려보고 알고 있어야 한다. 도면을 잘 그리는 사람은 선이 명확한 테크니션이 아니라 그 도면에 무엇이 표현되어 있어야 하는지를 잘 아는 사람이다." - 필자주

103) 이것을 두고 매핑(mapping)이라는 표현을 하기도 한다. 본 단락 4절, '2개의 지도만들기'를 참조할 것

Bernardo Secchi 교수의 캐리커쳐

■ 코스의 배경

이 코스의 코디네이터는 베니스 건축대학IUAV의 Urban & Regional planning 학부교수인 베르나르도 세끼 bernardo Secchi와 파올라 비가노 paola Vigano였다. Secchi교수는 베니스 건축대학의 이른바 스타교수였고, Paola 교수 또한 세끼 교수와 함께 사무실을 운영하면서 그 역량을 넓혀 가는 중견 어버니스트이다. 그런데 첫 수업시간, 세끼 교수의 한마디 말이 필자의 마음에 다가온다.

> "우리는 평등한 도시 Isotropic urban를 추구해야 합니다"
> We have to make our urban environment as isotropic condition.

무언가 가슴을 때리는 메시지가 있다. 이건 지금까지 필자가 만나 보았던 많은 튜터들이 가지고 있지 않았던 일종의 그의 도그마 dogma였다.

그래? 그렇다면 우리는 어떻게 해야 평등한 도시가 되는 거지? 그리고 과연 내가 할 수 있는 것이 무엇이지?라는 질문이 다가왔다. 여기에 이 두 교수들의 화두가 있었다. 바로 '다공질 porosity'이었다.

> po · ros · i · ty(|) n. (pl. -ties)
> 1. [U.C] 다공성(多孔性); 유공성(有孔性)
> 2. (작은) 구멍
> 3. 【지질 · 공학】 다공도, 다공률, 간극률(間隙率)

다공질. 한마디로 '구멍이 많이 뚫려 느슨한'의 의미이다. 글자 그대로 도시에 적용해 보면, 다공질의 도시를 만든다는 말이다. 그 많은 구멍들 사이로 여러 사람들이 들어갈 수 있고, 점유할 수 있고, 사용할 수 있다. 그 느슨한 경계를 타고 넘어 많은 사람들이 골고루 이용할 수도, 즐길 수도 있다. 생각이 대략 그 즈음에서 정리된다.

2. 다공질의 도시 city of porosity

다공질의 도시는 참으로 많은 의미를 자아낸다. 어찌 보면 인간의 사유욕이 늘면 늘수록 도시는 점점 더 경계에 있어서의 느슨함을 잃고 있다. 언급했던 다공질이 아니라, 강한 경계 hard edge의 도시들이 늘어난다. 게이트 커뮤니티 gate community로 대표되는 문 걸어 잠그고 담을 높이 치고 CCTV를 작동시키는 부촌이 등장하는가 하면, 자본이 빠져나간 슬럼 slum과 자본의 부산물 dross scape이 도시에 점점 늘어난다. 이 2개의 양극과 극은 도시를 척박하게 만든다. 또한 다공질의 공간이 줄어들수록 도시는 메말라간다. 그 말은 굳이 Jane Jacobs의 '위대한 미국도시의 삶과 죽음 the death and life of the great american cities'을 언급하지 않아도 우리의 일상에 너무나 만연한 현실이다.

스튜디오가 언급했던 다공질의 도시의 면면은 다음과 같다.

porosity of material: 도시 재료에 대한 다공성
porosity of water: 도시 수공간의 다공성
porosity of green space: 도시 녹지의 다공성
porosity of drosscape: 도시 쓰레기경관의 다공성
porosity of transportation: 도시 교통의 다공성
porosity of social groups: 도시의 사회성의 다공성

도시 재료 material의 다공질은 도시가 가지는 세포 urban tissue를 탐구한다. 어번 블록이 결정되기까지는 많은 인자들이 존재하고, 그러한 인자들을 규명함으로서 도시의 현실을 파악하고 그것에 근거한 다공질의 도시를 생각하는 줄기였다.

도시의 물water의 다공성은 물이 흐르는 지표수부터 시작하여, 빗물의 처리, 그리고 범람에 대한 대비책, 우수의 지연처리 등을 도시에 반영하면서 역시 다공질의 도시만들기에 기여하는 파트였다.

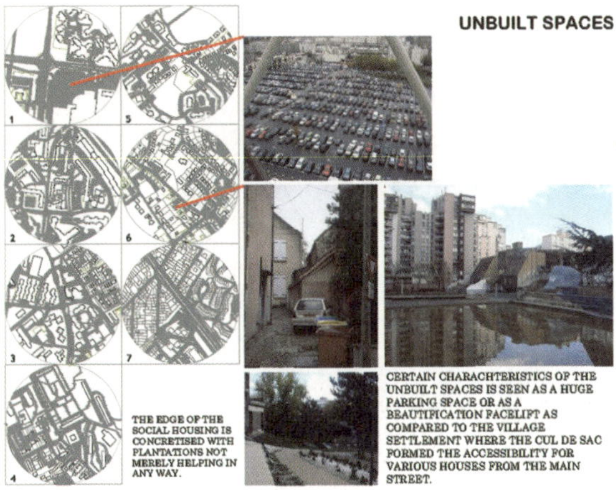

오스트리아 동료가 했던 파리의 현장조사 일부(Alex & Birgit, 2009)

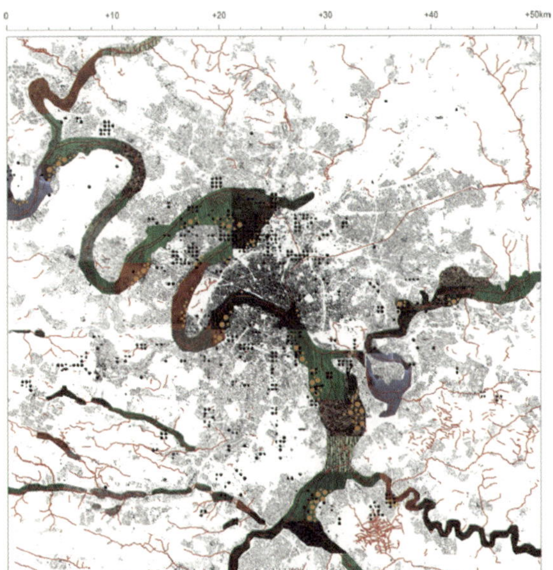

파라과이 동료가 했던 파리의 가상 범람지역의 매핑(Anna, Karen, Takumi, 2009)

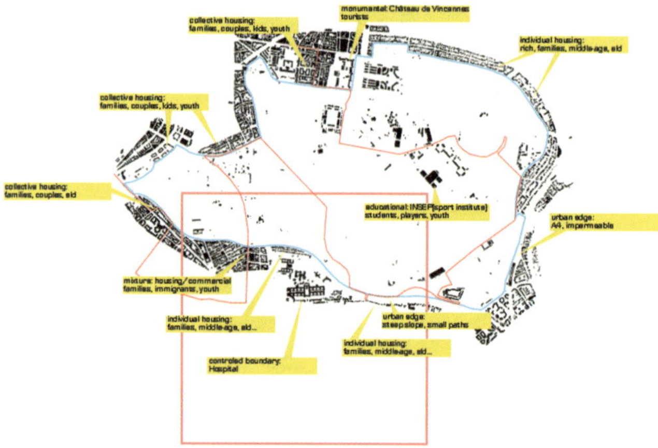

중국인 동료가 제안했던 도심 녹지공간의 경계(border) 연구(LUUK, 2009)

도시 녹지green의 다공질은 기존 녹지가 가지는 성격을 보전녹지, 생산녹지, 위락녹지 등으로 분류하고, 또한 그러한 기존의 녹지가 어떠한 경계를 가지고 있는지, 그리고 그것이 실제적으로 어떻게 사용되고 있는지 현장조사와 문헌조사를 통해 열려 있는 녹지공간을 제공한다는 의미였다.

도시의 쓰레기 경관drosscape 104)은 우리의 일상에서는 선뜻 만나기 힘든 공장지대나, 어번 슬럼가, 인프라스트럭쳐, 쓰레기 매립지 등이 만드는 공간들이 그것이다. 이들은 도시의 혐오시설로서 인식되며, 이러한 현재의 쓰레기 경관은 그 자체로 도시에 훌륭한 다공성의 공간을 제공하는 기반으로 활용하는 것이었다.

도시의 교통의 다공질은 현재의 도시민이 가지는 교통의 기회를 먼저 분석한다. 어느 라인이 특별하게 개발되었는가. 이러한 특별하게 개발된 부분은 서민들에게 동등한 기회를 주는가. 또한 교통의 체계의 디자인은 어떠한가. LA와 베네토Veneto의 분위기는 어떻게 다른가. 그리고 이러한 현실에서 교통체계가 만들어낼 수 있는 다공질의 가능성은 무엇이 있는가를 고려하는 것이다.

---

104) 'drosscape'라는 말은 미국의 랜스케입 어버니스트인 Alan Berger가 처음 사용한 말로서, 6개의 소위 쓰레기 공간을 제시한다. 그 면면은 다음과 같다. Waste Landscape of DWELLING-LOD, Waste Landscape of TRANSITION-LOT, Waste landscape of INFRASTRUCTURE-LIN, Waste landscape of OBSOLESCENCE-LOO, Waste Landscape of EXCHANGE-LEX, Waste Landscape of CONTAMINATION-LOCO. 각각의 자세한 설명은 그의 책 『drosscape』를 참고할 것

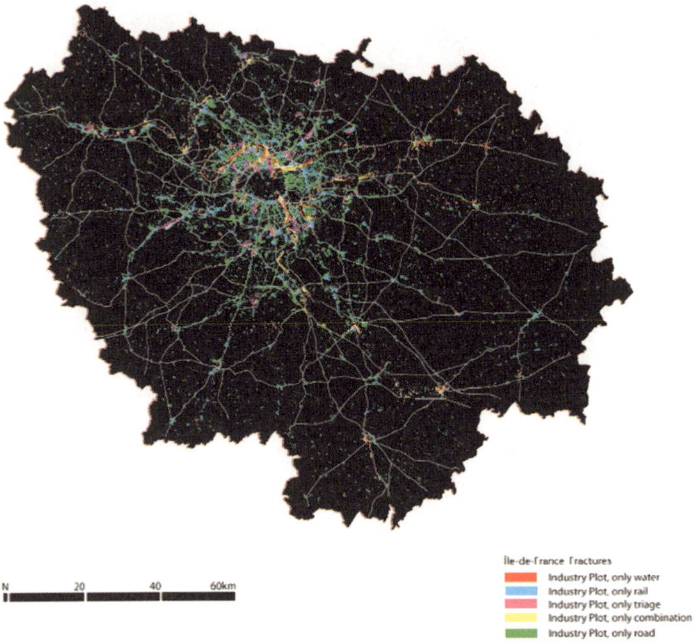

벨기에 동료가 작업한 취약한 공업지역의 연구의 최종 맵, drosscape of future(Wim, 2009)

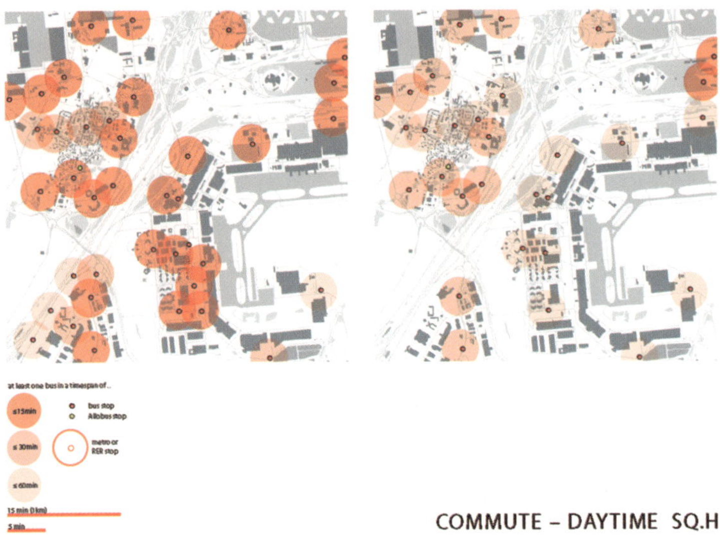

벨기에 동료가 매핑한 파리 샤를르 드 골 공항의 대중교통의 실태조사(Huang, Ivan, Evelgne, 2009)

사이프러스 동료의 Social group의 인터뷰 내용 일부(Michaelis, Kaveh, 2009)

도시의 사회적 다공질은 어찌 보면 매우 난해한 분야이기도 하다. 어떻게 하면 도시의 게이트 커뮤티니들을 다공질로 만들 수 있을 것인가. 어떻게 하면 도시의 저소득층들이 모여 사는 장소에 대한 이른바 복합성Social Mix을 구현할 것인가 등등이 주된 이슈였다.

스튜디오는 이태리와 파리를 동시에 연구했다. 이태리 베네토가 가지는 muliti-centric한 상황과 파리 Ile-de-France가 가지는 mono-centric한 도시형태는 많은 차이의 문화를 만들어내었다. 특히, 파리는 좀더 실증적인 자료를 구하고자 현장답사를 하기도 하였다.

여기에 필자는 세끼-파울라 교수팀의 가지고 있던 이론과 방법론을 먼저 개략적으로 설명하고, 필자의 이론화 작업, 스튜디오 작업을 소개하고자 한다.

3. 스케일과 테리토리 익숙해지기

건축적 스케일에서 나와 도시적 스테일, 그리고 테리토리적 스케일까지 어떤 영역을 논할 때에는 기본적으로 레이어링layering 개념으로 이해하면 체계를 쉽게 잡을 수 있다. 수직적 레이어링 개념으로 지형, 도시, 건축, 모빌리티의 지도로 나아간다는 것은 서두 첫 번째 단락에서 언급한 바 있다. 이 순서대로 서술해 보면 먼저 지형이다.

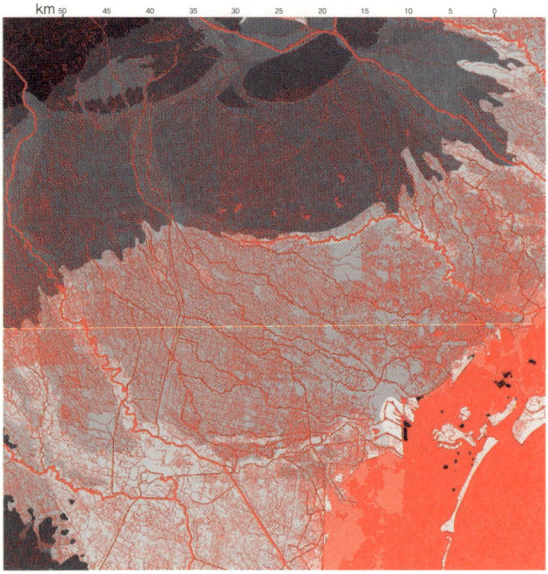

물길과 토질의 종류를 언급한 지도-GIS 활용, Veneto(Secchi & Vigano, 2009)

테리토리적 스케일에서 지형 즉, 땅에 접한 첫 번째 레이어에서 보여지는 것은 건축, 도시계획적 스케일에서는 접해 볼 수 없는 전체적인 땅의 높낮이와 흙의 상태, 그리고 물길의 흐름 등이 먼저 눈에 들어온다. 이러한 지형적인 요소들의 고찰은 또한 땅에 고착된 산업의 유형까지 연결된다. 이것은 지질학의 영역과 겹치는 부분이며, 그렇기에 어버니스트들은 이 거대 스케일에서 지질학의 정보와 가치체계를 공유하는 것이다.

두 번째 레이어에서 볼 것은 바로 도시의 형상이다. 도시의 집중과 분산을 살펴보면 도시생활의 패턴과 그것을 만들게 한 역사를 알 수 있다. 즉, 파리의 역사와 베니스의 역사는 다르다. 파리는 일찍이 제국이 완성되어 중앙집권의 가버넌스를 완성해갔다. 그렇기에 파리는 단수 중심의 일핵도시이다. 반면에 베니스는 제국이라기 보다는 공국으로서 공민회의 대표를 따르는, 따라서 제국과는 전혀 다른 역사를 가지고 있다. 이는 공민회의 대표가 되려면 지방 토호의 세력을 존중해야 했는데, 이러한 힘의 분산체계가 있었기에 이 곳은 일찍부터 복수 중심의 도시가 형성된 것이다. 이렇게 도시의 형상은 또 다른 이야기를 담고 있다. 이러한 도시의 광역의 모폴로지Morphology는 현대도시의 팽창방법과도 연관이 있는데 이 설명은 다음 장에 하도록 하겠다.

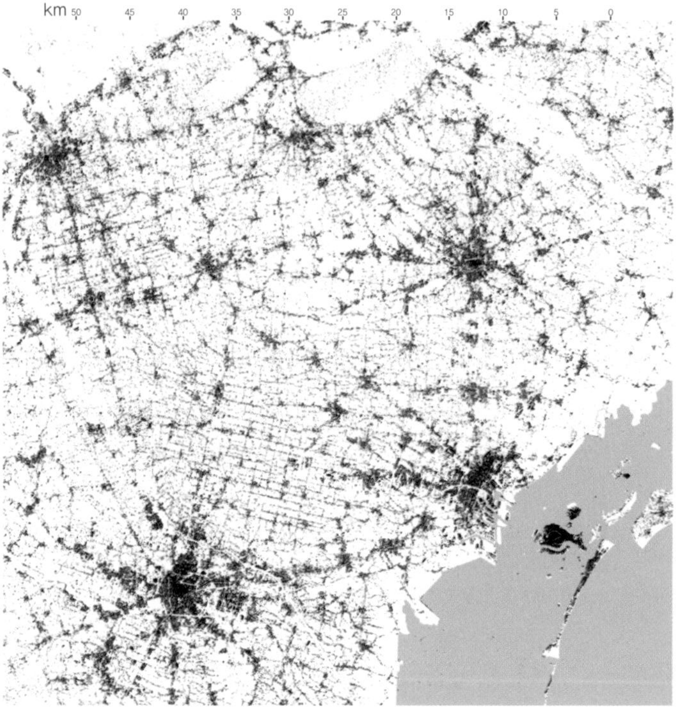

광역의 모폴로지(territorial Morphology)를 언급한 지도-
GIS 활용, Veneto(Secchi & Vigano, 2009)

세 번째 레이어는 교통의 체계이다. 고속과 저속으로 분류되는 교통의 종류에 따라 도시는 일종의 네트워크를 형성한다. 고속의 TGV 라인은 정해진 한정된 구간만을 달리는 일종의 튜브tube에 가깝다. 반면에 지방열차RER는 파리 도심부터 뻗어나가 수많은 지역들을 통과하면서 나아간다.

이렇게 기본적인 세 가지의 층위에 서두에서 언급한 본인의 의지를 반영한 매핑을 투영하면서 읽지 못했던 새로운 도시적 의미가 떠오른다. 공업지역만의 매핑, 거주지역만의 매핑 등등의 이른바 **추려진 지도**들은 이전의 세 가지의 기본 맵과 오버랩이 될 때 새로운 가치들로 떠오른다.[105)]

105) 또한 이와는 반대로, 연역적으로 먼저 영역에 대한 일반 현상을 가정하고 나서 이러한 세 가지 기본맵을 통해 확인하는 작업 또한 가능하다. 이렇게 광역의 어버니즘은 영역에 대한 매핑의 산물인 것이다.

도시 모빌리티를 언급한 지도-GIS 활용, Veneto,
회색은 지방도, 짙은 회색은 국도, 붉은 색은 고속도로(Secchi & Vigano, 2009)

또한 테리토리적 스케일은 그 자체만이 아니라 다시 줌 인Zoom in될 수 있다. 줌 인이 되면 다시 그 스케일에 맞는 가치를 찾게 된다. 어번 플래닝을 테리토리적 스케일로 다루는 것은 어찌 보면 끊없는 줌 인과 줌 아웃을 하면서 스케일을 넘나드는데 재미가 있다.

다음의 그림은 파리의 도로와 녹지에 대한 3km×3km의 그림들인데, 오스만의 조직과 파빌리오네르pavillionale [106], 그리고 그랜드 앙상블grand ensembles [107]의 도시조직이 다르다는 것을 알 수 있다. 즉, 그 말은 각각의 도시조직들이 사회적 상황, 역사적 상황이 다르면서 이는 그대로 도시패브릭에 영향을 미침을 알 수 있다.

106) 우리나라의 연립주택과 비슷한 주거단지로 보면 된다.
107) 우리나라의 아파트와 비슷하다.

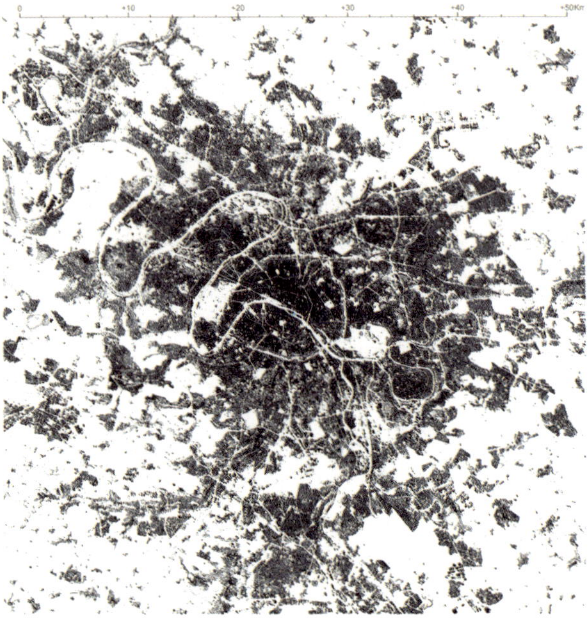

파리 50km×50km-urban footprint map: GIS 이용(Secchi & Vigano, 2009)

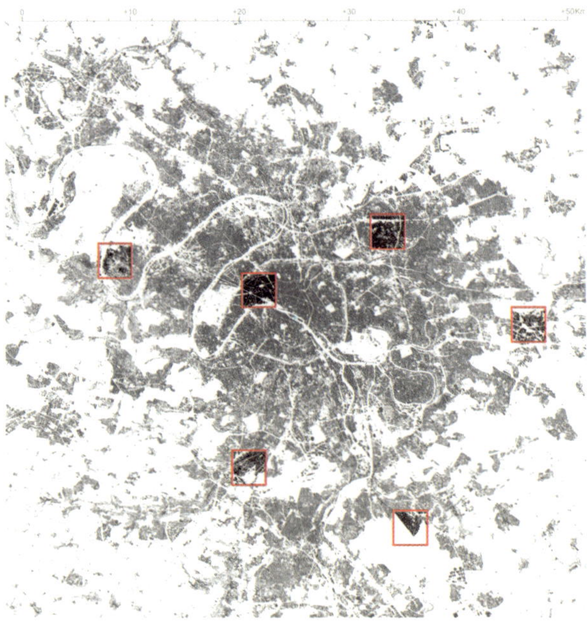

파리 50km×50km-urban footprint map: GIS 이용(Secchi & Vigano, 2009)

파리 3km×3km-도로망도(지방도): GIS이용(Secchi & Vigano, 2009)

파리 3km×3km-녹지도: GIS 이용(Secchi & Vigano, 2009)

Secchi & Vigano의 Prato 도시블럭연구, 2000

4. 2개의 '도시기술'-지도만들기descriptioin-mapping의 방법108)

도시를 기술하는 데는 두 가지의 방법이 있다. 하나는 눈으로 보이는 모든 것을 기록하는 것으로 부터 시작한다. 먼저 일단 보이는 현상에 집중하는 방법이다. 표면으로 드러나는 모든 것을 표기하기.

실제로 그의 작업을 보면 울타리, 담장, 공용공간, 기타 등등 눈으로 확인할 수 있는 모든 것을 기록하고 그것을 요소로서 표현했다. 그리고 그 요소들은 마치 캐드에

108) 본 장은 Paola Vigano 교수의 강의 내용을 필자가 재구성, 정리한 것임

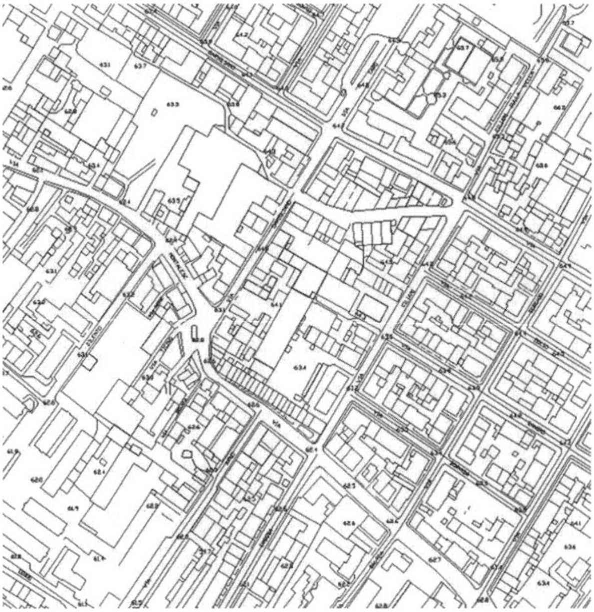
건물의 필지, Secchi & Vigano의 프라토(Prato) 도시블럭연구, 2000

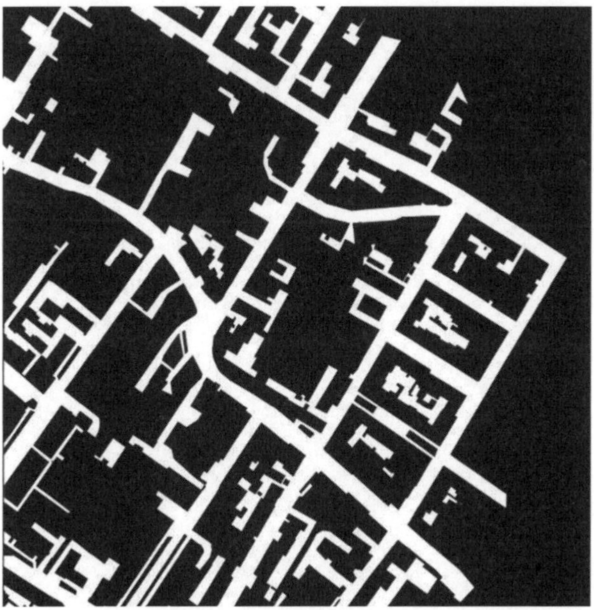
비건축공간(unbuilt space), Secchi & Vigano의 프라토(Prato) 도시블럭연구, 2000

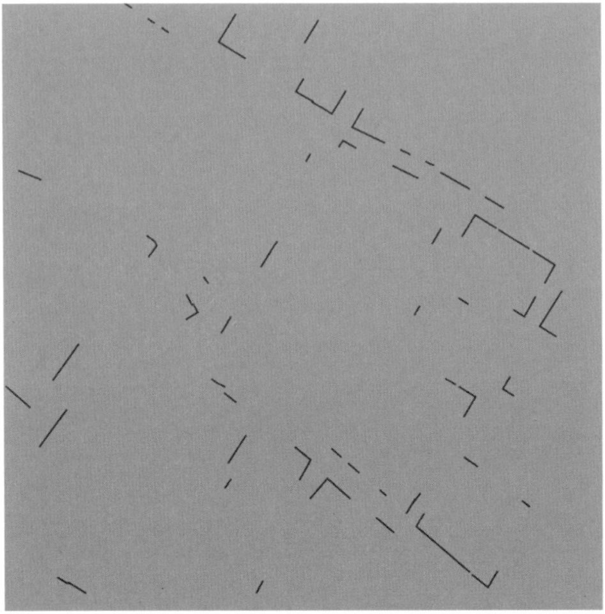

담장, Secchi & Vigano의 프라토(Prato) 도시블럭연구, 2000

인도, Secchi & Vigano의 프라토(Prato) 도시블럭연구, 2000

비건축공간과 사적 통로의 중첩-프라이버시의 깊이를 알수 있다.(Secchi & Vigano, 2000)

서 건축도면을 그릴 때 우리가 종종 기둥과 벽, 그리고 담장과 마감 등으로 각각의 레이어로서 구분하여 표현하듯이. 그렇게 표현된다.

그리고 이렇게 추출된 각각의 요소들을 하나 하나씩 재현해내고, 때로는 2개씩, 때로는 3개씩 다른 요소들과 병치시켜 본다. 예를 들면, 도로와 공용공간을 병치시키고, 또 담장과 개인공간을 병치시켜 본다. 그러면서 의미가 발생한다. 예를 들면, 도로와 개인공간을 분석하다 보면 그 사람들이 생각하는 프라이빗 private의 경계를 알 수 있는 것이다.

그리고 이때 의미가 발생하는 것을 놓치지 않는다. 이렇게 도시는 의미의 표면으로 떠오른다. 이는 지극히 귀납적인 방법이다.

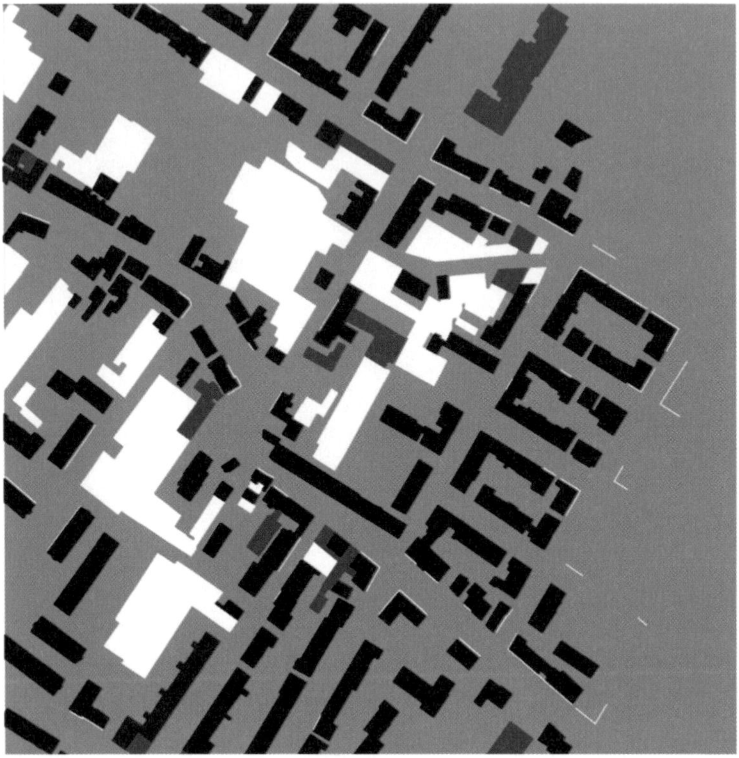

주거지역과 공장지역의 중첩-복합(mixité)의 정도의 의미를 알수 있다.(Secchi & Vigano, 2000)

두 번째의 방법론은 어떤 가정을 하고 보는 것 possibility이다. "이 도시는 이러한 사회적 배경이 있으니, 이러한 사회적 현상이 발생할 것이다."라는 가정이다. 이는 지극히 연역적이며, 또한 문제설정적인 방법이라 할 수 있다. Paola의 작업 중에 안트워프 Antwerpen 프로젝트는 안트워프의 도심 공동화 현상에 맞추어 신혼부부들이 다시 돌아올 것이라는 가정을 하고 도시를 바라본다. 그것은 충분히 임대료 및 집 값이 싸고, 또한 벨기에 특유의 지상공간 선호에 근거하여 텅텅 비어 있는 도시의 중정형 공동주택으로 돌아올 것이다라는 가정이다. 그리고 이러한 가정을 밑바탕으로 특수한 변수만을 조사한다. 예를 들어 비어 있는 블럭들을 추출하여, 근처에 사회적 기반시설이 있는지, 그리고 편리한 교통시설들은 인접하고 있는지 등등을 조사하는 것이다. 이렇게 조사되어 강화되는 의미들은 가치를 가지는 '가정 statement'이 될 수 있다.

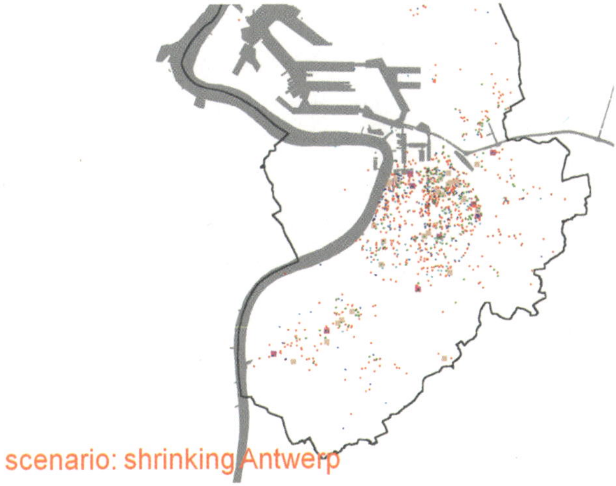

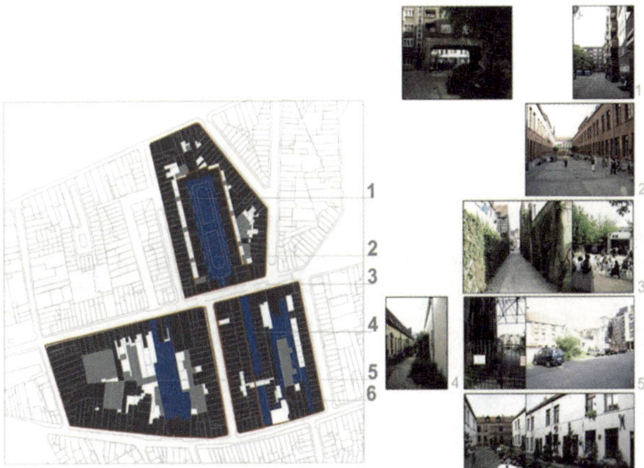

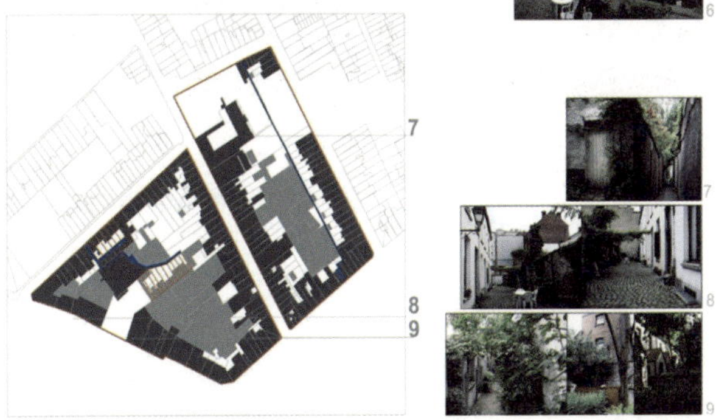

앤트워프의 분석, '신혼부부들이 돌아오는 도시' Antwerp-Belgium, Secchi & Vigano의 Antwerpen 도시블럭연구, 2002

사례조사 및 리서치, Secchi & Vigano의 Antwerpen 도시블럭연구, 2002

현재의 도심주거의 상황, Secchi & Vigano의 Antwerpen 도시블럭연구, 2002

신혼부부의 '미세역사(micro story)', Secchi & Vigano의 antwerpen 도시블럭연구, 2002

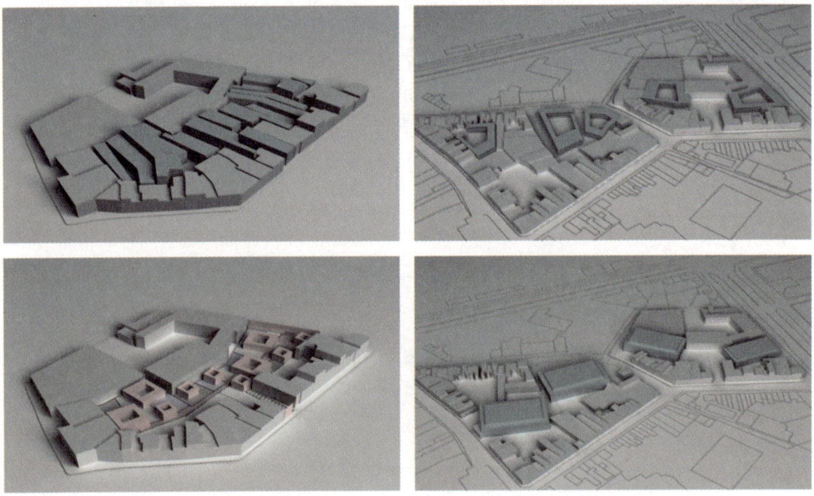

미세역사를 추적함으로서 얻게 된 당위성을 바탕으로 작업한 디자인 대안들.
특유의 벨기에 도시조직의 선형성과 그 안의 이른바 다공질의 공간의 변환을 볼 수 있다.
Secchi & Vigano의 Antwerpen 도시블럭연구 2002

이들은 소위 '미세역사 micro-story' 라는 용어를 사용하여 자신들의 가정 statement 을 강화시킨다. 즉, 인터뷰를 통한 특정 인물의 미세역사를 추적함으로서 실제의 신혼부부들이 왜 이곳에 입주하게 되었는지를 알아 보고, 앞으로의 개선방향, 그리고 문제점들을 파악하여 그것을 디자인 도구로서 활용한다.

그리고 또 하나의 놓치지 말아야 하는 것은 이러한 의미가 생성되려면 최소한 우리의 **머릿속에는 어떤 관점으로 보려고 하는 의지가 선행되고 있다는 것**이다. 두 번째

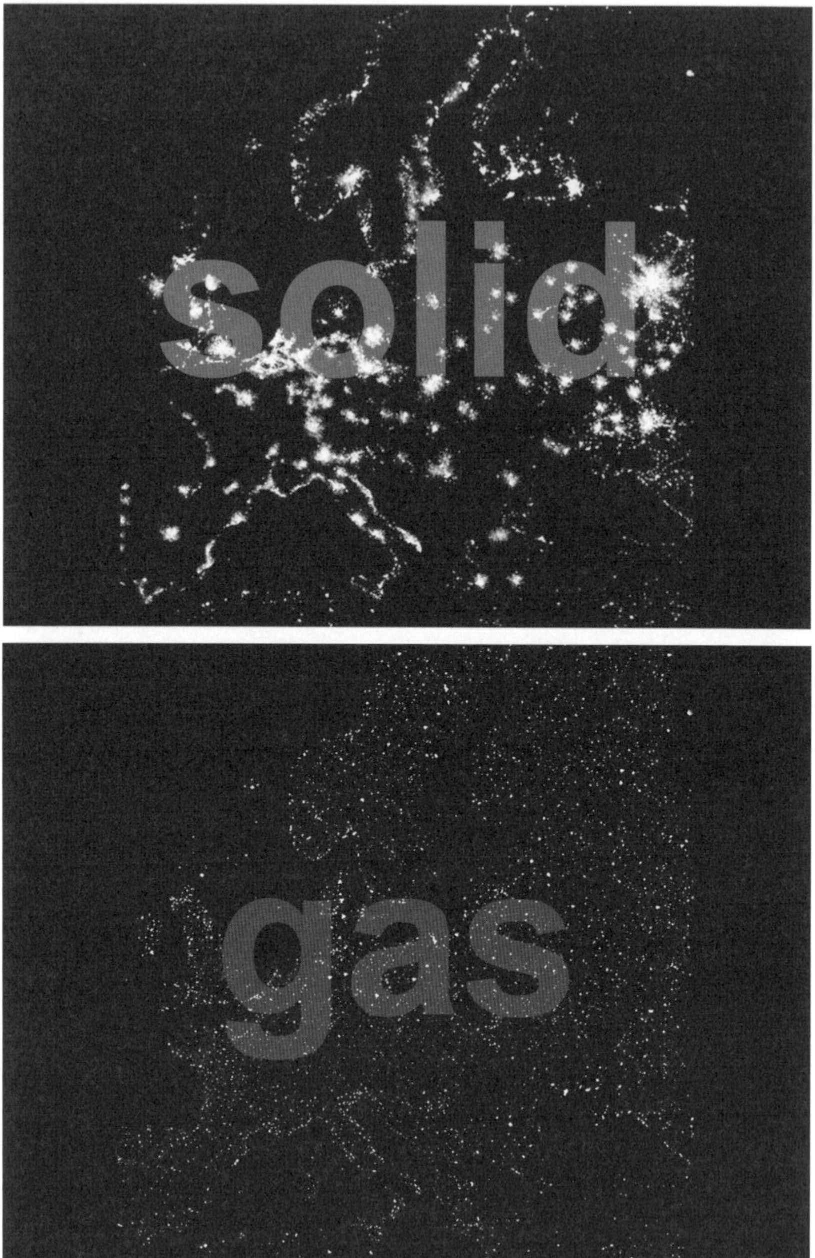

당신은 어떤 유럽을 원하는가?(Secchi & Vigano, 2009)

의 방법론은 물론 이러한 가정을 선행함을 전제하지만, 첫 번째의 방법론 또한 의미가 표현으로 떠오르려면 최소한 우리의 머리는 그러한 객관화된 요소들에서 정성적인 가치를 뽑아낼 수 있어야 하고, 그렇게 할 수 있게 하는 것이 바로 의미의 그물망, 즉, 특정 방향으로 보려고 하는 의지가 전제되어 있다는 말이다. 즉, 어떠한 것도 순수한 시선은 없다는 것. 그녀는 이것을 설명하면서 유럽을 분산체로 보려 하면 가스로 보이고, 유럽을 응축체로 보면 고체로 보이는 것이라고 설명하고 있다.

이렇게 두 가지의 방법, 하나는 지도를 통한 mapping, 가정을 통한 미세역사의 추적을 통해 도시를 표현하는 것 representation, 기술하는 것 description은 바로 도시의 시나리오 작업과 바로 연결된다. 첫 번째가 되었건 두 번째가 되었건 이렇게 떠오른 강화된 의미를 가지는 가정 statement들은 시나리오 메이킹의 기본적인 자료가 되는 것이다. 즉, 표현된 도시의 결과물은 일종의 가치를 가지고 있는 가정들 statement이며, 그것은 훌륭한 요리의 재료가 된다. 훌륭한 맛을 위해서 싱싱한 재료가 필수적이 듯이, 이렇게 강하고 알찬 가치의 재료들은 맛있는 도시계획 시나리오 메이킹의 가장 중요한 밑거름이 되는 것이다.

5. '시타 디퓨자 citta diffusa' : 확산된 도시

이 말은 매우 은유적이다. 쉽게 해석하고, 쉽게 이미지를 하나 생각해주면 쉽게 정의를 할 수도 있겠지만, 그렇기엔, 가지고 있는 말의 함의가 너무도 크다. 우선, 우리나라 말로 하면 '확산된 도시' 정도가 될 듯 하다. 이는 Secchi와 Vigano 교수가 말하는 도시이론의 핵심으로서 지금까지의 메트로폴리스가 속도와 위계에 따른 공간구분을 바탕으로 도시가 확산, 증식되어 왔다면, 이 Citta diffusa는 그러한 메트로폴리스와는 반대로 비위계적으로 확산된 도시형태를 말한다. 다음의 글은 원문이다.

> 시타 디퓨자의 언급
> The difference from a metropolitan area is seen in the type of hierarchy: the metropolitan area is characterised by vertical connections and a strong hierarchy, while the citt? diffusa by horizontal ones, that is by the absence of hierarchy.
> B. Secchi, "La periferia", Casabella n.583, 1991

	메트로폴리스(metropolice)	시타 디퓨자(citta diffusa)
형태	단일중심, 혹은 복수중심	매우 약한 복수중심, 혹은 중심없음
공간구획	기능별, 속도별 죠닝	약한 구분, 오버래핑
속도적 위계	빠른 도로, 중간도로, 지방도로의 확연한 구분	구분 없는 도로체계, Sponge 길
다양성	다양성을 지워내는 도시	다양성을 생산하는 도시
효율성	빠르고 효율적인 도시	느리고 비효율적인 도시

메트로폴리스와 시타 디퓨자

시타 디퓨자는 일종의 이상향의 도시이다. 이상향의 도시는 이상향의 꿈을 낳는다. 현대의 메트로폴리스가 아닌 시타 디퓨자. 메트로폴리스는 죠닝을 말한다면, 시타 디퓨자는 섞임을 말하고, 전자가 자본의 플랫폼이면, 후자는 자본의 헤테로피아다. 전자가 gated community라면, 후자는 open community이고, 전자가 제국주의와 결합된 강력한 가버넌스의 도시라면, 후자는 자치와 결합된 느슨한 가버넌스의 도시이다. 정리하면 위의 표와 같다.

■ 필자의 시타 디퓨자

세끼 교수의 강의를 들으면서 가장 처음 머릿속을 때렸던 것이 바로 들뢰즈의 '알'이었다. 즉, 필자가 보는 시타 디퓨자는 분화되기 전의 알의 도시이다. 알은 깨기 전의 무엇이고, 분화되기 전의 무엇이다. 다시 들뢰즈의 다른 개념으로 말하면, 홈패인 공간과 매끈한 공간이 양극이라면, 이 시타 디퓨자는 그 중간, 홈패인 공간으로 막 들어가려는 공간과 같다고도 하겠다.

인간의 욕망이었든지 자본의 욕망이었든지 간에 인간은 그 욕망에 의해 공간에 홈을 파고, 그 길을 따라 흘렀다. 그 홈은 매우 빠른 움직임을 보장했고, 또한 그 빠른 움직임을 따라 욕망의 선이 그어져 온 것이다. 어쩌면 시타 디퓨자는 그 욕망의 선이 그어지기 전, 아니면, 좀 겸손한 욕망의 선이 모든 것을 지배하는 세상이 아닐까. 그건 알이 막 부화를 끝내고 세상에 모습을 드러내기 전의 도시이다. 시간적으로 보면 그것은 모던의 도시 이전의 알의 도시, 시원의 도시가 아닐까. 그렇다면 왜 이사람들은 시타 디퓨자를 논하는가. 그건 말 그대로 이상향적 평등도시이기 때문이다. 그러면 문제

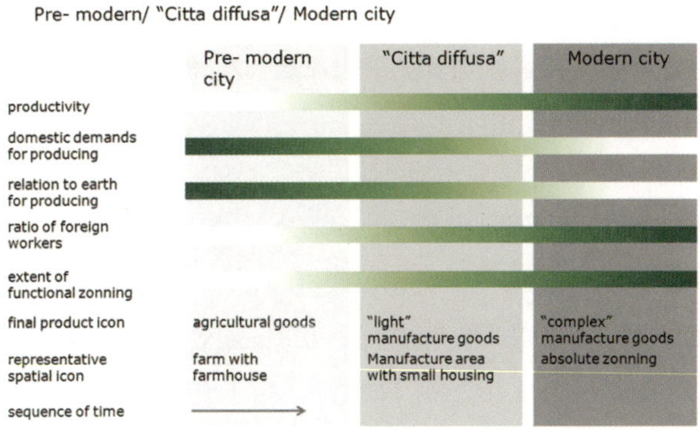

"Citta diffusa" is the "Egg" before hatched , Modern city.

베네토지역을 본 후 정리했던 필자의 다이아그램
(그들은 베네토지역을 일종의 시타 디퓨자의 이상향이 표현된 곳으로 묘사한다.)

는 간단해질 수도 있다. **그러면 현대의 메트로폴리스를 시타 디퓨자로 만들면 된다. 그러나 그것이 그렇게 쉽게 가능할까.**

르페브르는 현대의 도시를 말하면서 일종의 은유적 방법으로 현대인의 신체를 사실상 지배해왔다고 말한다. 그러한 은유적 지배의 끈을 어떻게 끊을 것인가. 다공질의 도시. porous city, 어쩌면 이것은 현대의 메트로폴리스에 되도록 많은 구멍을 뚫어내는 일과도 같다. 그러한 평등한 구멍pore들을 통해 평등하고 다양한 스폰지들을 끼워넣는 것이다.

아마도 이즈음에서 독자들은 어떤 이데올로기적인 느낌을 받았을 것이 확실하다. 그만큼 시타 디퓨자는 매우 정치적인 단어이기도 하다. 필자가 Secchi 교수에게 몇 번이고 확인했던 것이 "우리는 과연 어떤 일을 할 수 있겠습니까? 어버니스트로서 혁명을 하는 것입니까? 아니면 어버니스트로서 자본에 봉사해야 하는 것입니까?" 그의 대답은 '이데올로기적 바란스balance'였다. **개념 시타 디퓨자는 어버니스트의 언어이지, 정치적인 언어로 차용되어서는 안된다**는 입장이었다. 그것은 마치 영원한 막시스트 David harvey가 행동하는 영역은 자신의 몫이 아니라는 것과도 비슷하겠다.[109] 이

109) 언젠가 행정중심 복합도시를 현상설계를 하면서 심사위원이 Harvey라는 것을 알았을 때 참으로 실소를 금지 못했다. 영원한 막시스트에게 자본주의가 첨단으로 작동해야 할 도시의 구상을 심사하라는 것이 말이다.

렇게 시타 디퓨자는 자칫 잘못하면 바로 공산주의의 도시로 오해받을 수 있다. 그러나 그것은 아니다. **시타 디퓨자를 외치는 어버니스트에게 공산주의의 옥쇄를 채워버리는 엄청난 우를 범하진 말아야 한다.**

시타 디퓨자를 공산주의자의 낙인이 두렵다고 외면해 버린다면 그것만큼 또 어리석은 일은 없을 것이다. 왜냐 하면, 시타 디퓨자의 추구야 말로 필자가 느끼는 어버니스트의 가장 고귀한 과제이기 때문이다. 먼저 **자본의 욕망에 부응해 온 현대도시 메트로폴리스로는 앞으로의 문제를 해결할 수 없다는 선언부터 필요한 것은 아닐까.** 또한 어떻게 도시를 평등하게 만들 수 있는가와 같은 거대한 레토릭rhetoric이 아니라, 어찌 보면 어떻게 도시를 다양성이 춤추고, 가진자와 못가진 자들이 서로의 영역들의 담을 치지 않으면서 살 수 있는 그런 세상을 만들 수 있을까. 그것이 자본의 욕망으로 덧칠된 상업의 아케이드가 될 것인가, 아니면, 정치와 쇼비니즘의 욕망으로 탄생한 녹지와 자연의 인공정원이 될 것인가는 자신의 입장에 달려있다.

■ 쿨데삭에서 그리드로 From the cul-de-sac to the gridirion urbanism

미국의 건축가 알버트 포프Albert Pope는 매우 실존적인 측면에서 도시의 형성과 변화, 또한 확산의 과정을 이야기 하고 있다. 그는 그의 글 「Terminal distribution」에서 도시형성의 초반에 그리드로서 짜여진 등방성의 도시에서 점점 속도가 빨라지고, 위계가 생기면서 벌어지는 도시의 편중화와 그것에 대한 일반인의 도시인식의 폭이 점점 작아지는 것을 설명하고 있다. 미국의 도시가 빨라질수록 일반인이 갈수 있는 영역은 넓어지지만 실존의 기반은 좁아지며, 그것은 애초에 가지고 있었던 실존의 도시영역[110], 즉, 태초의 그리드체계를 지워나가는 형상이 된다erase their mind map. 이렇게 도시는 속도가 강조되고, 소위 자본의 움직임이 빨라지면서 도시 곳곳의 소외를 만들어내고, 그것은 다시 도시의 그리드를 지워나가는 형국이 된다. 지워진 도시의 그리드가 가진 에너지는 도시의 좀 더 강한 위계를 가진 속도의 모빌리티의 선으로 전이되며, 이러한 속도의 모빌리티에 사람이 몰릴수록 현대도시는 또 다른 프리미엄의 선을 다시 만들어낸 것이다. 이 관점에서 보면 지형적 발전의 형국은 본래 불평등을 기본으로 한다는

110) 여기서 실존의 도시영역이란, 모빌리티 운송의 수단으로 연결된 장소의 확장개념이 아닌 직접 자신의 삶과 밀접한 영역을 이루고 있는 일상 공간을 의미한다. Albert Pope는 Globalizaation이 판을 치는 현 시대에 오히려 이러한 개개인의 실존의 도시영역은 점점 더 줄어듬을 설파하고 있는 것이다.

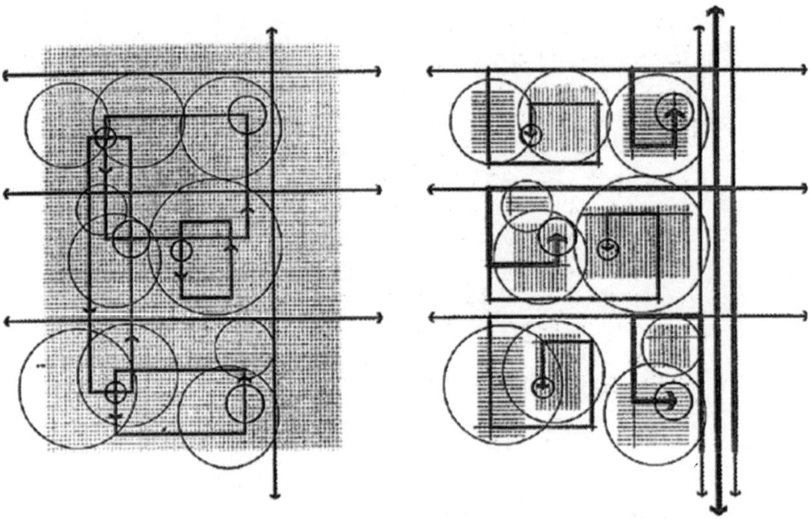

Gridiron urbanism, cul-de-sac urbanism(Albert Pope, 2004)

말이며 이 말은 곧 데이빗 하비 David harvey의 핵심 메시지이기도 하다.

이렇게 도시들이 원래 가지고 있었던 자신의 그리드들을 지워나갈수록 일반인이 느끼는 도시의 폭은 계속해서 좁아진다. 한마디로 끊겨진 그리드의 마디마디에서 쿨데삭 Cul-de-sac이 생긴다. 그 이후로는 갈 수 없다. 상기의 두 개의 그림을 보면 똑 같이 위계적 움직임의 선이 차별적으로 존재함을 볼 수 있다. 그러나 한쪽은 그리드가 있고, 한쪽은 그리드들이 지워져 있다. 이는 매우 다른 결과를 나타내는데, 그리드가 있는 쪽은 그렇게 등방성으로 펼쳐진 그리드를 따라 수많은 도시경험을 짜낼 수 있는 것이다. 그리드가 약해진 쪽은 그저 프리미엄 속도의 선만을 따를 수 밖에 없는 것이고, 그 만큼 도시경험의 폭은 제한된다. 이렇게 제한이 될수록 도시의 다시 소외의 공간, Cul-de-sac의 도시를 재생산하는 것이다.

답은 간단해 보인다. 어버니스트로서 우리는 Gridrion Urbanism을 추구해야 한다. 그러나 문제는 그것이 그렇게 간단치는 않다. 그림에서도 느껴지듯이 **Cul-de-sac urbnism은 gridrion urbanism보다 빠르고 효율적인 듯 보인다. 왜냐 하면 그것은 자본의 욕망에 맞게 공간이 재편된 것이기 때문이다.** 사실도 그렇다. 그렇기에 cul-de-sac의 도시를 그냥 폐기할 수는 없다. 그 말은 또한 메트로폴리스 metropolice를 그냥

"시타 디퓨자(citta diffusa)"-Veneto roman grid

폐기할 수는 없다는 말과 같다. 결국은 답은 이것이다. **자본과 욕망이 거침없이 흐를 수 있는 메트로폴리스와 인간의 다양성과 등방성의 접근이 용이한 시타 디퓨자** citta diffusa**의 그 양 극단의 조합이다. 어버니스트는 그래서 두 마리의 토끼를 쫓는 사냥꾼이다.**

6. 세 개의 도시아이콘 3 Icons 111)

■ 파리

파리는 19세기의 도시모델이다. 오스만은 파리를 연속성이 지배하는 도시로 만들었다. 그리고 그러한 연속성에는 규제와 위계를 추구하는 사회-공간적 힘이 작용했다. 그 과정에서 많은 개인의 건물들이 사라졌다. 그리고 그러한 자리에는 부르죠아의 공간,

111) 이 글은 Bernardo Secchi 교수의 강의를 재구성, 정리한 글임

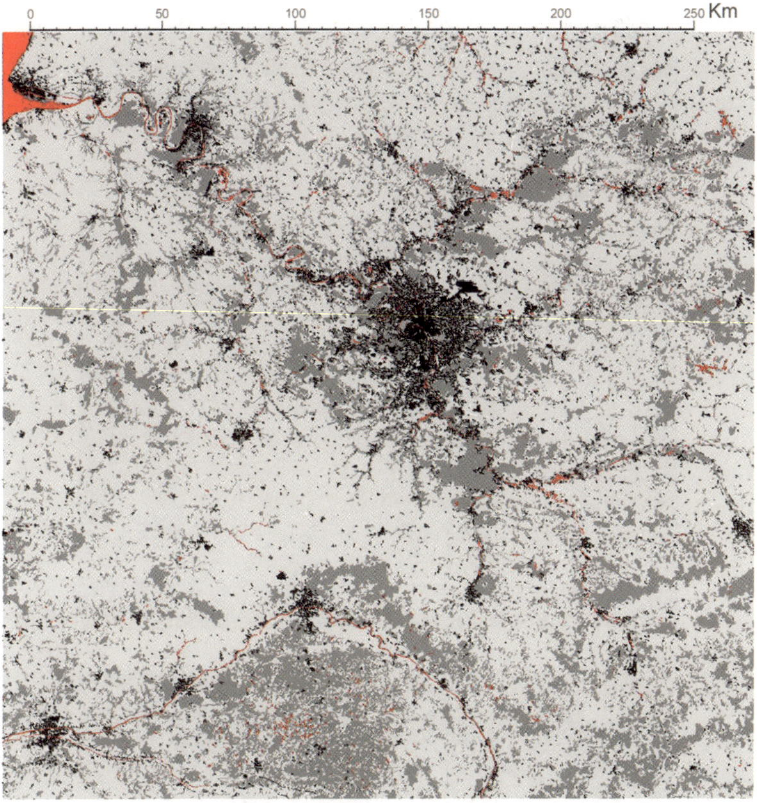

도시아이콘, 파리(Bernardo Secchi, 2009)

모뉴먼트와 아케이드가 들어섰다. 그 시기 파리를 활보했던 만보객 보들레르는 그때의 사람이다. 도시의 공공의 공간이 이렇게 인공조명과 향기로 채워질 때 상류층은 거리에 직면한 자신들의 주거와 숨겨진 정원의 기쁨을 만끽하였다. 그리고 빈자들은 도시의 경계부로 밀렸다. 이렇게 많은 개개인의 건물의 다양성이 사라지고, 도시가 재편되면서 빈부의 차이가 지형적적으로 드러나기 시작했다. 부자들은 서쪽, 가난한 자는 동쪽.[112)]

112) 서측에는 예로부터 왕들의 사냥터가 많았다. 이후 베르사이궁이 완성되면서 파리 서부의 상류층화는 본격적으로 진행되었다. 이와는 반대로 동측에는 도시의 생산시설, 공장과 노동자의 주거(그랜드 앙상블)로 채워졌다.

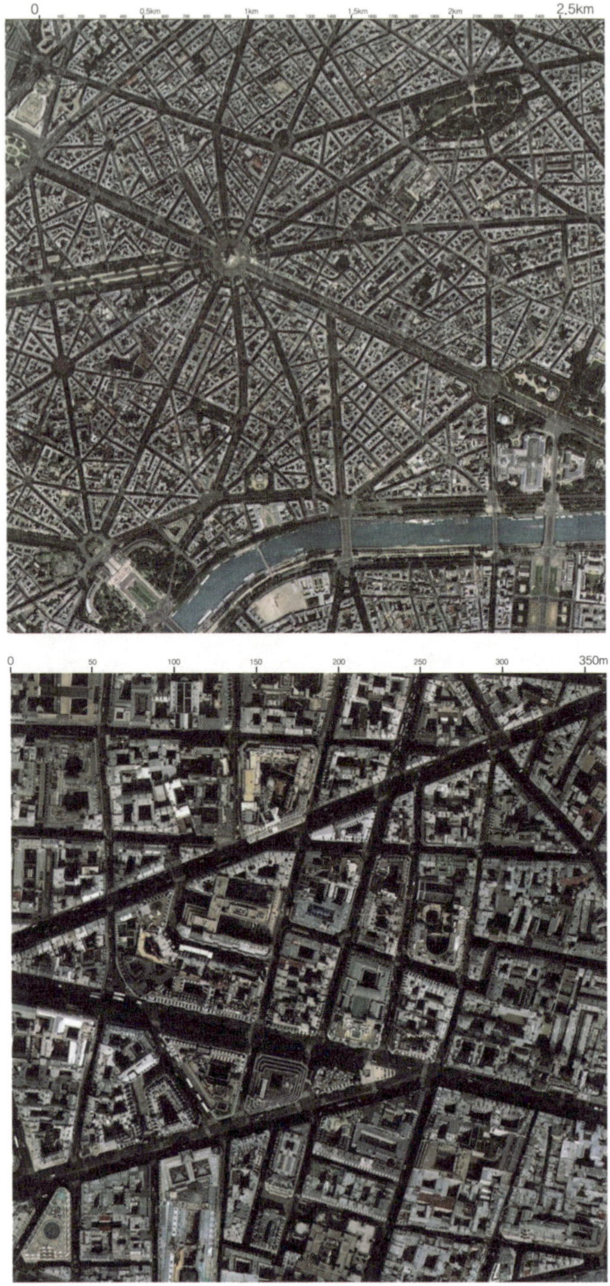

파리의 도시조직(B. Secchi, 2009)

파리의 도시조직(B. Secchi, 2009)

파리는 또한 강한 가버넌스 Governance 체계를 갖추었다. 가버넌스는 도시의 흐름에 확산과 집중을 요구했다. 확산의 몫은 링 ring 로드이다. 또한 집중의 몫은 이른바 대로 bouluvard이다. 그 링과 대로을 따라 주거지역, 교외의 신도시, 쇠락한 고도시, 그리고 공장지대들이 죽 펼쳐진다. 이는 어떠한 연속성을 만들어주는 내부의 논리가 없다. 오스만의 파리는 바로 도시 중심에는 대로가 주는 연속된 도시가 있다면, 전체로 보았을 때는 단편의 풍경 fragment landscape들로 이루어진 도시인 것이다.

■ 홍콩

홍콩은 20세기의 도시이다. 첫 눈에 보이는 홍콩의 풍경은 매우 독특하다. 이것은 마치 뉴욕의 아이콘을 아시아로 옮겨 놓은 듯 보인다. 사실상 홍콩은 밀도상으로 보아서 뉴욕의 보다 한수 위이다. 홍콩의 중심부는 3개의 수직레이어로 구성되어 있다. 저층부의 레이어는 좁은 보행의 거리로서, 이는 중국인의 거리이다. 좁은 거리 사이 사이로 사람들이 지나가고, 상점이 놓이고, 번잡함을 만들어낸다. 이 첫 번째 레이어 위로 한 번의 후퇴 set back 이후 두 번째 레이어가 놓인다. 이는 대개 주거나 소규모의 오피스들로 이루어진 4-5층 규모의 건물들이다. 이들은 마치 파리의 오스만식의 도시를 형성한다. 그리고 그 위에 좀 더 후퇴한 간격을 두고 마천루가 들어선다. 이것이 세 번째의 레이어이다.

이러한 두 개의 후퇴의 켜를 두고, 많은 수직동선들이 얽혀 있다. 계단, 경사로, 엘리베이터 등등. 이 모든 것들은 도시공간을 다양하게 해준다. 시끌벅적한 도시의 바닥부터 압도하는 조망을 가지는 거대한 마천루까지. 아마도 홍콩의 경관은 이 3개의

도시아이콘, 홍콩(B. Secchi, 2009)

홍콩의 저층부의 레이어(B. Secchi, 2009)

레이어가 만들어내는 조합의 산물이다.

홍콩의 경우는 상하이나 서울이 그렇듯이 Tabula rasa[113] 위에 구축된 도시가 아니다. 그렇기에 각각의 레이어가 가지는 시간의 층위가 다르고, 점유하는 사람들 또한 다르다. 바닥레벨이 중국인 상인의 거리라면, 중간레벨은 젊은 홍콩인의 거주지와 사무실로 채워져 있으며, 마천루는 도시 중산층의 삶의 장소인 것이다. 이들의 도시는 어떠한 죠닝의 영향도 받지 않았고, 그 결과는 엄청난 혼합성mixité의 실현이었다.

113) 전부 부시고 다시 짓는 것

홍콩의 중층부의 레이어(B. Secchi, 2009)

홍콩의 고층부의 레이어(B. Secchi, 2009)

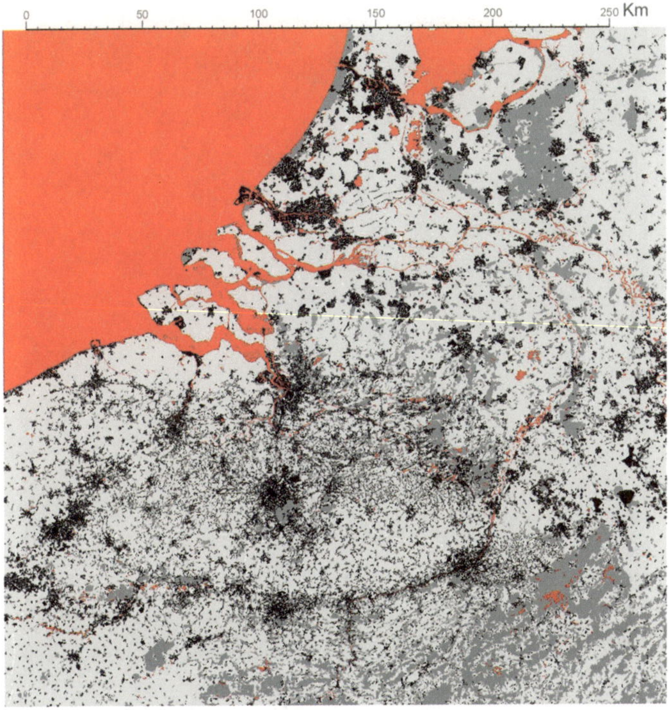

도시아이콘, 유럽 북서부의 메트로폴리탄지역(B. Secchi, 2009)

■ 유럽 북서부의 메트로폴리탄지역

이 지역은 아마도 21세기의 도시가 되지 않을까. 왜냐 하면 도시 연합의 개념이 21세기 이후에 나타났기 때문이다. 란스타드 **Randstad 114)**, 플레미쉬 다이아몬드 **Flemish diamond 115)**. 이 지역은 북서유럽의 광대한 'citta diffusa'이다. 먼저 힘이 분산되어 있다. 많은 유럽연합의 중심들(브뤼셀), 정치연합의 중심(헤이그), 그리고 지역의 중심(암스테르담과 앤트워프) 등등은 행정적, 자본적으로 지역의 중심의 역할을 하고 있다. 이들이 이른바 중심도시라면, 또 다른 두 번째 그룹의 도시들이 있다. 겐트 **Ghent**, 루벤 **Lueven**, 메첼랜 **Mechelen**, 마스스트릭 **Masstricht**, 아헨 **Achen**, 델프트 **Delft**, 라이든

---

114) Randstad, 네덜란드 holland 지방의 4개 도시의 연합체를 일컫는 말로서 Amsterdam, Rotterdam, Hague, Utrecht를 말한다.

115) 벨기에 북부지방의 도시연합으로 4개의 위치를 선으로 그렸을 때 다이아몬드 형상이라고 해서 이름이 붙여졌다. Antwerp, Brussell, Bruge, Gent가 그것이다.

도시조직들(B. Secchi, 2009)

Leiden, 할렘Haarlem, 우트렉Utrecht, 브레다Breda. 많은 도시들이 전후에 조그만 정원이 딸린 단독주택의 붐을 이루며 팽창했다.

이러한 광대한 도시지역은 마치 이태리의 베네토Veneto 116)와 롬바르디Rombardy 117) 지역처럼, 그저 단지 도시와 마을의 집합체가 아니다. 이것은 새로운 도시의 출현이다. 그것은 런던과 파리와 같은 지배하는 중심이 없는 새로운 도시인 것이다.

이러한 시타 디퓨자는 또한 미국의 교외와는 근본이 다르다. 그것의 근본은 제퍼슨Jefferson, 소로Thoreau, 에머슨Emerson도 아니고, 옴스테드Olmsted와 라이트Wright의 그것이 아니다. 왜냐면 시타 디퓨자는 도시에서 출발한 개념이지, 미국의 교외와 같이 주거부터 시작한 개념이 아니기 때문이다.

116) Veneto, 이태리의 베니스(venice)를 수도로 하는 도의 하나로서 Padova, Vicenza, Verona가 주요 도시들이다.

117) Rombardy, Milano를 주 도시로 하는 도의 하나로서 Bresia, Mantova 등이 주요 도시들이다.

도시조직들(B. Secchi, 2009)

20세기의 유럽도시의 확산은 복지의 확산과도 같다. 그것은 중산층의 확산과도 맥락을 같이 하며, 앤소니 기든스Anthony Giddens가 이야기한 적극적인 복지는 개개인의 복지의 추구에서 나온다는 맥락과도 일맥한다. 이렇게 이곳의 시타 디퓨자는 물론 미국의 교외화와는 다르지만, 미국적 재료와 미국적 속성 또한 일면 가지게 된다.

■ 교훈

이렇게 도시를 비교하는 것은 도시의 차이를 강조하는 것이 출발점일 것이다. 그러나 도시 비교의 진정한 가치는 그 차이의 속성을 각 도시의 상황으로 끌어와서 생각해 보는데 있다.

즉, "I want to be like ...?"의 의미가 "I am different from ...?"보다 더 의미가 있다는 말이다. 물론 파리의 미래는 홍콩의 미래가 될 수 없다. 또한 란스타드randstad의 미래 또한 될 수 없다. 그러나 우리는 파리를 다르게 볼 줄 알아야 한다. 한쪽으로는 홍콩의 눈으로 한쪽으로는 란스타드의 눈으로 말이다.(We must look at the Grand Paris with different eyes: one side to Hong Kong Central and the other North Western Metropolitan Area)

7. 베네토지방의 농업에 관한 이야기118)

농업은 도시를 다루는데 있어 주요 논제가 아니었고, 또한 등한시되어 온 부분이 많았다. 필자가 강의로서 접한 베네토 지방의 농업에 대한 이야기는 이태리의 시타 디퓨자의 현재를 보여주는 매우 의미있는 강의였다. 즉, 저부가가치로서의 농업이 어떻게 자리잡고 있고, 또한 이러한 농토와 그 점유하는 방식들이 어떻게 변하고 있는지를 알 수 있는 좋은 기회였다. 아마도 이 농업에 관한 글은 유럽여행 어디를 지나가도 만날 수 있는 농촌의 현실에 대한 일부분이라도 알 수 있게 하는 좋은 사례가 되지 않을까 기대한다.

오른쪽 페이지의 아래 그림은 베네토지방의 농업의 현실을 보여준다. 베네토지방

118) 상기의 글은 V. Ferrario(PhD in Urbanism, Università Iuav di Venezia)의 강의내용을 바탕으로 필자의 견해를 요약 · 정리한 것임

베네토의 농토. 분할되어 있는 농토와 점유되고 있는 주거형식들을 볼수 있다(V. Ferrario, 2009)

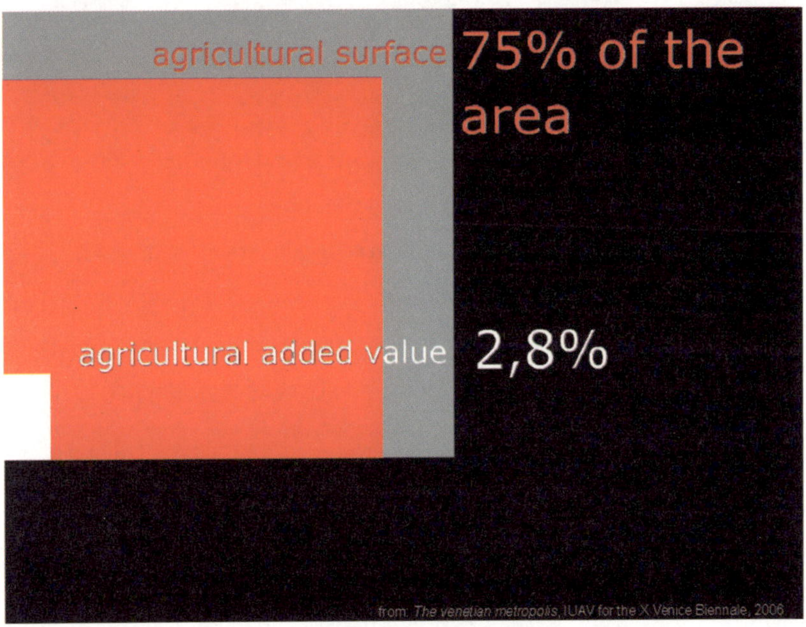

베네토지방의 농토비율과 생산가치(V. Ferrario, 2009)

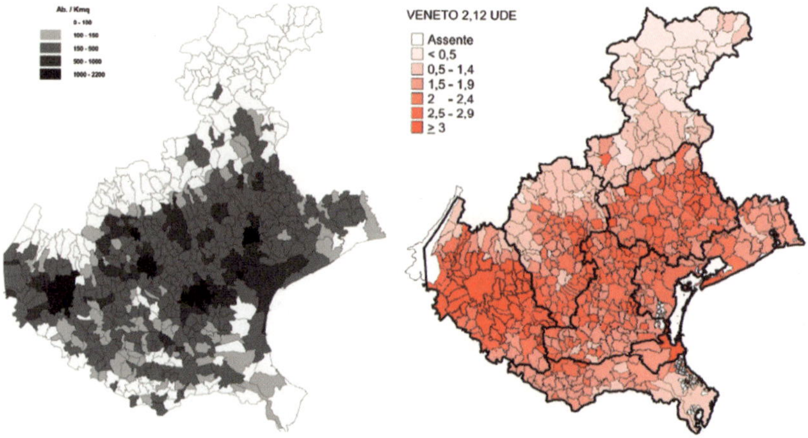

베네토지방의 인구비율과 소득수준(V. Ferrario, 2009)

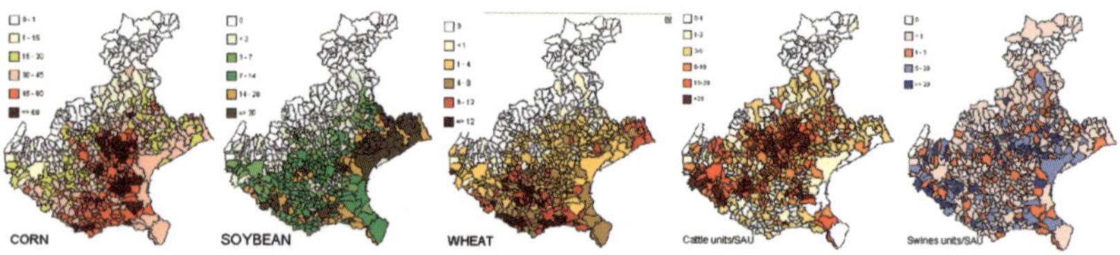

베네토지방의 생산품목들. 좌로부터 옥수수, 콩, 밀, 소, 돼지의 생산량 분포도(V. Ferrario, 2009)

의 75%를 차지하는 농토의 면적과는 달리 농업부문 생산가치는 총 생산가체 전체의 2.8%에 불과하다. 이는 아마도 모든 유럽의 상황이기도 할것이다.

베네토지방의 인구밀도와 소득수준을 보면 공통된 현상이 역시 인구와 소득은 도시에 집중한다는 현상이다. 특히 왼편의 그림을 보면 우측부터 라군 Lagoon 지역의 베니스와 메스트레 Mestre, 파도바 Padova, 비첸쟈 Vicenza, 베로나 Verona 로 이어지는 인구의 집중을 보여주며, 그것은 대략적인 소득수준의 그림과 맞아 떨어진다. 그 나머지 지역들이 농토이다.

이 그림에서 또 하나 눈여겨 보아야 할 점은 농토지역의 인구밀도들이다. 물론 도시와의 격차는 뚜렷하지만, 북측의 산간지방을 제외하면, 그래도 균등하게 분포되어 있는 농촌지역의 상황을 확인할 수 있다. 시타 디퓨자 Citta ciffusa 의 결과라 볼 수 있는 대목이다.

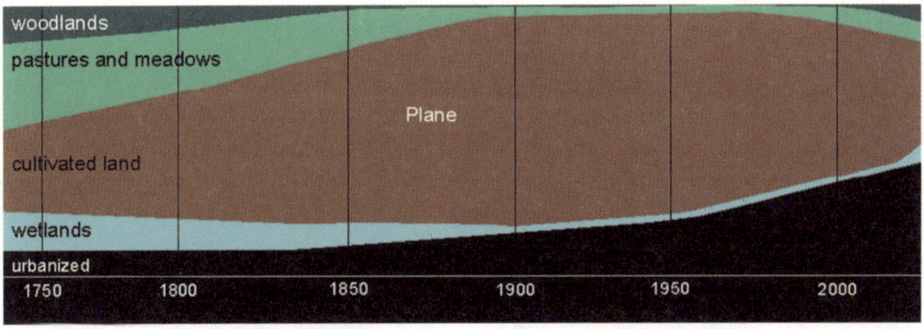

베네토지방의 도시화율을 보여주는 그래프(V. Ferrario, 2009)

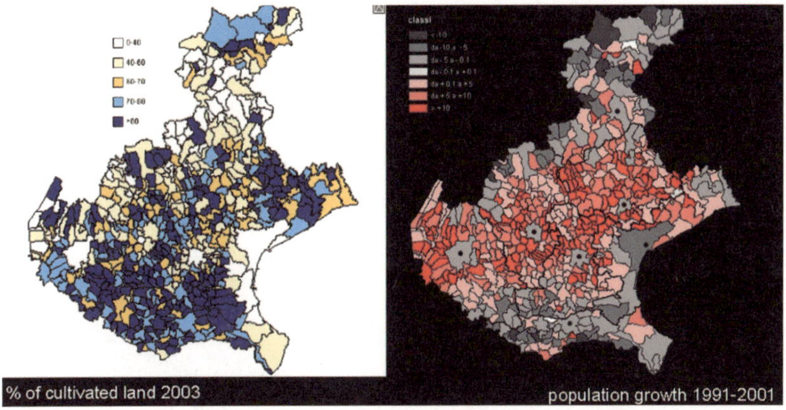

농지화율을 보여주는 그래프와 인구증가도표(V. Ferrario, 2009)

맨 위의 그림은 도시화율을 보여준다. 1850년대부터 이른바 한지-유휴지로서의 초지-의 비율이 도시화의 과정이 급격해지면서 점차로 주는 것을 보여준다. 또한 1950년대 이후 이른바 매뉴팩쳐형 공업시대가 도래하면서 더 더욱 가속화되는 도시화를 뚜렷히 볼 수 있다.

또 하나의 흥미로운 현상은 농지화율이 아직도 일정수준 형성되어 있다는 것이며, 오히려 1990년대 이후로는 농촌지역으로 인구들이 몰리는 역도시화 현상이 나타나고 있다. 이는 이태리의 강한 땅에 대한 토착의식을 보여준다고 하겠다.[119]

119) 벨기에를 비롯한 북부유럽 같은 경우 이른바 고소득층은 대도시를 떠나 자신의 정원이 있고, 자연과 함께 하는 농촌으로 귀향하여 주택을 소유하는 것을 이상으로 여긴다 한다. 이태리는 이러한 유럽인의 의지에 고유의 땅에 대한 집착의식이 더해져 이러한 역 도시화 현상이 더 뚜렷하다 사료된다. -필자주

농촌주택 1950, 2000(V. Ferrario, 2009)

위의 그림을 보면 매우 흥미로운 부분을 알 수 있다. 1950년대의 이른바 농촌인구-농업을 직업으로 사진 인구-가 모여사는 농촌주택을 보여준다면, 오른편의 그림은 현대의 농촌주택을 보여준다. 모든 구성원이 농업에 종사하지 않지만, 이들은 예를 들어 부모의 집이 있으면, 그 옆에 자식들의 집을 덧붙여 옛날의 전통을 그대로 이어나가고 있다. 대문 또한 공유하고 있다. 베네토지역의 농토를 답사하다 보면 이러한 세대가 같이 사용하는 농촌주택의 사례를 무수히 찾아볼 수 있다. 그리고 이러한 것이 시타 디퓨자를 만드는 한 요인이기도 한 것이다.[120)]

또 하나의 큰 변화는 공업지역이 농촌지역으로 들어온다는 것이다. 공업화는 많은 가용부지를 요구한다. 이러한 요구되는 토지의 면적을 확보하고자 도시지역이 아닌 지대가 싼 농촌지역으로 하나 둘씩 공업지역이 옮겨오기 시작했다. 이태리는 많이 알려진 대로 중소기업의 나라이다. 그런데 왜 대기업이 많지 않고, 중소기업이 많았을까에 대한 설명이 이렇게 토착민의 땅에 대한 애착으로 설명되어진다. 즉, 대도시 위주의 대기업과 공생하는 중소기업들은 농토에 자리잡으면서도 그들의 땅에 대한 소유권이나 점유방식을 고집했다. 즉, 자기집 앞의 자기공장. 이것은 자기집 앞에 자기 농토라는 농업시대의 산물이 그대로 유지된 것이다. 그래서 역시 이태리의 농토에 있는 공

---

120) 예를 들어 할아버지가 경작지를 가지고 있어 그 땅에서 농사를 지으면서 자신의 집을 지었다면, 아버지는 그 땅에 공장을 짓고, 자신의 집을 할아버지의 집에 붙여 자신의 집을 짓는다. 이후 손자는 비록 직업은 다른 도시의 업무를 가지더라도 그 집에 같이 머물면서 EU의 농업보조금을 받으며 다른 곳으로 출근하는 것이다. 이렇듯 이들의 이른바 땅에 대한 집착은 대단한 이태리의 전통적 사고방식이며, 이렇게 가족공동체와 연관된 토지의 점유방식은 그대로 이어져 시타 디퓨자의 전통을 만들어주는 중요한 요인이다.

다른 세대가 같이 사용하는 농촌주택

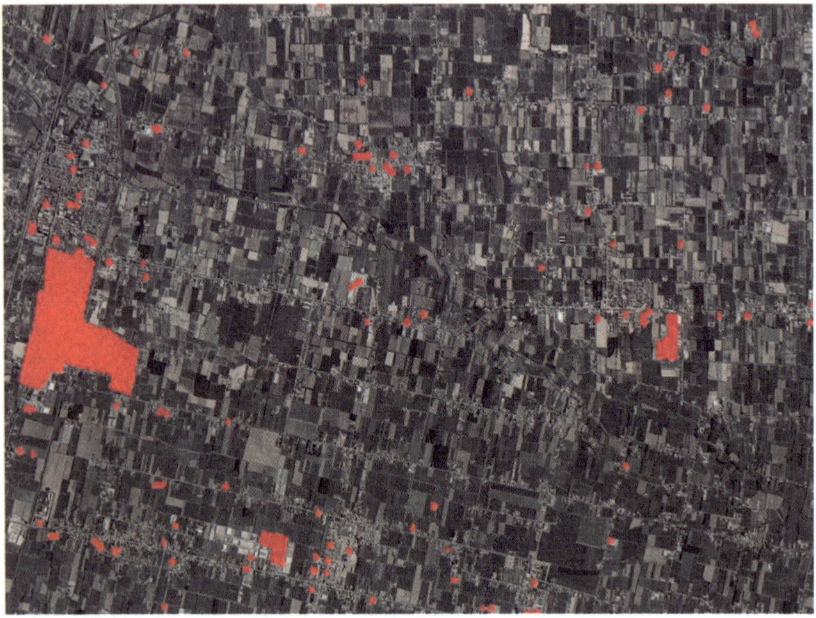

농토지역에 퍼져 있는 공업용지들(붉은색-V. Ferrario, 2009)

업지역을 지나가다 보면 이러한 혼성건축, 공장+주거, 오피스+주거의 형식이 많이 눈에 띄는 것이다.

상기의 그림을 보면 좌측의 제법 큰 공업단지 뿐만 아니라 농토지역에 길을 따라 균등하게 퍼져있는 공업용지들을 볼수 있다. 이들은 우리나라에 익숙한 아니 모던의 도시에 익숙한 죠닝의 개념-공업단지와 같은-에서는 도저히 이해할 수 없는 고유한 시타 디퓨자의 상황인 것이다. 즉, 이렇게 광역의 의미에서의 citta diffusa는 철저히 복합성Mixité'의 기반 위에서 이루어진다.

또 하나의 흥미로운 현상은 '피안타타piantata'라는 이태리의 고유한 경작 양식의 변화였다. 이는 포도나무를 심을 때는 항상 같이 유실수나 교목을 심어, 포도나무만을 심었을 때 나오는 단일 생산을 배제하고 또한 토질의 biodiversity를 유지시키는 역할을 하게끔 하는 혼성경작을 의미한다. 이 또한 가구단위의 경작을 전통으로 유지하여 온 이태리 특유의 농업경작의 방법이기도 했다. 그러나 근대화과정을 거치면서 포도는 포도만을 심는 단일경작, 집중경작이 이루어지면서 이러한 피안타타piantata시스템은

혼성건축들. 오피스+공장

혼성건축들. 주거+공장

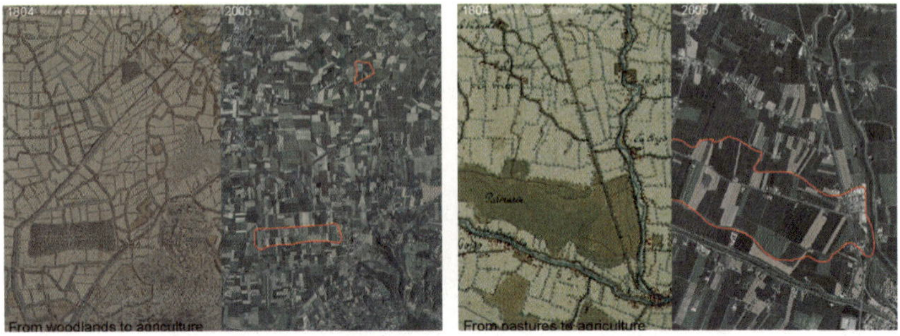

이태리 농토의 변천 초목지대에서 농업용지에로(V. Ferrario, 2009)

자취를 감추게 되었다. 농작물 또한 이러한 죠닝에 의한 집중화과정을 거친다는 것을 보면 농업의 포디즘 podism쯤으로 해석되는 부분이다. 물론 이러한 집중화과정은 또 다시 폐해를 낳았다. 그것은 생산품종의 단일화, 집중화에 발맞추어 글로벌화되는 농업에 아무도 농사를 짓지 않으려 한다는 것이다. 그래서 현재의 유럽전역의 농토는 EU의 보조금을 받는 농업형태를 2000년대부터 유지하고 있다.[121] 이또한 농업적 포디즘 podism의 결과였던 것이다.

이렇게 농토지역은 시간이 흐름에 따라 변한다. 도시화의 욕구에 의해, 때로는 공장용지의 확산을 수용하기 위해, 때로는 최대효율의 식량생산을 위해서 말이다. 그러나 요즘은 다시 생산의 측면 뿐만이 아닌 다른 의미의 접근이 주목을 받고 있다. 그건 바로 다기능적 농토 multifunctionality의 활용인데, 이는 식량 food, 에너지 energy, 환경 Envrionment, 레저 Leisure, 거주 Living의 측면에서 정의될 수 있다. 식량의 확보 측면에서는 기계화시대의 농업이 아닌 인공력을 최대한 배제한 대안농업이 또한 서서히 자리잡아 가고 있다는 말이며, 에너지부분은 다시 농지를 이용할 때 환경적 측면을 고려하는 자연퇴비를 활용한다든가, 다시 생태계와 흙의 구성비를 위해 혼성경작으로 돌아가려는 움직임과 같은 것을 의미한다. 에너지의 측면은 요사이 각광받는 기술인 바이오매스 bio mass, 바이오디젤 bio diesel 등의 공급원으로서의 농토를 말한다. 레저는 영농 학습과 글라이더 탑승장과 같은 대표적 영농 레저의 측면이다. 이렇게 유럽의 농토는 현재 다기능적으로 도시민의 욕구를 수용하려는 쪽으로 변화하고 있다.

121) The Common Agricultural Policy(CAP)이며, 이를 통해 EU 국가들의 농업장려 보조금을 지불한다. 이는 EU 농업부문 집행예산의 62%를 차지한다.

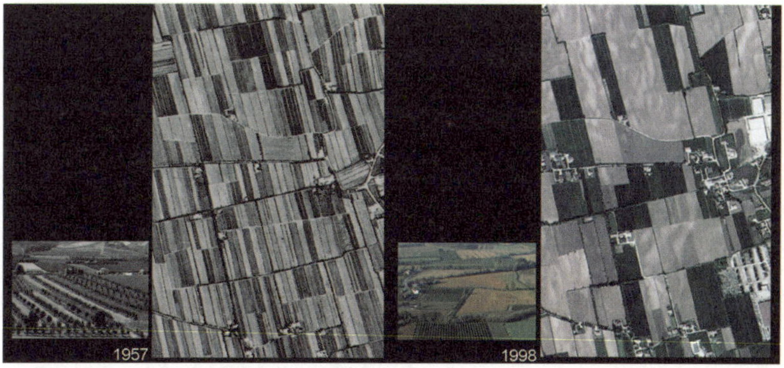

경작방식의 변화가 가져온 필지의 변화(V. Ferrario, 2009)

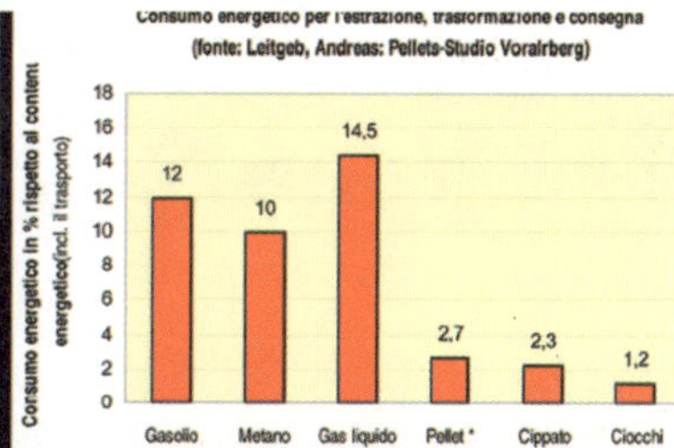

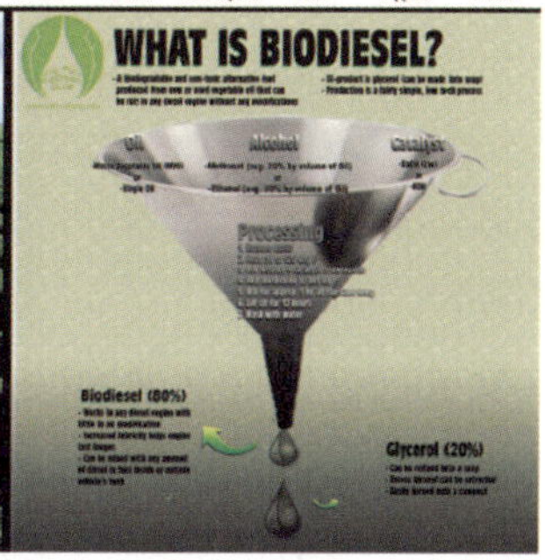

바이오매스와 바이오 디젤

레저활동들, 영농 학습장 및 글라이더장(V. Ferrario, 2009)

picture at Trieste, 2008, 12

이 사람들은 어떻게 먹고 살까?

8. 이 사람들은 어떻게 먹고 살까?

필자는 유럽생활시 주말마다 조그만 도시를 방문했었다. 그런데 필자로선 그 어떤것보다도 매우 궁금했던 것이 하나 있었다. 그것은 바로 이 사람들은 어떻게 먹고 살까? 였다. 언제인가 돌로미티 dolomiti 122)를 갔을때 그런 웅장한 풍경 중간에 공장지대의 굴뚝에서 아직도 연기가 나고 있는 것을 보고 정말 놀란 기억이 있다. 그리고 난 정말 궁금해졌다.

122) 돌로미티, 베네토지방 북부에 위치한 알프스의 남쪽 끝자락으로서 자연바위산이 있는 풍광이 아름다운 지역

돌로미티로 가는 길에 만난 공장지대

저건 무언가? 어떻게 이런 멋진 풍경 속에서 이런 공장을 아직도 돌리고 있는 걸까? 지금 바야흐로 중국이 세계의 공장노릇을 하고 있는데, 그런 무역을 통한 경제와는 별천지인가?

이 사람들은 뭐 먹고 살까?라는 말은 바로 그것은 소자soja가 말하는 시네키즘synekism 123)을 찾으려는 노력이다. 이 질문은 아마도 도시를 분석하는데 있어 가장 중요한 질문이다. 이 나라의 조그만 소도시들은 우리나라의 소도시들과는 매우 달랐다. 물론 관광의 천국답게 외지인들로 들끓고 있지만, 그것이 가능하게 한 것은 바로 일상의 도시가 굳건히 자리잡고 있다는 말이기 때문이었다. 그렇기 위해선 지역과 산업이 어우러져 삶의 기반과 생산의 기반을 균형있게 갖추고 있어야 한다. 그런 측면에서 보면 globalization의 트렌드에 유럽은 아니 특히 이태리는 아시아의 국가들처럼 수출입의 비중이 그리 높지 않다. 즉, 튼튼한 내수시장을 아직도 가지고 있다는 말이다.124) 이 나라는 다른 유럽나라와 마찬가지고 GDP의 30%만이 수출입의 비중이 차지하고 있다. 그리고 필자는 오늘 전혀 새로운 사실을 알 수 있었다.

123) 시네키즘(Synekism). Edward Soja가 사용한 단어로서 도시의 집적(agglomeration)이 만드는 혁신의 창조가 인류의 발전에 이바지 했다는 개념. Jane Jacobs의 the economy of cities의 견해도 이와 비슷하다.

124) 좀 비약일수도 있으나, 이러한 양상은 대부분의 유럽국가에서 나타나는 국가적 우월주의 산실일 수도 있다. 예컨대 요새 미국의 경제후퇴가 중국의 성장에 대한 반작용이라면, 이들은 그저 물건 값이 싸다고 사지만은 않는 것이다.

베네토지방의 도시는 도시라고 부를 수 있는 일반적 관념의 도시가 아니다. 이곳은 도시가 아닌 영역territory이라고 부름이 더 좋다. 왜냐 하면 이곳은 중심과 주변으로 정의되는 위계hierarchy, 상가와 공장, 주거지역 등으로 구분되어지는 이른바 지역별 구분(죠닝이라고 해도 상관없다)을 찾기가 몹시 힘들기 때문이다.

핵심은 바로 이것

> 이들은 공장을 자신의 일터로 가지고 있다.
> 그런데 그 공장은 바로 자신의 집 옆에 있다.

이 말은 내가 돌로미티에서 보았던 공장, 즉, 도시가 가지는 그 만한 크기의 공장을 가진다는 논리를 넘어, 바로 자신의 집에서 자신의 영역 안에서 일터, 즉 생산의 공간을 가지고 있다는 말이었다.

생산-주거 혼합의 부정적인 생각들

Ⅰ. 그렇게 자신의 공장과 집이 같이 있으면, 대규모, 복잡공정이 들어가는 대공업(맑스의 표현)은 어울리지 않는다.

Ⅱ. 이른바 공장지역으로 만들어 효율성을 높이는 추세에 완전히 반대된다.

Ⅲ. 현 세대들은 자신의 집 바로 옆에 이웃의 공장의 냄새, 소음을 싫어한다. 이들은 곧 다른 쾌적한 공간으로 이주를 원할 것이다.

생산-주거 혼합의 긍정적 생각들

Ⅰ. 대공업이 어울리지 않는다면, 새로운 형태의 노동이나 생산과정이 들어가는 매뉴팩쳐가 들어가면 된다. 예를 들면, 인터넷을 활용한 메뉴팩쳐, 주문자 생산 메뉴펙쳐, 저난이도 공업low tech이 아닌 경공업light tech.

Ⅱ. 이들이 이렇게 집과 공장이 붙어 있기에 대규모 핏물 빼기bloodletting를 통한 거주민 교체gentrification [125]는 일어나지 않았다. 왜냐 하면

125) jane jacobs의 미국 대도시의 삶과 죽음에 나오는 경구로서 핏물빼기를 통한 거주민 교체야 말로 현대도시의 문제점을 만드는 근원이라 설파한다.

이태리 북부 돌로미티지역과 공업지역

> 이들은 집과 공장이 하나로 땅과 부착된attach 실존공간을 이루고 있기 때문이다.(물론 이들에게 있어서 공장의 의미는 농업의 도시에서의 경작과도 같은 장소적 의미를 가지고 있다)
>
> Ⅲ. 이들의 이러한 비죠닝anti-zonning, 비중심anti-centralism적 도시계획은 도시를 등방성으로 만들 수 있다. 등방성의 도시라는 말은 말 그대로 매우 평등한 도시가 될 수 있다. 중심과 주변이 없는 도시.

그럼 둘을 종합해 보면, 모던공간의 효율성은 중심과 주변을 계속 생산해내었는데, 이는 바로 불균형한 발전uneven development의 원인이 되었다면, 이 둘을 만족시키는 방법은 없을까? 이 둘은 만날 수 없는건가?

■ 알의 도시, 시원의 도시

생각이 여기까지 이르자 내 머릿속엔 갑자기 들뢰즈의 분화하기 전의 알의 이미지가 다시 떠오른다. 분화하기 전의 알은 어떻게든 재영토화될 수 있다. 그리고 어떻게든 골을 만들어 일정한 홈패인 공간을 만들 수 있다. 내게 있어 베네토의 이곳은 바로 분화하기전의 알의 이미지였다. 모던의 재영토화가 이루어지지 않는 곳. 물론 자본의 홈파기가 들어갔지만, 모던의 방식이 아닌 곳. 알. 알의 도시. 모던 메트로폴리스의 시원의 도시. 原都市. 그것은 바로 Secchi가 꿈꾸는 도시일 것이다. 이렇게 알의 도시에서 Secchi와 Soja는 만나게 된다.

9. 상품의 공간계보학 genealogy of goods

■ 총론

상품은 공간을 품고 있다. 그 말은 하나의 상품을 생산하기 위해선 수많은 공정이 필요하고, 그러한 공정을 수용하는 공간이 필요하다는 말이고, 필자는 이것은 '공정-공간 procedure-space'이라고 하겠다.[126] 하나의 클립을 생각해 보면, 분명한 공정-공간을 가지고 있다. 그 클립의 원재료는 철이고, 그 철을 위해 광산을 개발해야 하고, 그것을 1차 가공하는 장소인 공장이 있을 것이고, 또 다시 트레일러에 실려 옮겨져 조그만 소기업 철물가공점으로 갈 것이고, 가공이 끝난 클립은 포장이 되어 문방구에 옮겨져 팔릴 때까지 대기하고 있는 것이다. 이렇게 하나의 상품은 하나의 공정-공간을 담고 있고, 그것을 수용하는 장소로서 도시가 존재하고 있다. 이즈음에서 도시는 상품을 생산하는 장에 다름 아니며, 또한 각각의 단계, 공정-공간을 지날 때마다 유명한 막스의 가치 added value가 덧붙는다.

상품은 소비자에게 선택되기 위해 경쟁한다. 그 경쟁에서 이기기 위해 상품은 성능을 개선하고, 모양을 아름답게 하며, 가격을 좀 더 낮추기 위해 노력한다. 그리고 그러한 상품의 경쟁은 바로 상품이 담고 있는 공간, 공정-공간끼리의 경쟁에 다름 아니다. 현대는 소위 글로벌리제이션의 시대이다. 즉, 국가간의 이데올로기적, 정치적 경계선은 지역적 의미를 점점 더 상실해가고 있다는 말이다. 중국산 클립은 중국의 공장, 중국의 노동자, 중국의 광산을 담고 있으며, 한국산 클립은 또한 한국의 그것들을 담고 있다. 한국산 클립이 중국산 클립에 경쟁에서 밀릴 때 마다 한국의 공장, 노동자, 광산은 그 패배의 아픔을 감수하고, 문을 닫든지, 기술을 전향하든지, 노동자를 해고해야 한다.

그러한 공정-공간을 조금이라도 효율적으로 운영하기 위해 각각의 상품들은 피나는 경쟁을 벌이고 있다. 소비자들에게 조금이라도 신속하게, 그리고 편리하게 원하는 시간과 원하는 사양에 맞게 전달하기 위해 최효율의, 최고 속도를 갖는, 최대의 경제성을 가지는, 그러면서 최대의 가치를 생산하는 공정-공간을 성취하기 위해 각각의 상품은 피말리는 경쟁을 하고 있으며, 이러한 공정-공간의 배경으로서의 도시 또한

126) 필자의 공정-공간은 경제지리학에서 사용되는 '상품사슬(commodity chain)'의 일부이다.

그것을 위해 인프라를 지원하고, 정책을 배려하며, 좋은 환경을 만들려 안간힘을 쓰고 있다.

이렇게 노력하지만, 결국 상품의 경쟁에서는 질 수도 있다. 서로가 서로를 잡아먹어야 끝나는 처절한 자동차의 싸움을 생각해 보라. 진다는 것은 상품이 거쳐가는 공정-공간에게도 큰 타격impact을 준다. 이렇게 클립의 예를 들었지만, 현대 제조업의 대표주자인 자동차나 반도체와 같은 복합공정이 총체적으로 원활하게 작동되어야 하는 대공업의 경우 상품의 경쟁탈락은 공정-공간을 무력하게, 무의미하게 만든다. 그렇기에 도시는 최효율적 공정-공간을 제공하기 위해 노력함과 동시에, 또한 경쟁에서 패할 경우에 대비한 공정-공간의 시나리오를 가지고 있어야 한다. 필자는 이렇게 경쟁에서 패한 공간을 '후퇴-공간retreatal space'이라고 하겠다.

또한 후퇴공간은 이렇게 상품의 경쟁에서도 촉발될 수 있고, 자체의 공정-혁신에서도 발생된다. 공정-혁신은 기술혁신과 함께 유통혁신에서도 일어난다. 수많은 물류센터들의 등장은 그 좋은 사례가 된다. 전통적 방식의 유통개념은 도매와 소매와 같은 많은 중간상인들을 가정하였지만, 현대의 유통은 소비자, 생산자의 직거래의 경향으로 가고 있고, 그래야 살아 남는 구조로 바뀌고 있다. 또한 이러한 중간단계의 산업을 아웃소싱으로 처리하고 있는 사례도 많이 찾아볼 수 있고, 이러한 아웃소싱을 통해 주력분야에 더 더욱 에너지를 집중할 수 있는 기회를 가지기도 한다.

현대의 도시는 수많은 후퇴공간을 가지고 있다. 그 말은 경쟁이 갈수록 치열해질수록 더 많은 후퇴공간은 생겨날 것이고, 그것은 대부분 건설자본의 좋은 먹이감이 된다. 대부분의 후퇴공간은 부정적 의미를 가진다. 대부분 버려지거나, 방치되거나, 아니면 싼 값에 팔려 깨끗하게 지워진 후tabula rasa 새로운 정크 스페이스junk space로 바뀐다. 아니면 바뀌기를 기다린다supposed to be transit.

후퇴공간은 다양하게 나타난다. 자동차와 같은 복합대공업의 후퇴공간은 그야말로 도시의 문맥 자체를 지워버리는 양상으로 나타난다. 파리의 세느강변의 시트로엥공장의 사례는 대표적이다. 그것은 진정으로 새로운 상품을 위한 공정-공간의 출현을 기다리며 기획된다. 대표적인 사례가 전공업 공정공간에서 일어나는 현대의 신기술 공정공간의 출현이다.(전 근대산업의 메카였던 구로공단지역에 새로이 입주해서 왕성히 활동하고 있는 수많은 아파트형 공장을 생각해 보라. 중소기업이 지나간 후퇴공간은 보다 자유로이 바뀔 수 있다)

어쩌면 현대의 도시는 이렇게 상품이 진열되어 있는 '진열공간 display space'과 상품이 생산되는 '공정-공간 procedure space', 상품의 경쟁탈락에서 발생하는 '후퇴공간 retreatal space', 그리고 상품의 '사용(주거)공간 living space'으로 구성되어 있다 해도 과언이 아니다.

■ 조금 더 들어가서

공정공간은 자본이 자신을 투자하여 투자한 만큼 이윤, 즉 가치를 생산해내는 공간이다. 즉, 어떤 가공되기 전의 가치가 없던 원재료에 기술과 노동력, 그리고 기계의 감가상각이 덧붙여져 하나의 상품이 만들어지는 것이다. 그 상품은 당연히 이용가치를 가지고 있고, 또한 상표가 붙여져 교환가치를 획득한다.

근대화 이전 공정공간은 땅과 밀접한 관계를 가지고 있었다. 그것은 농경시대, 즉, 원재료가 그대로 땅에 뿌리내려 가치가 담겨지는 농작물의 경우 공정공간은 그대로 경작지, 즉 땅이었다. 이 땅의 단위는 바로 주거의 단위가 되었고, 또한 그것은 시간이 흘러 교환이 필요한 시기가 되어 도시가 형성되면서 그것은 다시 도시의 공간단위가 되었다. 물론 그렇게 경작지로서의 땅, 공정공간으로서의 땅은 개개의 소유권과 또한 밀접하게 연결되었다.

이후 근대화가 들어오면서 땅에 뿌리박혔던 공정공간은 서서히 땅과 멀어지기 시작한다. 그 말은 땅과 물리적으로 멀어진다는 것이 아니라, 과거 농경의 공정공간의 구획단위가 근대화시기의 공장-공정구획과 불일치해졌다는 말이다. 자동차를 생산하려면, 자체가 들어오고, 철판을 자르고, 다시 붙여 차체를 만들어야 한다. 이렇게 만들어진 차체에 컨베이어 벨트가 움직여 조립의 전과정을 거치면, 다시 도색을 하게되고, 조립과정을 거쳐 완성차가 나간다. 이러한 전 과정은 그야말로 물리적 중성공간을 요구하지 더 이상 땅에 뿌리박힌 실존공간을 요구하지 않는다. 이러한 근대화의 공정공간은 실존의 의미, 역사의 의미와는 무관한 그 자체로의 공정만이 땅에 그대로 표현되어 나타난다.

근대화 이후의 시기에 공정공간은 다시 변화한다. 그것은 바로 모빌리티의 발전에 기인하였다. 본래 모빌리티의 발전 또한 자본의 이동속도를 빠르게 하려는 자본의 욕망에 다름 아니다. 이러한 발전된 모빌리티는 공정공간의 양상 또한 급격하게 바꿔놓았는데, 그것은 글로벌리제이션(세계화)으로 대표되는 공정공간의 해외 이전과 기술

혁신으로 인한 공정공간의 단축이 그것이다. 특히, 세계화에 기인하는 이 공정공간의 변화는 자본의 이익에는 부합하였으나, 기존 도시공간에는 현격한 변화를 요구하였다. 그것은 대단히 충격적이었는데, 공정공간이 나가는 것은 기존의 공간의 쇠퇴와 철수를 의미하였고, 또한 외국의 공정공간이 들어올 때 그것 또한 기존의 공간의 재분배를 요구하고 있기 때문이다. 이 모두는 글로벌화된 자본의 욕망에 기인하며, 발달된 모빌리티를 통해 빨라진 자본의 흐름은 기존의 대지에 엄청난 공정공간의 흔적footprint을 남긴다.

공정공간의 의미는 상품의 종류가 다양해짐에 따라 매우 다양하게 전개 되었고, 자본의 이윤창출의 영역이 변함에 따라 공정공간의 성격 또한 달라져왔다. 소위 굴뚝 경제 시대의 대표적 공정공간은 누구나 공장을 연상할 것이다. 공장. 우리나라와 같은 개발도상국에 걸맞는 자본의 거주지. 공장이 내뿜는 공해와 소음, 먼지는 이 시기의 공정공간에 대해 부정적 이미지를 양산했다.

이후 굴뚝경제는 서비스 경제, 네트워크의 경제, 금융의 경제로 그 영역이 바뀌었다. 그것은 또한 매우 의미심장한 변화를 공정공간에도 주게 된다. 즉, 가치를 생산하는 공정공간이 공장이 아니라 이제는 보기에도 근사한 유리 오피스타워가 된 것이다. 요새 미디어에서 한참 떠드는 두바이를 연상하면, 그 곳에 서고 있는 건물, 오피스의 마천루들은 바로 다름 아닌 근대화시기의 공장에 다름 아니다. 한 가지 다른점은 근대화의 공장이 단 하나의 상품을 만들 수 밖에 없는 반면, 이 현대의 공장, 마천루들은 매우 다양한 가치상품을 만들어낼 수 있다는 것이 다르다. 즉, 한 회사가 나가면 다른 상품을 취급하는 회사가 들어올 수 있다는 것이다. low-permeability에서 high-permeability에로.

이러한 새롭게 등장한 공정공간은 또 다른 문제를 낳았다. 그것은 바로 지역의 불균등한 발전이다. 세계화시대 글로벌 기업들이 들어온 공정공간은 자본을 끌어 모은다. 이렇게 끌어 모아진 자본은 자국의 국가경제에는 세금이라는 선물을 주고, 또한 내국인 고용자를 통해 지역경제에 이바지한다. 그것은 분명한 사실이다. 그러나, 여기에도 그림자가 있다. 외국자본을 위한 공정공간은 그 자체로 엄청난 사회적 투자를 요구한다. 어번 어메니티시설, 즉, 소비, 향락, 유흥시설 뿐만 아니라 질 높은 주거, 레저, 자연환경, 또한 프리미엄급 모빌리티 시설을 요구하는 것이다. 이러한 모든 것들은 거의 대부분 국가나 지방관청에서 지원하지 않으면 할 수 없는 것이다. 물론 그 비용은 지역민의 혈세이고, 대부분의 지역민은 그 시설의 혜택을 이용하지 못한다. 여기에서 문제가 발생하는 것이다. 근사한 공정공간의 뒤에 남는 양극화의 그림자. 데이빗 하비는 여기서 한발 더 나아가 불균등한 지역을 통해 자본주의가 발전하는 것이라 설파한다. 끊임없는 착취와 양극화는 자본주의의 기본 동력이라는 것이다.

내가 지금 보고 싶고, 더 살펴 보고 싶은 것이 바로 그 그림자공간이다. 사센 Saskia Sassen의 말처럼 기존의 도시에 엄청난 파괴를 가져오고 있는 신자본의 플랫폼 platform이 만들어내는 도시의 자국 urban footprint, 그리고 그 자국 footprint이 남기는 그림자. 이렇게 지역과 떨어져 있는 자본의 platform, 신-공정공간에 지역과의 문턱없는 seamless 연결은 정녕 이루지 못할 꿈인가.

프로젝트

10. 일-드-프랑스와 베네토지방의 공정공간에 관한 연구 A study of "Procedure space" in Ile-de-France & Veneto

■ 첫 번째 단락: 상품의 공간계보학 spatial genealogy of Goods

① 3가지 세상

우리는 3가지의 다른 세상에서 살고 있습니다.
생산하는 장소, 진열하는 장소, 그리고 소비하는 장소가 그렇습니다. 그리고 이들은 다시 가치의 측면에서 가치를 붙이고, 가치는 진열하고, 다시 가치를 소비하는 장소가 될 것입니다. 생산하는 장소를 제외하고는 나머지 둘은 우리 보통 사람들의 일상을 구성하는 장소들입니다.
We lives in three different worlds.
Place of producing, place of display, and place of comsuming. We can call it the place of value-adding, value-showing, and value-consuming. Except the first one, the other two are exposed to the daily life of ordinary people.

Citroen plant in Ile-de-France127)

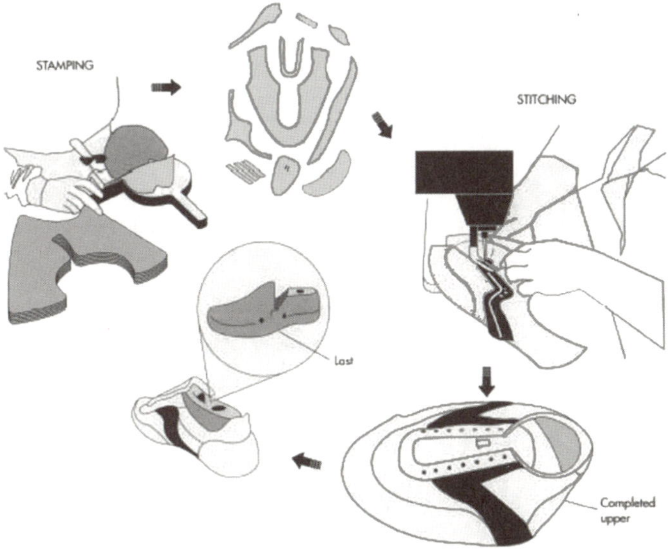

Shoe manufacturing in Veneto128)

127) Ile-de-France: 프랑스의 주 도(都)로서 파리가 속해 있는 프랑스의 중심지역을 말한다. 우리나라의 경기도의 위상과 비슷하다.

128) Veneto: 이태리 동북부의 주 도(都)로서 베네치아(Venezia)가 주 도시인 영역. 이탈리아는 베네토를 포함하여 19개의 도로 이루어져 있다.

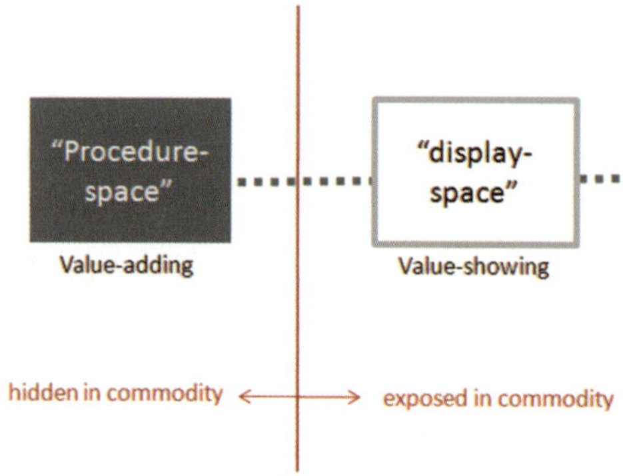

3가지 공간

생산하는 장소는 우리의 시야에서 보통 나타나 있지 않습니다.

우리는 어떠한 상품이 정확히 어디에서 생산되고 있는지 잘 알지 못합니다. 단지 우리가 보는 것은 어떤 회사가 만들었다는 상표만을 보고 있습니다. 모든 상품들은 특정 장소의 '출생지'를 가지고 있습니다.

그리고 아마도 그 곳은 생산의 공간으로서 예를 들면 생산성, 효율성과 같은 경제적 논리를 요구받을 것입니다. 왜냐 하면 그곳은 자본논리가 가장 극명하게 드러나는 장소이기 때문입니다.

나는 이것을 '공정공간'이라고 부를 것입니다. 이곳은 상품을 만드는 공정을 가지고 있고, 또한 어떤 '가치'를 담는 공정을 가지고 있기 때문입니다.

Place for producing is hidden from our sight. We cannot know well the exact the place in which a certain commodity is made. Only thing we can see is the trade mark of a certain company, which is the name of the producer. Every commodity surely has a certain birth place. Surely, it' 's a place ofproduction, and requiring different kind of logic like productivity, efficiency. Because it should be affected by capital' 's logic. I would say it' 's procedurespace. which has a sequence of making goods, of adding a certain 'value.'

모든 상품은 그들 자신만의 '미세역사 micro history'를 가지고 있습니다. 공정공간을 지나서 진열공간을 거쳐 소비공간까지. 예를 들면, 하나의 클립은 비록 그것은 매우 작지만, 생산에 관련된 완전한 과정과 공정을 가지고 있습니다. 아마도 원재료인 철을 얻는 철광산부터 시작하여, 클립공장으로 넘어가 절단과

벤딩 bending의 과정을 거칠 것입니다. 이후 완성된 제품은 물류센터로 가서 출고를 기다리다가 최후의 진열공간인 문방구에서 진열되는 것입니다. 이렇게 각각의 상품은 자신만의 미세역사를 가지고, 그것은 도시의 장소를 점유합니다. 나는 이러한 상품개별의 장소를 점유하는 미세역사를 '상품의 공간계보학'이라고 부를 것입니다. 마치 물길과 같이 분명히 그것은 상류와 하류가 있습니다.

Every commodity has it' 's own micro history from procedure space to the display space. For example, a clip, although it' 's very small, has a clear place or sequence which involved in production. The steel mining area is the first place to get a raw material, and then it would be moved to the manufacture plant to make bending and cutting to be a clip and then, be moved to the distribution center by mobility line, and then finally, be displayed in a show case in stationary store. After this process, It is spent in our living place and finally, gone to the dumping ground. It' 's a sort of "history' ' of goods. I would say, it' 's geneology of goods, which is micro history of good' 's life. Like waterway, It' 's clear to have a upstream and downstream.

② 공정공간의 변화

이 공정공간은 정말 많이 변해 왔습니다.

그것은 생산성과 효율성을 추구해야 하는 자본의 논리가 지배하는 공간이기 때문입니다.

자본은 최소한의 투자를 가지고 최대한의 효율을 추구합니다. 그리고 그것에 맞게 공정공간은 수 없는 시행착오를 거치면서 변화해 왔습니다.

This procedure space has been changed a lot. There are a lot of process has been going on in pursuit of productivity, efficiency, like economic values. Capital has an strong intention to make goods by small

investment as much as possible. It would be called as the logic of capital. Minimum spending the money, Maximum producing value is the core of this logic. The procedure space has been affected by the logic of capital, so It needs to modified what the capital want it to be.

다음 페이지의 그림에서 첫 번째 줄의 공정은 일반적인 상품의 공정공간이라 할 수 있습니다. 원재료를 얻고, 그것을 가공하고, 분배하여 진열하기까지는 일반적으로 예상할 수 있는 공정입니다. 그러나 두 번째 줄의 공정은 몇 가지가 단축되어 있습니다. 예를 들어 "매뉴팩쳐 콤플렉스"가

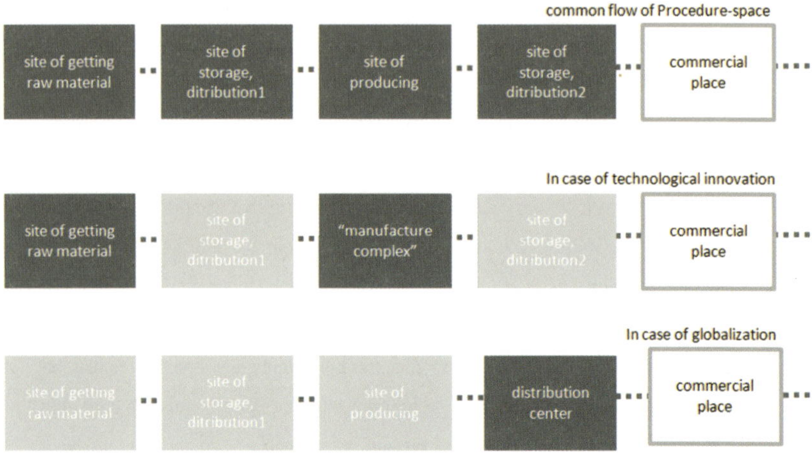

공정공간의 변화

들어가 전의 공정이었던 분배와 저장의 공간까지를 일괄해 버린다면, 이전의 공간들은 사라질 것입니다. 세 번째 줄의 공정의 변화는 좀더 드라마틱 합니다. 요새는 중국이 made in china의 상표를 붙여 세계의 공장역할을 자임하고 있습니다. 이미 우리나라도 비슷한 실정이 되고 있지만, 생산을 담당하는 모든 과정이 중국으로 넘어가고, 분배와 진열공간만을 자국에 남긴다면 세 번째 줄의 공정과 같이 극단적인 공정공간의 단축이 일어날 것입니다. 이렇게 도시의 공정공간은 많은 변화를 거쳐 왔으며, 그 동안 많은 공간들이 없어지거나, 사멸되었습니다.
For example, in this picture, the first flow indicates the normal flow of the goods for production, which has quite general procedure so to speak. However, In case of occurrence of the technological innovation, the process could be shorten comparing to the privious one. Moreover, the case of the globalization, which indicates so many production place would be moved to the developing countries like China, Eastern European countries, It follows huge omission of sequential procedure space. Like this picture, Capital wants to make procedure space effective as much as possible. During these process, there has been many space of abandoned or left over.

생산방식의 변화

③ 집중과 특화

이러한 공정공간의 변화를 설명할수 있는 개념은 집중 intensification과 특화 specialization일 것입니다. 이는 꽤 다른 의미를 가지고 있습니다. '집중'은 공정과정 자체의 생산성을 극대화시켜 하나의 자본의 누수도 용납하지 않는 것이라 할 수 있습니다. 그렇기 위해선 공간재편은 필수적일 것입니다. 상품이 생산되기 위해 움직여야 하는 동선 자체를 극단적으로 효율화시켜 집중화하는 것입니다. 이러한 작업은 이른바 산업공학이라는 또 다른 학문적 영역을 탄생시켰고, 그것은 분명히 테일러 Talor라는 이 분야의 선구자의 영향이 컸습니다. 이러한 극단의 효율성 추구를 위한 집중화는 자본의 요구에 맞추어 최소한의 공간에 최대한의 생산을 가장 효율적으로 수행하였으며, 이는 모던시기의 사회상이었던 대량생산, 대량소비의 모토와 잘 맞아 떨어졌습니다.

This transition of procedure space is due to the 'intensification' and 'specializatoin.' These norms are quite opposite meaning. The former one is for pursuing the productivity as much as possible and without any costleakage. Surely, it owed much to Fredreck Talyor, who is the father of science of production-management. As following the process, the quantity of the production has been bigger and bigger within the range of the capacity of capital. Naturally, this trend is accompanied with the social context of mass production and mass consumption, which is absolute literal icon of modern era.

집중화의 개념과 반대로 특화의 의미는 추후에 대두되었습니다. 그것은 경제적 상황에서 유래되었는데, 1940년대의 미국의 경제공황과 같은 스태그테이션 Stagflation과 같은 공황상태를 겪으면서 자본은 대량생산만이 추구할 길은 아니다라는 것을 깨닫습니다. 이후 자본은 경제상황에

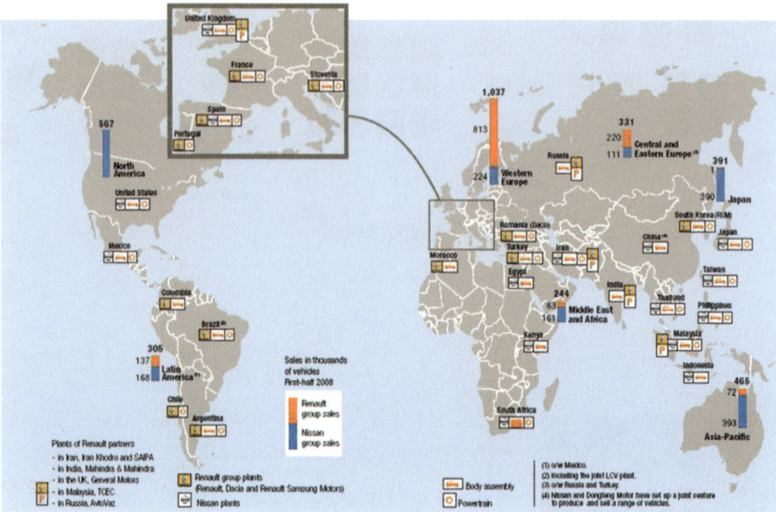

집중과 특화과정을 동시에 겪어왔던 자동차 공업. Nissan-Renault world map

발 맞출 수 있는 생산의 유연화와 소비자의 다양한 요구에 부응할 수 있게 소비자 중심의 생산, 그리고 좀 더 특화된 분야의 생산에 집중하였습니다. 일본의 자동차업계 도요타의 이른바 도요타니즘 toyotanism은 미국의 집중화를 대표하는 포디즘 fordism에 상반하여 특화, 포스트포디즘 post-fordism의 아이콘이 되었습니다.

Compare to the intensification, the background of this **specailization** is not the context of 'ass' culture. After undergoing some economic depression like the 40' s in the of USA, the capital realized the fact that producing only does not gurantee the more profit. It needs, requires the other values, the other direction.

It needs to produce more flexible, more consumer-oriented, more specialized in a field. For example, Toyota, the company brought the name of specailization, it provided the chance to fit more well to consumer demand, like 'On-the-spot production' 'mooth, smart control' of production lines. It can be found easily in Automobile industry.

④ 두 가지의 공정공간-지역과 밀착한 혹은 지역과 떨어진

일반적으로 효율성을 추구하는 공정공간은 대체적으로 다른 공간들과 공간적으로 떨어져 있어야 합니다. 그래야 독립적으로 존재하는 공정공간이라 할 수 있습니다. 이와 같은 이격을 통해

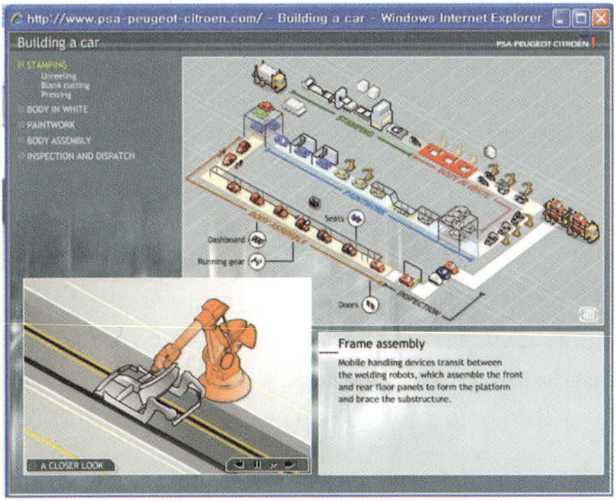

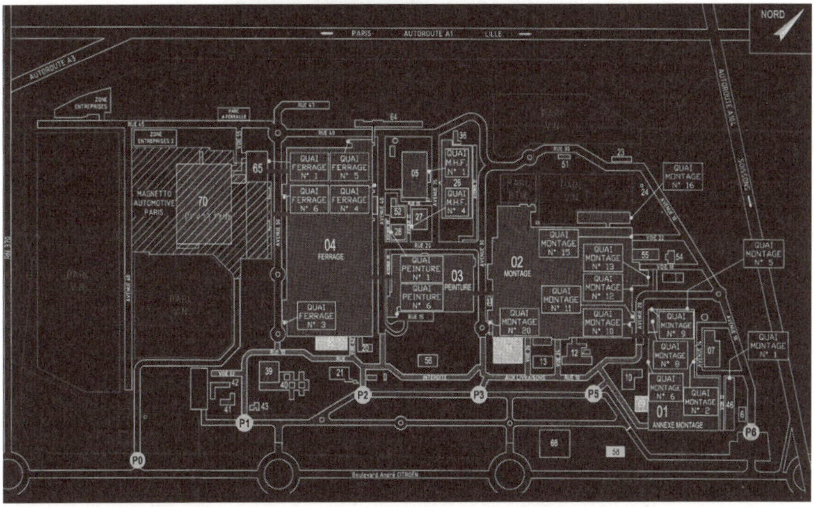

지역조직과 떨어진 자동차공업, 자동화공정 생산벨트, 시트로엥 자동차공장

서 땅에 대한 거의 완전한 자본의 생산을 위한 전유를 추구할 수 있게 됩니다. 자동차공업과 같은 대규모의 복잡한 공업은 대규모의 생산라인이 한 곳에 집중화되어 지역조직과의 이격을 전제하는 산업인 것입니다. 이곳의 공정은 로봇과 자동화과정이 결합되어 지역조직과의 마찰과 불편에서 자유로와야 합니다. 이와 같은 경우 최종 생산품은 지역조직과는 아무런 상관이 없습니다. 즉, 우리는 현대자동차 울산 공장에서 만드는 자동차나 미국 앨러바마 공장에서 만드는 자동차와 상품에 담긴 지역성의 차이를 전혀 알지 못합니다. 즉, 상품이 지역성과 무관하다는 말입니다.

Procedure space has two different type, in terms of attachment of local fabric. The one is detached, the other is attached. **In general, most of productive, or efficient procedure space would be detached from local fabric.** It' s autonomous procedure space. it gurantees the most sufficient exploitation of land use for production only. It could be represented as automobile production line. Normally, the automobile plant needs a lot of space which is isolated from the local fabric. It requires a certain direct flow of production line, with robotics, with automatics, without any external matters or frictions. **In this case, the final product or commodity has not any regional originality.** It doesn' matter whether it' from China or from Italy or wherever.

이와는 반대로 지역과 밀접한 공정공간 또한 존재합니다. 아마도 그것은 모든 지역 내의 생산공간을 끌어 모아 만들어지는 산업의 유형들에 해당합니다. 이른바 클러스터 cluster라 표현되어도 좋습니다. 각각의 공장들은 산재되어 있습니다. 그러나 하나의 상품을 생산합니다. 예를 들어 베네토지방의 고급 여성구두의 산지 리비에라 브렌타 Riviera Brenta지방[129]은 그 예를 보여줍니다. 그 곳은 고급 여성구두를 만드는 공정 각각을 담당하는 공장들이 도처에 산재되어 있습니다. 예를 들자면 여성구두 바디를 만드는 곳은 따로 있고, 다시 여성구두의 악세서리를 붙이는 곳, 구두의 완성품을 포장하는 곳, 완성구두를 배달하는 집송지 등등 우리가 생각할 수 있는 구두의 모든 공정들이 조그만 공장에서 근거리에서 지역과 결합되어 있는 채로 이루어져 있습니다. 이 때의 상품은 분명히 생산공간의 장소를 담고 있습니다.

There is also procedure space, attached with the local fabric. It connects all the place of making a certain good without any borders of autonomous procedure space. Each plant is located in a widespread condition, but focusing a certain good. For example, in Veneto, Shoe district Riviera Brenta, There is a clear cluster-connected with each

---

129) 리비에라 브렌타(Riviera Brenta), Veneto 지방의 여성구두전문 생산지역으로서 Padova 서부, Stra, Dolo 지역을 말한다.

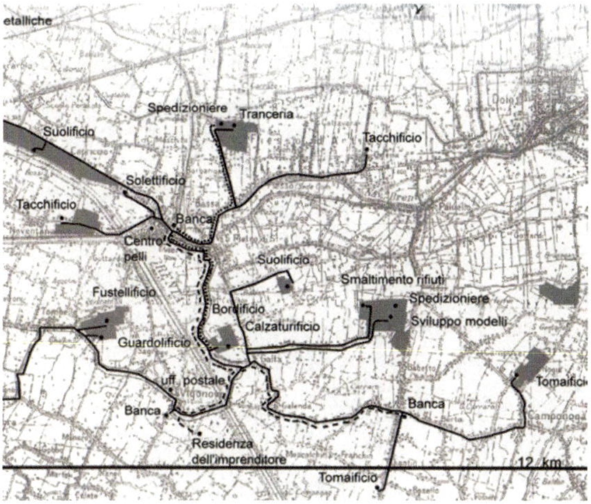

산재되어 있는 생산공간과 최종 생산품으로서의 고급 여성구두, 베네토

production space for making a luxury woman shoe. Surely, It presents a strong linkage to the local fabric, the local fabric itself as a sequential production line. **In this case, the commodity has inherent local spatiality.**

⑤ 두 마리의 토끼: 생산성의 추구와 지역성의 추구

도시영역을 다룸에 있어 생산공간은 두 가지의 서로 상반된 가치의 추구를 직면하게 해 줍니다. 하나는 생산성의 추구이며, 또 하나는 지역성의 추구입니다. 이것은 매우 모순적입니다. 생산성을 추구하면 할수록 지역조직과는 떨어집니다. 반대로 지역성을 추구할수록 생산성에서는 불리해지겠지요. 지역조직과의 마찰 때문에. 그렇다면, 어떻게 하면 도시계획가로서 우리는 그 둘을 추구할 수 있을까요. 생산성을 추구하면서도 지역조직과의 연계를 잃지 않는, 아니면 지역성을 추구하면서도 생산성을 잃지 않는 것 말입니다. 그것은 두 마리의 토끼일까요?

In handling with the procedure space in the urban territory, there seems to be two

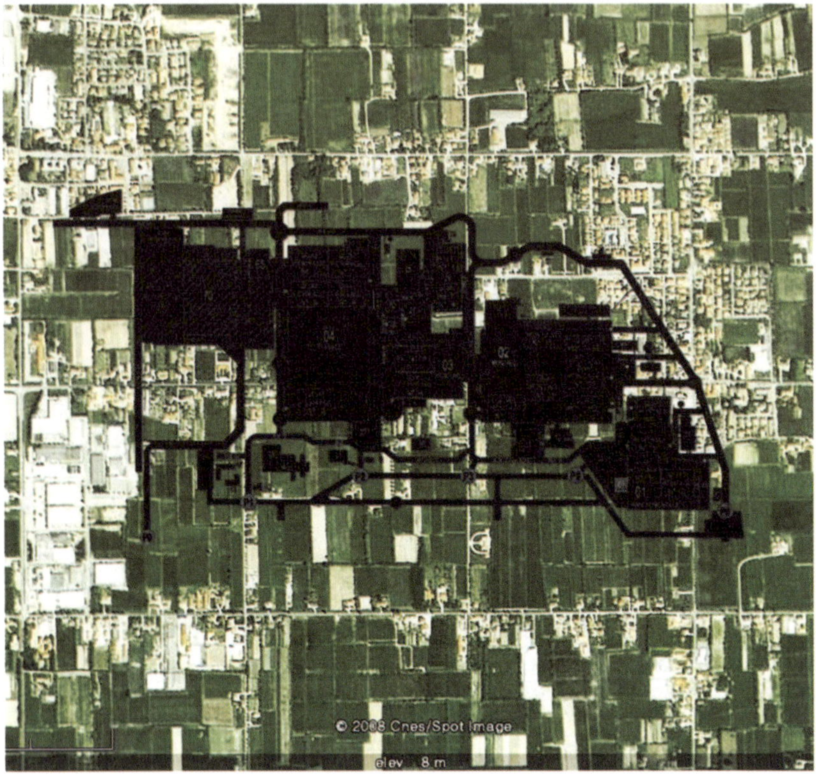

공정공간의 이상향. 시타 디퓨자 내의 시트로엥 공장

different matters should be considered. One is productivity and the other is localization. It is a paradox. **The more focusing on the productivity, the less getting localized, and vice versa. How can we as an urbanist, make the procedure space more productive, and also more spatially attached with local fabric? Is it a thing like two rabbit chasing?**

■ 두 번째 단락: 공정공간, Ile-de-France

① 단수 중심의 메트로폴리스

일-드-프랑스는 단수 중심의 메트로폴리스입니다.
물론 중심으로는 파리가 되겠지요.

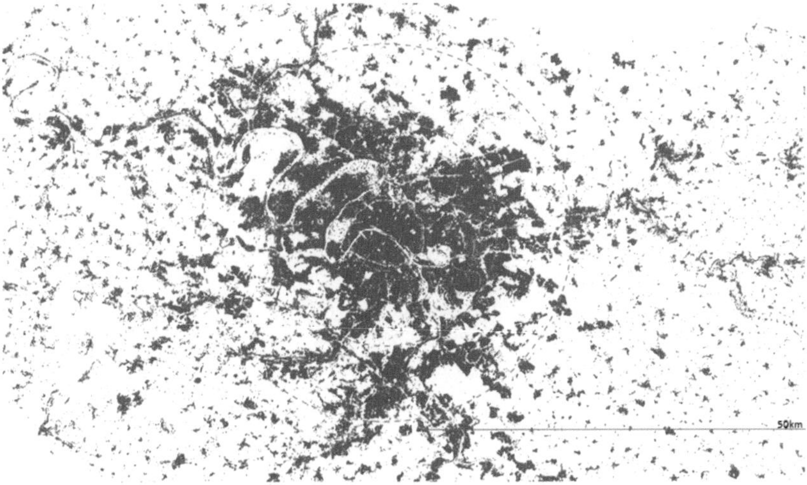

일-드-프랑스의 도시조직의 지도(필자주, GIS이용)

이렇게 단수 중심의 메트로폴리스는
모든 힘의 가버넌스와 문화, 경제적 영향력 등이 중앙에서부터
주변으로 뻗어 나갑니다.130)

Ile de France is a monocentric territory,
the center is the grand Paris. From this center, all the power of governance, theculture,
the capital and the movement is emerging, and move to the periphery.

② 일-드-프랑스의 공정공간의 위치

일-드-프랑스의 공정공간은 주로 외곽지역에 위치하고 있습니다.
오스만시절 이후 모든 생산의 공간들은 중심부에서 쫓겨난 것입니다.
단지 도시민의 삶의 질을 위한다는 것이 명목상의 것이었지만,
이는 또한 도시 노동자들을 주변부로 이주시키기 위한 전략이기도 했습니다.
당연히 주변부의 도시노동자들은 경제계층상에 하위계층이고,

130) 이러한 단수 중심의 메트로폴리스들은 대개 일찍이 왕권이 확립된 나라들이 많다. 즉, 역사적으로도 제국주의의 강한 힘을 가졌던 나라들은 대부분의 단수 중심의 메트로폴리스를 가지고 있다.

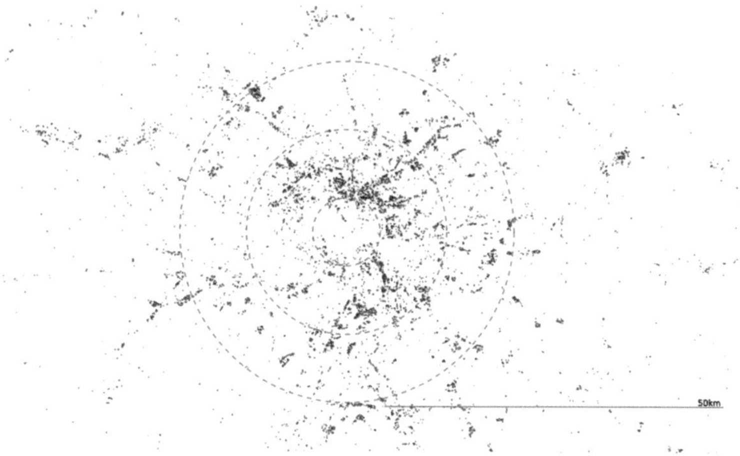

일-드-프랑스의 공업지역의 지도(필자주, GIS이용)

이는 다시 중심부에 있는 상위계층에 종속되는 결과를 낳은 것입니다.
이를 이용해 중심, 주변부의 관계를 더욱 굳히는 계기가 되었습니다.
The procedure space of Ile de france locates in the outside of the center, since the Hausmann period, the production space expelled to the outer area, which has an intention to gurantee the urban qulity of inner city of Paris.

③ 신흥경제중심들

Economic centers

1. Cergy-pontoise, 2.25km², R&D, Educational hub, innovative hub
2. Seine, 0.4km² auto, aero, eco-industry
3. Saint-quentin-en Yvelines, 4.5km² Office and business
4. Plateu de saclay, 2.5km², R&D
5. Courtaboeuf, 3.8km², INTL business park(Bio, Information, optics)
6. Argenteuil-Bezons, 0.49km², aeronautics, chemistry, plastics
7. Versailles-Velizy, 3km², 2000Headquarters, business cluster
8. Paris-orly, 1.8km², INTL business, logistics
9. CDG area

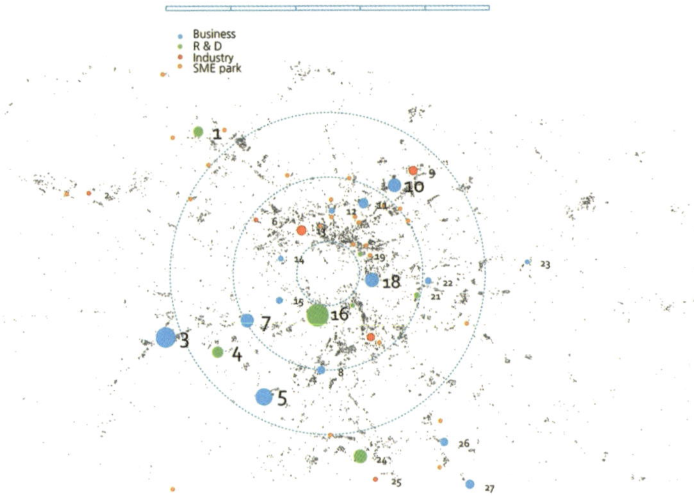

신흥경제중심지의 지도(필자주, GIS이용)

10. Paris nord, 2.3km^2, business

11. Paris-Le bourget, 2.2km^2, aeronautics, high-tech, business

12. Plaine commune, 1.3km^2, Media, fashion

13. Boucle Nord, 2.2km^2, logistics, multimedia, Ports

14. La defence, 1.2km^2, HQ & business 15. Val de seine, 1.5km^2, Business and media

16. Bievre-Science valley, over 5km^2, R & D, medical

17. Seine-Amont, 0.9km^2, R&D and commercial(plan)

18. Eastern Paris, 3.12Km^2, INTL business, Innovative tech(plan)

19. Biotech, 0.9km^2, pharma

20. Plaine centrale, 1.8km^2, Business IND, tertiary, and logistics(plan)

21. polytechicum, 1.3km^2, R&D

22. Marne-la-vallee 1.5km^2, Business(plan)

24. Evry-Genepole, 3.0km^2, pharma, medical(plan)

25. Essonne-Nanopole, 0.5km^2, Semiconductor IND A6

26. Senart, 1.8km^2, Business, tertiary, service A5, TGV(plan)

27. Melun val de seine 2km^2, Business, Aeronautics A105

출처 http://www.econovista.com

Value added by sector

	Paris Île-de-France			France
	2005[1]	2006[1]	2006 (%)	2006 (%)
Agriculture, forestry, fishing	630	541	0.1	2.0
Food and agricultural product processing	3,216	3,177	0.7	1.8
Consumer goods	13,533	13,817	3.1	2.3
Automotive industry	4,670	3,987	0.9	0.8
Capital goods	9,086	8,189	1.8	2.5
Intermediate goods	7,773	8,173	1.8	5.0
Energy	9,123	9,467	2.1	2.1
Construction	15,881	17,806	4.0	6.3
Wholesaling / Retailing	41,915	41,093	9.2	10.0
Transport	19,324	19,865	4.4	4.2
Finance and real estate / property	96,280	99,438	22.3	18.8
Business-to-Business services	102,855	109,460	24.5	16.8
Business-to-Consumer services	36,268	37,581	8.4	5.6
Education, healthcare, social welfare, civil service	71,768	74,178	16.6	21.6
Total value added	**432,322**	**446,773**	**100.0**	**1,572,128**

일-드-프랑스의 부문별 가치창출의 표

Main products exported in 2006

(as % of exports)

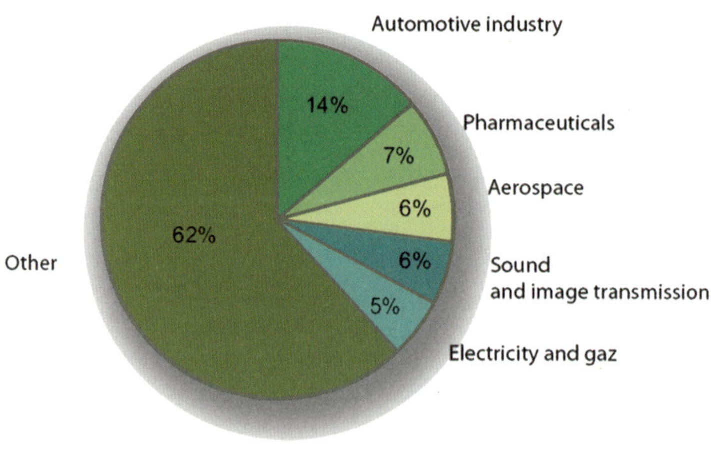

일-드-프랑스의 주요 수출품목

신흥경제중심들은 일-드-프랑스의 새로운 가치를 생산하는 공간들입니다. 중앙정부는 특정지역을 가치생산기지로 지정, 개발하려는 강한 의지를 가지고 있습니다.
나는 이 지역들을 신흥경제중심이라 부를 것입니다.
그들 중의 대부분은 하이테크공업, R&D센터, 그리고 국제서비스센터 등과 같이 현대사회에 가장 강력한 가치창출 기제들입니다.
Economic center in the Ile de france is the value-provider for the territory.
Central government has a strong intention to develop a certain area as a value provider, I would say, it is Economic center. Most of them is designated by hightech industry, R&D function, and service industry which has a leading role for making prosperity of the territory.

④ 주 생산품목

'복잡대공업'과 금융부문이 일-드-프랑스의 주요 생산품입니다.
표에서 나타나는 가치기제들은 대부분 금융이나, 부동산, 그리고 비즈니스업들입니다. 또한, 수출을 비롯한 생산품의 측면으로 보았을 때는 항공, 자동차, 화장품, 그리고 생명과학과 같은 복잡대공업의 상품들이 주력을 이루고 있습니다.
Complex manufacture items and financial sector business is the main product of Ile-de-France.
Major value provider is finance and real estates and business to business services. On the other hand, main products of Ile-de-France is complex manufacture like aeronautics, automotives, cosmetics, eco-technologies.

각각의 주요 주자들을 살펴 보면 다음과 같습니다.

주자	내용
Aeronautics	Dassault Aviation, EADS, Arianespace, Safran Group(SNECMA, Messier Dowty, Messier Bugatti, Hispano Suiza, Aircelle, sagem Défense et Sécurité, etc.), Thales, Thales Alenia Space, ESA(European Space Agency), Aéroports de Paris ,Air France KLM. / Bertin Technologies, Comptoir Général du Ressort, Le Piston Français, Debrie-Durual, Dion Group, Emitech, Industria, Le Bozec Filtrations & Systems, Mach Aero, Quinson, SGI, etc.

계속

주자	내용
Automotives	Renault Nissan, PSA Peugeot Citroën, Delphi, Valéo, Faurecia, Johnson Controls Automotive Electronics, Bosch Braking Systems and Lear Corporation. MOV'EO competitiveness cluster.
Cosmetics	L'Oréal, Lancôme, Guerlain, Yves Saint Laurent, Clarins, Shiseido, Paco Rabane, Hermès, Lancaster, Bourjois, Johnson & Johnson Consumer France, Danisco, Firmenich, Givaudan, IFF, Takasago.
Eco-technologies	Eco-technologies Veolia Environnement, Suez, the Advancity cluster
Images and multimedia	TF1(leading European channel for HDTV), Thomson(digital leisure products, global leader for the duplication of film/VHS/DVD, broadcasting equipment and consumer telephony equipment), Thales(search engines), Ubisoft(video games), Gameloft(video games on mobiles), CNS(E-education), INA(audiovisual heritage preservation), Attitude Studio(3D animation), Mikros(special effects), //Exalead(search engines), Archos(portable video recorders), Streamezzo(rich media mobile)
Logistics	Air France Cargo, Fedex, UPS, DHL Solutions, Hays Logistics, Geodis, Prologis, TNT Logistics, 20-20 Logistics, IKEA and Castorama.
Life science	AstraZeneca, Bristol-Myers-Squibb, Glaxo Smith Kline, Lilly, Novartis, Sanofi-Aventis, Biorad, Diagnostica, Stago, Guerbet, Septodont, Alcon, B Braun Medical, GE Medical Systems, Siemens
Finacial services	Crédit Agricole, BNP Paribas, Société Générale, Caisse d'Epargne, international banks, Goldman Sachs, Morgan Stanley, JP Morgan, Citigroup, Japan(Nomura), Germany(Deutsche Bank, Postbank) and the UK(Barclays, Royal Bank of Scotland ,insurance sector, AXA, AGF, MAAF-MAA, Groupama, Generali, CNP(life insurance), financial auxiliaries

출처 http://www.paris-region.com

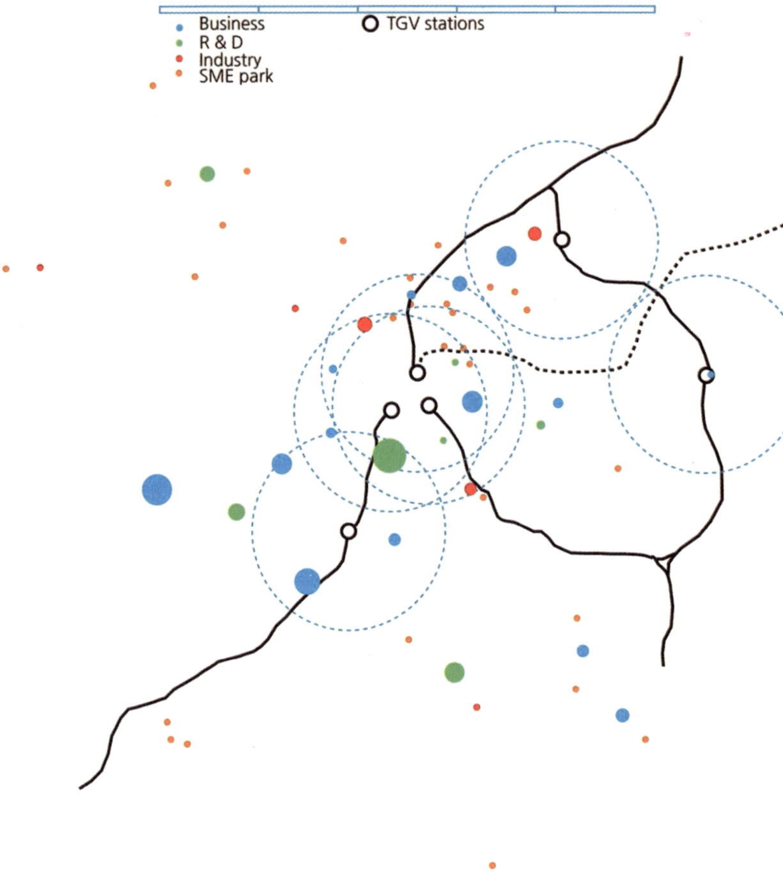

고속철도와 신흥경제중심(반경 10km, 필자주)

⑤ 신흥경제중심과 프리미엄급 이동수단

신흥경제중심은 프리미엄급 이동수단과 밀접한 관계를 가집니다.
먼저 고속철도 TGV의 경우를 보면, 많은 경제중심들이 반경 10km 이내의 권역에서 발견되고 있습니다. 공항 또한 마찬가지입니다. 이를 통해 볼 때 이러한 신흥경제중심들은 프리미엄급 이동수단과의 밀접한 관련을 통해 생산성을 고취시켜, 세계에 도처에 있는 그들의 경쟁사들과의 전쟁에서 이기기 위한 발판을 마련하는 것입니다.
Economic center has strong connection with the premium mobility.

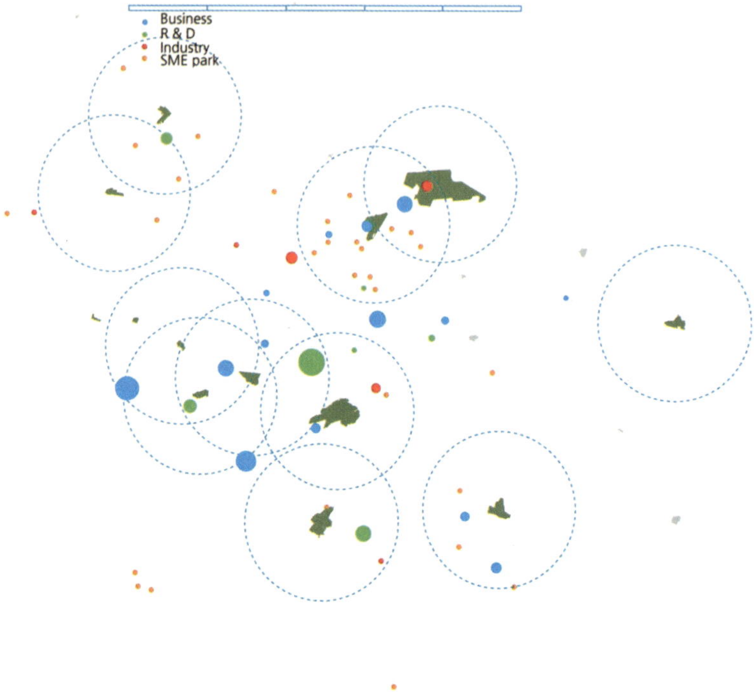

공항과 신흥경제중심(반경 10km, 필자주)

TGV station has proximity to the economic center. Around 10km of radius, most of economic center is within this boundary. So does the airport. It means that in the Ile de france region, each economic center has an advantage to use this premiummobility facility which enhances the productivity over the competitors around the world.

⑥ 신흥경제중심과 주변지역

많은 신흥경제중심지역의 주변지역을 살펴보면, 대부분 농업지역이거나 빈 땅, 혹은 약한 도시성을 가진 미개척지가 많이 있습니다.
이는 이렇게 경제중심지역은 단지 자신들의 조직만으로 가치를 만들어낸다는 말입니다. 즉, 가치생산에 있어 지역의 도시조직들은 별로 상관하지 않는다는 말이지요. 이는 자연스럽게 도시조직과의 괴리를 야기시키고 있는 요인이 됩니다.
Most of the economic center has agricultural, unused land, or weak urbanity area as

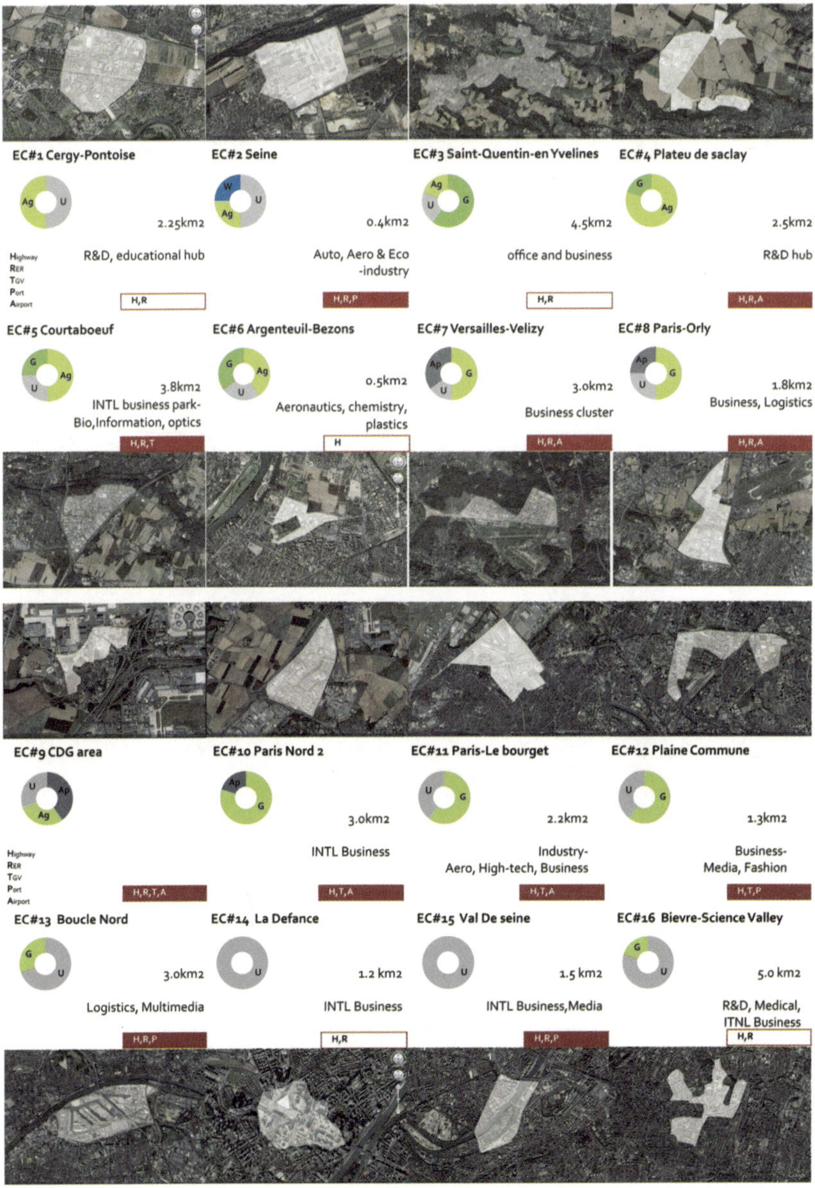

신흥경제중심과 주변지역의 전개도(필자주)

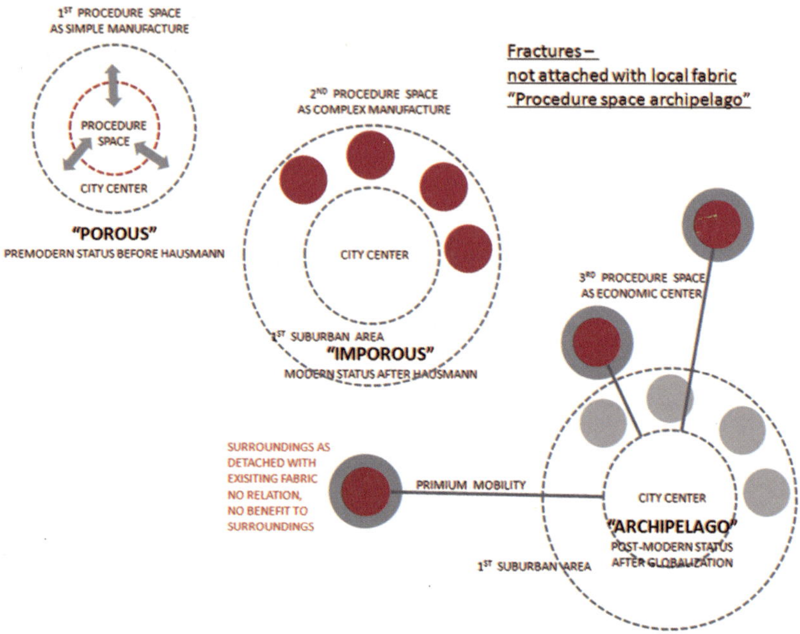

생산공간의 위치적 변화과정. 일-드-프랑스

surroundings. It means that the economic center has only operated in the economic center alone, there is little relationship with the surrounding envrionment or local fabric, in terms of economic, social benefit and spatial features. It seems isolated.

⑦ 문제설정: 신흥중심지역의 지역조직과의 부조화

상기의 그림은 오스만 이전의 시기와 이후를 넘어 현대의 생산공간의 변천양상을 설명하고 있습니다. 먼저 오스만 이전에는 생산공간이 도시의 안에 있었습니다. 이때는 도시와 생산공간이 매우 유기적으로 연계되어 있었습니다. 단순, 경공업 위주의 산업구조는 이렇게 중심부에서의 이격을 요하지 않았습니다. 두 번째 시기의 중공업 단계에서 많은 새로운 산업입지들이 마련되고, 그 위에 공장을 지으면서 점점 생산공간은 주변 조직과 이격되는 양상으로 바뀌게 됩니다. 현대의 생산공간은, 필자의 견해로 보았을 때, 더 멀리 나아가고 있습니다. 그 거리는 아마도 인력의 힘의 세기에 따리 좌우되겠지만, 그것을 가능케 해주는 것이 바로 프리미엄 운송수단의 탄생입니다.

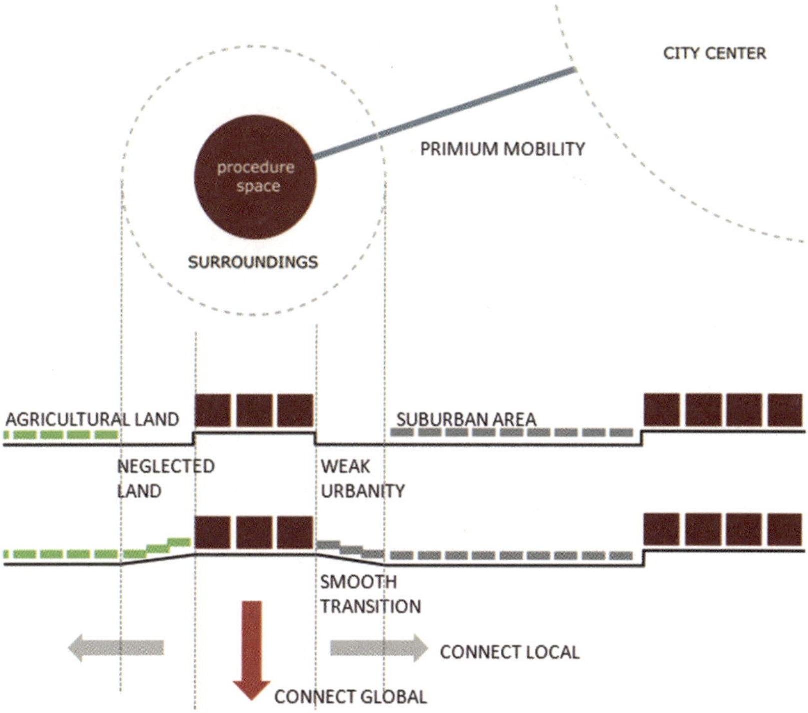

신흥경제중심지역 주변지역의 공간적 목표

⑧ 신흥경제중심지역 주변지역의 공간적 목표: 주변지역의 공간보완을 통한 경제중심지역의 공간적 연결

■ 세 번째 단락: 베네토의 공정공간

① 복수 중심, 혹은 중심 없음의 메트로폴리스

베네토는 복수 중심이거나, 중심 없음의 메트로폴리스입니다.

이곳은 도시와 농촌의 양상이 평등하게 분산되어 있습니다.

위계도 없고, 죠닝도 없고, 중심과 주변으로 나뉘는 이분법도 없습니다. 그것은 아마도 달걀이 부

베네토지방의 footprint map(GIS 이용)

화하기 전의 알의 도시일 것입니다.

Veneto is a multi-center or centerless territory, 'Citta Diffusa'

Equally dispersed, equally spreaded the rural and urban.

No hierarchy, no zonning, no center, no periphery.

It might be 'egg before hatched' city.

단수 중심의 일-드-프랑스 지역과 비교한다면,

이 지역은 확연히 토지의 균등한 이용을 볼 수 있습니다.

이는 세대가 지나가도 연연히 내려오는 고유한 이태리 사람들의

땅에 대한 집착을 보여주는 일면이기도 합니다.

Compare to the monocentric territory like Ile de france,

this structure has clear isotrophic way exploitation of land.

This unique spatial structure is originated from the italian spiritual context, which is strongly cling to the land itself.

베네토지방의 공업지역의 매핑(GIS 이용)

② 베네토지방의 공정공간의 위치

공정공간은 '스폰지길 sponge 131)'을 따라서 펼쳐져 있습니다.

마치 일-드-프랑스의 신흥경제중심들이 중추가 고속철도와 공항과 같은 프리미엄급 이동수단이었다면, 스폰지길은 시타 디퓨자의 중추입니다. 이는 언뜻 보기에 마치 도시들이 거미줄과 같은 스폰지길에 잡혀 있는 듯 보이기도 합니다.

Procedure space locates along the "'sponge' ' road.

The procedure space is widespread over the territory,

Along the local sponge road, the procedure space is attached with the local fabric. It looks like the things clings to the spider web.

131) '스폰지(sponge)'길, Paola vigano와 Secchi교수가 명칭하는 이 길은 주로 작은 도로를 의미한다. 그리고 이 연원은 아마도 이태리의 베네토지방의 작은 도로일 것이다. 의미가 매우 직유적인데, 마치 스폰지처럼 모든 도시에서 일어나는 움직임을 받아내는 길을 말한다. 사람부터, 자전거, 자동차, 심지어는 가축이 모는 마차까지. 이 개념과 반대의 개념으로 'Tube'가 있으며, 이는 주로 고속도로와 TGV라인과 같은 일정한 속도를 보장받기 위해 지역조직과 분리된 개념의 도로를 말한다.

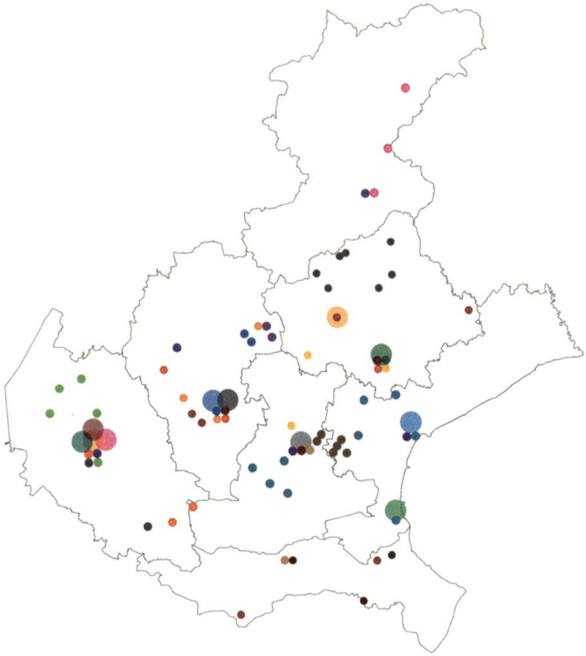

공업지역의 mapping

③ 베네토지방의 공업지역의 위치

이태리의 공업지역들은 지역조직과 밀착한 형태로, 작은 규모의 기업들이 서로 클러스터를 형성하여 하나의 상품을 만들어내는 단위를 말합니다.[132)]
Industrial districts, as they were usually described, are closed manufacturing systems of small and medium enterprises embedded in local contexts and related to the same production process.

④ 베네토지방의 주요 생산품

일반적으로 베네토는 와인과 같은 식료품, 냉장고와 같은 생활가전, 베네통과 같은 의류, 그리고

132) 이들의 이러한 소규모 공장들이 밀집한 형태로 경제를 일으키는 이러한 양상을 두고 'Third Italy' 라는 용어를 쓰기도 한다.

베네토지방에서의 공업제품들

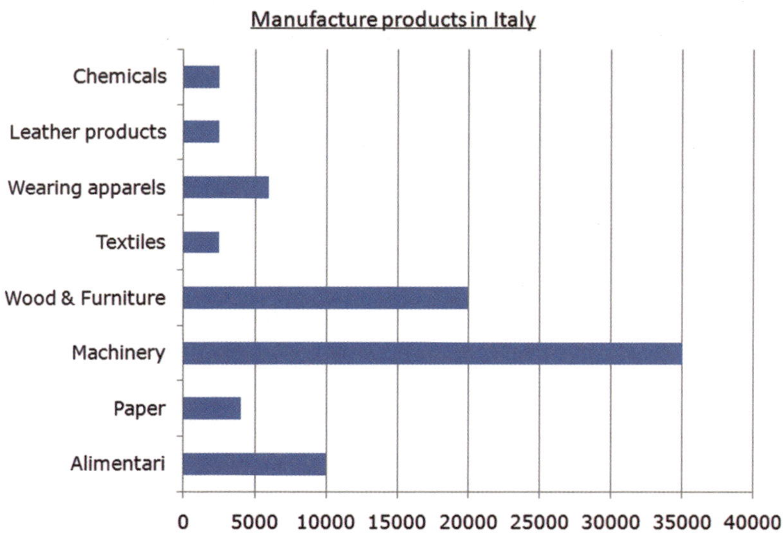

이태리의 부문별 공업생산품

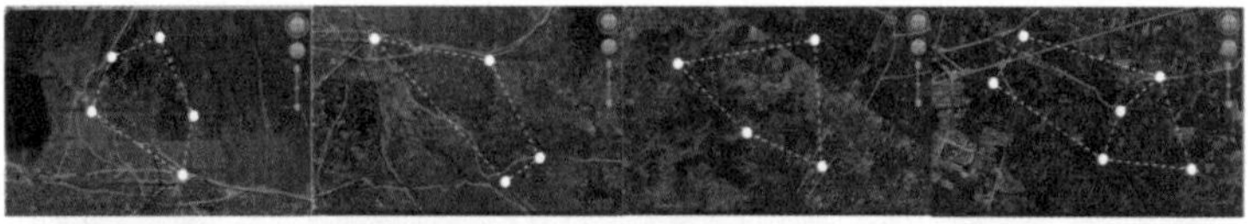

ED#2 Marble district
Verona, Sant' Ambrogio, Dolce', Sant'anna d'alfaedo, Grezznana

ED#3 Thermomechanics district
Legnago, Bevilacqua, Verona, San Bonifacio

ED#4 Thermal Industrial district
Abano Terme, Battaglia Terme, Gal zianana Terme, Teldo

ED#6 Riviera Del Brenta district
Stra, Fiesso d'Atrico, Fosso, Vigonovo, Vigonza, Noventa padovana, Saonara

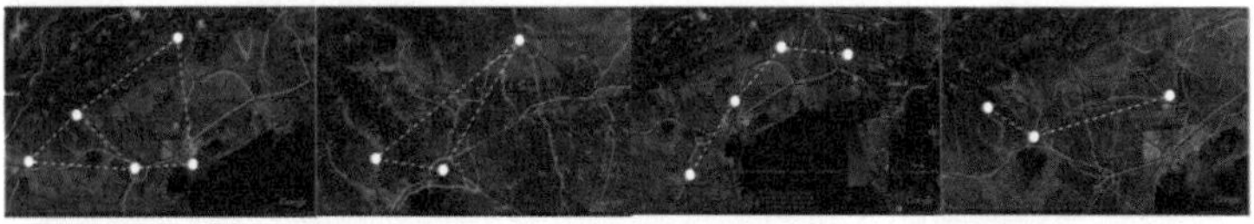

ED#10 Packaging district
Venice, Treviso, Belluno, Verona

ED#11 Silver-gold working district
Vicenza, Bassano del Grappa, Trissino

ED#12 wood work and furniture district
Bassa Padana, Bassano, Treviso, Pordenone, Manzano

ED#19 Clothing district
Valdagno, Treviso

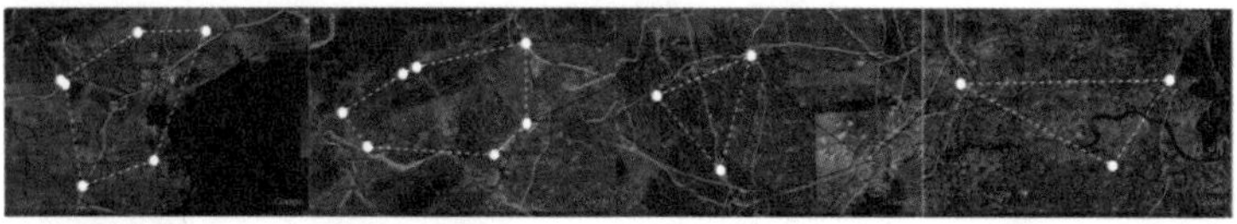

ED#21 Plastics cluster
Montebelluna, Motta di Livenza, Altececcato, Montecchio Maggiore, Loreo, Occhiobello.

ED#23 Winery cluster
Conegliano, Valdobbiadene, Susegana, Vittorio Veneto, Miane, Vidor, Follina

ED#24 Kitchenery cluster
Treviso, Limena, Castellofranco

ED#25 fishing Industrial cluster
Rovigo, Ariano Potesine, Rosolina

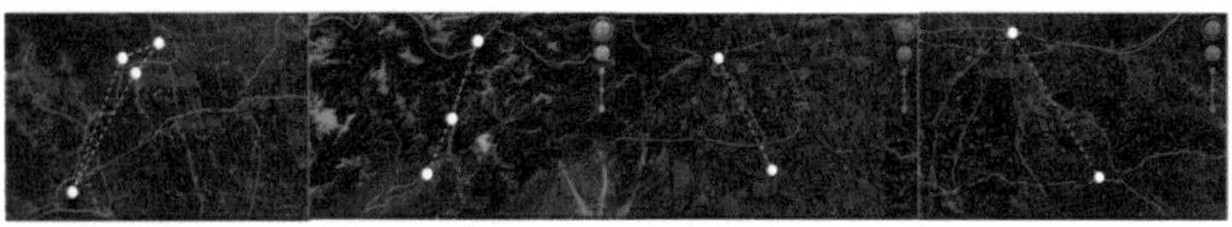

ED#26 Ceramic district
Marostica, Vicenza, Nove, Bassano del grappa

ED#30 Eyewear district
Cadore, Belluno, Agoradino

ED#31 Furniture district
Bassano del Grappa, Rosa

ED#32 Classic Furniture district
Verona, Cerea

베네토의 대표적 산업 클러스터들

고급 여성구두 등과 같은 예술적 공업생산품을 생산합니다. 이를 한 마디로 정리하면, 저난이도 공업 혹은 예술적 공업생산품이라 하겠습니다.

In general, Veneto territory produces simple-manufactured, artisan-based products. Of course not the whole territory, but this is the general trend of Veneto production.

⑤ 베네토지방의 공업지역의 클러스터

이곳의 클러스터적 연결은 예로부터 매우 강했습니다. 이 또한 마찬가지로 시타 디퓨자의 전통을 이어받은 것이기도 한데, 한쪽 마을에서 A공업이 발달하면, 다른 마을에서 또 이를 따라 하고,

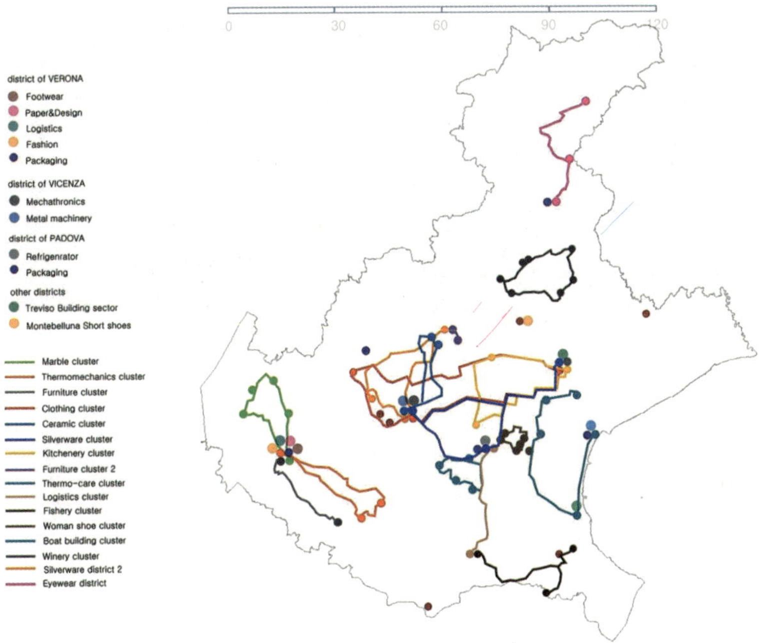

베네토의 산업 클러스터들(필자주)

또 이렇게 해서 전파되는 과정에서 자연스럽게 영역들이 형성된 것들입니다. 이는 시간이 지나면서 서로 떨어져 있는 도시끼리도 아직도 하나의 상품을 위해 이러한 관계를 유지하고 있습니다. 이를 궤적의 선으로 표현해 본 필자의 그림을 보면 마치 상품의 생산을 위한 별자리같이 보입니다.

Normally, every industrial district has strong connection with different districts for same final products. It means that to get a certain final product, each district should link with each other.

이러한 각각의 상품으로 대표되는 산업 클러스터들을 다시 매핑해 보니 상기의 그림이 도출됩니다.

⑥ 문제설정: 지역조직과의 마찰

마찰은 베네토의 산업클러스터들이 가지는 가장 큰 문제점입니다.

산업도로 스폰지길의 모습

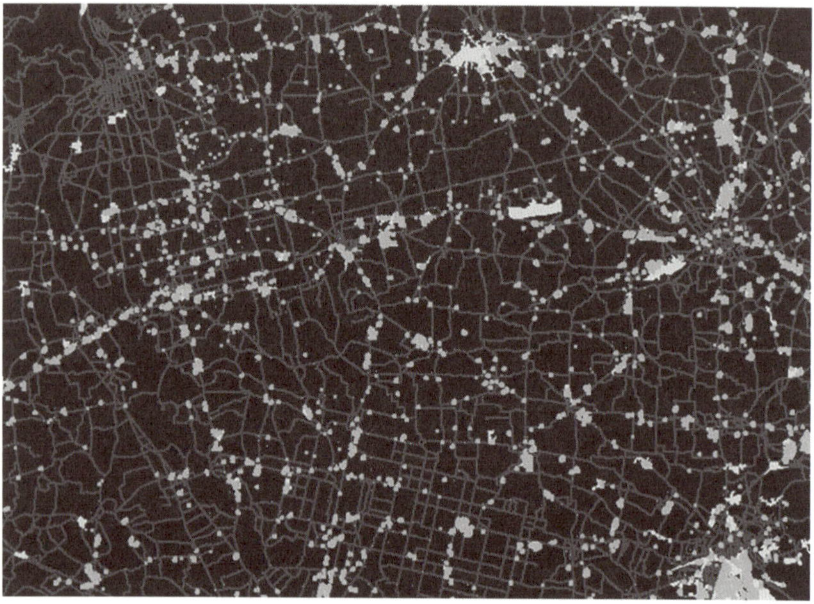

거미줄처럼 얽힌 스폰지길과 도시조직(GIS 이용)

스폰지길은 이미 가득찼습니다. 지나가는 차량부터 우마차, 혹은 자전거 이 모든 것들은 베네토의 경제중추인 산업용 차량과 섞여버립니다. 물론 이태리 정부도 이를 알고 있어 몇 개의 산업용 도로를 만들었지만, 아직도 산업 클러스터 자체가 지역도로인 스폰지길과 밀착되어 있는 상황에서는 별 도움을 주지 못했습니다.

왜냐 하면 아직도 스폰지길은 이태리 산업의 중추이기 때문입니다.

이런 상황은 당연히 마찰을 불러 일으킵니다.
교통정체로 인한 시간지연, 산업용 차량의 공해문제, 이 모든 것들은 지역과 산업 클러스터 상호간의 악영향을 미치고 있는 것입니다.
그리고 이러한 마찰은 이태리 전반에 산업적 비효율을 낳고, 이것은 세계 시장에서 경쟁해야 하는 이들의 입지를 약화시키고 있습니다.
Friction is the fracture of the industrial district in Veneto.
Sponge road is full of use. Whether the passing car or not, every vehicle can use this sponge road without any limitations. Of course there are many "tubes' ' in the region, and current trend and the government' 's intention is to enhance the connection between the industrial area and "tubes' ', but in a citta diffusa condition, the sponge road is the back bone of the industrial district.
It produces the friction from the local fabric. Traffic jam, pollution problems is the good example to indicate the frictions. The friction is mutual mal-functioning. In terms of productivity, it prohibits the efficiency, it blocks to make it competative.

⑦ 이격, 부착

일-드-프랑스에서는 신흥경제중심들이 자체적 조직만으로 가치를 생산하는 사례를 보았습니다. 자본은 이렇게 집중화된 공정공간을 만들어내고, 모든 기술과 인력들의 배치를 이곳에 집중, 가치를 생산하게 됩니다. 그러나 이러한 집중화된 공정공간에서 주변과의 관계를 기대하기는 힘듭니다. 그렇기에 대부분의 일-드-프랑스의 신흥경제중심지역들은 황량한 주변을 가지고 있는 것입니다. 황량한 주변과 경제중심지역들을 부착시켜, 지역성을 회복시켜 주는 것은 어쩌면 당연한 어버니스트들의 노력일 것입니다.
In Ile-de-france region, there are many Economic Centers which acts as autonomous procedure space. Surely, it brings the capitals, and labor powers into this area, creates enormous economic added values. However, It destructs the existing urban fabric. It' 's a massive destruction by top down process. Furthermore, this Economic centers has deeply abandoned and neglected surrounding space. So, it needs to consider the seamless connection to the economic centers. It could be called as localizing Economic centers.

베네토지방은 스폰지길과 밀착된 공정공간을 가지고 있습니다. 이 말은 산업공간 주변으로 버려

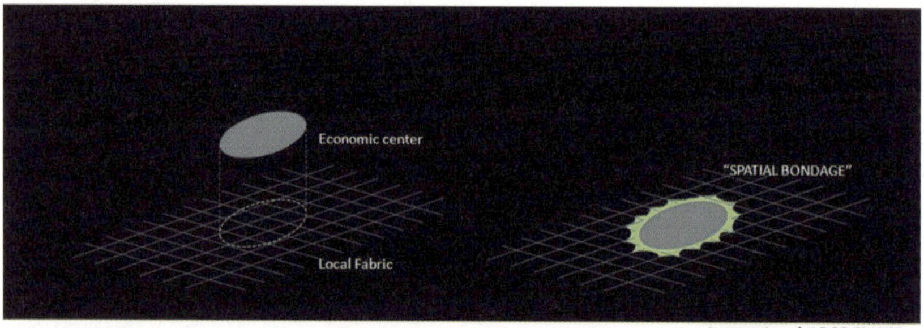

Intervention of ILE-DE-FRANCE
"ATTACHMENT"

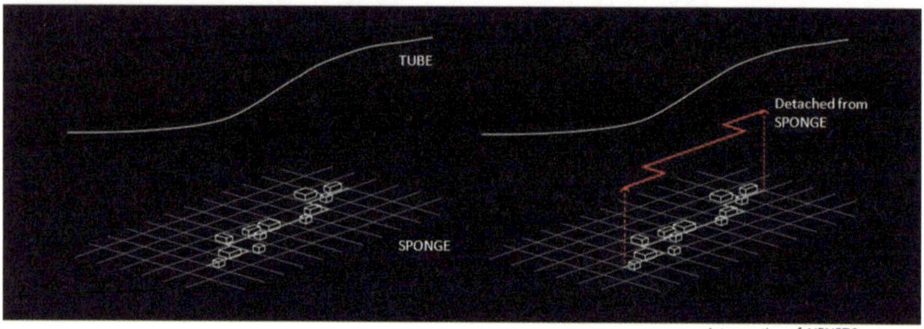

Intervention of VENETO
"DETACHMENT"

공정공간과 지역조직과의 두 가지 전략, 이격과 부착

져 있거나, 미활용된 조직이 있을 확률이 그만큼 적다는 말이지요. 즉, 지역성을 획득한 산업공간이라는 말입니다. 그러나 언급한데로 이 공간은 이격을 필요로 합니다. 왜냐 하면 스폰지길에 너무 같이 한데 묶여 있어 이것이 서로에게 좋지 않는 악영향을 미치기 때문입니다. 이렇게 베네토와 일-드-프랑스는 공정공간의 성격과 그 문제점, 그리고 나아가야 할 방향까지 완벽히 대위를 이루는 한쌍입니다. 참 드라마틱 합니다.

On the contrary the Veneto region, the procedure space is attached with the surroundings by sponge road. In terms of spatial point of view, there is no abandoned or neglected place in surroundings. But, the attachment of the local fabric makes the problem, friction. It' s a mutual mal-functioning. Procedure space does harm to the surroundings. Traffic jams, noise and pollution problems are getting more serious. It also brings the inefficiency about the procedure space which is vital condition. Therefore, A certain things in-between the local sponge road and procedure space by bottom up should be considered.

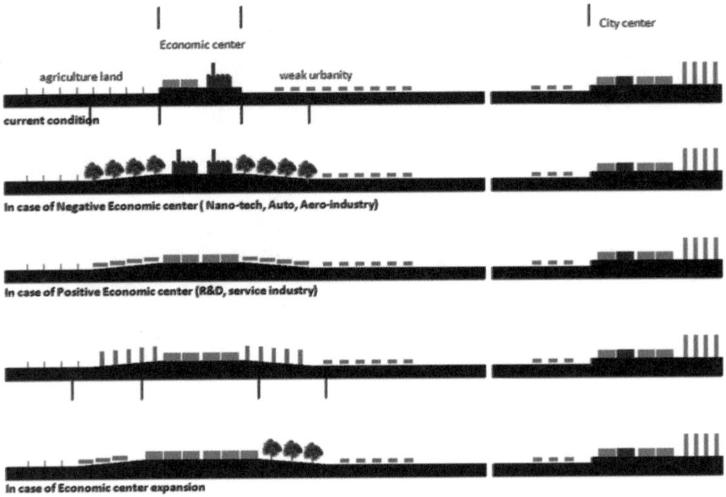

일-드-프랑스의 발전전략

■ 네 번째 단락: TAKE ACTION in Ile-de-France

① 주변공간의 발전전략

발전기획 과정

1. 신흥경제중심의 분류: +/−

+: 지역에 혜택[133]을 줄 수 있는 경제중심 - 국제업무지구, R&D센터 등

−: 지역에 위해요소[134]를 가지고 있는 경제중심 - 고기술 산업단지, 항공, 자동차공장

2. 주변 지역의 특화전략

+: '도시의 씨앗 urban seed' 뿌리기

−: '녹지의 버퍼 green buffer' 만들기

3. 주요 결절점과의 교차점 특화

고속도로 tube, 지방도로 sponge, 철도, 물길, 녹지와 만나는 교차점 전략

4. 신흥경제중심들의 연결

경제중심들의 연결을 통한 인적, 물적 상호 교류의 가능성 증대

133) 여기서의 '혜택'이란 지역주민의 고용창출, 지역주민의 시설이용 등의 경제적 혜택을 말한다.
134) 대표적으로 공해유발산업을 지칭한다.

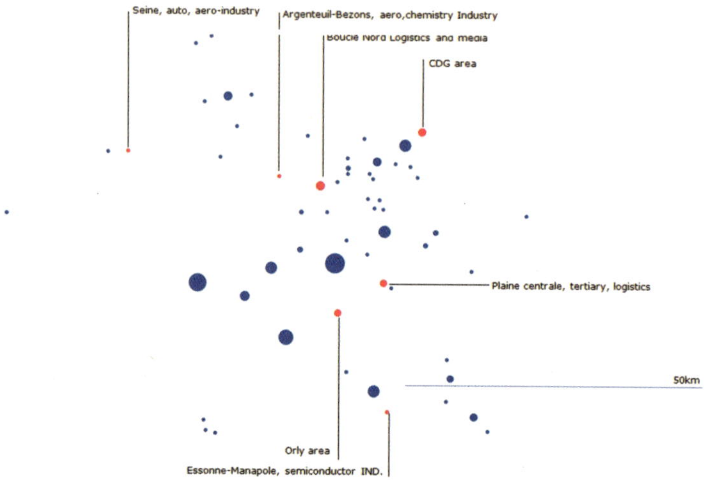

+/- 분류

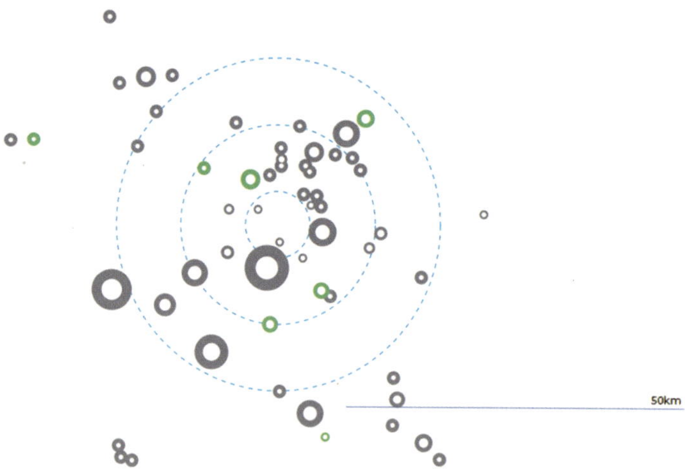

주변지역의 발전방향
회색-도시의 씨앗(urban seed), 녹색-녹지의 완충공간(green buffer)

1. Positive & Negative classification:

Positive Economic cluster means it could give benefit to the surroundnings, like Business centers, R&D service centers.

but, Negative one means it could give the harm to the surroudnings, like a pollution provider like heavy industrial platform.

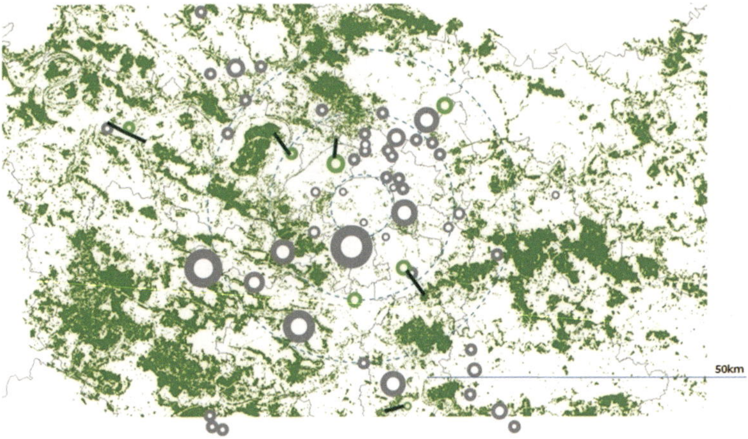

주변 지역과 녹지지대-녹색의 회랑(green corridor)을 통한 연결

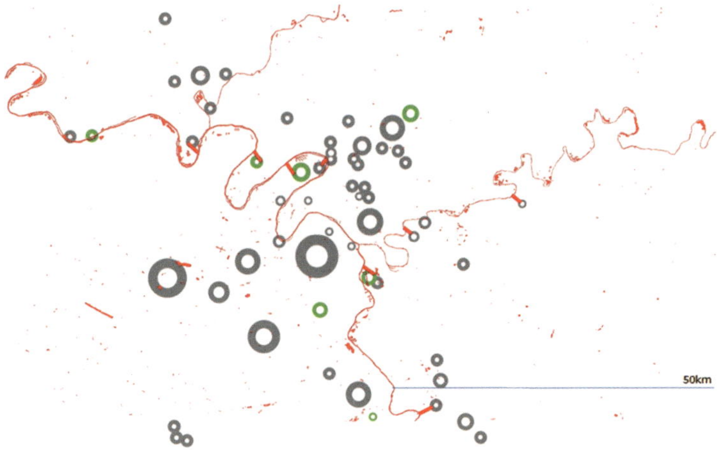

주변지역과 물길-새로운 물길'을 통한 연결

2. In case of Positive, provide urban seeds

In case of Negative, provide green buffers

3. Crossing point specialization

In case of rail, water, highway, sponge road, and green space

4. Make link of each economic centers

주변지역과 철도-철도를 에워싸는 녹색 주차공간

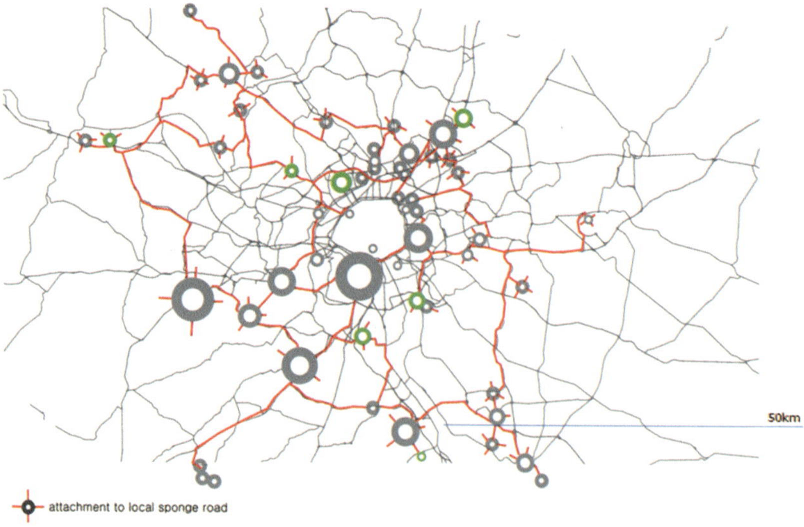

주변지역과 국도-서로 연계되는 경제중심과 지방도로에의 연결

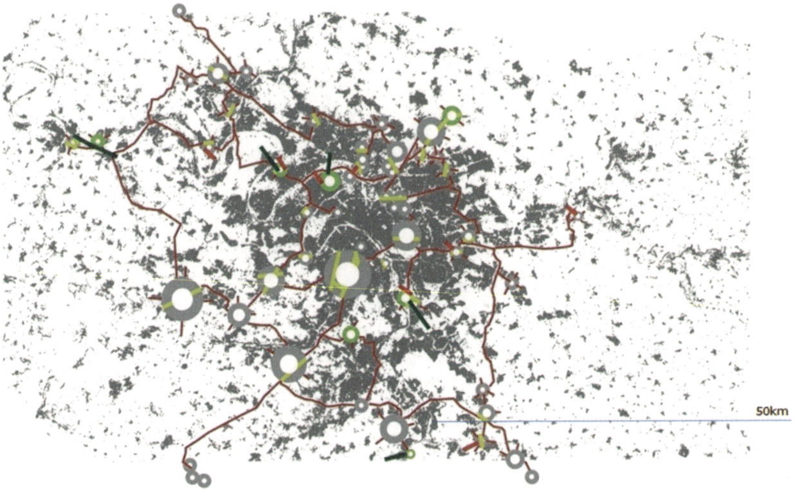

주변지역과 모든 계획의 종합도

부분상세도

small scale intervention

일-드-프랑스 샤를 드 골 공항(CDG) 남측 영역

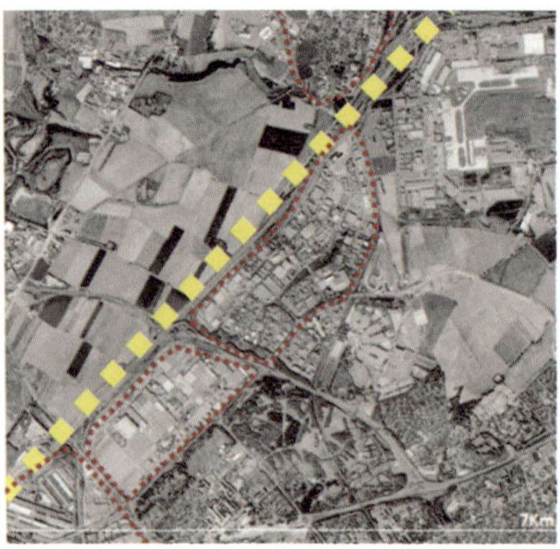

샤를 드 골로 가는 공항길에 있는 신흥경제중심들과 주요 교통현황들(간선도로, 지방도로, 지하철)

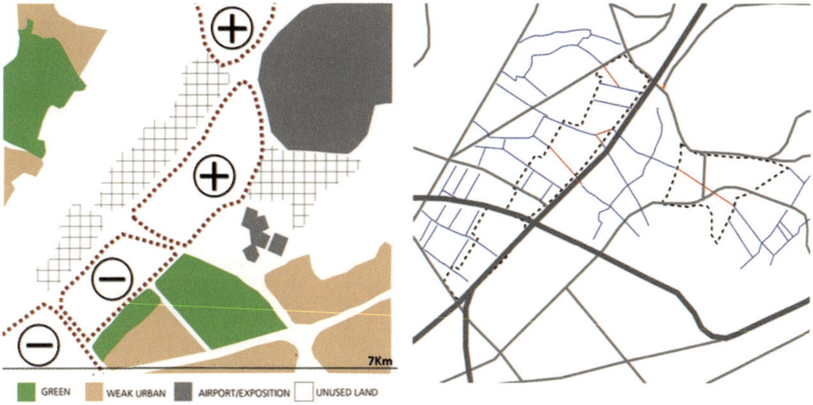

신흥경제중심지역의 +/- 분류[135)]와 첫 번째 액션(action), 단지내 도로와 주변도로의 연결

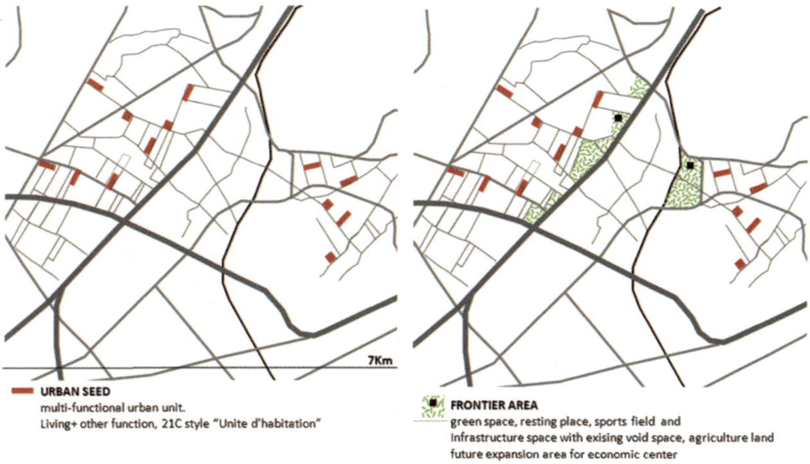

주변지역에 도시의 씨앗 뿌리기와 프론티어지역의 설정

135) +로 분류되는 경제중심으로는 Paris-Nord 2단지인 국제업무지구, CDG 공항의 '공항도시'이며, -분류 경제중심으로는 시트로엥 자동차공장과 Le bourget 공항의 물류단지이다.

도시의 씨앗뒤에 만들어지는 저밀도 주거와 상업의
복합단지와 경제중심의 녹지완충공간의 주변녹지와의 연결

도시의 씨앗으로 만들어지는 주변도시와 신흥경제중심의 연결과
위해경제중심 주변의 녹지완충공간의 주변 녹지와의 연결된 모습

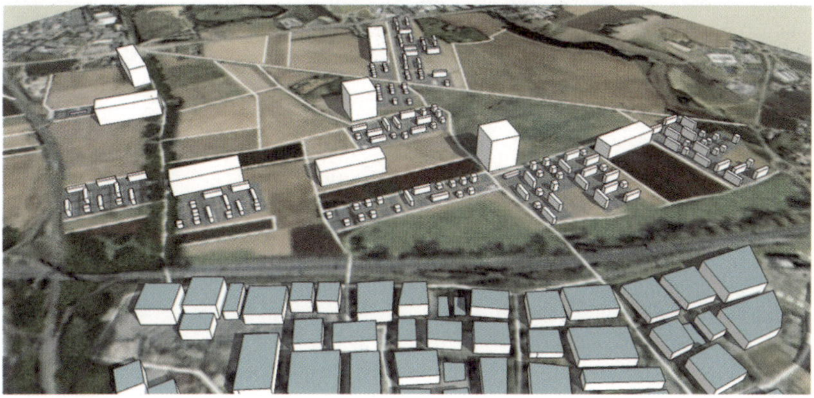

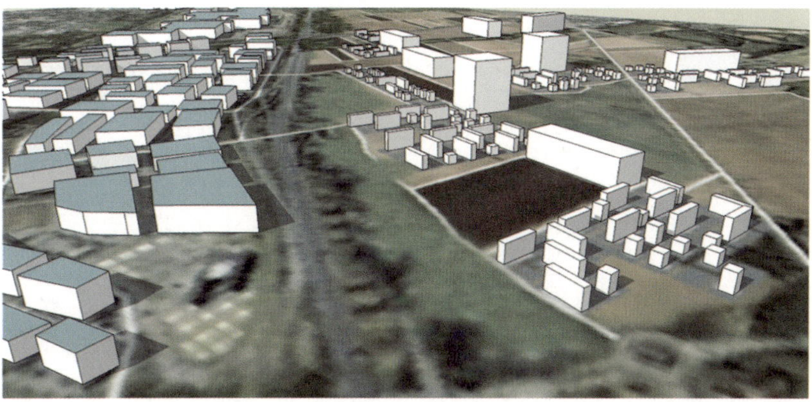

■ 다섯 번째 단락: TAKE ACTION in Veneto

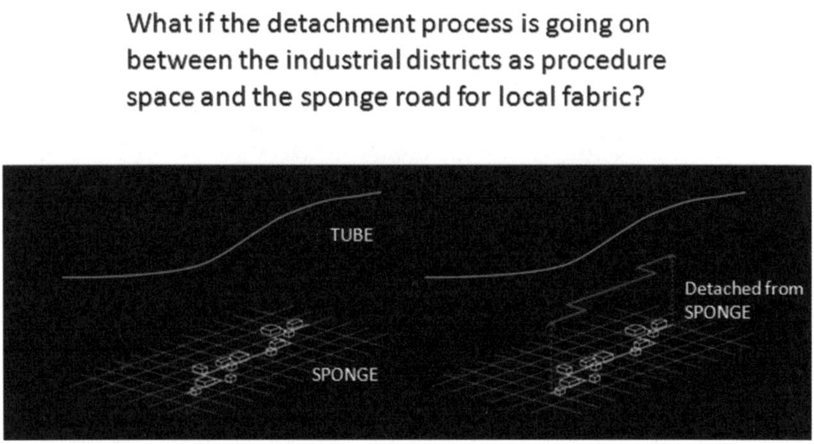

산업도로를 어떻게 효과적으로 지역과 분리할 수 있을 것인가?

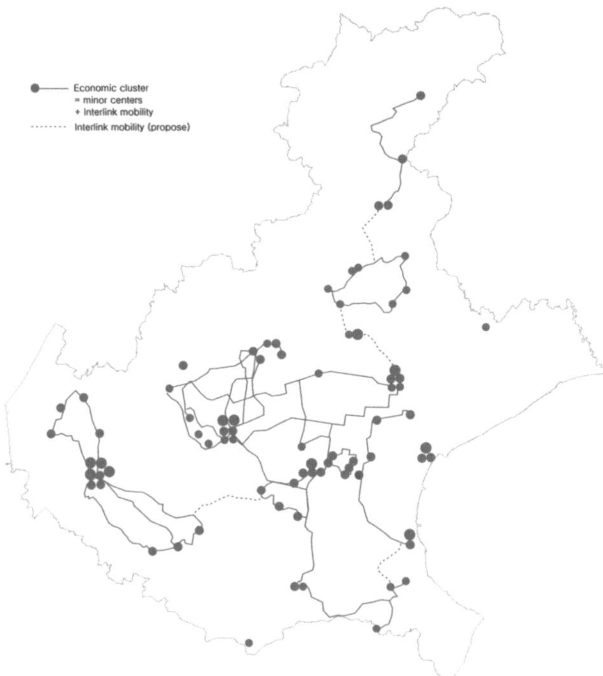

산업단지 클러스터의 현황도(GIS 활용)

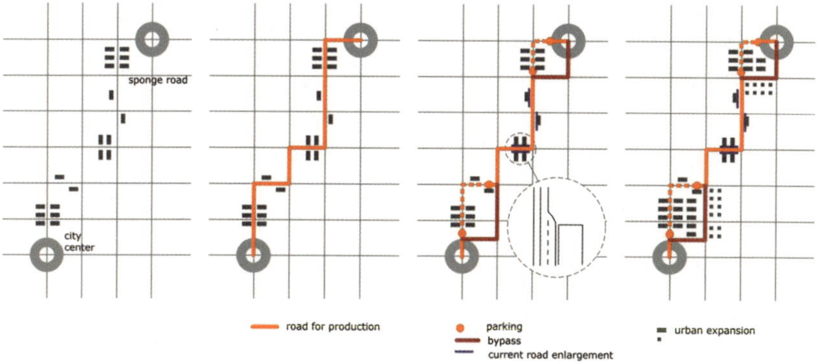

스폰지길로부터의 분리과정

1. 산업단지들을 가장 빠르게 연결해주는 길 찾기
2. 그 길을 산업도로로 특화
3. 그 외의 다른 길을 우회하는 도로로 설정
4. 산업도로와 우회도로를 통한 도시의 확산

이 길을 가능하게 하는 것은 바로 풍부한 '대안의 길'이 있기 때문이다. 베네토 지방의 스폰지길은 사방으로 만들어지는 무위계의 길로서 어느지방을 가든 풍부한 대안의 길을 가지고 있다. 이 말은 곧 Albert Pope가 말하는 Gridiron Urbanism의 전형인 것이다.

gridiron urban condition, 무수한 대안의 길들

산업도로로 만들어지는 '이격도시'136)(GIS 활용)

136) '이격도시'라는 표현을 쓴 것은 산업도로와 스폰지길과의 이격, 분리를 통해 만들어지는 새로운 산업도로가 중추가 되는 도시를 말함이다.

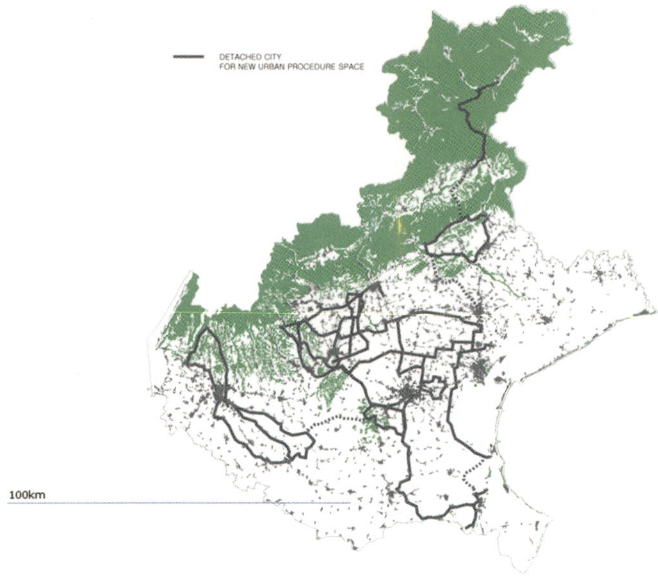

이격도시와 녹지, 그린스페이스(GIS 활용)

'이격도시'와 물길, 교차점으로서의 워터파크(GIS 활용)

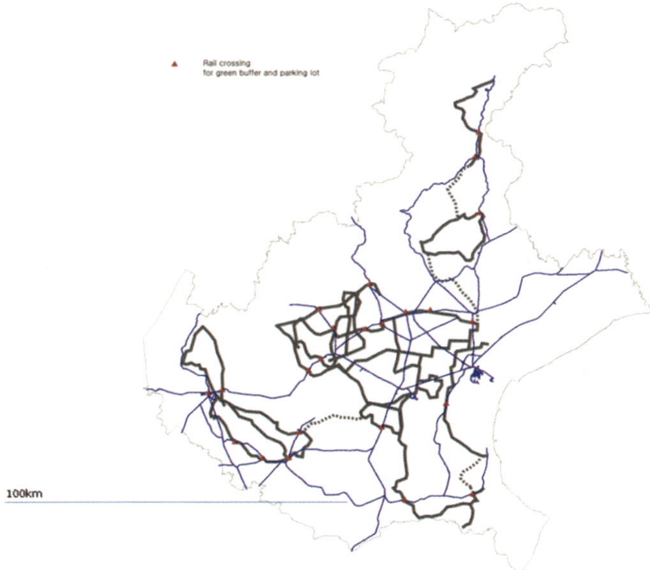

이격도시와 철길, 교차점으로서의 녹지완충지대와 주차장(GIS 활용)

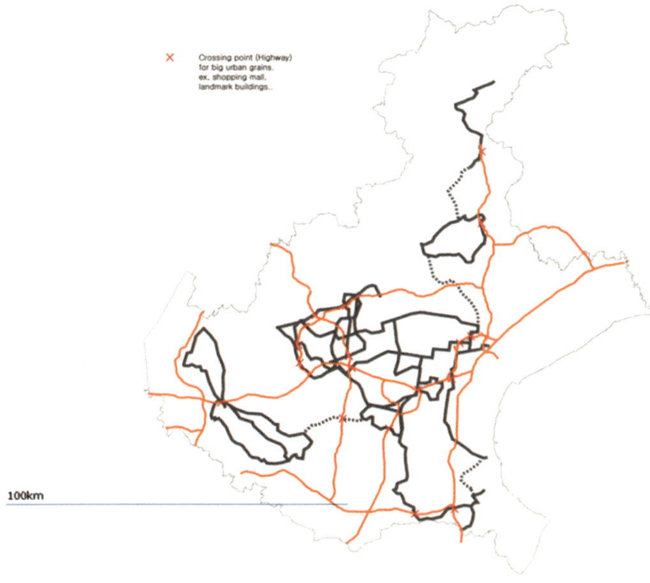

이격도시와 간선도로-교차점으로서의 큰 단위의 개발, 쇼핑몰, 랜드마크계획

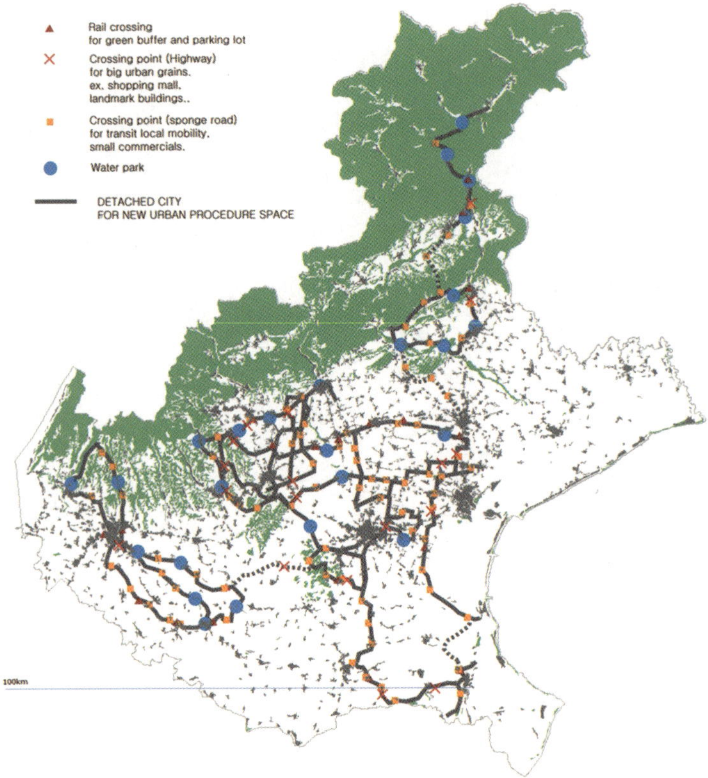

모든 액션플랜의 종합도

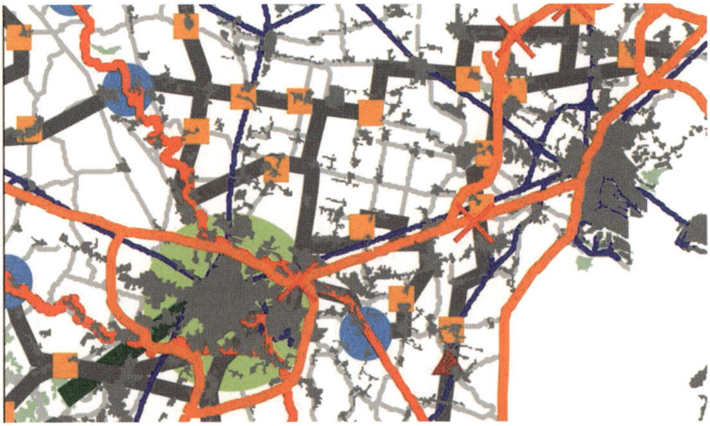

small scale intervention 부분상세. 왼편에 베니스가 보인다.(GIS 활용)

- small scale intervention

리비에라 브렌타(Le Viera Brenta) 지역-고급 여성구두 생산지역이다.

도시패브릭(GIS 활용)

간선도로, 지방도로, 물길과 산업단지

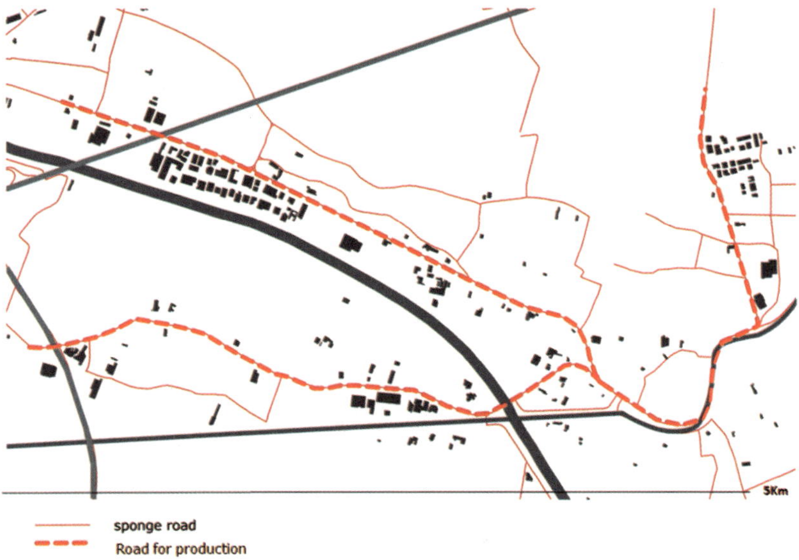

스폰지길과 '산업도로'의 분리

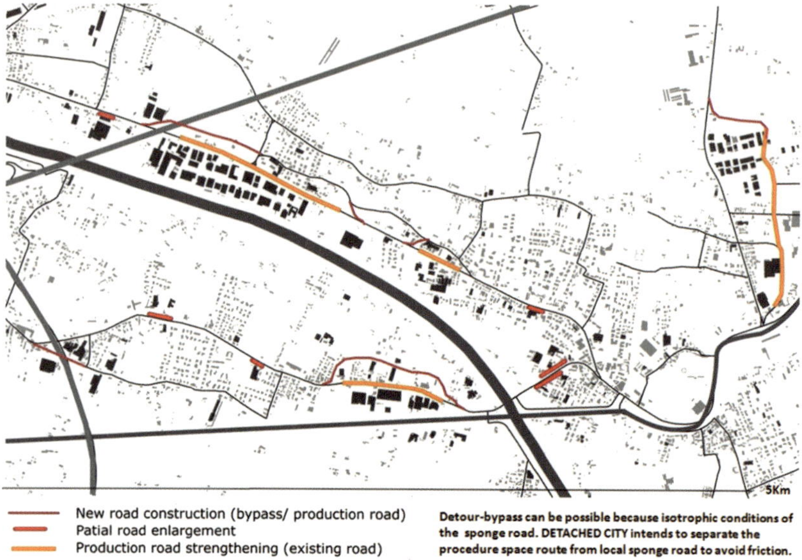

산업도로 특화전략과 우회도로의 설정

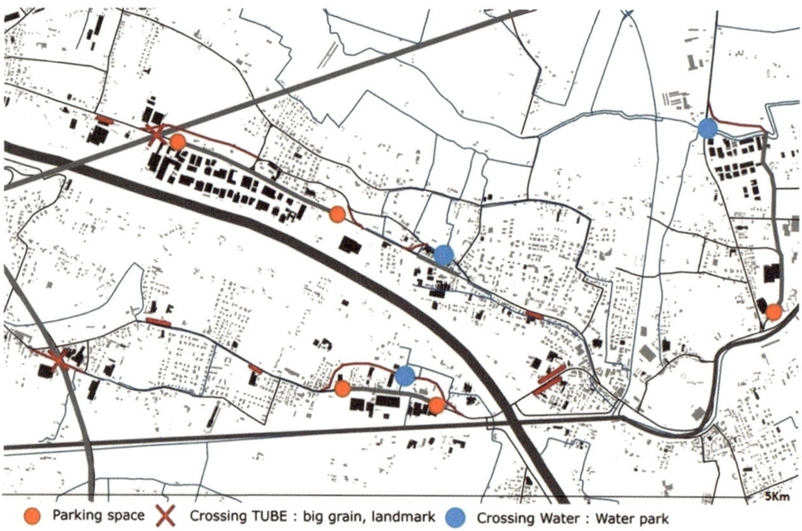

교차점의 시설물계획

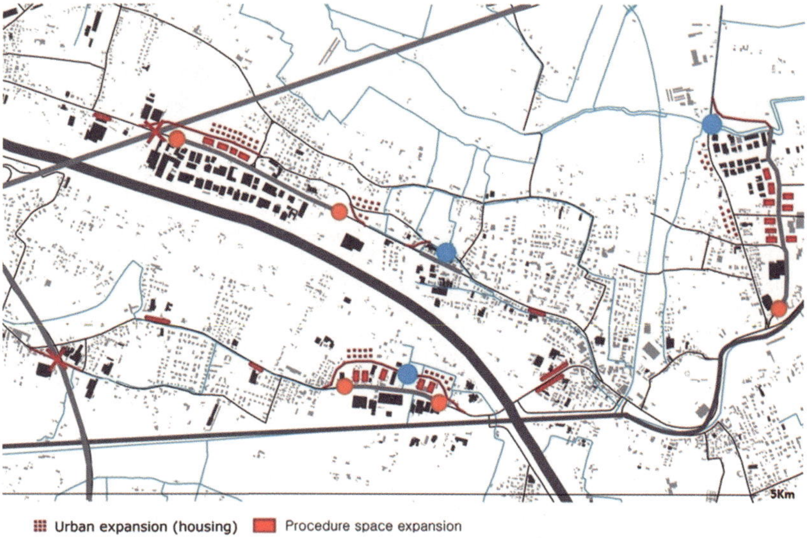

산업도로로 인한 새로운 도시의 확산

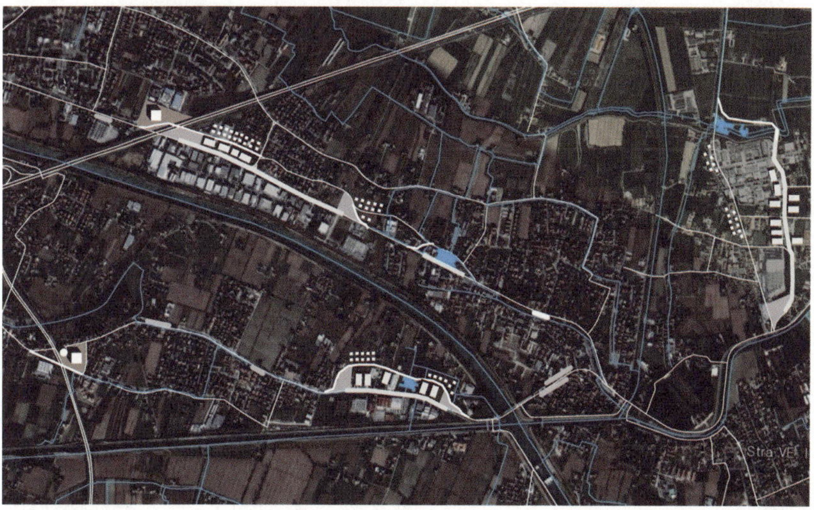

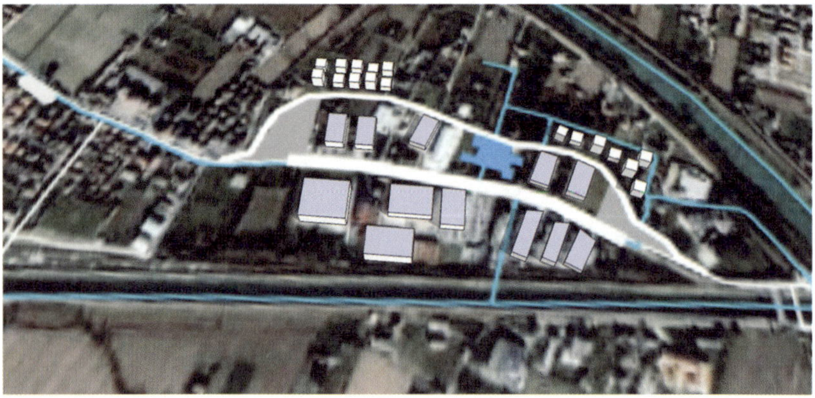

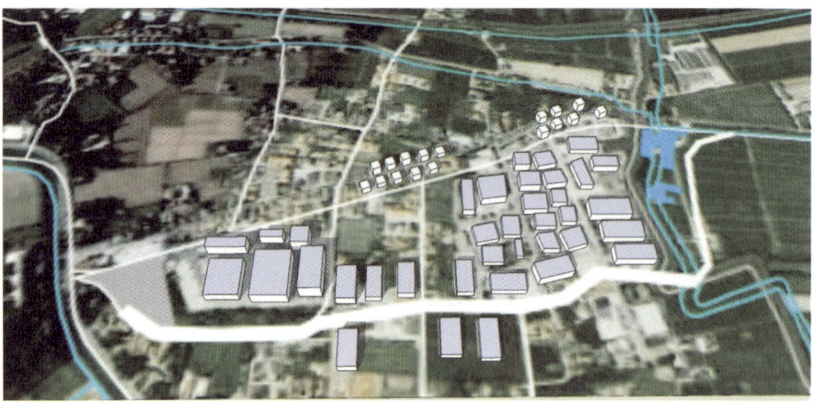

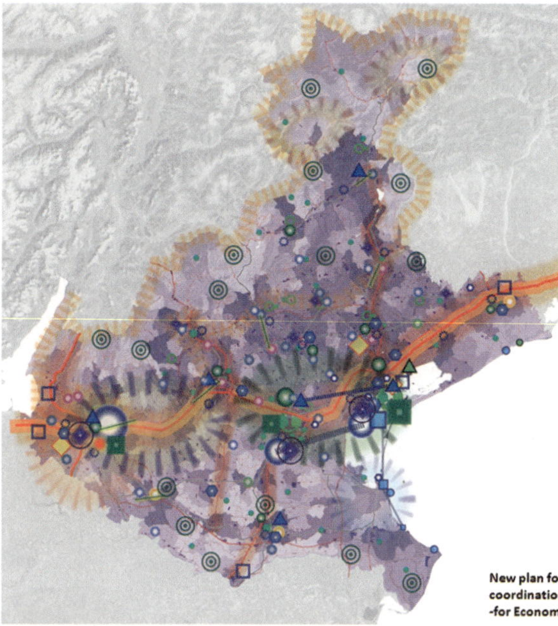

New plan for territorial regional coordination 2002, -for Economic procuction.

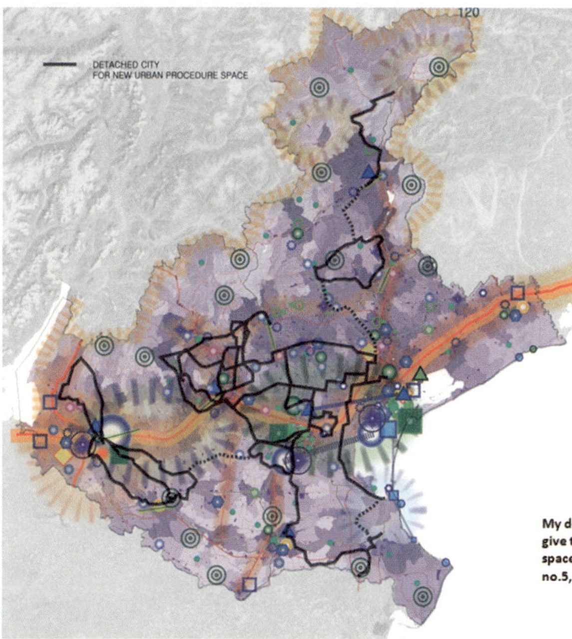

My detached city could give the benefit the below space of Economic corridor no.5,

'베네토의 경제발전전략 2002'와 필자의 '이격도시'와의 중첩이 중첩을 통해 '유로피안 코리더European Corridor'라 명명된 중앙의 황색의 거대한 발전의 축이 글로벌 자본의 움직임을 대표한다면, 필자가 명명한 '이격도시'라는 지역산업의 연합체는 로컬자본의 움직임을 대표한다. 이는 서로 유기적으로 다른 층위를 형성하면서 베네토의 경제를 이끌어갈 것이다.

	일-드-프랑스	베네토
일반적 지역공간의 특성	단핵도시영역 - 단핵을 중심으로 퍼진 영역 - 중심과 주변의 이분법 - 위계적 도시시스템	무중심 혹은 다핵도시영역 - 균등하게 확산된 영역 - 무위계적 도시시스템
공정공간의 위치	· 오스만 이전: 도시의 중심 · 오스만 이후: 도시 주변부 · 현대의 상황: 도시 주변부의 확장된 에지시티	· 전통적인 농촌 공간조직과 동일한 유형 · 현대의 상황: 집중화를 피하는 산업단지 유형(ex. Benetton Factory in Treviso, VERVE_citt‡ della moda in Riviera del Brenta)
주 생산품	복잡대공업, 하이테크산업과 국제업무: 항공산업, 자동차, 국제업무, 서비스, 멀티미디어, 약제, 반도체	단일품공업, 로우테크와 예술적 장인산업: 의복, 신발, 가구, 은수공품, 도자기, 제지업, 대리석, 고급 구두
공정공간의 특성	공정공간의 '군도' - 독립적인 공정공간 - 지역과 유리됨 - 지역장송와 상관없는 생산품	산업 클라스터 - 공정공간의 상호 연계 - 지역조직과의 연계 - 지역의 아이덴티티와 결합된 상품
문제제기와 목표	주변에서 이격된 공정공간: 주변과 관계하지 않는 공정공간 - 공정공간의 지역공간화, 유연한 연결 추구	주변과 마찰하는 공정공간: 비효율, 공정공간과 지역의 상호 악영향 - 생산성 향상을 위한 주변과의 이격작업 필요
시나리오	주변 장소의 '공간적 접착'	마찰을 피하는 '이격도시'의 형성
액션 플랜	1. 경제센터들의 분류화 작업 +: 업무지구와 같은 주변에 선영향 부지 -: 공해유발지구와 같은 악영향 부지 2. 각기 다른 특성화 전략 +: '도시씨앗'의 제공 - '버퍼'의 제공 3. 주변 장소와 도시구성요소와의 교차점 특성화 전략(철길, 물길, 고속도로, 지방도로, 녹지 등) 4. 경제센터들과의 연결 실현	1. 경제 클러스터 내의 가장 최단의 연결돈선의 확보 2. 최단 연결동선의 산업도로로의 특화, 나머지 동선은 우회로로 채택 3. 최단의 연결동선으로 구성된 '이격도시'와 도시구성요소와의 교차점 특성화 전략(철길, 물길, 고속도로, 지방도로, 녹지 등) 4. 각각의 '이격도시'와의 연계, 네트워크화

분석의 종합, 결론

부천 약대동의 도시조직

에세이

11. 한국적 시타 디퓨자 - 부천 약대동 이야기

■ 한국의 '시타 디퓨자 citta diffusa' : 부천 약대동

부천의 약대동이 가지고 있는 공간조직은 말 그대로 한국적 '시타 디퓨자', 확산된 도시였다. 물론 이태리의 시타 디퓨자가 농촌의 공간조직을 기반으로 하는 '스폰지길 sponge road'을 따라 조성된 확산된 도시의 사례를 보여준다면, 부천의 약대동의 시타 디퓨자는 도시형성기 당시의 공간조직, 이른바 죠닝의 공간단절이 시간의 흐름과 역시 '스폰지길 sponge road'을 따라 조성된 오버래핑 overlapping된 사례를 보여준다. 이는 분명히 송도신도시 위에서 철저히 죠닝에 의해 고립된 인천 남동공단의 분위기와는 매우 다르다.

그림을 보면, 큰 남북의 도로를 기준으로 왼쪽의 주택가와 오른쪽의 공단지역이 확연히 눈에 먼저 들어온다. 그러나 동서로 흐르는 이른바 스폰지길을 따라가 보면, 주택가와 공단지역이 남북의 큰 길만 건너면 그대로 연결된다는 것을 알 수 있다. 더 나아가 주택가는 몇 개의 공장필지와 공유하고 있으며, 공장지대 또한 식당을 위시한 기본적 상업필지와 주택지가 들어가 있다. 이렇게 스폰지길은 각각의 성격이 다른 어번 에지 Urban Edge들을 통과하면서 그 단절을 극복하는 가장 중요한 매개체가 되는 것이다. 부천의 약대동은 낡고 별볼일 없지만 어쩌면 필자가 생각하는 이상향의 도시가 아닐까.

스폰지길(sponge road)과 공업, 거주지역의 혼합가로

한국의 상황에서 가장 안타까운 것은 바로 이렇게 모든 도시의 움직임들을 받아내고, 이질적인 경계의 벽들을 연결시켜 주는 고마운 스폰지길들이 자본의 개발논리에 자꾸 송두리째 없어진다는 것에 있다. 이른바 '평탄화 작업flattening'은 그동안 축적되있던 도시의 시간과 도시의 흔적, 도시의 기억을 송두리째 삽으로 떠내버린다. 그 안에 있던 건물들은 물론이고, 그 건물들을 연결시켜 주었던 스폰지길까지 모두 없애 버린다. 그렇게 완전하게 비어진 땅이 마련되면, 자본은 주위에 버퍼녹지를 두르고, (간선도로 차단용) 벽이나 담장을 만들어 영역 표시를 한다. 어번 에지의 시작이다. 이후 출입구를 하나 만들고, 들어오는 도시의 모든 흐름을 통제하기 시작할 것이다. 그 때부터 그 안에 만들어지는 도로는 내부도로지 이전의 '스폰지길'이 아니다.

파리의 오스만은 공권력과 자본의 힘을 빌어 옛날의 도시조직을 파괴함과 동시에 새로운 도시경험을 가능케 했다. 물론 그때도 만들어지는 새로운 에지들에 이른바 인텔리들의 저항도 대단했다. 그런데 작금의 상황은 어쩌면 제2의 Hausmannization이 필요한 건 아닐까. 자본이 만들어내는 에지들을 일거에 무너뜨리는 억센 블로바드가 아니라, 매끄럽게 흐르는 스폰지길의 재생이 그 단초가 되지 않을까. 어쩌면 이 '스폰지길'은 urban revolution의 시작점이 아닐까.

12. 도시의 중심과 주변Center-periphery binary – 물과 길은 평등하다

■ 점유가 만드는 중심과 주변의 경계

도시는 중심과 주변의 경계를 끊임없이 양산한다. 선사시대의 원초적 장소점유부터 시작된 인간의 장소점유는 기후, 기온, 지형 등의 지리적, 토폴로지적 요인들을 통해 끊임없이 중심과 주변을 양산하기 시작했다. 이렇게 지리적인 토폴로지의 경계는 1차적 경계로서 도시의 경계를 만들어내는 첫 번째 요인이 된다.

이러한 토폴로지적 요인을 기본으로 하여 정치와 자본의 중심-주변의 지형도가 그려질 수 있다. 빈부의 격차로 표현되는 자본의 지도, 부동산의 가격변동의 만들어내는 또 다른 자본의 지도, 정치의 가버넌스가 만들어내는 행정구역의 경계가 대표적이라 할만 하다. 이는 2차적 경계로서 정치, 자본의 경계라 하겠다.

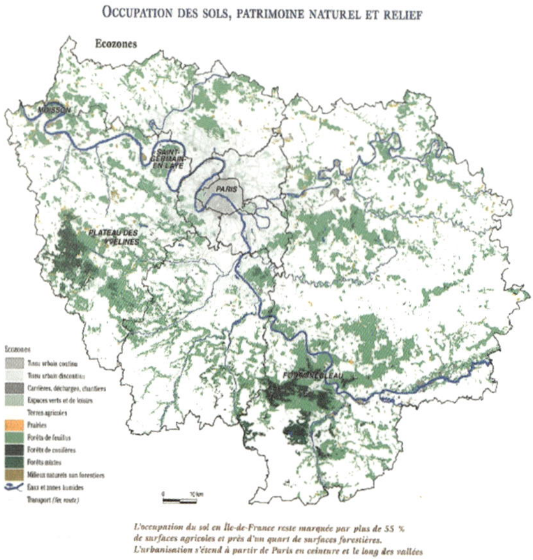

자연의 경계, 물이 만들어내는 경계-파리, 세느강

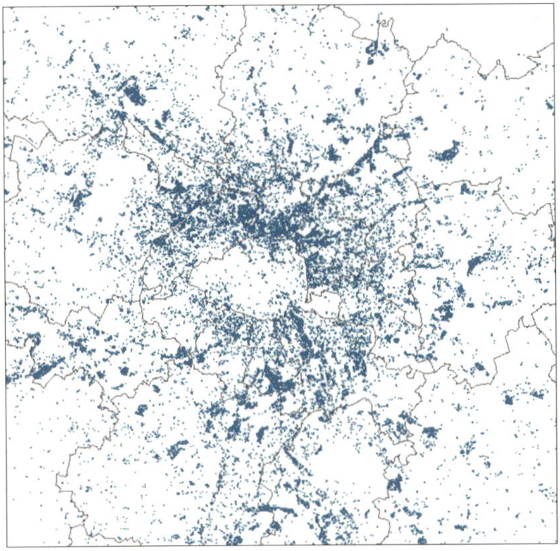

일 드 프랑스(Ile-de-France)의 공업지대와 그 주변부

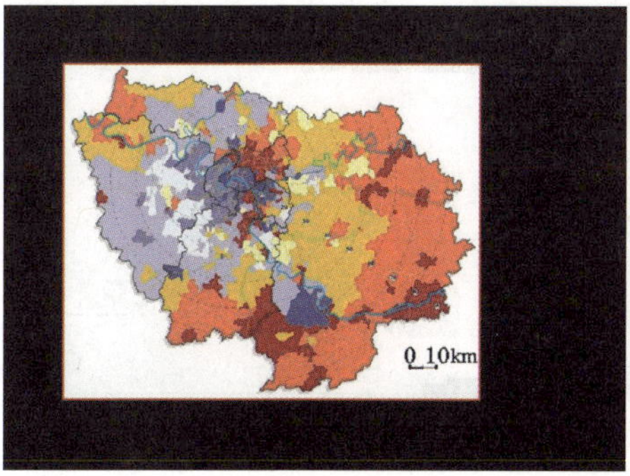

일 드 프랑스(Ile-de-France)의 노동자 지도와 차이나 타운(파리)

또 다시 경계는 그 위를 타고 만들어진다. 바로 사회와 문화의 경계이다. 이는 3차적 경계라 할만 하다. 정치의 어떠한 권역territory에는 권력의 독창적 문화가 그려질 것이며, 또한 이것은 중심-주변의 세기intensity를 달리하면서 경계를 만들어낼 것이다. 자본의 문화 또한 빈부의 격차가 만들어내는 자본의 이동에 따라 다시 자본이 만들어내는 독창적 소비문화, 생산문화가 그려질 것이다. 이것 또한 세기를 달리 하면서, 경계를 만들어낸다. 사회적 특정 집단은 또 다른 경계를 만들어낸다. 종교적 이해의 차이, 피부색깔, 국적 등은 또 다른 경계를 만드는 강한 드라이브들이다. 외국인 노동자들은 분명히 그들만이 모이는 공간을 가지고 있으며, 이들은 이렇게 도시의 영역을 점유한다.

다시 이를 총괄적으로 묶어주는 경계가 또 다시 그려질 수 있다. 그것은 바로 역사의 경계이다. 조선시대의 서울의 경계는 지금의 경계와 다르다. 19세기 오스만의 경계는 지금의 파리의 경계가 아니다. 고대 로만의 경계는 지중해를 따라 연안을 따라흐르는 주변부적 경계를 만들어내었고, 그것들은 고대 로마의 유적이 스페인 서부 해안에서도 발견되며, 또한 동유럽의 크로아티아Croatia에서도 발견됨으로서 알 수 있게 된다. 어느 특정시대의 자본, 정치, 사회, 문화의 지형도는 이렇게 시간에 따라 바뀐다. 그리고 대부분의 그러한 역사의 장소점유는 항상 그 흔적을 남기며, 그러한 흔적을 발견하고, 새로운 시간의 경계를 만들어내는 고고학자의 역할은 그래서 중요하다.

결론적으로 토폴로지의 경계를 따라 인간은 정주를 시작한다. 이후 사람들이 모이고, 리더를 선출하고, 또한 먹고 살 방법을 찾으면서 땅을 파기 시작하여 자본을 만

베네토지방의 소도시 시타 델라(citta della), Italy의 성채와 도시의 확장

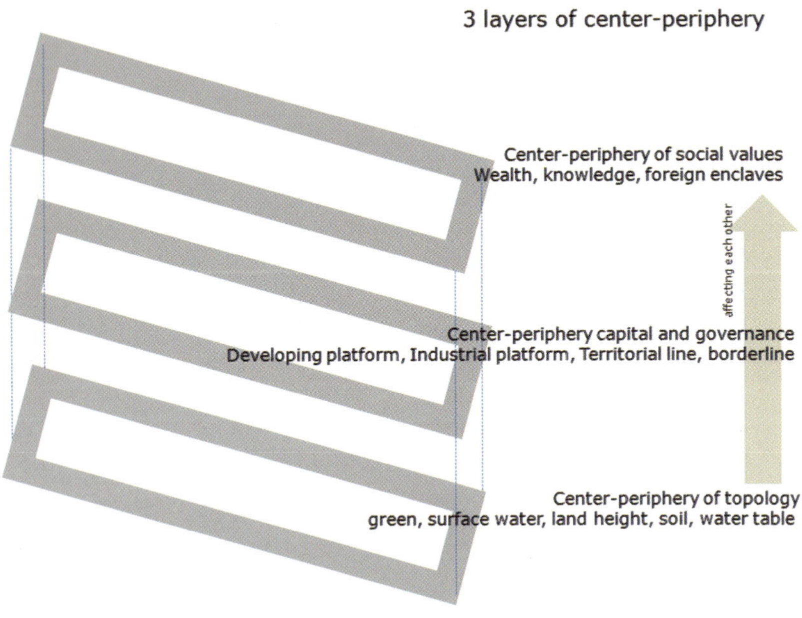

도시의 중심-주변을 논하는 세 가지 층위

들어낸다. 이렇게 또한 정치, 자본의 경계를 의식하면서, 또한 양산하면서 인간은 사회를 만들어 낸다. 이후 사회와 문화의 경계는 그 위의 층위에서 그려진다. 그리고 이러한 수직적 레이어링을 총괄하는 것으로 시간의 점유가 있다. 점유는 장소와 떨어질 수 없다. 토폴로지의 점유부터 시작하여 자본의 점유, 정치의 점유, 사회와 문화적 점유는

파리 시트로엥 공장부지에서 광역버스를 기다리는 유색인 노동자

항상 장소와 붙어 있으며, 이렇게 장소와 붙어 있는 점유의 양상들을 통해 우리는 도시를 경계의 도시로 해석할 수 있고, 그것을 통해 새로운 도시 변화의 요인을 추동할 수 있게 된다.

■ 불평등을 만드는 중심과 주변

중심과 주변은 불평등을 만든다. 사람은 되도록 중심으로 가려하지 주변으로 가려하지 않는다. 압구정동에는 사람이 모인다. 그 곳은 자본의 최상류층, 정치의 최상류층이 만들어내는 분위기의 장소점유가 있기 때문이다. 마치 그 곳에 있으면, 도시서민이라도 나는 지금 중심에 있다는 느낌을 가질 것이다. 이러한 중심-주변의 장소에 대한 인식은 지리적으로 우리의 도시, 우리의 환경을 중심-주변의 양극화를 가속화시킨다. 양극화는 중심은 혜택과 편리가 있는 곳으로, 주변은 무관심과 불편, 그리고 소외와 팽개쳐짐의 장소로 만들어낸다.

정치와 자본의 힘은 새로운 중심-주변을 만들어낸다. 이 말은 다시 새로운 불평등을 만들어낸다는 말과 같다. 자본은 매우 영악해서, 자신의 최소한의 투자를 통해 최대한의 이윤추구를 목표로 한다. 자본은 일정 지역에 최소한의 투자를 한다. 그것은 이윤추구를 할만큼의 손익계산이 맞으면 바로 투자하여 일정지역의 새로운 중심을 만들어낸다. 물론 그것은 정치적 힘의 뒷받침이 있어야 할 것이다. 이렇게 만들어진 새로운 중심은 다시 새로운 경계를 만들어냄은 물론이다. 자본은 최소한의 투자만을 한다고 하였다.

어느 누구는 이렇게 불평등한 정치-자본의 지형도가 자본주의를 이끌어가는 동

신흥도시 인천 송도-오래된 도시 인천 도화동

력이라고 말한다. 이렇게 만들어지는 새로운 중심과 주변의 경계를 따라 또다른 불평등의 경계가 만들어진다. 들뢰즈의 말로 하면 인간은 정주를 통해 홈을 파고, 그 모든 움직임은 홈파인 공간을 통해 이루어진다. 물론 그 홈파인 공간은 나무뿌리적이며, 위계적이다. 정치의 힘은 나무뿌리가 되어야 힘이 주변까지 도착할 수 있기 때문이다. 그러나 그것은 근원적으로 불평등하다.

■ 경계를 넘나드는 것들

정주는 다시 움직임을 만들어낸다. 일정 지역에서 생산된 산물을 교역하기 시작한다. 내륙의 길, 바다의 길, 하늘의 길. 그러면 다시 사람들이 모이고, 그렇게 새로운 장소들이 만들어져 왔다. 12세기의 베니스는 교역의 중심이 되었다. 그리로 자본들이 배를 만들어 물건을 팔았고, 부를 축적했고, 다시 축적한 부로 영토를 확장했다. 그리고 또 다른 경계를 만들어 내었다.

움직임 또한 불평등했다. 중심과 중심을 연결하는 것들이 중요하지 주변을 연결하는 것들은 약했다. 서울에서 시골로 가려면, 대부분 버스나 기차를 몇 번을 갈아타야 한다. 그러나 시골 어디서나 서울로 가는 버스는 있다. 이렇게 중심과 주변은 불평등한 움직임을 또한 양산한다.

속도 또한 불평등하다. 고속철도 TGV는 파리와 리용만을 연결하지 다른 곳을 연결해주지 않는다. 또한 모든 도시에 공항이 있는 것도 아니다. 요새 건설되고 있는 서울에서 분당을 가는 신분당선은 그렇게만 연결하지 다른 곳을 연결해주지 않는다. 불평등한 모빌리티는 다시 중심과 주변을 낳고, 다시 또 불평등을 가속화시킨다.

■ 평등한 물

물은 평등하다. 물은 평등하게 흐른다. 높은곳에서 낮은 곳으로. 너무 간단한 논리에 의해. 물은 하늘에 비가 내리므로 물줄기를 만들어낸다. 물줄기는 모든 곳을 평등하게 순회한다. 순회의 물은 평등하게 마실물에서 버리는 물까지 혜택을 우리에게 제공한다.

물은 경계를 넘나든다. 팔당에서 시작된 서울변두리의 물은 압구정지역을 지나 인천까지 흐른다. 더 큰 물도 있다. 알프스에서 시작된 물은 독일을 지나 네덜란드 로테르담까지 수많은 경계를 통과한다. 자본의 경계, 정치의 경계, 사회의 경계, 문화의 경계, 그리고 시간의 경계까지.

불평등하게 넘나드는 TGV는 경계를 오히려 극명하게 가속화 하지만, 평등하게

경계를 넘나드는 물, 알프스 남부에서 아드리아해의 베니스까지(B. Secchi & P. Vigano, 2009)

넘나드는 물은 경계를 흐트릴 수 있는 시발점이 된다. 안타까운 건 이렇게 평등한 물은 다시 요새 자본, 정치의 힘에 의해 갈수록 평등하지 않게 되고 있다는 것이다. 모든 지역이 분류식 하수를 채택하지 않는다. 새로운 신도시는 분류식 하수를 통해 깨끗한 하수가 되겠지만, 강북 도봉구는 아직도 합류식일 것이다. 또한 아마도 가까운 미래에 수돗물도 프리미엄과 중간급으로 나뉘어 배수될 것이다. 새만금은 물을 모아 그 곳에 지역, 아니 그곳에 투자하는 사람들에게는 혜택을 주겠지만, 그 개발권역 바깥에 있는 사람들은 구경이나 할 수 있을지도 모른다.

■ 평등한 길sponge

길도 평등하다. 여기서의 길은 모든것을 담는 길을 말함이다. 마치 스폰지처럼. TGV

평등한 길, 모든 것을 담는 스폰지(sponge), 베네토, 이태리(B. Secchi & P. Vigano, 2009)

가 아니고, 고속도로가 아니고, 마을길이다. 한국의 국도다. 마을길은 평등하다. 마을길은 경계를 인식하지 않는다. 저기가 영종지구의 핵심지역이지만, 문만 열려 있으면, 담만 치지 않으면, 농사꾼도 농로를 따라 들어갈 수 있다. 공업지역이라고 담으로 막고 철조망 두르고 길을 차단하지만 않으면, 누구도 들어갈수 있다. 군사지역 또한 마찬가지이다. 길은 평등하다. 단지 담을 치고, 문을 다는 것이 그 움직임을 막고, 불평등을 만들어내는 것이다. 평등한 길의 대표적 예가 바로 베네토의 시타 디퓨자 citta diffusa(확산된 도시)이다. 확산된 도시. 이곳은 어느 곳을 가도 끊임없이 계속되는 도시성 Urbanity을 볼 수 있다. 저밀도로 쫙 펼쳐진 확산된 도시. 이곳의 확산은 파리의 확산, 도쿄의 확산과는 완전히 다르다. 두 메트로폴리스의 확산이 중심과 주변의 양산되는 확산이라면, 베네토의 확산은 다중심, 중심없음의 확산이다.

■ 물과 길로 세상을 바꾼다?

물과 길은 불평등을 평등으로 바꿀 수 있는 거의 유일한 매체일 것이다. 아니 그 둘만이 비용을 지불하지 않고, 즉, 불평등하지 않게 이용할 수 있을 것이다. 어쩌면 이 둘을 잘 이용하면 세상을 바꿀 수 있지 않을까. 그럴려면 하류 down stream가 아닌 상류 up stream가 논의의 중심이 되야 한다. 정부의 4대강 하구정비도 일면 필요하지만, 그 반쪽의 힘을 상류에도 주어야 한다. 압구정의 효율적 활용이 아니라, 그 주변 판자촌, 아니 산동네가 논의의 중심이 되어야 한다. 세운상가를 때려 부수는 큰 실수는 이미 저질러졌지만, 세운상가에 얽혀져 있는 그 평등했던 길을 어찌되었던 보호해야 한다. 자본과 정치가 집중된 압구정의 군도 archipelago가 아니라, 그렇게 이루어진 중심의 군도들, 불평등의 주변으로 확산된 파리, 도쿄가 아니라, 평등하게 열려 있는, 평등하게 확산된 시타 디퓨자는 불가능할까? 이 둘, 물과 길은 어쩌면 어버니스트-건축가들이 유일하게 사회변화를 추동할 수 있는 사회적 매체가 아닐까?

유로피안 어버니즘의 경험 – 평등을 찾아가는 도시계획 이야기

Experience of European Urbanism

세계화, 지역화

공항경제회랑과 직각의 축

Globalization, Regionalization

Airport Economic Corridor & it's perpendicular axis

Globalization, Regionalization

Airport Economic Corridor & it's perpendicular axis

신흥도시(emerging city) 인천 송도

기존 도시(existing city) 인천 도화동

들어가기 전에

1. 세계화 Globalization, 도시성 Urbanity, 그리고 도시인격 Urban personality

요새 한창 경기후퇴 economic recession로 인해 어수선하다다. 하나 진정으로 이해가 안 되는 건 중국 경제의 불황이다. 선뜻 사람들은 아니 필자도 왜 중국이 이러한 불황에 고생을 하고 있는가라는 의문이 든다. 그들은 10억이라는 엄청난 시장이 있고, 엄청난 땅을 가지고 있는데 왜 고생을 하고 있을까? 답은 세계화 Globalization일 것이다.이는 중국에게 엄청난 일자리를 제공하였다. 그들은 세계의 공장으로서 엄청나게 저렴한 노동력을 이용해 세계의 달러를 벌어들였다. 그들은 세계의 공장을 자임하면서 그들의 차이니스 달러파워를 과시하였다. 그러나, 그들은 그들 내부의 시장에 대해 그들 내부의 소비시장의 마련엔 무관심 했던 건 아닐까.

도시성(Urbanity)의 기호. 네온사인

도시성 urbanity

왜 그들은 이렇게 많은 노동자들이 해고되어도 속수무책인가? 그것은 그들의 국가 내에서 소비하는 시스템이 아직 미약하기 때문이다. 소비하는 시스템은 그냥 물건만 판다고 되는 것은 물론 아니다. 그렇기 위해선 적당하게 세련된 도시성 urbanity이 필요한 것이다. 명품의 간판들, 세계 유수의 기업의 로고들이 세계 어디서나 보이는 이유도 다 그런 것이다.

자본과 정치력은 중산층을 그 타겟으로 삼는다. 왜냐면 중산층이야 말로 그들의 체계를 지탱하고, 유지하고, 성장하게 하는 근원이기 때문이다. 중국의 중산층은 아마도 세계의 하청공장에서 일하는 노동자들로서 일은 열심히 하지만, 그들의 문화와 소비를 꾀하는 어떤 도시성의 형성에 대해 무관심 하거나 무지할 것이다.(물론 상하이와 같은 대도시는 예외일 것이다)

'도시인격 urban personality'

하비 David Harvey는 더 나아가 도시인격을 이야기한다. 18세기 오스만 Hausmann의 파리가 대로 Boulevard에서 연원한 아케이드 Arcade 문화와 그것에 취해 방황하는 보들레

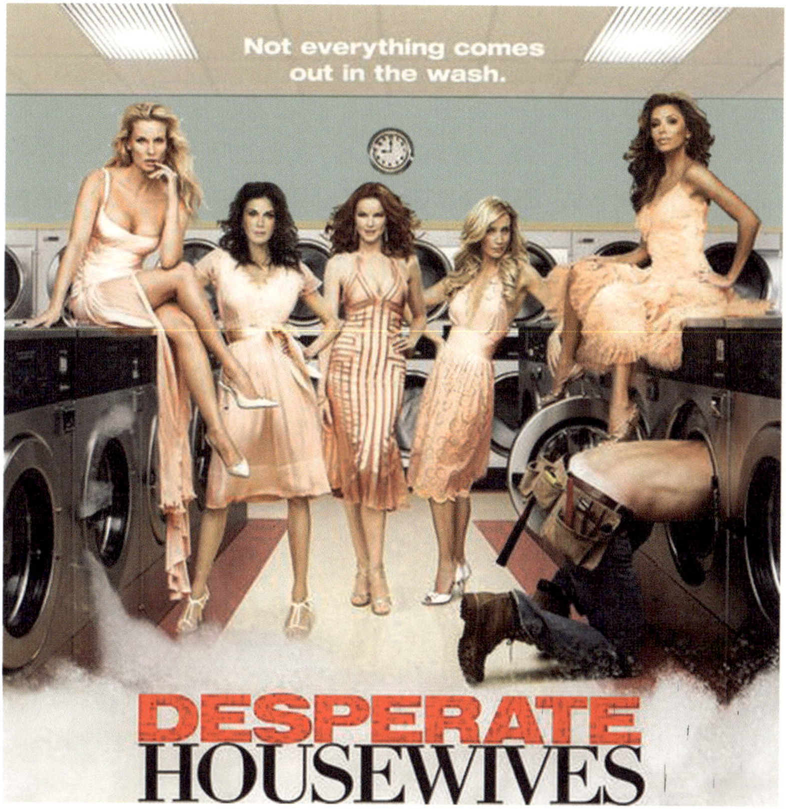

위험한 주부들-미국식 교외의 도시인격(Suburban Personality)

르 Baudelaire와 같은 만보객 flanerie을 만들었듯이 이러한 만보객은 하나의 도시인격 urban personality을 상징한다. 또 20세기 들어 미국의 대량 생산, 대량 소비사회가 시작되면서 시작된 도시의 교외화는 다시 그 교외의 도시인격 suburban personality을 만들어낸다. 남자는 차를 타고 직장으로 출근하고, 여자는 집에서 애를 키우고 집을 단장하고, 다시 밤이 되면 남편을 맞이하고.(물론 이러한 suburban personality에 반기를 든 feminism의 연원이 시작된 것도 이때이다) **21세기의 '도시가 만드는 인격'은 어떻게 될까.** 방의 문화에서 서성이는 밀폐공간의 도시인격, 압구정동의 허영의 도시인격, 용산참사의 철거민의 도시인격, 그리고 그 참사의 땅에 세워진 신도시의 도시인격 정도일까.

아마도 중국의 도시인격은 아니 중국 중산층의 도시인격은 아직은 소비문화에 다다르지 못했기에 이렇게 불황에 대책없이 흔들리는 것일 것이다. 물론 도시인격은 한순간에 형성되지 않는다. 문화와 사회. 그리고 경제와 정치 시스템같은 내부적 요소들이 더욱 중요할 것이다. 예를 들어 이태리의 대부분의 국민들은 영어에 무지하지만, 예로부터 상업에 치중했던 베니스나 오랜 전부터 상업의 상인의 역사가 깃든 네덜란드의 대부분의 사람들은 아주 유창한 영어를 구사한다.

김영삼의 글로벌리제이션

사실 한국에서는 국제화라는 측면에 정부 주도적으로 진행된 사례가 있었다. 바로 그 정부가 김영삼정권 때였다. 이 시기에 나라의 국력과 상품력이 외세의 유입에도 견딜만 하다는 일종의 가정 위에 해외 자본시장이 열리고, 더 나아가 해외 여행의 자유화가 본격적으로 추진되었다. 필자도 그 시절 어렵게 유럽여행을 시작한 세대이다. 그러나 이후 우리나라는 내가 보기엔 도시 인격이 너무 소비에 맞추어져 버렸다. 김영삼시대의 세계화의 기치가 어떻게 왜곡되었는지 배낭을 메고 외국으로 나가는 것까지는 좋았으나 그 이후 그러한 경험을 소비에만 치중하지 어떤 생산에 치중하지는 못했다. 그러니 대부분의 한국 사람들은 영어에 익숙하지 못하며, 잘 할 필요도 못 느끼는 것이리라.(생각해 보라. 물건 살때는 영어를 그리 잘 할 필요가 없다. 팔 때가 문제다)

글로벌리제이션은 양날의 칼

국가라는 일종의 거대 가버넌스Governance의 체계는 아직도 유효하고, 막강하게 영향력을 행사한다. 이러한 국가라는 틀을 넘어선 자본의 욕망이 글로벌리제이션을 만들었다. 자본주의 세상의 유토피아는 아마도 소비와 생산의 끝없는 팽창일 것이다. 그리고 그 팽창에서 나오는 끝없는 이윤추구일 것이다. 하나 여기서 자본이 간과하는 것이 바로 소비와 생산의 균형이다. 글로벌리제이션은 이러한 국가가 만들어 놓은 소비와 생산의 균형을 유지하려는 노력을 무력하게 만들어 버린다. 이러한 그치지 않는 이윤추구의 욕망은 지역적, 전 국가적 불균형을 만드는 것이다. 그러니 한쪽은 끊임없이 생산만 하는 중국과 한쪽은 끊임없이 소비만 하는 미국같은 나라가 있는 것이고, 한 나라의 소비가 죽어버리니 다른 나라의 생산라인은 기계를 멈추고 노동자는 일없이 거리를 방황해야 하는 것이다.

아마도 요즘은 그러한 자본의 이윤추구의 허영에서 빠져 나오려는 노력이 진행중일 것이다. 생각해 보면 참 그것도 역설이다. 국가는 나라의 경쟁력을 위해 글로벌화를 추진했지만, 이러한 경기후퇴의 상황에서는 세계는 도와주지 않는다. 오로지 그 주체는 다시 국가다. 오바마의 미국도 그렇고, 한국의 이명박정부도 그렇다. 어쩌면 국가가 불을 지핀 자본의 욕망이 망쳐 놓은 이 판을 국가가 다시 추스르는 형국이다.(세계의 다보스 포럼 Davos Forum에서 토니 블레어가 역설하는 것이 바로 전 세계적 자본의 통제였다. 그런 의미에서 IMF기구는 무력하기 짝이 없다는 식이다) 이런 의미에서 글로벌리제이션은 양날의 칼임에 분명하다.

글로벌리제이션의 그늘-패키지 어버니즘 package urbanism

중국이 생산기지이고, 미국이 소비거점이라면, 이러한 생산과 소비의 양극화, 글로벌 스케일과 로컬 스케일의 양극화는 좀 더 스케일을 줄여서도 설명이 가능하다. 특히 송도, 청라, 영종지구와 그 일대는 대표적인 케이스이다. 또한 이들 국제지구들의 양상은 세계의 자본을 끌어모으기 위한 온갖 환등상의 산물이다. 그건 바로 두바이 Dubai에서 본 인공섬 '월드 World'의 허영에 다름 아니다. 모든 자본은 이곳으로 오라. 여기는 자본의 유토피아이며, 당신은 이 곳에 있음으로서 자본의 제국에 입성하는 것이다! 그러나 그 주위는 어떤가. 송도는 빈 땅이고, 청라는 매립지 옆이며, 영종지구는 천혜의 자연이 매워지며 파괴되고 있다. 그것이 그들의 그늘이다. 이들은 이들만의 세상을 위하지 그 주변과는 전혀 상관하지 않는다. 이곳은 더럽고, 불편하고, 미개발된 주변과는 상관없이 모든 것이 다 있는 도시이다. 학교, 학원, 수영장, 직장, 주택, 공원 녹지 등등. 이곳은 이렇게 모두를 갖추고 있다. 한마디로 이것은 패키지 어버니즘 package urbanism이다.

제2의 Hausmannization은 불가능한가?

어쩌면 어버니스트가 해야 할 몫은 이러한 글로벌리제이션이 만들어 놓은 왜곡된 도시구조를 다시 올바르게 잡아야 하는 것일지도 모르겠다. 도시인격을 만드는 어버니스트. 진정으로 21세기에 맞는 Hausmannization은 불가능한가? 경제성추구(하수도개량, 마차의 수용), 가버넌스(폭동의 진압) 그리고 문화(만보객의 어슬렁거림)가 어우러진 오스만의 파리개조가 1차 도시개조의 심볼이라면, 현대에 들어 국제자본이 만들

자본의 명령센터, 런던 도크랜드, 파리 라 데팡스

어놓은 패키지화된 도시들과 자본에 소외된 기존의 지방영역, 그리고 그 남겨진 땅을 연결시키는 것은 오스만 이후의 2차 도시개조의 심볼이 되지 않을까.

2. 은행의 건축 혹은 자본의 명령센터 commanding center

■ 왜 세계자본 Global capital 들은 황홀한 도시의 자국 urban footprint 들을 필요로 하는가?

상하이은행-리차드 로져스 Richard Rogers, 중국인민은행-아이 엠 페이 I. M. Pei를 지나 파리의 라 데팡스 La Defance, 런던의 도크랜드 Dockland. 이 모두는 은행권, 소위 금융의 건축들이다. 한국의 예 또한 많다. 현대해상 광화문 사옥, 강남 사옥, 여의도 증권가, 산업은행건물, 시티그룹... 모두가 굴지의 회사들의 아이콘들 혹은 그들의 집합체이다.

자본은 흐른다. 굳이 맑스 Marx의 말을 안하더라도 자본은 멈추어 있으면 안된다. 그러한 흐르는 자본의 이른바 명령센터 commanding center가 바로 은행의 건축, 금융의 건축들이다. 최고의 의사결정들은 바로 여기서 일어난다.

> 어느 주식을 팔아 어느 곳으로 이동하는거야... 이 때 현금을 확보해 두지... 지금 환율이 이러니까 달러를 지금 매수해 두는게 좋을까?

약전의 인프라, 자본의 명령센터

필자는 이 이른바 이너서클 innercircle에 물론 가 본적이 없다. 그러나 이러한 의사결정은 충분히 예상할 수 있다. 그리고 이러한 이른바 자본주의의 총아들-은행권의 딜러, 집행부의 실세, CEO들에 의해 실로 국가경제, 아니 세계경제에 엄청난 반향을 일으킬 수 있는 행위들, 결정들이 이 곳에서 일어나고 있다.

그러면 이때 이러한 은행의 건축, 혹은 자본의 명령센터는 어때야 하는가. 당연히 인프라가 중요하다. 전자적인 정밀한 시장 모니터링이 가능해야 하고, 자본의 이동의 기록이 정확하게 이루어져야 하고(그래야 나중에 법률싸움에서 이길 수 있을 것이다), 오차는 최소한으로 해야 한다. 이 말은 곧 전기, 전자적 인프라가 확실히 갖추어져 있어야 한다는 말이다. 이른바 '약전 light electric'의 인프라. 한마디로 이러한 금융의 건축, 자본의 명령센터는 모든 정보가 들어올 수 있어야 하고, 저장될 수 있어야 하고, 또한 해커의 침입에서 안전해야 한다. 한번 상상해보자. 그 인터넷 회선이 얼마나 고밀도일까.[137]

첫 번째 인프라가 정보의 흐름을 보장하는 것이라면, 두 번째 인프라는 바로 사람의 흐름을 보장하는 것이다. 글로벌화된 자본들은 이른바 하늘길을 따라다닐 수밖에 없다. 그리고 이러한 하늘 길은 아무곳이나 열려져 있지 않다. 국제공항이 있는 곳만

137) 인프라 집적의 불균형에 관한 내용은 S. Graham의 『Splintering Urbanism』(2006)을 참조

도크랜드와 주요 거점을 연결시키는 Jubilee line, 런던

이 그러한 흐름의 시작을 잡을 수 있다. 그러니 손님 일년에 2명 있었다는 전남 무안 공항의 무안한? 사례가 일면 이해도 간다. '공항만 지어놓으면 자본은 올거야'라는 그런 생각. 아무튼.

국제공항과 이 금융센터의 연결관계를 잘 살펴보아야 한다. 라데팡스와 샤를 드골 공항 CDG airport의 연결, 그리고 도크랜드와 런던 히스로 Heathrow airport의 연결, 스키폴 Schipol과 암스테르담 자우드 Amsterdam zuid의 연결. 우리나라로 치면 인천공항과 도심의 연결. 여기에서 공통점이 하나 발견된다. 바로 '프리미엄 모빌리티 premium mobility'의 출현이다. 프랑스는 급행 RER이 지나가고, 도크랜드는 Jubilee line을 따로 건설해 바로 연결하고 있다. 스키폴과 자우드는 전용 NS열차가 있고, 서울 또한 공항고속도로, 신공항선, 이것 저것도 아니면 특급 리무진버스라도 있다. 이렇게 자본의 명령센터는 특수한 흐름을 보장받아야 하는 것이다.

최고의 의사결정은 정보로도 신속하게 진행될 수 있지만, 그렇다고 대면접촉 face to face의 중요성이 반감되진 않는다. **예를 들어 미국 재무장관이 한국 시티은행의 데이터센터에 저장되면 곤란한 정치적 이야기가 필요하다면 한국 시티은행장은 비행기를 타고 미국으로 들어가야 하는 것이다.** 일종의 프라이버시이다. 그렇기에 이렇게 정보적 인프라 뿐이 아닌 물리적 흐름의 인프라 또한 중요한 것이다.

하나 더 있다. 그건 바로 랜드마크landmark가 되어야 한다는 것이다. 요즈음 허름한 은행건물을 본 적이 있는가. 쉽게 생각해 보면, 여의도의 증권가나 굴지의 은행들, 보험사들이 하나같이 형상의 힘을 잔뜩 준 채로 굳어 있다. 미스터코리아들의 근육자랑, 아니면 미스유니버스의 몸매자랑, 아니면 밀라노의 패션쇼가 벌어진다. 건축미학의 관점에서 말이다. 사람들의 관심을 차지하고, 이른바 자본의 유치에 성공하려면 그러한 이미지의 전쟁에서 이겨야 하기 때문이다. 신용이 곧 가치가 되는 이 금융전쟁은 이미지가 생명이다. 이것은 물론 보통 사람들을 대상으로도 하지만, 위에 언급한 자본시대의 총아들을 더욱 더 타겟으로 하는 건 말할 필요도 없다.

이렇게 자본의 총아들이 모이는 곳에는 서서히 총아적 자본의 신문화가 모인다. 쉽게 생각해 보면, 컨벤션센터convention center, 콩그레스Congress와 같은 자본의 전시장, 그러한 신문화에 어울리는 세련된 레스토랑과 서점, 그리고 여흥을 즐기는 사교장... 그래서 런던 도크랜드Dockland의 지하, 서울의 무역센터의 지하 코엑스 몰은 이른바 신문화의 집결지인 것이다. 그리고 그러한 신문화들은 자본의 총아들 뿐만이 아니라 도시 소시민들의 단계에서 본격적으로 소비되기 시작한다. 마치 무역센터 지하의 코엑스 몰COEX mall처럼.

요새 미국사회가 힘들고, 그 여파로 세계가 몸살을 앓고 있는 것이 바로 신용의 위기이기 때문이다. 저 은행은 믿을 수가 없어. 내 자산은 안전할까. 이건 바로 자본주의의 펀더멘털에 대한 불신이기도 하다. 자본주의 체제는 확실한 명령체계적 위계를 가지고 있어 은행을 비롯한 금융권이 1차적 명령계층이라면, 2차적 계층으로 생산의 제조업권이 2차, 그리고 소규모 서비스업이 3차가 될 것이고, 그 나머지가 보통사람들

아셈회의장과 코엑스몰, 자본의 전시장과 신문화

이 있을 것이다. 굳이 계급이라는 말은 쓰지 않겠다. 자본은 아니 국가는 금융지원을 곧바로 3차계층으로 돈을 쥐어주진 않는다. 아니 안 그러려고 노력한다. 그건 자본주의의 근간을 흔드는 일이니까. 그러니 1차계층, 자본의 최상위부터 살리려 노력한다. 불을 지피는 것이다. 그것은 마치 캐스케이드 cascade와 같다. 그래야 자본이 이른바 '신용'을 기본으로 돈이 도는 것이다.

이렇게 최첨단의 건축미학으로 옷을 둘러싸고, 그리고 그 밑에 새로운 소비문화를 잉태시키는 이러한 은행의 건축, 자본의 명령센터들은 '신용'의 궁극의 목적을 추구한다. 이건 분명히 건축인으로서, 도시인으로서 알고 넘어가야 할 은행건축의 사회적 의미인 것이다.

프로젝트-EMU final thesis

3. 공항경제회랑과 직각의 축-국제자본과 지방영역의 상호 작용

■ 서론: 도시계획과 경제: 집중과 분산의 논리

지리학자 피터 홀 peter hall 138)의 견해는 매우 의미심장하다. 그는 유럽의 경제를 논하면서 이른바 APS Advanced Producer Service 고급 생산자 서비스산업이 없이는 유럽의 메트로폴리스는 성장할 수 없다고 말한다. 그리고 그러한 생산자서비스를 대표하는 업종이 바로 고부가가치 산업이라 할만한 금융, 하이테크, R&D, 법률, 디자인 서비스라 한다. 이들은 특유의 집적을 필요로 한다. 집적되어야 서로간의 커뮤니케이션이 형성됨이 용이하며, 대면접촉 face to face의 필요성이 어느 무엇보다도 선결조건인 이러한 산업의 구조상 집적은 필수적 요소이다. 아마도 송도, 영종, 청라의 수퍼 신도시들의 집적양상은 가히 세계적 수준일 것이다. 이들은 국제공항이라는 국가적 인프라를 이용해 국제적 자본의 유치거점을 목표로 열심히 공사중이다. 인천 세계도시축전과 같은 이벤트는 최종 목표인 국제 자본의 유치(12세기 베네치아의 대상인의 거점만들기 같

138) 피터 홀 Peter Hall(1920~) 피터 홀 교수는 현재 University College London에서 교수로 재직중이며, 동 대학에서 도시계획 분야의 역사와 이론을 가르치고 있다. 30권이 넘는 책을 출간하였으며, 주요 저서로는 『London 2000』(1963), 『Cities of Tomorrow』(1988), 『Technopoles of the world』(1994) 등이 있다.

은)를 위해 최소한의 국내 자본의, 민간 자본의 유치를 선행하고 있는 것이다. 왜냐 하면 국제자본은 잘 조성된 기존의 '도시성urbanity'을 필요로 하기 때문이다.

여기서 필자의 의문은 시작된다.

이렇게 형성된 글로벌 자본의 거점들이 모두 다 특정지역의 신생도시지역에만 집중된다면, 기존 도시 인천은 어떻게 되는가? 기존도시 인천의 잠재력과 역사는 글로벌 자본의 이윤추구에 밀려 소외되어야 하는가? 글로벌 자본은 그 시너지와 효율을 고려할 때 분명히 집적되어야 함은 옳지만, 분산의 가능성은 아예 없는 것인가? 그렇다면 시너지와 효율, 그리고 세계성과 지역성을 공존시킬 수 있는 다른 방법은 없는가? 이것이 바로 이 프로젝트의 출발점이었다.

■ 초록

국제화Globalization현상은 자본으로 하여금 막대한 도시의 영역에 개발의 자국을 남기고 있다. 소위 말하는 '국제자본'은 빠르고, 문턱없는 움직임을 바탕으로 얼굴과 얼굴을 마주쳐 이야기하는 대면접의 교류를 요구한다. 이는 지역경제에 있어 고용창출과 함께 지역경제의 투자를 일으키는 긍정적 요인이 막대하기에 각기의 지역경제는 이러한 소위 국제자본의 유치를 위해 혈안이 되어 있는 것이다. 특히 국제공항에서 메트로폴리탄의 CBD 영역으로 들어오는 길은 그야말로 새로운 산업의 공항경제회랑[139)]을 이룬다. 이들은 금융센터, 하이테크 기술산업, 연구와 개발 분야R&D와 같은 부분으로로 이루어지는데, 이러한 공항경제회랑 축을 따라 수많은 도시개발의 프로젝트들이 일어나고 있는 것은 이와 같은 경향을 증명한다.

그러나 필자는 이와 같은 공항경제회랑이 조성됨에 있어 지역간 경제의 불균형적 발전에 주목한다. 그 이유는 기존의 도시가 철저히 외면당하고 있다는 것에 기인한다. 산업구조의 측면에서, 또한 공항로의 접근 측면에서 기존 도시는 글로벌 자본의 유입 자체에 제약을 받는다. 필자의 직각의 축은 바로 그러한 공항 가는 길로서의 글로벌 자본의 길에서 기존 도시로 연결되는 축이다. 이는 공항 가는 길과 기존의 모빌리티라인의 교차점에서 출발한다. 이 직각의 축은 기존 도시로 들어오면서 기존 도시와의 경제적 측면에서의 상호 작용을 유도한다. 예를 들자면 기존 도시의 대학가는

139) 『한국의 도시』, 한국지리학회, 2005. p. 239

R&D센터로, 기존 도시의 공장지역은 3위계의 산업 tertiary business 지원으로 세계자본에 기여할 수 있다. 아파트블럭은 거주지의 제공으로, 또한 기존 도시의 위락시설들은 도시 어메니티 urban amenity를 제공하며, 기존 녹지와 수공간들은 직각의 축과의 교차점에서 자연적 어메니티 Green amenity를 제공하는 것이다. 또한 직각의 축과 기존 도시의 모빌리티와의 교차점들은 새로운 경제적 '플랫폼 Platform'으로 형성될 수 있다. 2가지의 유형이 적용될 수 있는데, 하나는 '도시생성기 타입 urban generator type'이며, 하나는 '십자가 타입 criss cross type' 이다. 전자는 도시가 형성되지 못한 교외지방에 적용될 수 있으며, 후자는 이미 도시화가 끝나 있거나, 낙후화가 진행되고 있는 곳에 새로운 도시재개발의 유형으로 적용될 수 있다.

●●● ***Abstract***

Lately, Globalization has been generated, capital has made massive urban footprint in the city so far. So called "Global capital" which requires "face to face" contact, and seamless and fast connections with city to city provides prosperity in terms of generating employment and investment of the capital in a local economy. Financial center, R&D, High-tech industry and advanced producer service which represents the global capital makes a certain "new Economic Corridor" from the airport to the metropolitan CBD area. This trend shows that so many urban development project has been going on this corridor in global condition. However, I' d like to make argument that this new economic corridor makes a certain inequality of economic viewpoint to the existing city, and focus on how to make global capital provides the benefit to the neglected existing city. The "perpendicular axis" of the way to the airport towards the existing city could make movement of this global capital into the local territory. It starts from the crossing point of local mobility line and the way to the airport. Moving towards the existing city, it generates the reciprocal interaction between the global capital and local territory in an economic point of view. For example, existing university area is to be R&D support, existing manufacture area is to be tertiary business or manufacture support. Existing commercial area is for urban amenity support, existing apartment blocks for living area support for the global capital. Existing water and green area is to be developed as nature amenity support area. More going into the existing city, the crossing area of this perpendicular axis and local mobility line could be developed as new business platform of the existing city. Following the TOD logic, within 1000m radius, It brings the diversity, density and pedestrian friendly business environment. It could be classified with 2 different type, one is in rural area for the new urban formation, the other is in existing city area for urban reformation.

Keyword : Globalization, way to the airport, perpendicular axis, interaction, TOD, urban formation

■ 공항경제회랑 Airport Economic Corridor

공항 가는 길, 세계자본이 가는길 Way to the airport is the way of the global capital

세계의 자본, 세계의 지식, 세계의 정보, 그리고 세계인(필자는 이 모든 세계의 주체를 세계자본 global capital이라 칭하겠다)이 다니는 곳은 빠르고, 유연하고, 그리고 문턱이 없는 연결을 추구한다. 스타연합항공 star alliance이 보여주는 광고는 이러한 세계자본의

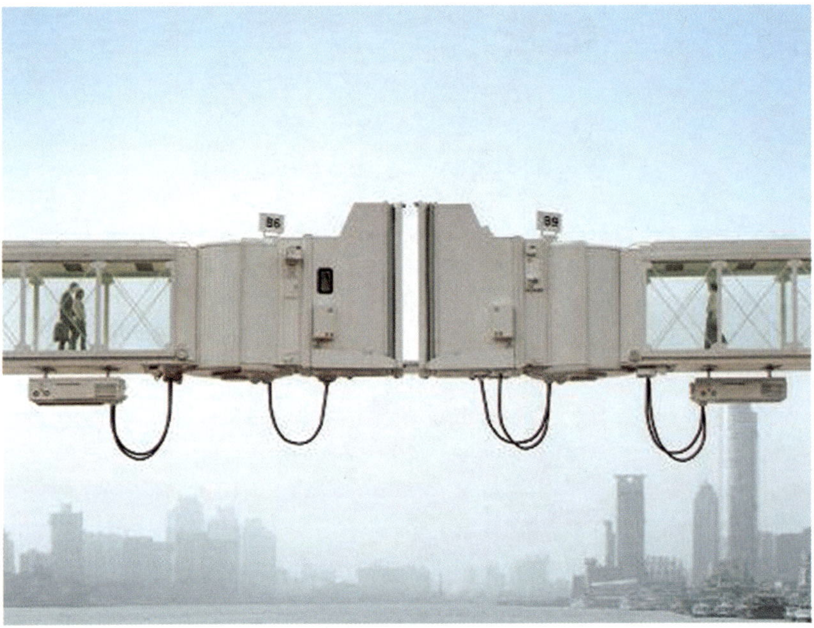

Star Alliance의 광고

대한항공의 서울에서의 직항노선

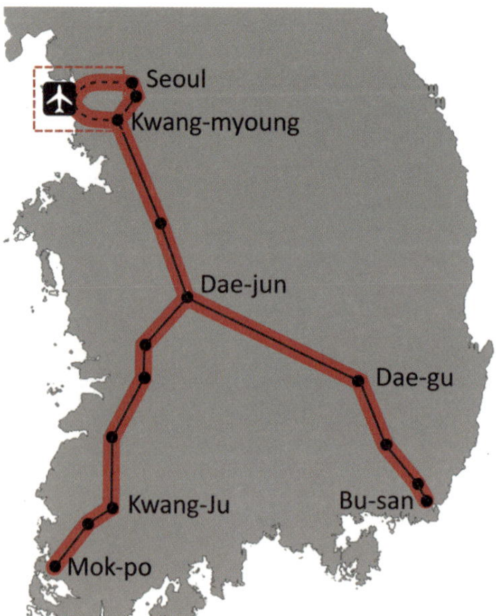

인천공항과 TGV와의 연결

연결을 상징할만 하다. 이러한 세계자본의 길로서의 공항길은 대한항공의 광고에서 보여지듯이 서울에서 세계 각지로 연결되는 항로로 표현되어지며, 다시 이렇게 들어온 세계자본은 다시 자국 내의 TGV와 같은 프리미엄 모빌리티와 결합되어 빠르고 신속하게 지방 주요 도시까지 연결해 준다. 이와 같이 세계자본의 길은 빠르고, 신속하며, 문턱이 없다.

이처럼 공항으로 가는 길은 새로운 산업을 일으키는 발생기의 역할을 하며, 이것의 대표적인 산업으로는 금융과 하이테크 산업이 있다. 이는 직접적 대면협의가 자주 필요하며, 제품의 무게가 육중하지 않은 이른바 '공항형 산업'이다. 이러한 공항형 산업은 세계의 경제가 서비스경제, 금융경제로 돌아서면서 가장 부가가치가 높은 산업으로서 각나라는 이 첨단산업의 성패에 나라의 운명을 걸 정도로 혈안이 되어 유치하고 있다.

공항경제회랑의 사례는 많이 발견되고 있으나, 대표적으로 암스테르담 스키폴 공항과 파리의 샤를 드 골 공항을 들고자 한다. 암스테르담 스키폴 공항의 사례는 스키폴 공항이 들어서면서 조성된 대표적 공항형 산업의 길을 볼 수 있다. 암스테르담이 가지는 근원적 한계였던 북쪽의 개발이 벽에 부딪치면서 네덜란드 정부는 의도적으로

인천공항에서 서울로 들어오는 길-공항경제회랑, 새로운 형태의 산업발생기:
금융과 하이테크 산업(Generator of new type industry: Financial & High-tech industry)

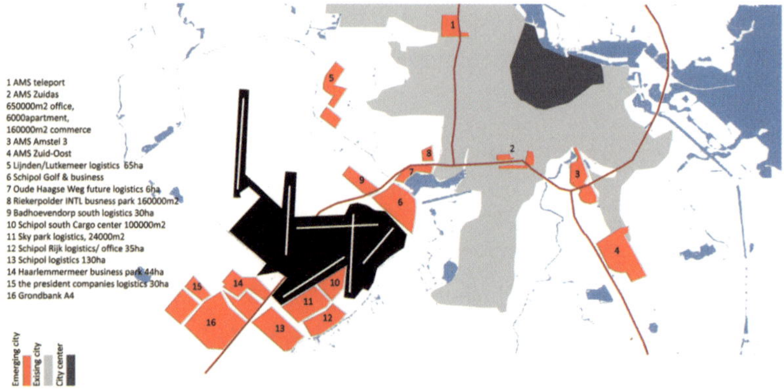

Amsterdam Zuidas의 전경

'도심을 버리자'는 정책을 취하게 된다.[140] 이는 향후 국가 근간의 산업의 축을 스키폴과 이에 이어지는 공항가는 길에 집중시켜 금융산업과 하이테크와 같은 고 부가가치 산업을 집중시킨 것이다. 그 대표적인 예가 바로 암스테르담 쥬이디스 Amsterdam Zuidas지역으로서 막대한 예산이 투입된 지역경제의 중추 경제플랫폼인 것이다.

이에 반해 파리의 샤를 드 골지역은 계획되지 않게 형성된 경제회랑으로서 1974년 샤를 공항이 완성되면서 나타난 경제회랑 지역이다. 그림에서 보여지는 것처럼 대표적 항공산업으로서의 물류센터를 비롯하여 Paris Nord 2와 같은 국제업무단지, 또한 많은 하이테크 산업단지의 집결양상을 확인할수 있다.

140) 암스테르담의 근원적 한계는 바로 암스테르담의 역사이다. 이는 내륙의 바다에 면해 근원적인 발전의 장애물로 인식되어왔다. 근래에 와서야 내륙해를 관통해 북쪽을 연결시키는 지하철과 지하도로 계획을 통해 북쪽과의 소통을 의도하고 있다.

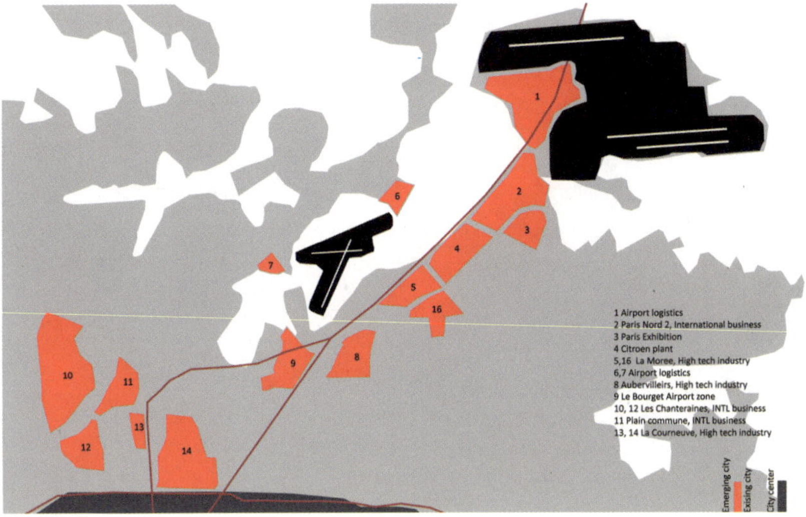

파리의 공항경제회랑

파리 nord 2

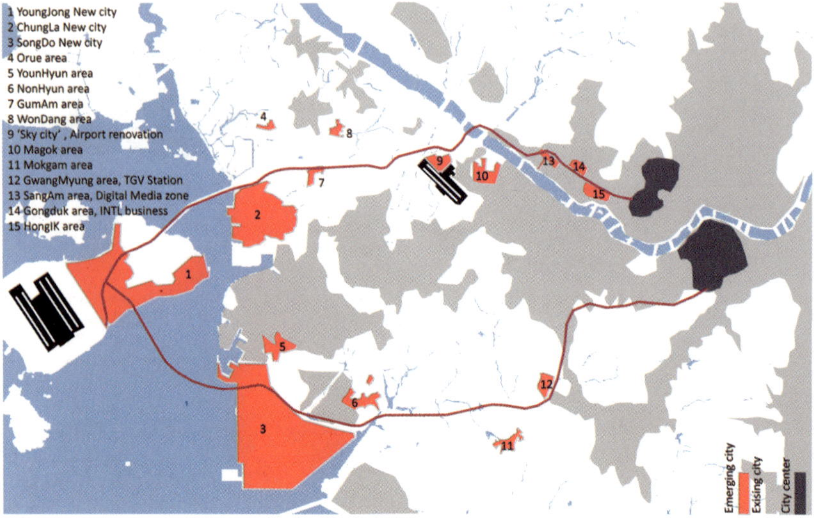

서울-인천의 공항가는 길

이와 같은 관점에서 서울을 살펴보면, 비슷한 경제복도만들기가 진행되고 있음을 보여준다. 인천 영종도 공항에서 서울로 들어가는 대략 40km에 달하는 길은 영종, 청라, 송도와 같은 대표적 공항신도시를 거치게 되어 있다. 또한 면면의 발전양상은 대략 공항철도의 노선과 김포공항에서 광화문을 연결하는 지하철 5호선의 노선과 일치하고 있음을 보여준다. 또한 남쪽의 경우는 아직까지 정부에 의한 발표는 없었지만, 기존 강남권과의 원활한 연결을 위해 TGV 역사가 있는 광명역까지의 구간은 매우 가능성이 있는 공항길로 개발되어 질 것으로 사료된다. 이와 같이 공항으로 가는 길은 세계 어느 지역을 막론하고 현대산업의 최중추의 역할을 담당하고 있는 것이다.

■ 소외받는 기존 도시 neglected city, 인천

기존 도시 인천은 이러한 공항가는 길과 그것에 의한 산업형성에 있어 철저하게 소외받았다. 필자는 이에 두가지 측면에서 언급하는데 하나는 모빌리티 mobility에 있어서의 접근의 어려움과 인천 산업구조 자체를 들고자 한다.

제한된 접근, 모빌리티의 불평등

아래의 그림은 기존도시 인천이 글로벌 자본에 어떻게 소외받고 있는지 보여준다. 대략 서울 CBD까지의 거리 50km 중 인천 도심과 직접적으로 연결되는 인터체인지는 한 군데도 없다. 지하철의 경우에는 단 2개의 역, 검암역과 계양역에서 연결되고 있다. 이는 단적으로 빠르고, 신속하고, 문턱없는 세계자본의 길에 접근조차 안되는 기존도시 인천의 실상을 단적으로 보여주는 것이다.

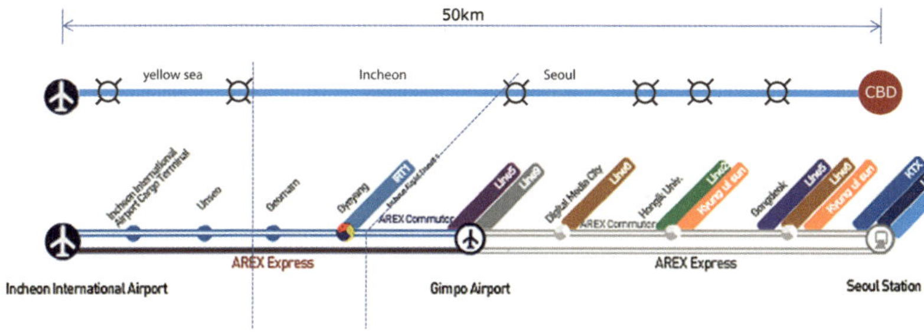

제한된 접근, 모빌리티의 불평등

인천의 제조업단지의 양상(보라색)

산업구조의 불평등: 고착된 저부가가치 산업

인천은 본래부터 지리적으로 정치, 경제적인 두 가지의 특성을 가지고 있다. 한 가지는 서울의 '국제관문gateway'이었다는 것이고, 또다른 하나는 이에 따라 항만을 위주로 한 제조업이 발달했다는 것이다. 현대에 들어서까지 이러한 특성은 기존도시 인천의 조직에 그대로 나타나 있다. 무려 35%에 달하는 인천의 면적을 제조업에 관련된 산업단지가 차지하고 있는 것을 보면 인천이 얼마나 제조업을 기반으로 하는 도시인지를 단적으로 말해 준다.

이 말은 바로 여러 가지의 경제지표로서도 나타난다. 서울에 비해 인천의 GDP는 50%가 넘게 제조업에서 생산되고 있고, 이는 서울의 70% 이상이 서비스업에서 생산되는 것과 비교된다. 또한 아래의 그래프를 보면 현대의 핵심산업으로서의 금융산업, 하이테크와 연구개발과 같은 고부가가치 산업의 양상은 매우 취약하게 나타나고 있다.

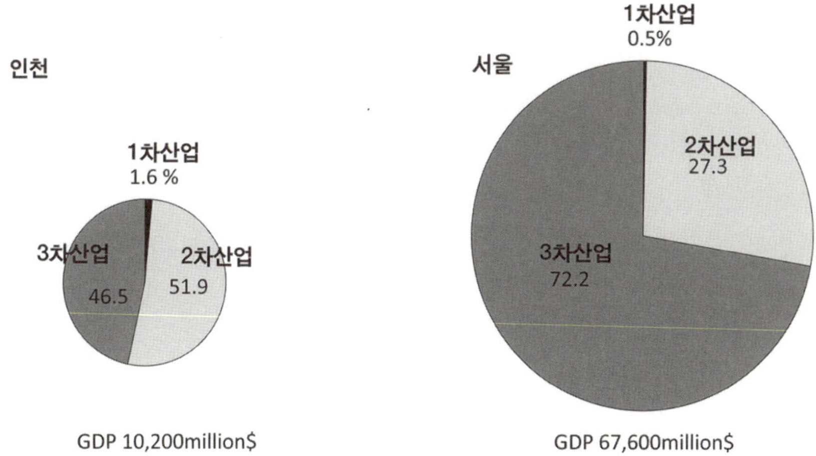

서울과 인천의 산업구조와 총생산비교

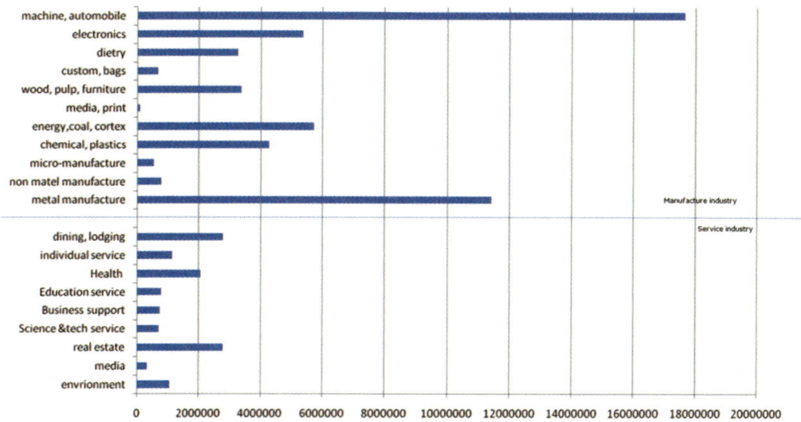

인천의 산업지표 : 제조업 중심의 경제가 서비스산업보다 월등히 많음을 보여준다.

패키지 어버니즘 package urbanism과 시나리오 0 zero

이에 비해 신도시의 상황은 어떤가. '인천 경제자유구역'이라 이름 붙여진 송도, 청라, 영종의 프로그램을 살펴보면 이들 신도시들이 이른바 고부가가치 산업으로서의 '항공형산업'을 독점하려 함을 알 수 있다. 물론 이들 대규모의 신도시들을 급속하게 만들려 하는데는 2002년에 개항한 영종공항에 맞추어 시기를 놓치지 않으려하는 측면이 없지 않으나, 이렇게 급속하게 만들어져 세계자본에 팔려야 한다는 일종의 당위는 더더욱 기존도시와의 관계설정을 어렵게 하고 있다.

또한 이렇게 급속하게 만들어져 팔려야 하는 도시는 빠른 시간 안에 신속하게 도시의 형태를 갖추어야 한다. 그렇기 위해선 주거, 업무, 상업, 녹지휴식공간 등의 도시계획상에서의 모든 필수적 프로그램들을 하나의 패키지처럼 제공해야 한다. 그러한 기본적 패키지에 덧붙여져 고부가가치 산업들이 마치 특수 아이템인 것처럼 들어간다. 이를 두고 필자는 package urbanism이라 칭하고 싶다. 즉, 이 말은 패키지 어버니즘이 될수록 기존, 주변 도시와의 관계설정은 요원한 일이 되고 마는 것이다.

이 그림들은 모든 미래의 프로젝트들이 이루어진 것을 가상한 이른바 시나리오 0의 상황이다. 이렇게 한번 형성된 신도시의 부가가치 산업의 독점은 경제적인 측면에서의 불평등을 넘어 사회계층간 갈등의 양상이 지리적으로 고착됨에 이르게 될 것이다.

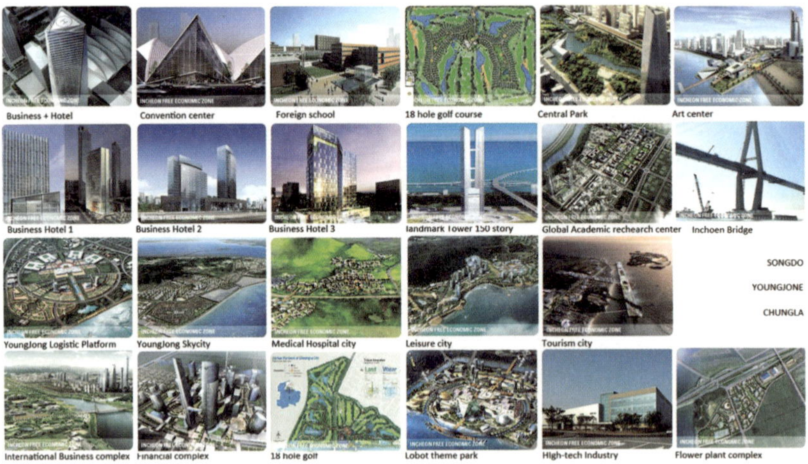

송도, 영종, 청라의 프로그램 아이콘들

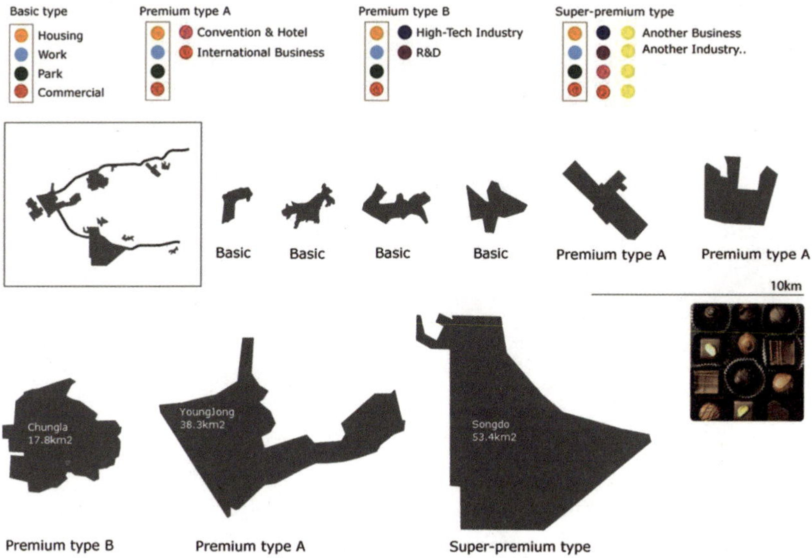

패키지 어버니즘(package urbanism)

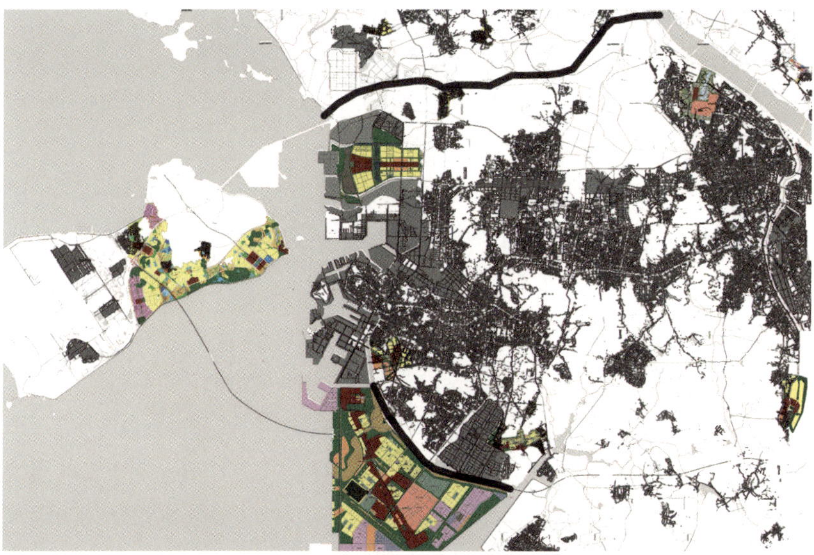

시나리오 0, 모든 신도시 프로젝트가 완성되었을 때의 인천의 영역

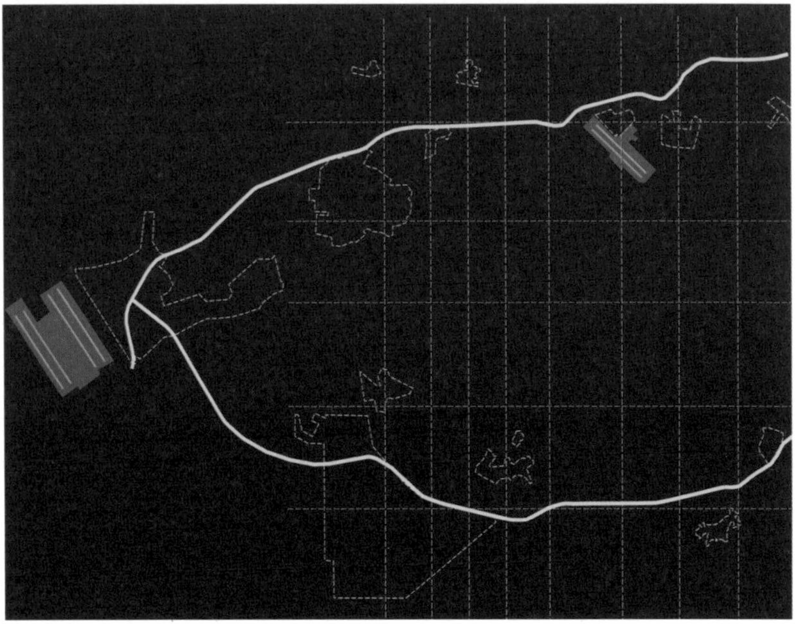

공항 가는 길과 신도시. 그리고 움직임의 매트릭스들

그렇다면 어떻게 세계자본을 기존 도시에 들어가게 할 수 있을까?
분명히 그것의 시발점은 공항 가는 길에서부터 찾아져야 하지 않을까? 그리고 어번 디자이너로서 그 시발점에서 기존 도시로 들어가는 어떤 물리적인 흐름을 디자인해 볼 수 있지 않을까.

■ 서울-인천 메트로폴리탄과 인천의 지형적 역사

서울인천 메트로폴리탄

한국은 극동지역에 위치한 나라로서 중국과 일본이라는 강한 이웃들을 가지고 있다. 이는 강대국의 틈 속에서 모빌리티의 허브hub가 되려는 국가적 과제를 가지고 있기도 한 것이다. 그렇기에 정부의 정책을 보아도 반도와 해양이 만나는 부분의 반도의 경계 부분에서 많은 경제적인 메인축들이 설정되어 있고 그것의 흐름을 대륙으로 끌어들이려는 국가의 정책적 선택을 볼 수 있다.

시계를 좁혀 서울의 메트로폴리탄으로 넘어오면 또 다른 많은 경제적 발전의 축과 영역을 볼 수 있는데, 이 중에서도 역시 인천공항에서 시작되는 국제교류 축이 모든 계획의 중심을 관통하고 있음을 보여준다.

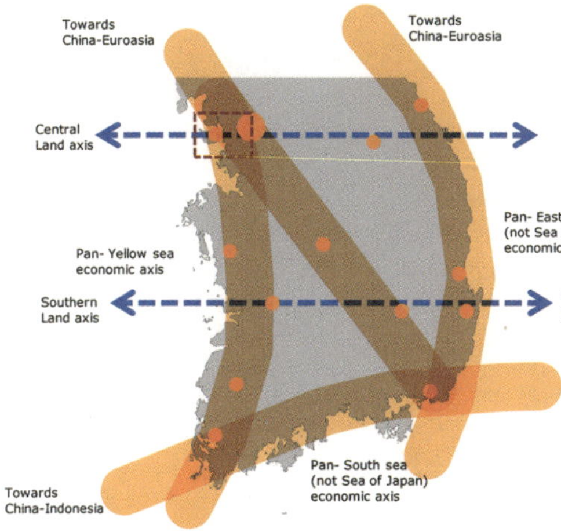

지역개발의 축, 국토해양부, 2009

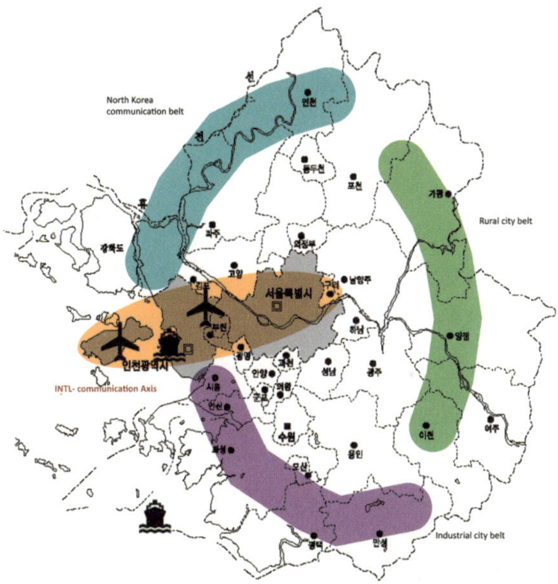

서울 메트로폴리탄의 발전전략, 서울시청

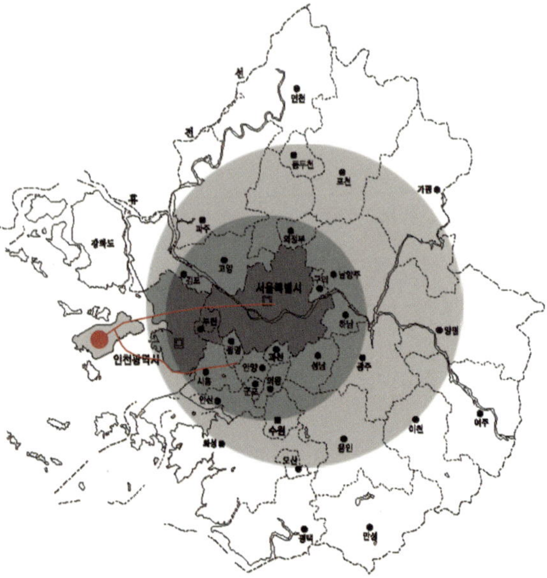

서울의 메트로폴리탄 영역

서울의 메트로폴리탄의 영역은 반경 50km를 축으로 형성되고 있다. 이는 주로 지하철 1호선과 동서를 관통하는 중앙선의 영향이 크다. 동쪽으로는 구리, 하남, 성남, 남양주권을 포함하며, 서쪽으로는 인천을 포괄한다. 남북측으로는 의정부, 고양, 시흥, 안산을 포괄한다. 2차 영역권으로는 약 70km의 반경을 포괄하는데, 이는 주로 고속도로에 연결된 신도시들이 더 외곽지역으로 확장을 한 것이 주된 이유이다. 동쪽으로 이천, 남측으로 광교, 천안까지를 포괄하며, 북쪽으로 동두천, 파주, 포천의 일부까지 확장된다.[141)]

인천의 지형적 역사

서두에서 언급했듯이 인천은 예로부터 서울의 국제적 관문이었다. 1920년 일제에 의해 인천항이 개항하면서 모든 군수물자와 1차적 산업의 수탈이 이루어졌다. 이후 1960년대에 이르러 다시 해면매축에 의한 시영역이 지속적으로 확장하였다. 이 시기에 인천

141) 이러한 도시팽창의 방식을 인트라 어번, 인터 어번의 팽창으로 언급할수 있는데, 이는 '도시확장의 두 가지 방식'에서 언급하겠다.

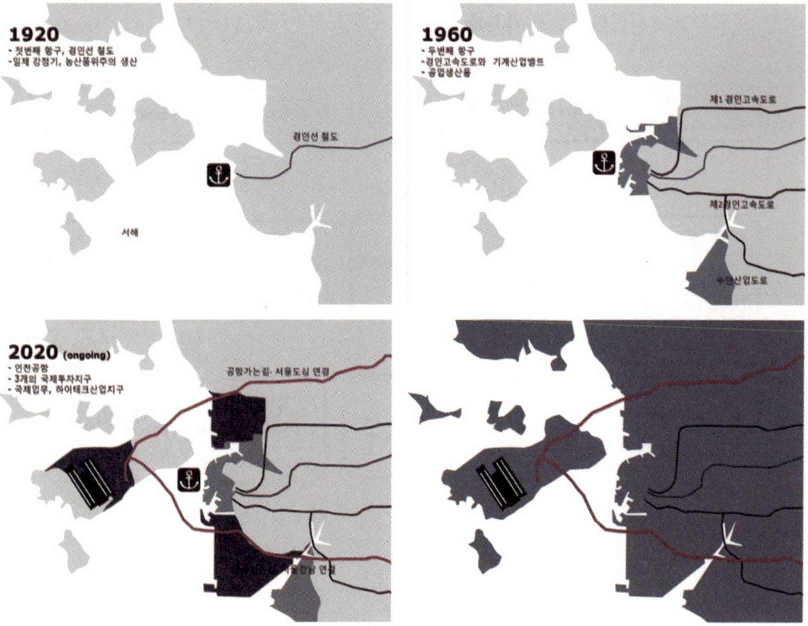

인천의 지형적 역사

항의 연안부두가 형성되었고, 이 시기 즈음에서 공업화단계를 거치게 된다. 경인공업단지가 형성되었는데 이 단지의 형성의 주요 교통의 축은 바로 경인고속도로였다.[142) 물론 경인고속도로 또한 서울과의 수평적 흐름이 강조된 교통의 축이라 할 수 있다. 이렇게 공업화단계가 성숙되어 갈 즈음에 다시 인천공항이 2002년에 개항한다. 인천공항의 개항 자체가 영종도서의 두 개의 섬을 매립해서 얻은 인공의 땅이었다. 그리고 기존에 매립지로 남아 있었던 동아매립지와 다시 송도라는 막대한 인공의 땅을 매립하고 있다. 여기에 항공형 산업, 즉, 세계자본의 유입을 목표로 금융산업과 하이테크산업을 기반으로 하는 신 산업지대로 조성하려 한다. 물론 공항 가는 길, 그 자체는 다시 강력한 수평적 축으로 서울까지 연결한다. 즉, 인천의 역사는 매립의 역사이며, 서울에 봉사하는 세계의 관문의 역사이며, 또한 이에 의해 형성되는 강한 수평성의 흐름의 역사이기도 하다.

142) 『한국의 도시』, 한국도시지리학회, P. 526참조

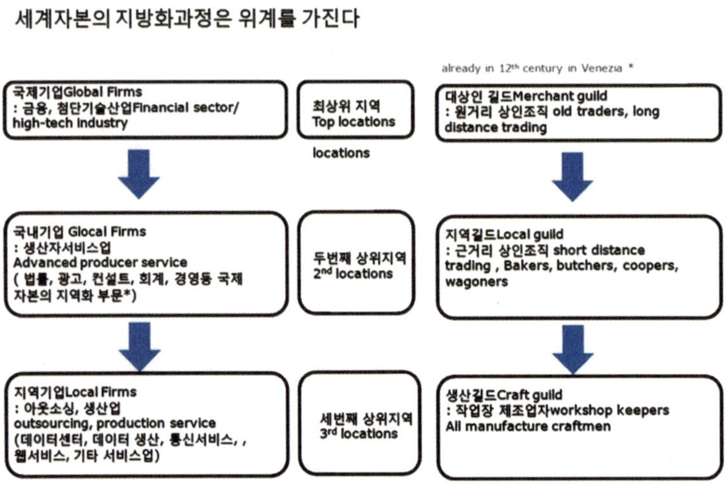

세계자본 → 지방영역

■ 상호 작용하는 세계자본과 지방영역

세계자본 ⟶ 지방영역

제인 제이콥스Jane Jacobs는 12세기의 베네치아의 예를 들면서 무역경제에 있어서의 3가지의 다른 경제의 흐름과 그 주체를 설파했다. 즉, 광역대상인long distance trader, 지역소상인short distance trader, 그리고 제조업자manufacturer였다. 이는 국가를 넘나드는 대상인, 그리고 그 대상인 밑에 있는 지역상인 그리고 그 지역상인 밑의 제조업자의 틀이었다. 이는 바로 계약상의 갑-을 관계를 나타낸다. 필자가 보기엔 이러한 3가지의 무역구조는 현재까지 유지되고 있다. 이 말은 바로 세계자본은 3단계를 거쳐 지역화가 된다는 논리이다.

예를 들면 송도프로젝트를 보자. 송도프로젝트는 이른바 세계의 자본, 게일Gale이라는 무역회사와 포스코Posco라는 국내 재벌의 합작품으로 시작했다. 이들이 돈줄을 쥐고, 계약상의 갑 중 갑의 위치를 차지하게 된다. 이들은 당연히 도시의 최고 자리(지대와 도시의 질의 측면에서)를 차지한다.[143)] 이 밑에 이제 국내의 업체가 붙는다. 이

143) 생각해 보라. 테헤란로의 빌딩, 강북 도심을 차지하고 있는 오피스의 대부분은 이러한 글로벌 자본이나, 국내의 재벌자본이다.

업체들은 마치 베네치아의 중간상인과 같이 국제적 자본이나 서울의 대자본을 지역자본과 연결시키는 고리역할을 한다. 즉, 글로벌 자본의 지역화가 시작되는 것이다. 이들 사무소의 위치는 이들과 가까운 그러나 이들이 차지했던 최고의 자리가 아닌 차선의 자리에 자리잡는다. 강남역, 강북의 부도심들. 이들은 다시 지역경제의 또 다른 지형도를 그려낸다. 이후 더 내려가 보면 이젠 전문적인 주문에 의한 생산에 주력하는 회사들이 있다. 이는 계약관계상 최하의 계층에 속하며, 중간상인의 주문을 받아 물품을 생산한다. 이는 공장과 같은 전통적 매뉴팩쳐 뿐만 아니라 다양한 산업의 체계만큼이나 다양한 생산품목이 존재한다. 휴대폰의 컨텐츠를 생산하는 기업, 건축물의 도면만을 생산하는 기업 등 다양한 서비스 생산업이 우리 사회에 퍼져 있고, 이들은 사회계약의 위계상 최하단을 차지한다. 대부분 이들의 입지는 임대료가 싼 도시 외부나 변두리 지역들이 많다. 양재동, 영등포, 구로역 등은 가장 대표적인 생산기지들이다.

지방영역 ⟶ 세계자본

지방영역은 다시 세계자본에 기여할 수 있는데, 이는 기존도시가 가지는 다양한 도시기능에서 기인한다. 노동력의 제공과 거주장소의 제공과 같은 기본적 기능 이외에도, 도시위락시설의 제공, 녹지와 같은 자연위락시설, 병원과 같은 사회적 인프라시설 등

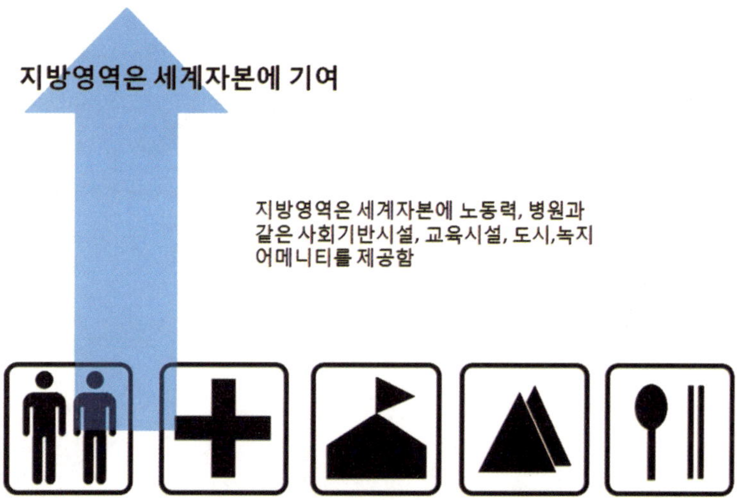

지방영역 → 세계자본

등을 근접된 거리에서 지원할 수 있다. 이는 이 모든 것들을 일거에 만들어내야 하는 패키지 어버니즘이 적용되는 신도시와는 전혀 다른 양상인 것이다.

■ 직각의 축, 상호 교류의 중추

직각의 축의 결정

필자가 제시하는 직각의 축은 공항 가는 길과 기존 지방도로와의 교차점에서 시작된다. 직각의 축을 형성하는 것은 기존 도로이며, 이는 고속도로와 너무 세밀한 지역도로는 배제한 것이다. 그 이유는 전자는 세계자본과 지방영역의 상호 작용을 의도하기엔 속도가 너무 빠르며, 세밀한 지역도로는 그렇기엔 도로용량 자체가 안된다. 또한 무리한 개발은 오히려 지역조직의 파괴를 유발하기 때문이다.

따라서 이를 결정하기 위해서는 몇가지의 기존 컨텍스트를 고려해야 하는데 그것은 다음과 같다.

① 기존 모빌리티 라인의 연장

기존의 메트로 라인이나 국도와 같은 기존의 주요 모빌리티 라인의 연장선과 공항 가는 길과의 연계를 고려할 수 있다.

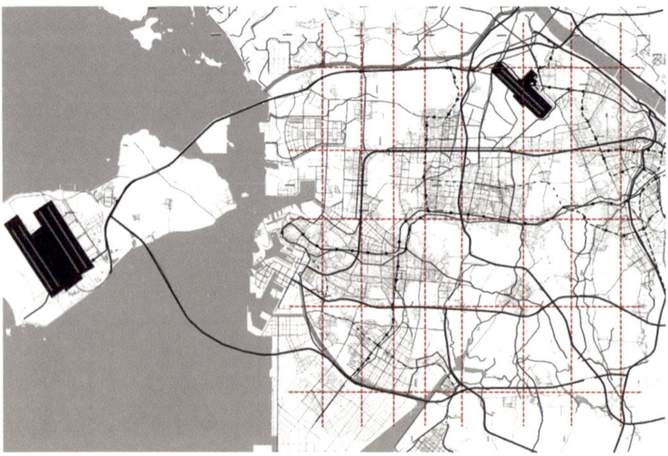

기존 모빌리티 라인의 연장

② 신도시의 출입구들

지방정부가 가지고 있는 신도시의 마스터플랜을 살펴보면 주요 도로의 계획을 살펴볼 수 있으며, 이는 직각의 축 설정에 매우 중요한 고려사항이 된다. 왜냐 하면, 직각의 축은 기존도시와의 연관과 함께 신도시와의 교류 또한 고려되어야 하기 때문이다.

③ 산세, 자연의 고려

서울과 인천 사이에는 지형적으로 곡선형의 산세를 가지고 있다. 이러한 산세는 가급적 개발의 영향권에서 벗어나야 바람직할 것이다.

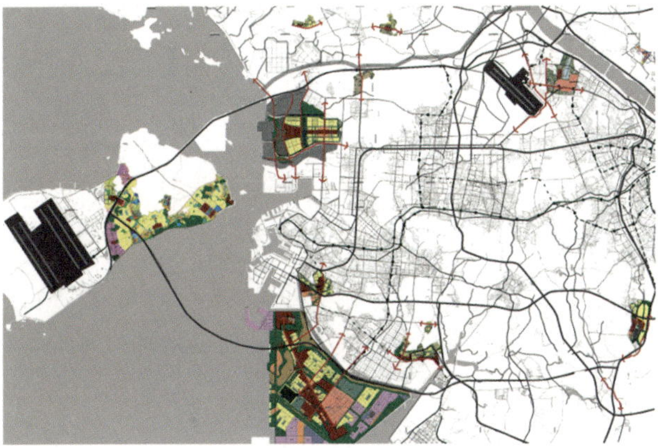

신도시의 주 출입구

산세의 고려와 1과 2의 중첩

최종의 라인 확정

4개의 축은 공항 가는 길과 기존 주요 도로와의 교차점에서 출발하였다. 아래의 그림들 중 위의 그림상에서 보여지듯이 비교적 등분포된 형상을 이룬다.

다양한 지역을 통과하는 직각의 축

설정된 직각의 축들은 다양한 기존도시의 영역을 통과한다. 예를 들면 농지와 공터,

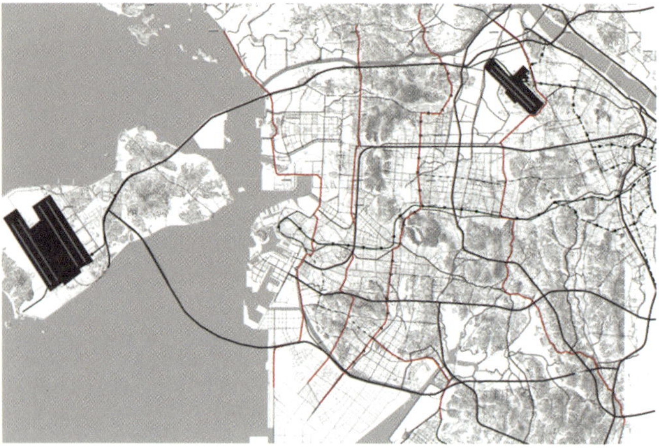

최종의 직각의 축

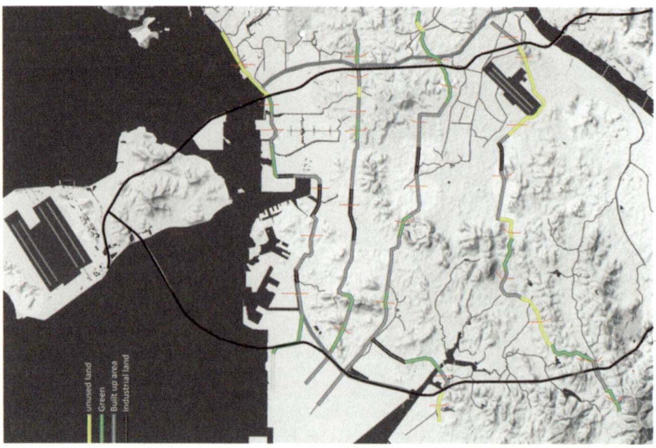

직각의 축과 주변의 도식

그리고 녹지와 같은 비도시화 지역과 일반 주거단지와 도심부, 또는 공장과 같은 산업지대등의 도시화 지역을 거쳐, 대부분 생성되어지는 신도시에서 끝나게 된다. 이러한 다양한 영역의 통과는 그 만큼 세계자본에 있어 다양한 분야의 지원을 받을 수 있다는 것을 의미하며, 또한 이러한 다양성은 굳이 지역적 공간적 의미만이 아닌 사회적, 신분 계층적 의미의 다양성도 의미하는 것이다.

직각의 축과 상호 작용하는 세계자본과 지방영역

① 세계자본 ⟶ 지방영역

직각의 축에서 세계자본과 지방영역과의 접점은 지방의 도로가 공항 가는 길과 만나는 곳에서 시작된다. 이 첫 번째 교차점은 세계자본의 지방화 단계에 있어서의 첫 번째 위계점을 가지는 곳으로서 글로벌 비즈니스 플랫폼 Global business platform으로 기획되어진다.

세계자본과의 첫 번째 접점: 글로벌 비즈니스 플랫폼

세계자본과의 두 번째 접점 : 글로컬, 혹은 아웃소싱 비즈니스 플랫폼

이렇게 첫 번째로 만나는 세계자본과 지방영역은 다시 기존도시로 내려오면서 두 번째 접점을 만나게 되는데 그곳은 지방의 주요교통의 축과의 접점이다. 이는 지하철 또는 지방의 주요 도로에 해당하며, 이 접점은 세계자본의 지방화에 있어 하위단계에 해당하는 글로컬 비즈니스Glocal business, 혹은 아웃소싱 플랫폼Outsourcing platform으로 기획되어진다.

② 지방영역 → 세계자본

다시 이와는 반대로 직각의 축은 지방영역이 세계자본에 기여할 수 있는 공간적 축이 되기도 한다. 지방영역은 물론 많은 도시적 프로그램을 가지고 있으나, 필자는 그중에서 교육적, 그리고 비즈니스적 인프라가 될 수 있는 대학가, 그리고 매뉴팩쳐의 기반 또는 제3위의 산업지대로 기능할수 있는 공장지역, 그리고 거주지를 제공할수 있는 아파트지역, 도시위락시설Urban amenity을 제공할 수 있는 상업지역, 자연의 어메니티amenity를 제공하는 녹지지역과 수공간 공원시설을 제안한다.

대학가와 주변지역의 R&D 지역의 형성

공장지역과 주변지역의 매뉴팩쳐 지역의 형성

아파트 지역과 주변지역의 거주지 지역의 형성

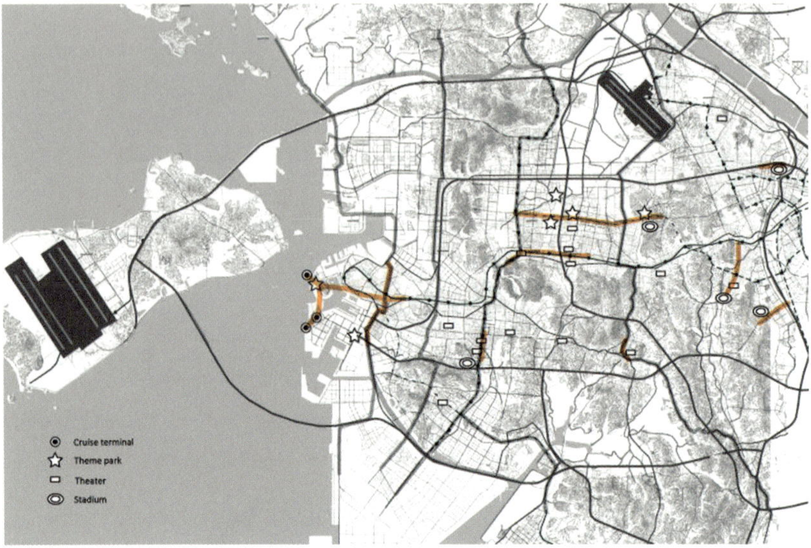

도시의 위락포인트들과 도시 어메니티 지역의 형성

녹지지역과의 교차점 : 자연적 그린 어메니티 지역의 형성 유도

수공간 지역과의 교차점 : 자연 어메니티 지역(워터파크)의 형성

모든 상호 작용(Interaction)의 종합도

라 데팡스의 모습,
전형적 수직단절의 사례

보행자 문화와 자동차 문화를 철저히
분리한 도시성이 빈약한 지상층의 사례

■ 교차점의 경제거점 business platform 화

교차점의 개발방식은 여러 가지가 있을 수 있고, 현재까지도 많은 논문들과 작품들이 나와 있다. 필자는 이 모든 것에 대해 언급할 수는 없다. 그러나 하나 분명하게 깨달은 것은 교차점 개발이 라 데팡스와 같이 '차는 전부 지하로, 사람은 전부 다 지상으로'라는 논리로 개발되어서는 안된다는 것이다. 라 데팡스의 건축적 위상이나, 도시계획적 디자인 접근은 매우 고무적이고, 20년이 지난 지금까지도 이른바 경제거점 business platform의 전형처럼 여겨지고 있으나, 그러한 단순한 보차 분리의 경구는 조심해야 한다고 필자의 mentor Stephen Read는 이야기 한다. 바로 낮과 밤의 라 데팡스가 만들어내는 풍경만큼이나 지상과 지하의 풍경 또한 너무나 대조적이다. 이와 같은 급격한 수직적 단절은 제인 제이콥스가 일찍이 설파했던 다양성의 측면에서 실패의 전형임을 말해 준다.

먼저 교차점들의 계획에 앞서 필자는 광범위한 분야에서의 이른바 경제거점 business platform의 사례를 수집하였다. 물론 이 모두가 필자의 논문의 방향과 일치하는 것은 아니지만, 향후의 복합개발, 혹은 생산의 기지를 위한 자료로서는 요긴할 것 같아 본고에 기재한다.

TOD in Europe(NL), Transfering point Global to local or Big capital to small capital

Hague, HS station 0.65km²
Local business service and living area

Hague, Centrum
Global & Local business, administration, living area, multi-modality point

Hague, Laan van noi 0.36km²
Local business, living area

Utrecht, Centrum 0.45km²
Local Financial, business, commercial office area

Rotterdam Alexander
Local Business, commercials, manufacturing, living area

Amsterdam Sloterdijk
Global & local Financial, APS, Living area

Amersfoort Centrum
Local Financial, APS, Administration, Commercial, Living area

Almere, Centrum
Local Business, APS, Financial, Commercial, and living area, Administration

교통교차점의 개발양상, 네덜란드

Sort of Value producing zones, Europe - scale & urban fabric

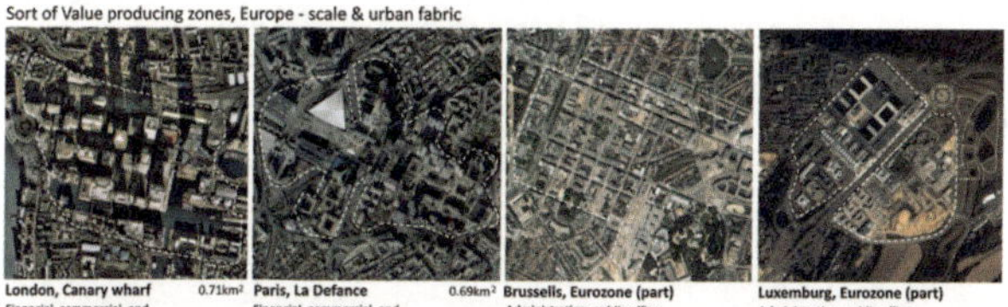

London, Canary wharf 0.71km²
Financial, commercial, and Advance producer service

Paris, La Defance 0.69km²
Financial, commercial, and Advance producer service living area

Brussells, Eurozone (part)
Administration, public office Advanced producer service

Luxemburg, Eurozone (part)
Administration, public office Advanced producer service

Paris, Paris nord 2 (part)
International business area, Logistics, global companies' branch

Paris, Citroen plant (part)
automobile factory

Amsterdam, Zuidas 0.25km²
Financial, global business & APS

Amsterdam, Center
Tourism and 2nd business service

유럽 생산기지들의 스케일 비교

Sort of Value producing zones, South Korea- scale & urban fabric

Seoul, Gangnam 1 (part)
Financial, commercial, and Advance producer service, Venture company, Living area

Seoul, Gangnam 2
Financial, commercial, and Advance producer service High tech industry-eletronics, Living area

Seoul, Yeouido
Financial, Global Business Living area

Seoul, Guro digital complex
High-tech industry, Venture complex, Apartment style factory, Living area

Seoul, Yangjae
Oursourcing, small service industry, Venture companies, Living area

Incheon, Namdong IND complex
manufacturing- metal, plastic, chemicals

Incheon, GM plant 1.1km²
Automobile manufacture

Giheung, Samsung plant 1.0km²
semi conductor complex

한국 생산기지들의 스케일 비교

■ TOD Transit Oriented Development 계획

TOD의 개념은 말 그대로 도시교통체계를 대중교통체계로 전환하고, 그것에 맞는 도시계획을 하려는 시도로서 미국의 Peter Calthrope에 의해 주창된 개념이다. 즉, 대중교통의 결절점 transit point을 중심으로 반경 1000m 이내를 보행인에 편리한 환경을 제공하며 업무, 상업, 주거기능을 복합하여 다양성과 적정한 고밀도를 유지, 토지의 효율성을 높인다는 개념이다. 특히 프로그램 분배에 있어 500m 이내는 업무+상업 위주의 배치, 그리고 그 밖의 영역은 주거+상업의 배치를 택해 건물의 모폴로지 morphology까지 연계, 발전시킬수 있는 컨셉이다.

이러한 TOD는 두가지의 다른 스케일로 적용될 수 있다. 하나는 상기했듯이 주요 모빌리티의 교차점에 적용하는 1000m의 스케일이 있고, 또 하나는 미국식 서버번의 infill에 적용 가능한 광대 스케일의 작업에 적용될 수 있다. 이 또한 매우 흥미로운 컨셉으로 1000m 스케일에 적용된 보행인의 개념을 확장하여 모든 도로들이 각각의 위계를 가지고 도시의 각각의 지대들과 연계되어 TOD를 만드는 확장된 개념을 볼수 있다. 본고에서는 첫 번째 스케일을 따른다.

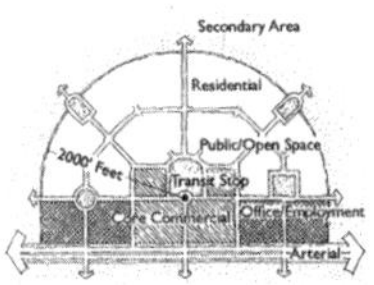

Basic TOD Diagram.
TOD's are mixed-use districts within a comfortable walking distance of a transit stop and core commercial area (about 2,000-feet). A walkable environment makes it attractive for residents, visitors, and employees to travel on foot to transit and conveniences.

Building Design.
Buildings in TODs address the street and sidewalk with entries and windows, not blank walls or parking lots. Parking is placed to the rear of buildings.

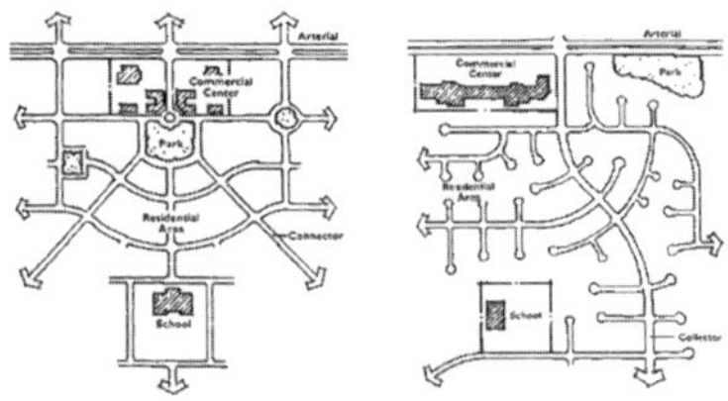

Direct Paths.
Street alignments should not isolate surrounding uses from local conveniences, as is the case with circuitous street networks (at right). Instead, street alignments should provide direct and inviting routes to local destinations (as at left).

Transit-Oriented Development Guidelines by Peter Calthrope, 2009,http://www.calthorpe.com/

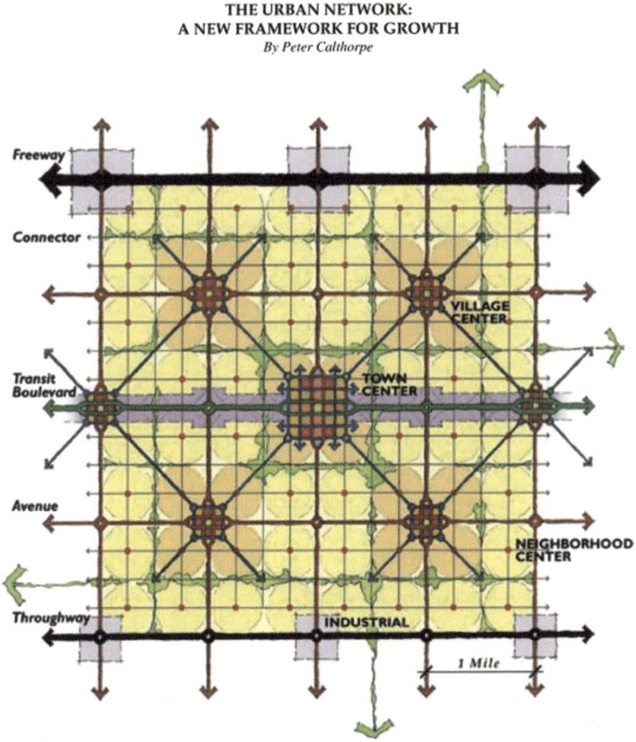

확장된 TOD의 개념

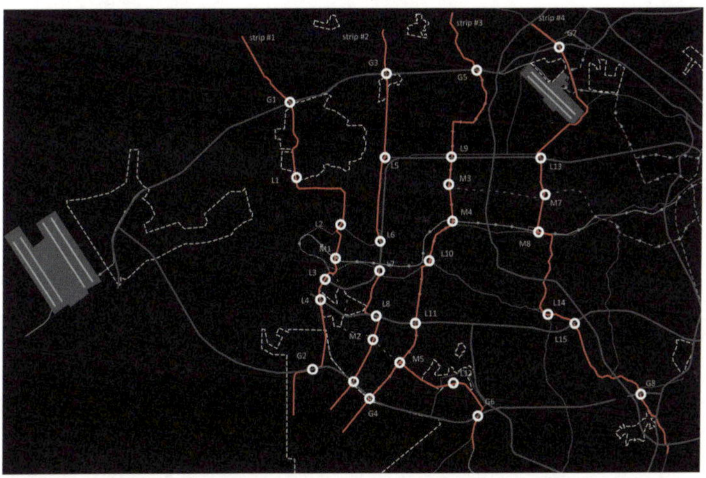

교차점의 TOD 개발, 31 crossings

Tool box

필자는 이러한 TOD개념을 본고의 '직각의 축'에 적용함에 있어 적용의 원칙을 세우기 위해 필자가 고안한 것이다.

① 거리에 따른 일반 TOD개념

그림에서 보듯이 TOD의 일반개념은 그대로 직각의 축과 교차점에서도 적용 가능하다. 또한 500m, 1000m의 경계에 굳이 얽매일 필요는 없지만, 이 경계를 이용한 프로그램의 혼합도 가능하게 적용될 수 있다.

② 컨텍스트에 따른 두가지 TOD의 개발

본고의 직각의 축에 TOD 개념을 적용하려면, 일종의 현지화가 필요했다. 특히 도시화가 진전되지 않은 농촌지역이나, 비도시지역에서는 별 문제없이 적용될 수 있으나 이미 도시화가 완료되었거나 낙후된 지역에서 이 개념을 그대로 적용한다는 것은 애초부터 불가능했다. 따라서 본고에서는 두 가지의 다른 TOD의 조성형식을 제안한다.

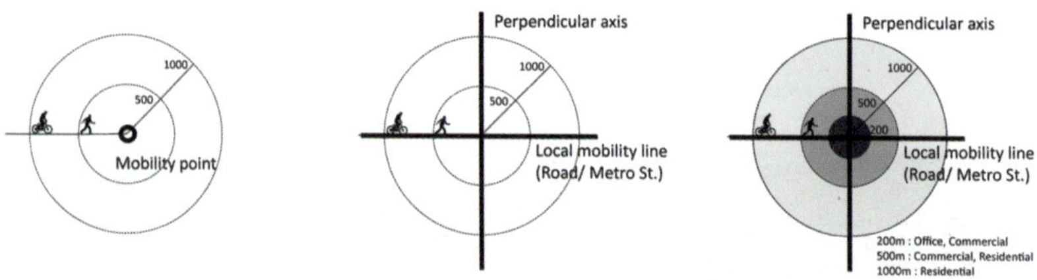

거리에 따른 일반 TOD의 개념 적용

두 가지의 다른 TOD 유형

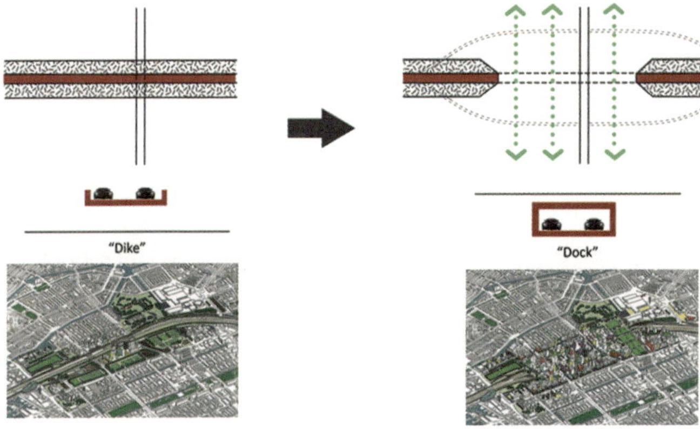

다이크와 도크, Amsterdam Zuidas

하나는 도시발생기 urban generator 타입으로서 비도시지역에 적용된다. 이는 가급적 TOD의 논리를 그대로 따르면서 도시를 발생시키는 도시씨앗 urban seed의 역할에 다름 아니다. 또 다른 하나는 십자가형 Criss cross 타입으로서 도시지역에 적용된다. 도시개발의 형태를 십자가로 한 이유는 간선도로와 지하철 노선과 같은 주요 교통라인에 직면한 곳을 개발한다는 의미로서 이렇게 간선도로에 직면한 곳을 업무지역으로 개발하는 것이 법규적으로도 지역의 컨텍스트로서도 어울리는 개발이기 때문이다.[144)]

③ '다이크' 보다는 '도크 Dock rather than Dike'

다이크와 도크의 개념은 Amsterdam zuidas 개발에서 언급된 말로서, 이는 두 가지의 모빌리티 라인이 교차할 때 '도크'는 하나를 지하화시켜 지상의 도시조직의 연속성을 추구한다는 의미이며, '다이크'는 하나가 지상화가 되면 그 밑에 개구부를 뚫어 도시조직을 연속시킨다는 의미이다. 물론 지역도시의 측면에서 볼때 도크가 다이크에 우세한 것은 당연하다.[145)]

---

144) 사실 이 타입은 많은 새로운 가능성을 열어준다. 필자 또한 TOD의 개발방식이 굳이 기존도시에 필요한가라는 근본적 의문을 가지지 않은것은 아니나, TOD가 가지는 고효율적 토지이용과 다양한 프로그램의 투입, 또한 보행인위주의 가치에 주목해 대안을 제시한 것이다. 여기에 있는 십자가형개발은 간선교통라인에 직면한 곳을 개발하는 논리라면, 그 후면을 개발할수도 있다는 necklace형의 개발 또한 고려되었음을 밝혀둔다.

145) 암스테르담 zuidas의 경우를 보면, 정부는 최종적으로 dock계획을 승인하고, 그것에 맞는 대안을 가지고 있지만, 공사비의 문제로 아직도 dike의 형태로 쓰고 있다.

④ 프로그램의 분배, 기존 컨텍스트에 따른 변형

본 고의 프로그램의 setup은 암스테르담 zuidas의 사례를 원재로 삼았다. 즉, 업무 40%, 주거 40%, 공공영역 20%의 기본 프로그램에 필자의 의지로 주거분 40을 반으로 나누어 20%를 상업지구에 부여했다. 즉, 40+20+20+20의 분배를 기본으로 시작한 것이다. 이후 이 프로그램의 분배는 지역의 컨텍스트에 맞게 변화되는데, 예를 들어 주거가 강한 지역이면, 주거분을 10%상향시키고, 상업이 강하면 상업분,그리고 공장 지역과 대학가가 인접한 부분은 업무의 수요가 많을 것에 대비 업무분에 각각 10%의 상향 프로그램을 기획한다.

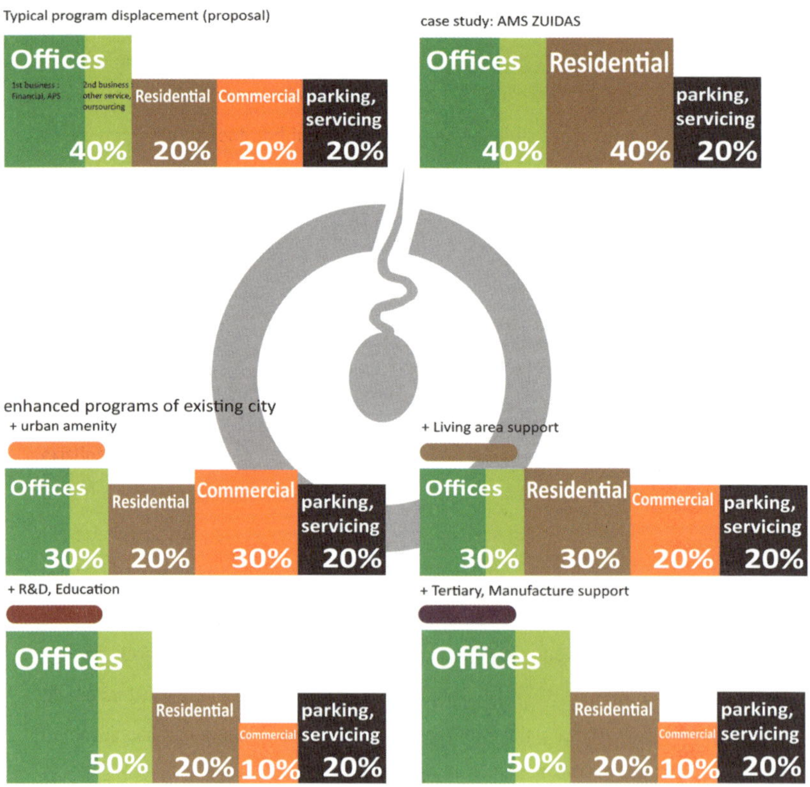

프로그램 툴박스

⑤ 모든 교차점의 정리, 33개의 교차점

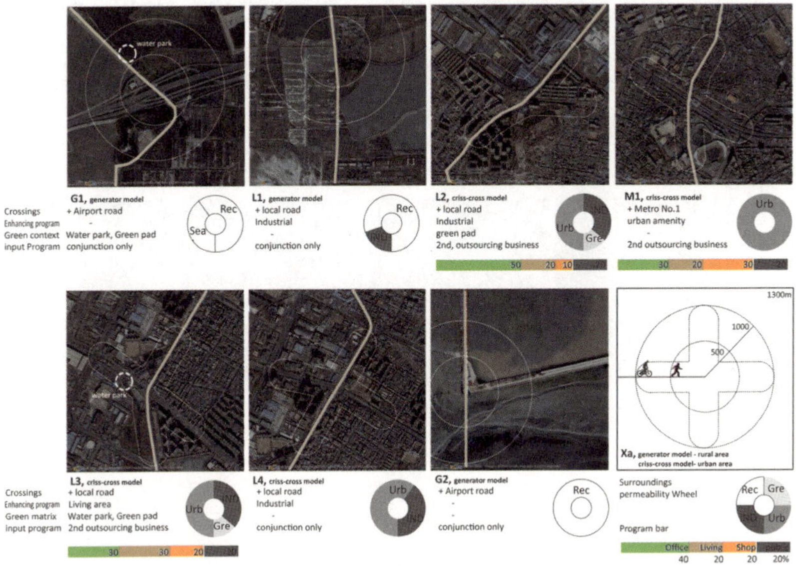

직각의 축 #1의 교차점

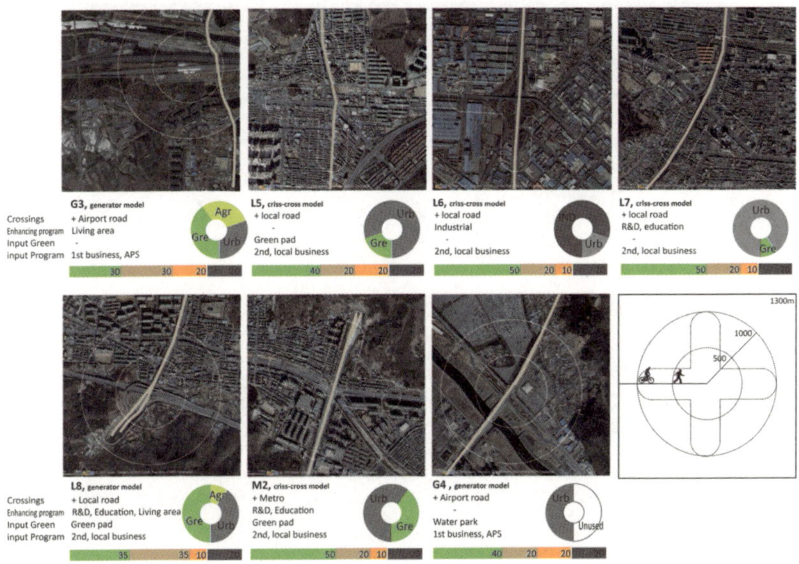

직각의 축 #2의 교차점

직각의 축 #3의 교차점

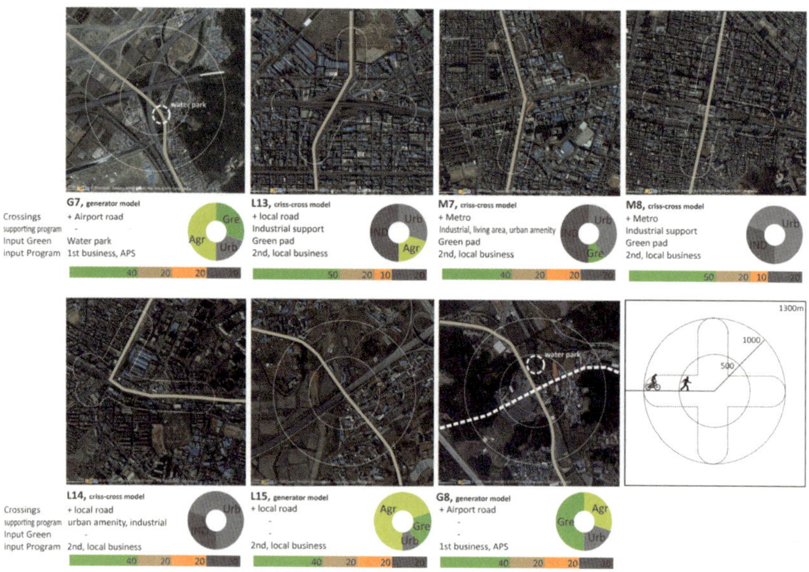

직각의 축 #4의 교차점

11개의 도시발생기(urban generator) 유형, 14개의 십자가(criss cross) 유형

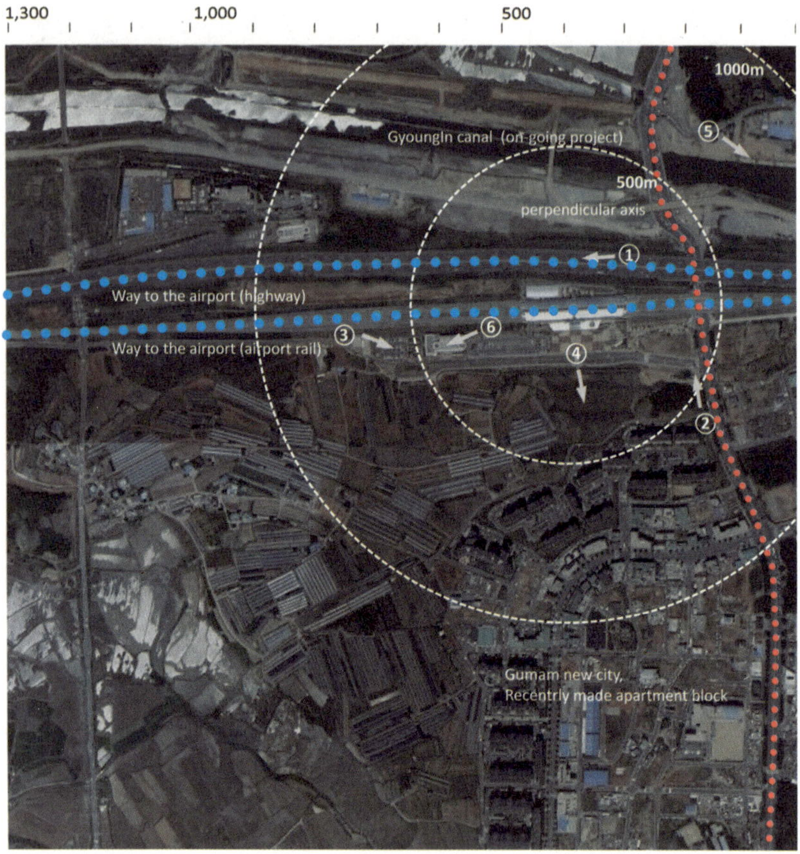

교차점 G3

■ 교차점 개발 상세 small scale intervention

이번 단락은 두 가지의 다른 형태와 배경을 가지는 교차점 개발 상세이다. 개발되어지는 분위기나 기능, 그리고 도시형태는 확연한 차이를 가지고 있으나, 하나 공통된 점이 있다면, 바로 언술했던 TOD의 컨셉으로서 밀도, 다양성, 그리고 보행인 중심의 개발이 적용된다. 한 곳은 직각의 축 #2의 첫 교차점인 검암역을 대상으로 선정했고, 다른 한 곳은 직각의 축 #3의 지역 모빌리티로서의 지하철 1호선역인 부평역을 대상으로 선정했다. 전자는 도시화가 비교적 이루어지지 않은 부지로서 도시발생기 유형 urban generator type을 적용하며, 후자는 완전한 도시화가 이루어진 후 낙후지역으로 남고 있어 재개발이 요구되는 십자가 유형 Criss cross type을 적용한다. 물론 타입별 선정에 있어 순수 도로들의 교차점만을 선택하지 못한 것은 아쉬움으로 남으며, 추후 연구대상으로 남겨 놓는다.

글로벌 업무단지의 교차점 개발

이 부지는 공항고속도로의 중간지점[146]이며, 또한 공항철도의 하나의 기점인 검암역으로 가지고 있는 부지이다. 남쪽 부위의 검암신도시 부지 이외엔 대부분 도시화가 이루어지지 않은 농지나 나대지, 그리고 녹지들로 둘러싸여 있다.

① SWOT 분석

SWOT 분석은 도시계획에 있어서 특정 지역에 어떤 특정 행위나 목표가 설정됨에 있어 발생하는 여러 요인과 대책을 정리할 필요가 있을 때 그 도구가 되어 줄 수 있다. 이곳 SWOT은 다음과 같이 정리할 수 있다.

교차점 G3가 글로벌 업무단지가 되려면(목표),

	유익한(helpful)	해로운(harmful)
내재요인 (internal origin)	Strength 강점 공항이 가깝다는 것은 그 자체로 강점이 되며, 글로벌 업무단지의 가장 중요한 지리적 장점이다.	Weakness 약점 공항으로 가는 길 주변의 대지는 그 자체로 버려져 있는 경우가 많다. 이를 버리지 말고 고속도로옆 공원과 같은 형식으로 개발, 주민에게 제공할 수 있다.
외재요인 (external origin)	Opportunity 기회 가깝게 검암신도시가 있다는 것은 근거리에 주거단지가 조성되어 있어 배후지로서의 기능을 수행할 수 있다는 의미이며, 북쪽으로 건설되고 있는 경인운하는 가깝게 워터프론트부위와 연결, 보행인의 어메니티를 제공함을 용이하게 할수 있다.	Threat 위협 글로벌 업무단지의 선결조건이 어떤 일정한 수준의 도시성을 요구한다면, 이곳의 풍경은 전원풍이라 할수 있다. 상업시설과 위락과 같은 적절한 규모의 어번앵커 Urban anchor 프로그램이 요구된다.

교차점 G3의 Swot 분석

146) 서울대비 30km 이격되어 있다.

검암역의 풍경들

지형과 문맥의 분석

Ⅰ. 지형과 물: 지형은 대지 남동쪽으로 갈수록 올라가는 형국이며, 대지 북쪽으로 경인운하가 건설 중이다.

Ⅱ. 도로의 패턴: 공항 가는 길과 교차하는 길이 2개 있다. 하나는 메인 교차로로서 바로 직각의 축에 해당하며, 다른 하나는 거주민의 통행이 많지 않은 보조도로이다.

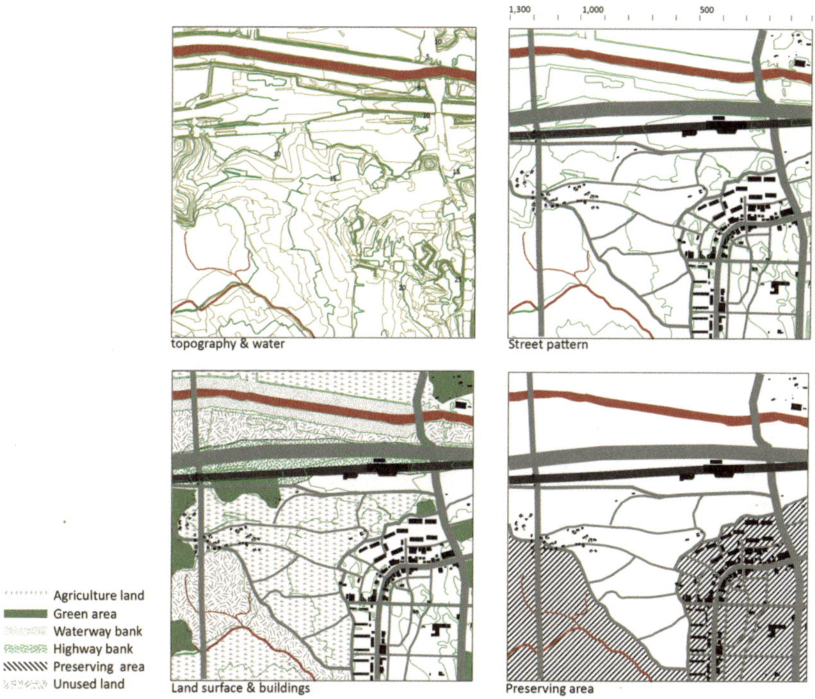

지형과 문맥의 분석

또한 검암신도시의 도로 패턴은 그대로 등고선을 따왔다.

Ⅲ. 도시용도와 건물: 검암신도시는 전형적인 아파트 지구이며, 등고선을 따라 형성된 도로를 따라 다시 줄지어 아파트들이 서 있다. 그 외의 지역은 농토, 빈땅, 그리고 녹지이다.

Ⅳ. 보존지역 : 검암신도시는 아직도 많은 곳이 더 개발되어야 하는 곳이며, 농지와 나대지를 제외한 자연녹지부분은 보존되어야 할 것이다.

① 도로체계의 구성

먼저 도로체계를 구성한다. 각각의 도로는 두 가지로 위계를 가지는데 하나는 주도로이며, 하나는 보조도로이다. 이들은 100×50의 도시단위 lot를 형성하는데 이것은 기존 도시 인천에서 가장 많이 사용되는 그리드이다. 또한 검암신도시의 경계선의 형상과의

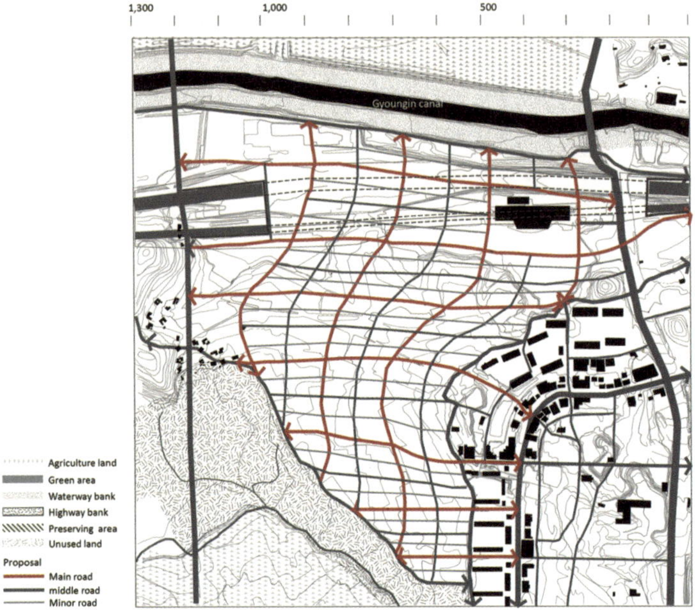

도시체계의 구성

연속성과 부지의 경사를 고려하여 되도록 경사에 맞는 도로의 선형을 기획하며, 또한 TOD의 성격에 맞게 되도록 Cul-de-sac을 배제한 연속성 있는 길을 만든다.

② 보행인 위주의 환경계획

이렇게 기획된 도로망 위에 보행인을 위한 환경을 강화한다. 3개의 비교적 큰 오픈스페이스가 흐름을 만들어 모빌리티 포인트인 검암역까지의 움직임을 만들어 준다. 또한 보행인과 자전거길을 포함한 side walk를 조성하여 보행인의 환경을 강화시킨다. 또한 보조도로는 녹지의 패치 patch를 연속적으로 설치하여 녹지공간과 보행환경을 결합시키며, 그 교차점으로는 포켓정원을 설치한다.

③ 프로그램의 배분

새로운 땅에 지어지는 도시발생기 urban generator 타입의 형성에 주목하여, 모빌리티 포인트 반경 500m 이내의 지역은 가장 밀도가 높은 업무+상업단지를 조성하며, 그

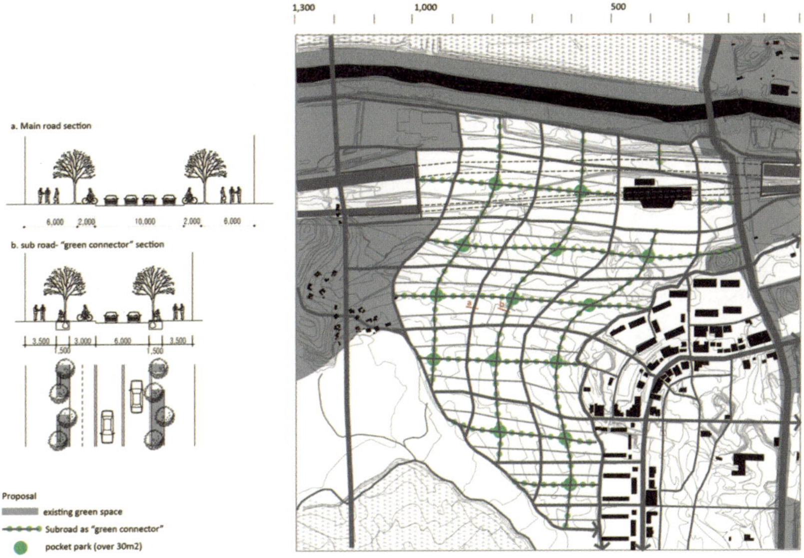

보행인 환경계획

프로그램 배분도

밖으로는 주거+상업단지가 조성된다. 검암신도시와의 연속성을 고려하여 그쪽에서 나오는 도로들은 특별히 상업부분이 강화된 도시계획을 연출하며, 공공건물은 환승주차장과 노인, 어린이 복지시설들을 역주위에 배치하여 신속하고 편리한 이용을 도모한다. 또한 도시 주변지역에 도서관, 커뮤니티센터와 같은 편의적 공공시설을 배치, 주변지역의 활용을 도모한다.

④ 필지의 개발방식

필지의 기본 구획은 언술한대로 100×50m를 기본으로 출발한다. 이 필지는 단변과 장변방향으로 한면씩은 주도로에 면하며, 또 한면씩은 보행인 환경이 강화된 보조도로에 면하게 된다.

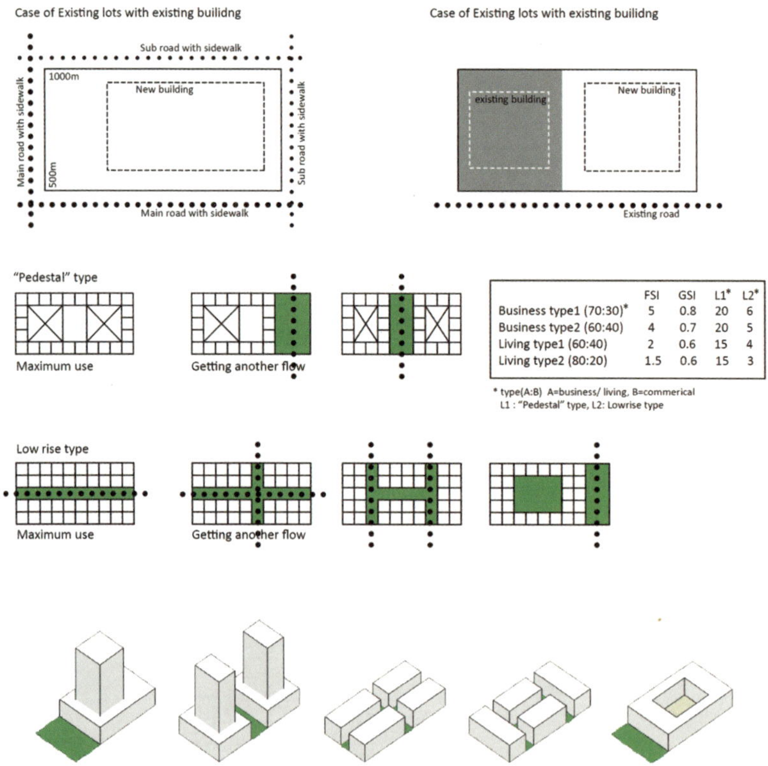

	FSI	GSI	L1*	L2*
Business type1 (70:30)*	5	0.8	20	6
Business type2 (60:40)	4	0.7	20	5
Living type1 (60:40)	2	0.6	15	4
Living type2 (80:20)	1.5	0.6	15	3

필지의 개발방식

또한 도시의 용량은 가장 고밀도의 상업지구의 용적률을 500%로 설정하고, 각각의 위계에 따라 중밀도, 저밀도로 개발을 유도한다. 계획상의 가장 낮은 용적률은 거주지구의 용적률 150%이다.

빌딩의 타입은 두 가지로 대변되는데, 하나는 고층건물이 있는 pedestal type이며, 또 하나는 건축면적이 비교적 그대로 매스에 반영되는 저층블럭 타입이다. 이 모두는 가로의 연속적 경험을 의도한다. 또한 건물의 대지 점유에 있어 다양한 방식의 점유를 유도할 수 있다. 한정된 건폐율 내에서 다양한 set back을 통해 연속되는 도시경험 속에서의 다양성을 유도한다.

최종계획도

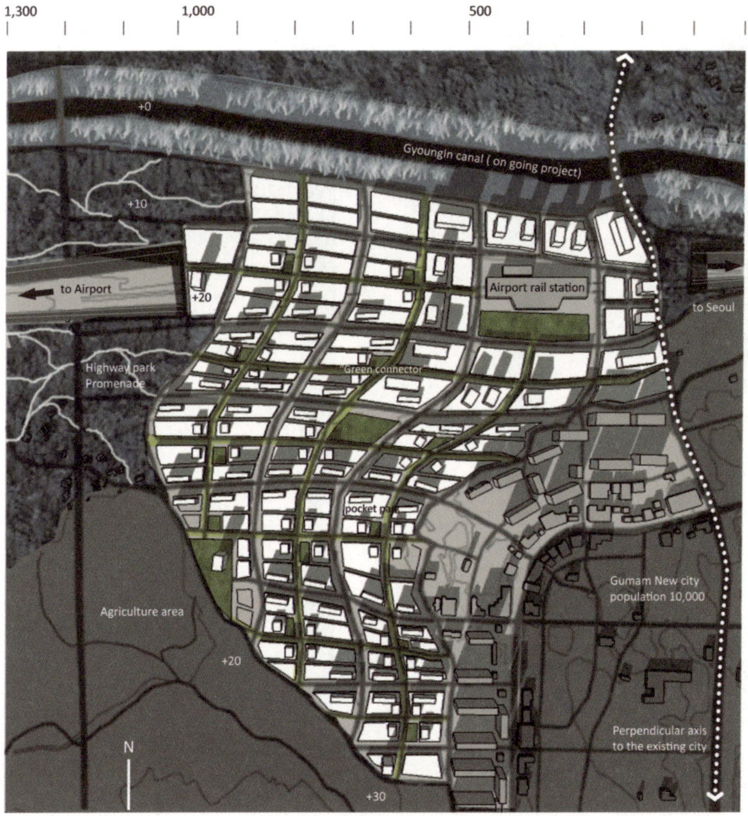

배치도

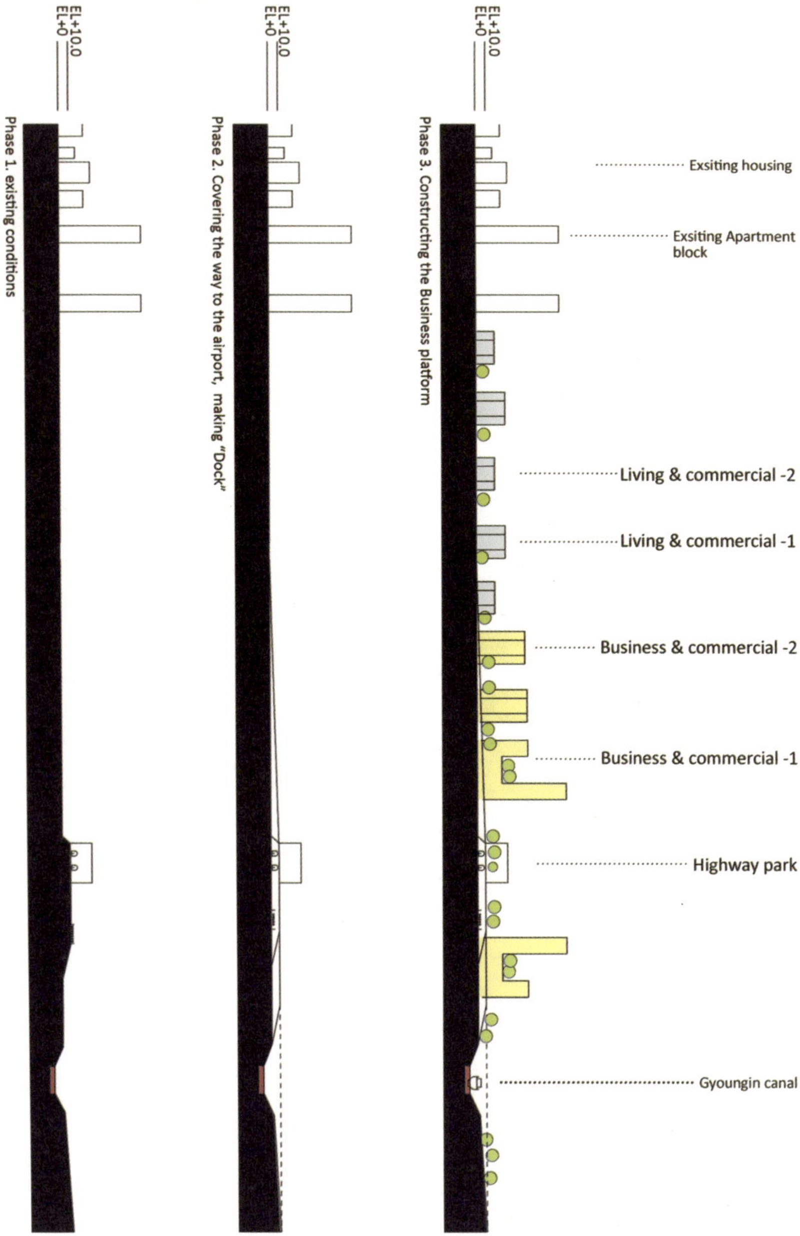
EL+10.0
EL+0
Phase 1. existing conditions
Phase 2. Covering the way to the airport, making "Dock"
Phase 3. Constructing the Business platform
Exsiting housing
Exsiting Apartment block
Living & commercial -2
Living & commercial -1
Business & commercial -2
Business & commercial -1
Highway park
Gyoungin canal

공정별 단면계획도

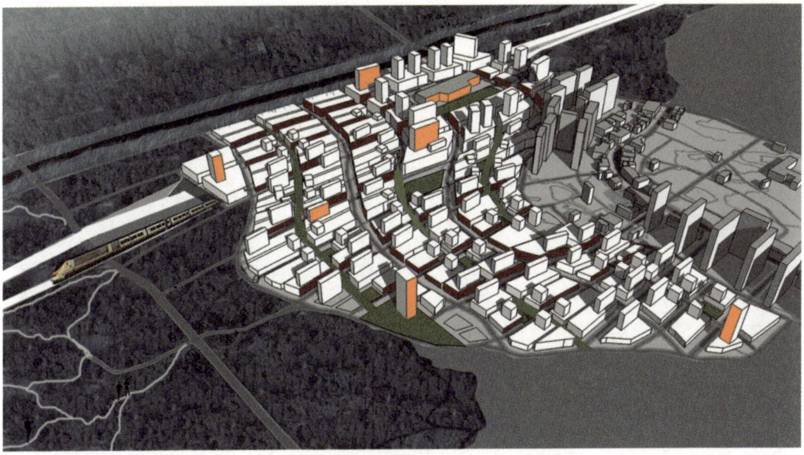
투시도 1

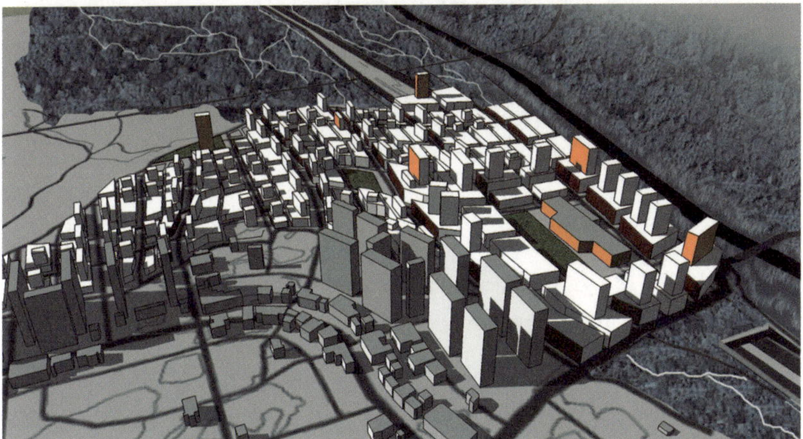
투시도 2

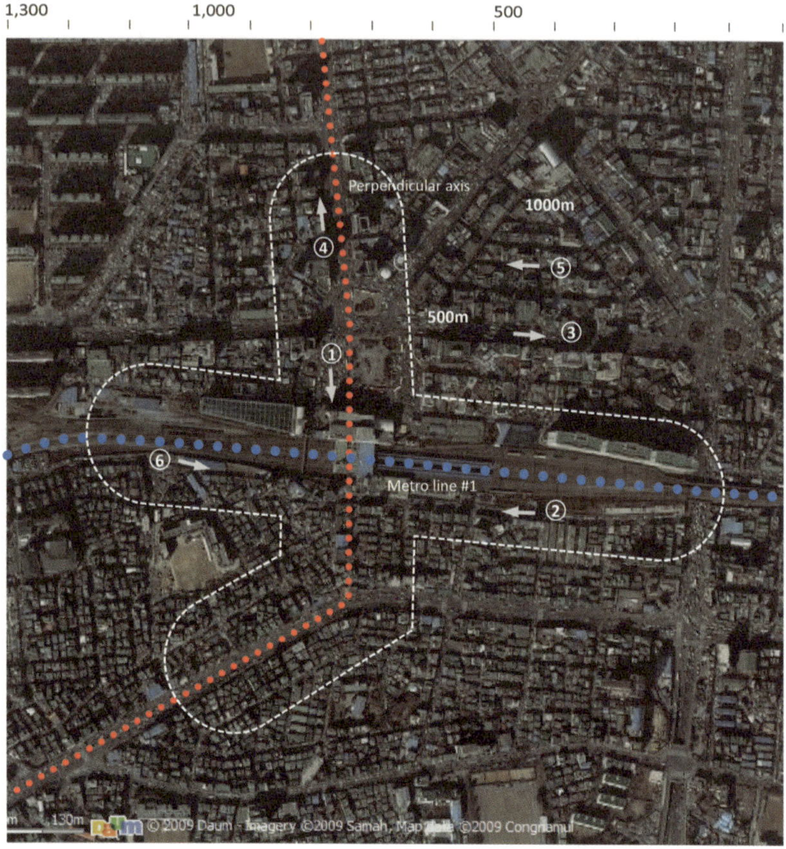

부평역의 전경(붉은 점선은 직각의 축)

국내 업무단지의 교차점 개발

이곳의 모빌리티 포인트는 부평역이다. 부평역은 근대도시 인천이 형성되기 시작했던 일제시대부터 인천항을 위시한 서측 지역과 함께 성장한 대표적인 구도심이라 할 수 있다. 역의 전면으로는 30m 대로와 함께 펼쳐진 업무, 상업지역이 위치하는데 반해 후면으로는 낙후된 주택가가 위치하여 컨텍스트상으로 많은 대조를 보이고 있다.

부지 전경

① SWOT 분석

이곳 SWOT는 다음과 같이 정리할 수 있다.

교차점 M4가 지역 중심의 업무단지가 되려면(목표),

	유익한(helpful)	해로운(harmful)
내재요인 (internal origin)	Strength 강점 유동인구가 많은 지하철역 그 자체는 업무단지 형성에 매우 중요한 강점이다.	Weakness 약점 역의 배후면에 위치하고 있는 낙후된 주거환경은 적정한 규모의 도시재개발을 필요로 한다.
외재요인 (external origin)	Opportunity 기회 역의 전면에 있는 비교적 활성화된 업무빌딩들과 도시위락시설들은 도시업무단지 형성에 긍정적으로 기여할 수 있다.	Threat 위협 역의 전면과 후면의 매우 다른 분위기는 자칫 기존의 도시조직을 해칠수 있는 위험요소가 된다. 따라서 적정한 규모의 도시 재개발이 필요하다.

교차점 M4의 Swot 분석

② 지형과 문맥의 분석

Ⅰ. 도시가로 형태와 도시조직: 전면부와 후면부의 도시조직이 매우 다르다. 이는 역사와 기찻길 자체가 이 두 영역의 교류에 있어서 적극적인 장애물이었음을 볼 수 있다.

Ⅱ. 개발과 보존의 영역결정: 기존 도시 위에 계획되는 교차점 개발은 보존과 개발의 영역을 구분할 것을 요구한다. 이는 매우 크리티컬한데, 전제조건으로서의 TOD 개발을 위한 세계자본의 유입을 위해서는 좀더 나은 환경을 위해 대지의 효율성과 다양성을 높이고, 이참에 보행인의 환경까지 개선하는 측면에서 접근되어야 한다. 먼저 필자가 제시하는 개발부지는 전면도로에 접한 대지들을 대상으로 한다. 이는 언술한대로 지역의 문맥상, 그리고 법규상 일치하는 부분이다. 또한 필자가 제시하는 보존하는 건물의 기준은 다음과 같다.

1) 건축한지 20년 이내의 건물
2) 이미 업무 및 상업시설로 활용되고 있는 건물
3) 역사와 같은 지역의 랜드마크 건물

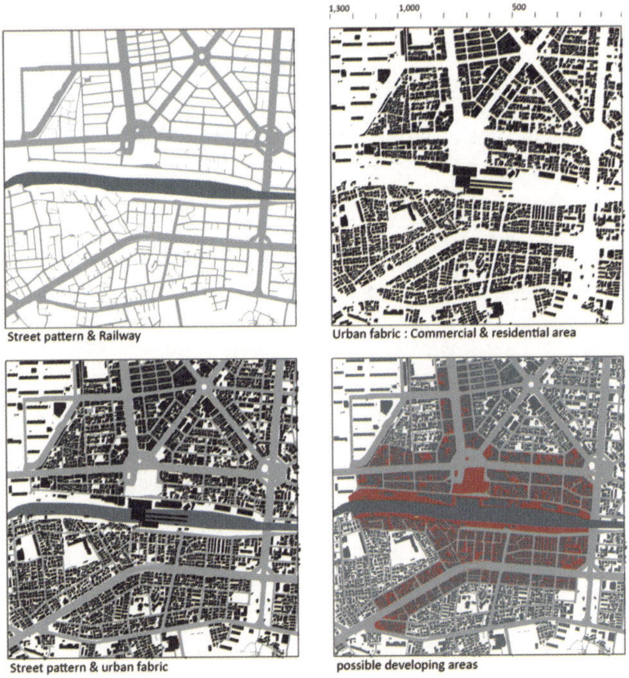

지형과 문맥의 분석

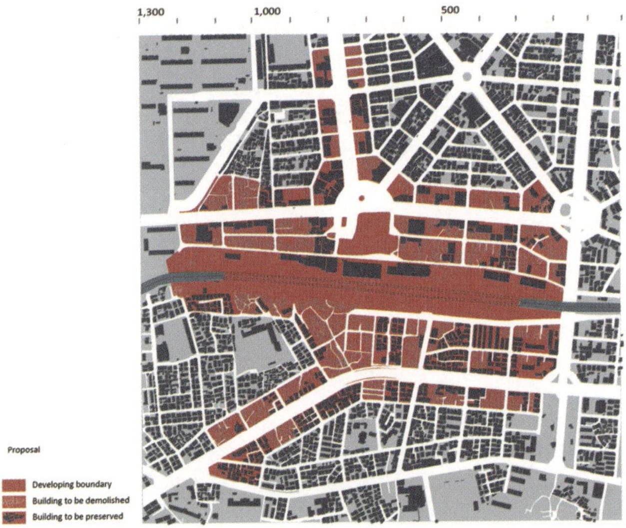

십자가 형식의 TOD 개발시의 개발범위의 설정

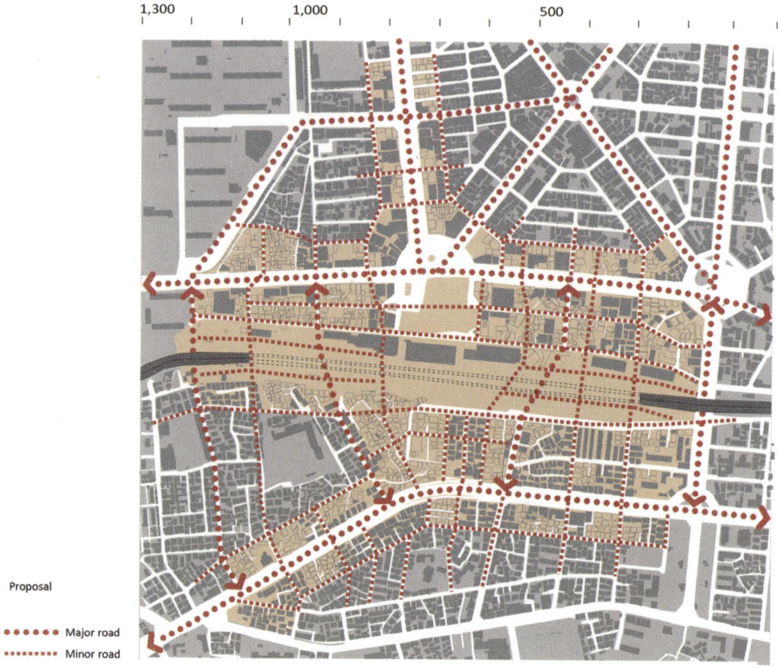

역사의 지하화와 도로체계의 개편

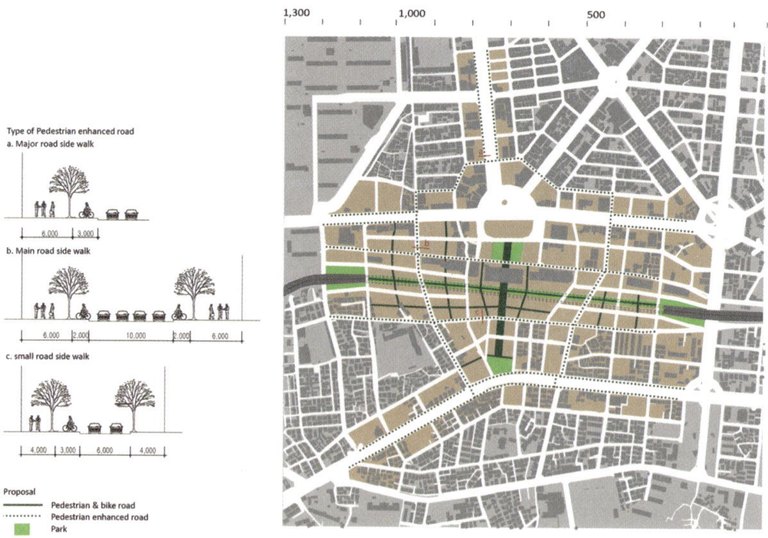

보행환경 체계도

③ 역사의 지하화와 도로체계의 재편

역사를 지하화하는 것은 상부의 대지를 활용할 수 있는 여지를 만들어 줌과 동시에 그동안 단절되어 있었던 전면부와 후면부의 도시조직을 이어줄 수 있는 기회를 제공해 준다. 도로체계는 또한 2개로 구분되어지는데 주도로와 보조도로가 있으며, 이 모두는 도시조직의 연속성을 최우선 고려대상으로 한다.

④ 보행인 강화 환경의 구축

지하화되는 철로길의 상부는 보행인 광장과 업무단지로 조성되어 이곳의 중심영역으로 자리잡는다. 또한 자전거길과 결부된 강화된 보행인의 영역이 좌측 페이지 아래의 그림과 같이 적용되며, 환형으로 각각의 필지들을 연결시키는 계획을 통해 업무산책길 business promenade을 이룬다.

⑤ 프로그램의 분배

Ⅰ. 프로그램의 분배는 urban generator의 경우와 마찬가지로 모빌리티 포인트에서

프로그램 배분도

근접한 곳일수록 높은 용적률을 적용받으며 업무-상업분야의 프로그램으로 조성된다. 바깥쪽으로 갈수록 낮은 용적률과 거주-상업의 프로그램이 적용된다.

Ⅱ. 이렇게 기존도시에 적용되는 십자가 형태의 개발은 옛 건물과 신건물이 같이 병치되어 새로운 계층간의 혼합과 프로그램의 혼합을 기대, 도시의 다양성 회복에 진작하는 바가 클 것이다.

최종계획도

배치도

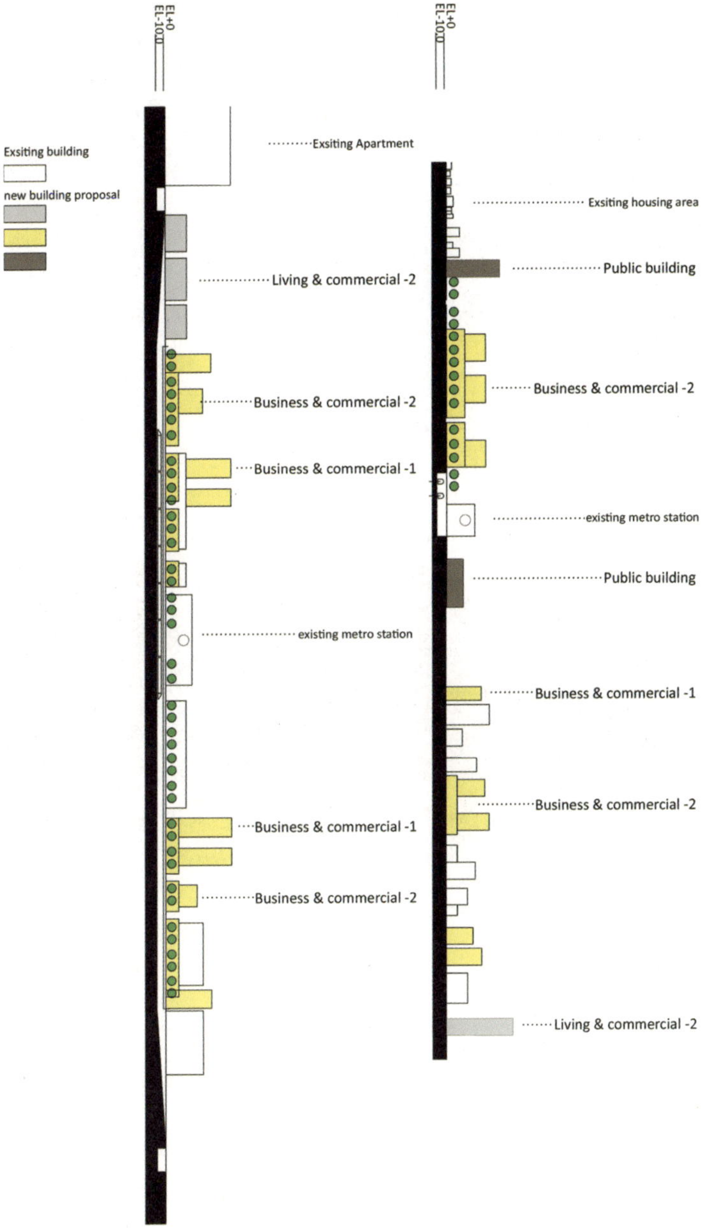
EL+0
EL-10.0
Exsiting building
new building proposal
Exsiting Apartment
Living & commercial -2
Business & commercial -2
Business & commercial -1
existing metro station
Business & commercial -1
Business & commercial -2
EL+0
EL-10.0
Exsiting housing area
Public building
Business & commercial -2
existing metro station
Public building
Business & commercial -1
Business & commercial -2
Living & commercial -2

공정별 단면계획도

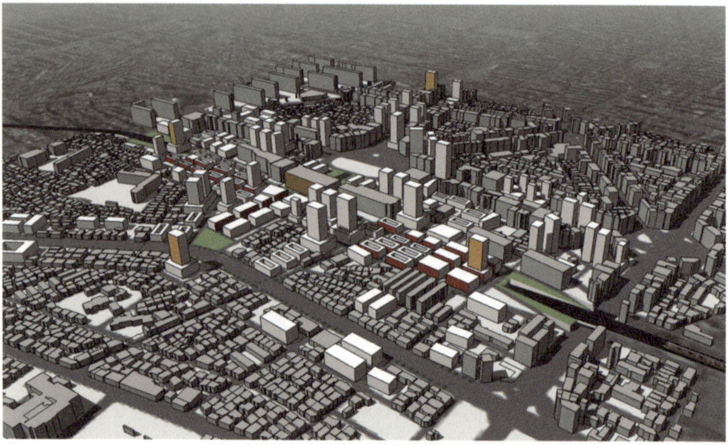

투시도 1

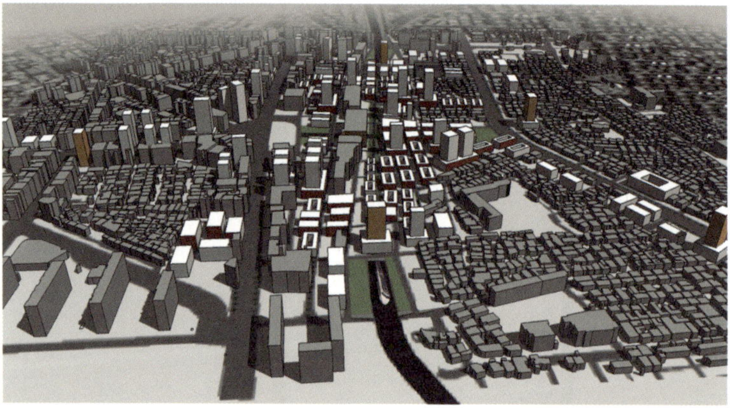

투시도 2

계획의 종합

앞서와 같이 2개의 프로젝트를 암스테르담의 자우드 개발과 비교해 보면 오른쪽 페이지 위의 그림과 같다.

■ 결론

공항 가는 길과 그것의 직각의 축의 설정을 통해 두 가지의 결과를 기대할 수 있다. 하나는 교차점 개발을 통한 세계자본의 유치이며, 또 다른 하나는 직각의 축이 지방영

Scale & Program comparison

* *Data of G3, M4 is base on writer's project, AMS zuidas's data is based on the Zuidas website : http://www.zuidas.nl/smartsite*

		G3 crossing point	M4 crossing point	AMS zuidas
		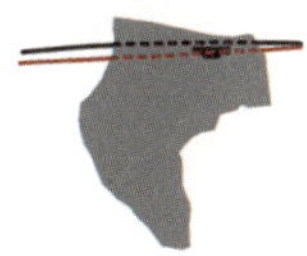	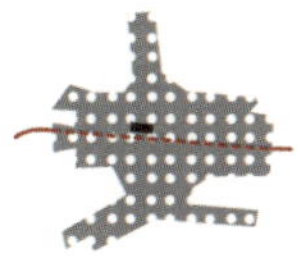	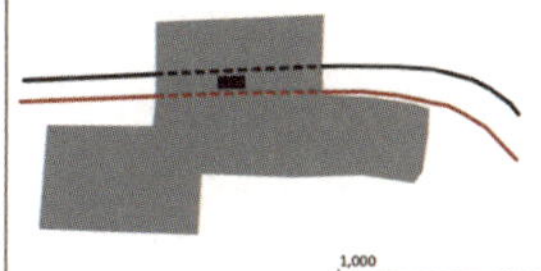
Major mobility center		Airport rail station, airport highway	metro no.1 station	NS station, AMS Zuid, Airport highway
total development land area		554,773m2	575,252m2 (including existing building)	1,109,610m2
Urban land area		360,602m2 (65%)	234,702m2 (40%)	687,958m2 (62%)
urban program	Office	378,632m2 (30%)	246,437m2 (30%)	615,250m2 (30%)
	commercials	252,421m2 (20%)	164,292m2 (20%)	468,550m2 (23.5%)
	residence	378,632m2 (30%)	246,437m2 (30%)	440,022m2 (22%)
	other facilities	252,421m2 (20%)	164,292m2 (20%)	464,463m2 (23%)
gross development area		1,262,107m2(360,602 x 3.5)	821,457m2 (234,702 x 3.5)	1,988,285m2
urban anchor program		commercial strip, Highway park	Business Hotel, urban amenities	Hotel, commerical strip, Park, Foreign schools
existing supporting program for global capital		new living area (Gumam new city, population, 30,000)	Urban amenity area (old city), small pubs, and restaurants	Airport corridor zone, originally AMS fringe area
stakeholders of G3, M4 crossings		Global Inspiration GyeongGi-Do; Fly Incheon; Seo-Gu Incheon Metropolitan City; Bupyeong-gu Office; IIAC; A'REX Airport Railroad Co, Ltd; HIWAY; Seoul Metro 서울메트로		

계획의 종합도: 스케일과 프로그램의 비교

Final diagram

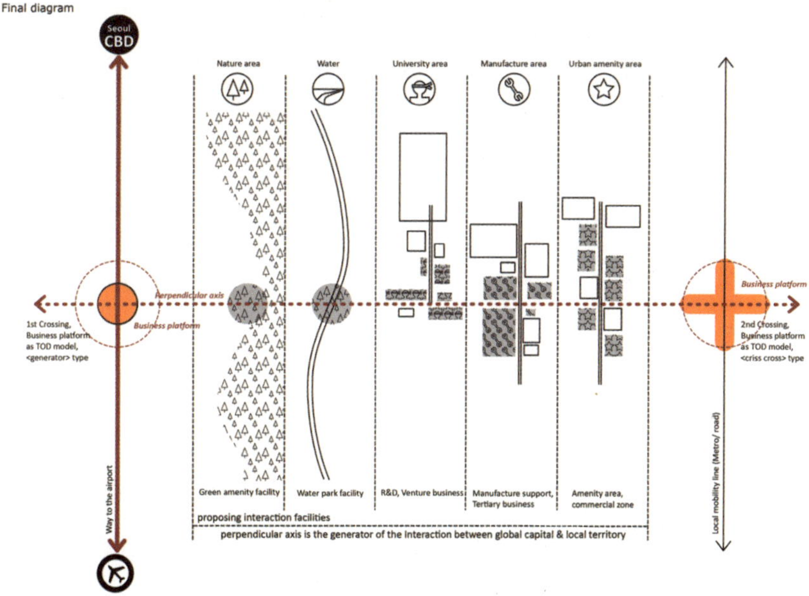

최종 다이아그램

역을 지나면서 만나게 되는 기존도시의 프로그램들과의 상호 작용이다. 이를 통하여 세계자본은 언술하였던 신도시의 패키지식 도시계획이 아닌 기존도시, 지방영역과 상호 작용하면서 유치 가능한 것이며, 이는 지역경제 또한 세계자본에 기여할 수 있는 것이다.

3. 확대되는 논의: 도시팽창에 있어서의 두 가지 방식

필자의 논제는 다시 도시팽창의 방식까지 생각해 볼 수 있다. 지금까지의 도시팽창 방식은 도시 모빌리티의 종류에 따라 크게 두 가지로 분류된다. 도시내 팽창intra-urban expansion과 도시간 팽창inter-urban expansion이 그것이다. 도시내 팽창은 도시내 모빌리티의 팽창의 산물로서 대표적으로 지하철 구간의 연장에 따라 도시가 계속 점진적으로 확장해 가는 것을 연상하면 된다. 도시간 팽창은 도시간 모빌리티에 따른 것으로 이는 기존도시와의 마찰을 피하는 목적으로 신설되는 새로운 모빌리티의 방식으로

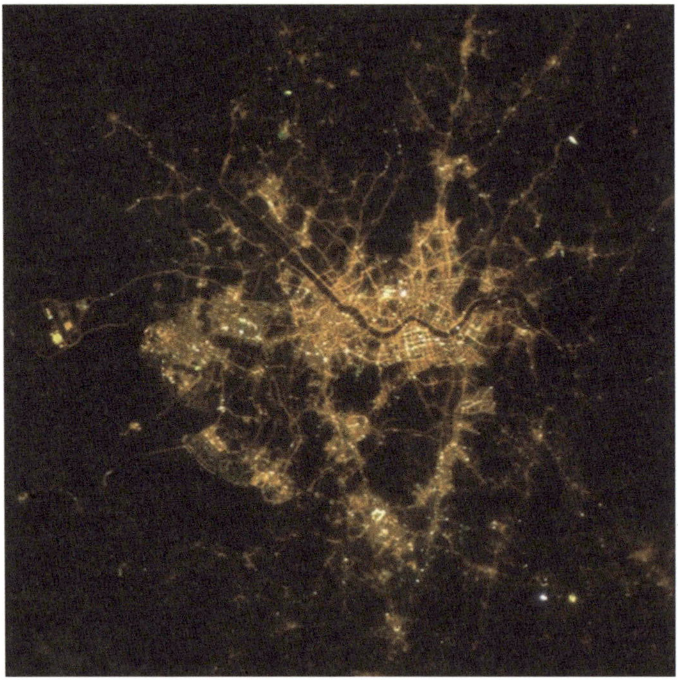

서울의 위성지도

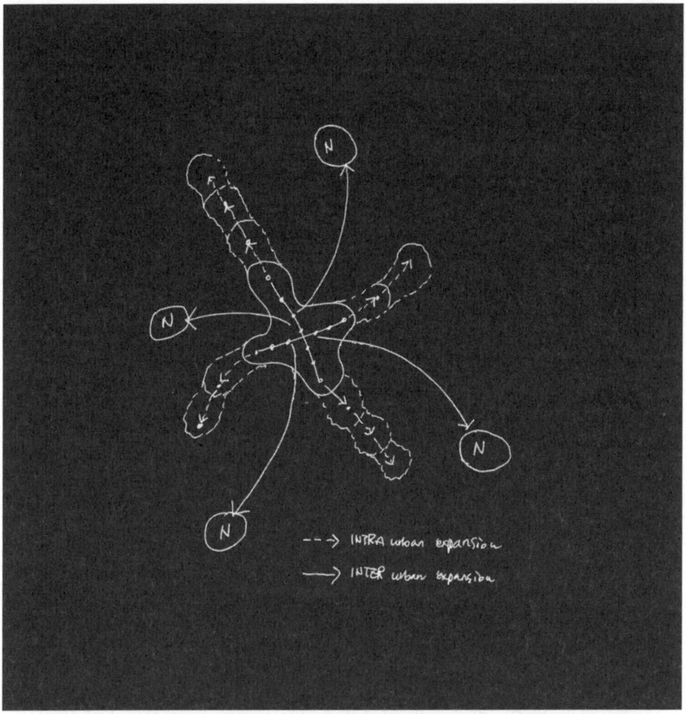

도시팽창의 두 가지 방식

BRT Broad Region Transit와 프리미엄 모빌리티 Premium mobility를 통해 신설되는 신도시 개발에 의한 팽창이다. 전자가 기존도시와의 연속성을 근간으로 성립되는 팽창이라면 후자는 기존도시를 의도적으로 우회하기에 연속성을 찾기 힘들다. 그 대표적인 예가 바로 공항 가는 길에 형성되는 신도시들이 대표적인 예가 된다. 필자의 직각의 축은 바로 그러한 도시간 팽창방식에 대한 '대항축 counter axis'이라 할만하다. 이는 기존도시를 우회해서 만들어지는 신도시와 기존 도시를 연결해 주면서 그 둘 사이의 경제적, 문화적 상호 작용을 유도한다.

■ 2050 서울 메트로폴리탄 오디세이 Seoul Metropolitan Odyssei

이러한 도시팽창의 두 방식에 근간하여 서울 스페이스 오디세이를 구성해 본다. 이는 또한 필자가 생각하는 직각의 축 담론의 마지막이기도 하다.

서울의 경계, 현재

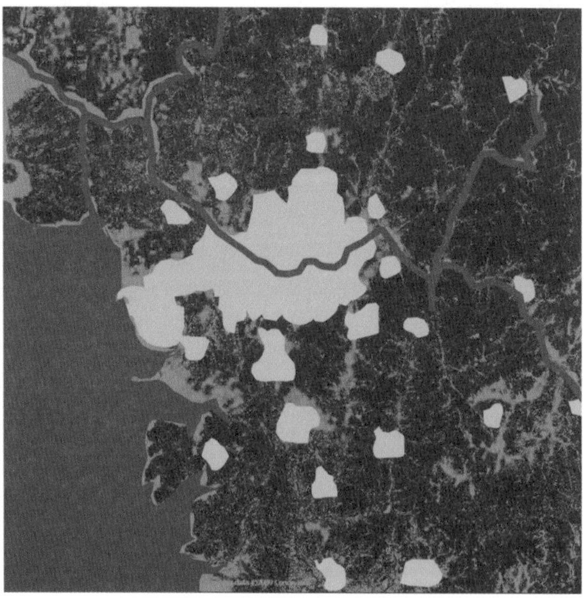

서울의 경계와 구도시들, 현재

지하철 라인과 도시내 팽창, 예측되는 미래(destined future)

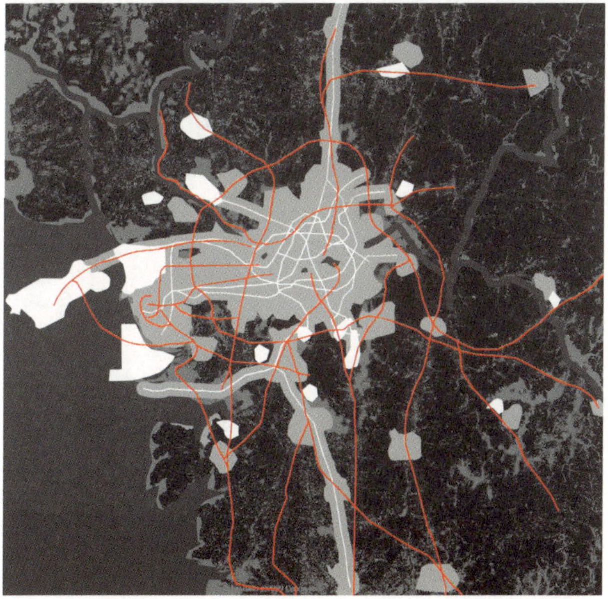

고속도로와 도시간 팽창, 현재와 예측되는 미래(destined future)

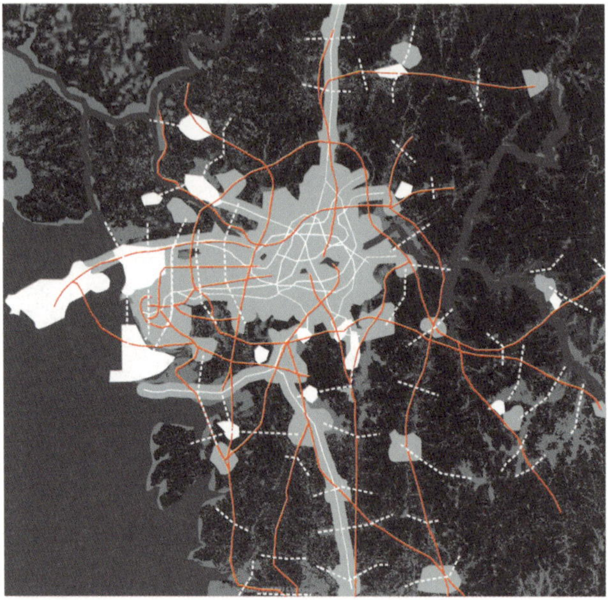

직각의 축, 도시간 팽창의 대항축, 계획되는 미래(designed future)

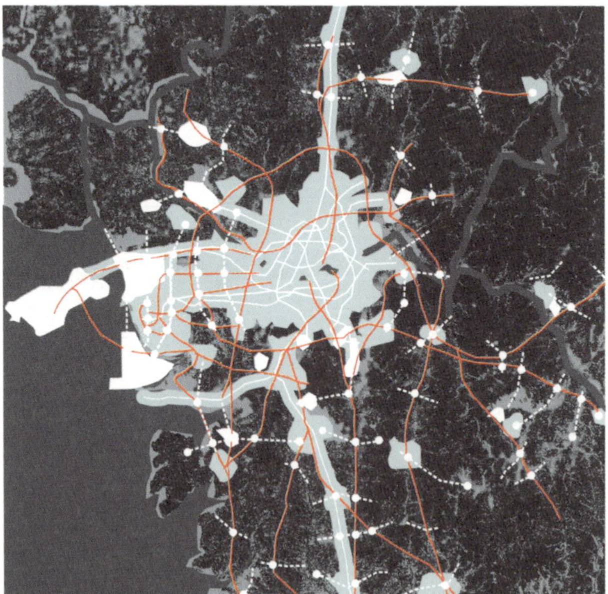

교차점의 개발, 도시의 재구성, 계획되는 미래(designed future)

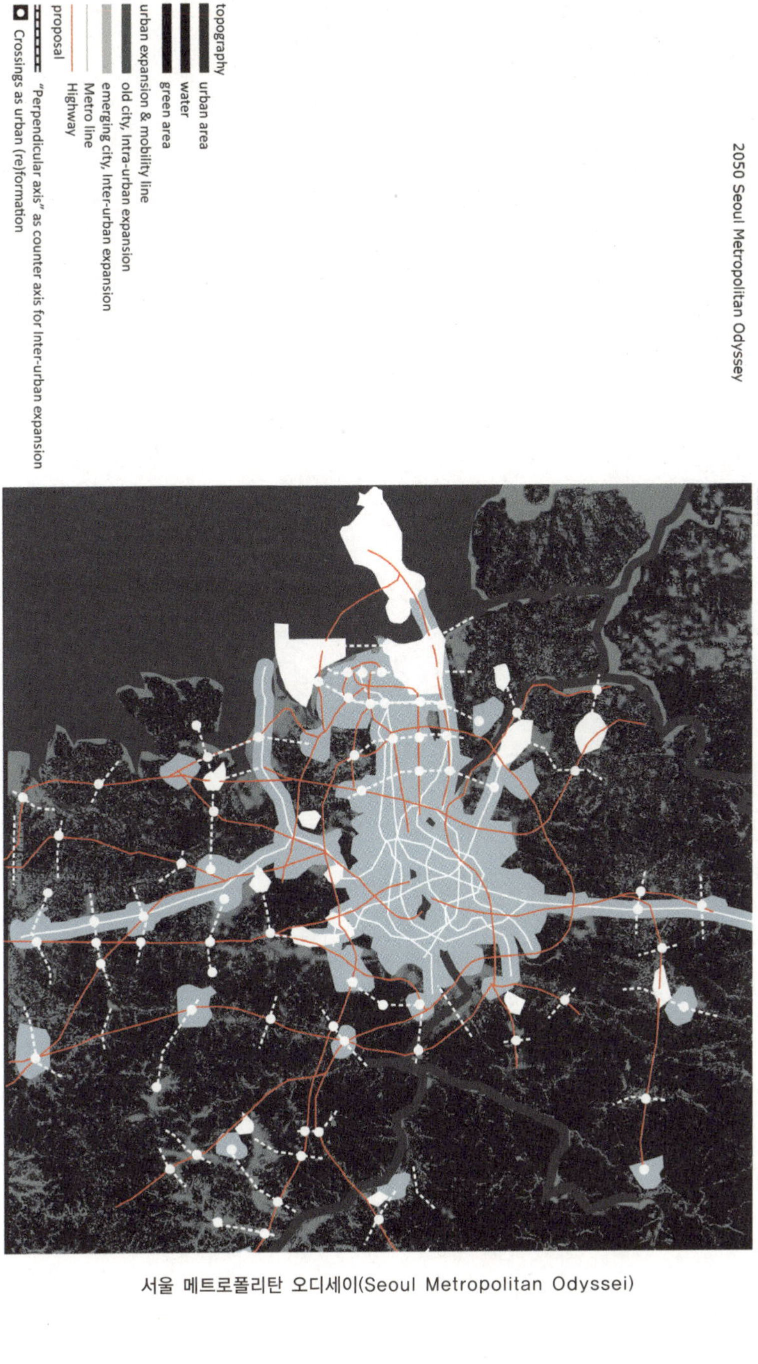

서울 메트로폴리탄 오디세이(Seoul Metropolitan Odyssei)

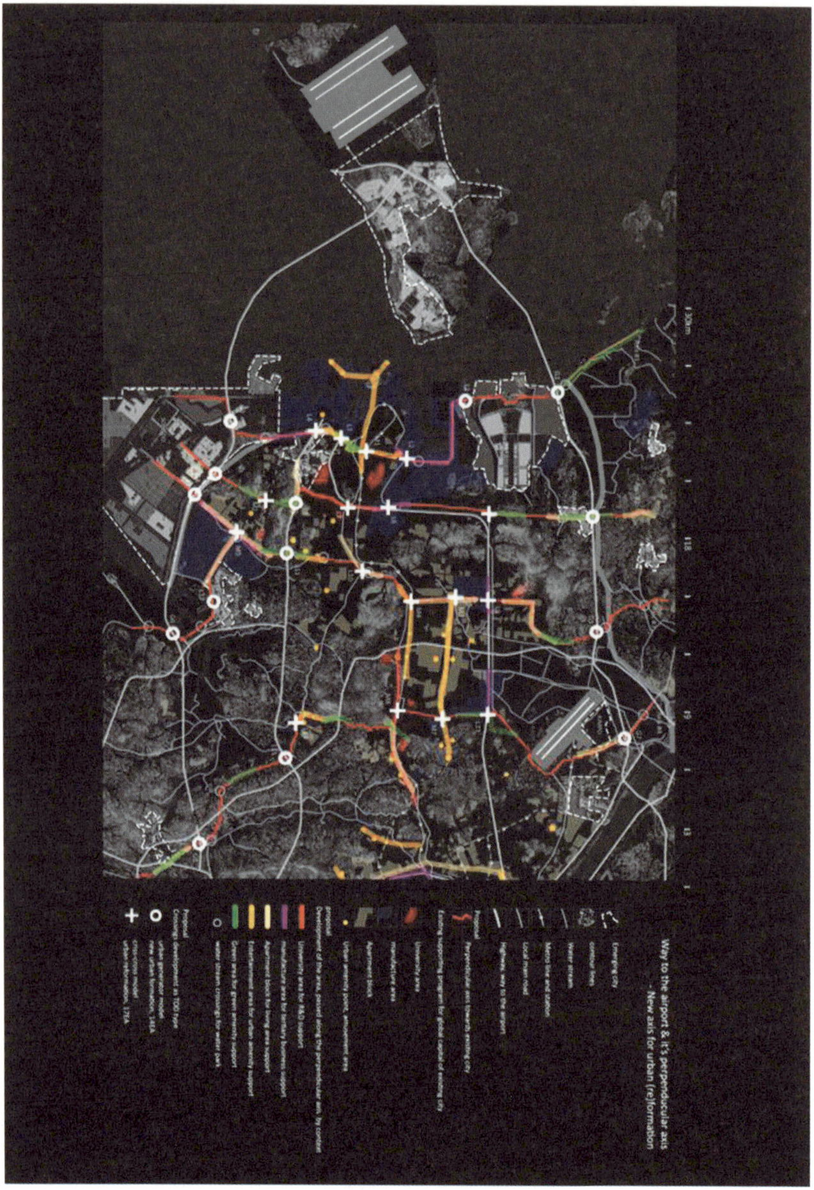

공항경제회랑과 직각의 축

"공항경제회랑과 직각의 축"의 참고문헌

direct reference

- Guller, 2000, 『From airport to airport city』, Actor.
- Rocco, 2006, 『An urban geography of globalization: new corporate centralities in the age of hyper connectivity』, TU-delft press.
- Jane jacobs, 1970, 『Economy of the cities』, Vintage books, New York.
- Peter Calthrope, 2009, 『Design guidelines of TOD』, http://www.calthorpe.com/
- Sung & The Korea Transport Institute(한국교통연구원), 2007, 『Analysis of TOD and revising current Transportation and urban planning laws for its application in Korea(대중교통 지향형 도시개발의 효과분석 및 유도기법 적용방안)』, http://u-lib.nanet.go.kr:8080/dl/DetailView.php
- 한국지리학회, 2005, 『한국의 도시』,

indirect reference

- Stephen Graham and Simon Marvin, 2001: 『Splintering Urbanism』, Routledge, London
- Tim Hall, 1998, 『Urban geography-2nd edition』, Routledge, London
- Edward Soja, 2000, 『Postmetropolis』, Blackwell, Malden, USA
- David Harvey, 2007, 『Spaces of Global Capitalism: A Theory of Uneven Geographical Development』, Verso, London.
- Manuel Castells, 2001, 『Conversation with history』, broadcasted by U.S berkley
- Stephen Read and Camilo Pinilla, 2006, 『Visualizing the Invisible』, Teche press, Amsterdam
- Paola Vigano, 2001, 『Territories of a new modernity』, Electa Napoli other source
- Airport rail website, http://www.arex.or.kr/index.jsp

에세이

1. 논문 후감: 말레비치의 백색 캔버스 White canvas – 백색의 도시 White city

예술행위를 이데올로기적 관점에서 바라보면, 하나는 친이데올로기 예술이고, 다른 하나는 순수예술이라고 하겠다. 미술도 민중의 삶이 투영된 어떤 메시지가 있다면 이른바 민중예술로서 인정받는 것처럼 이데올로기 예술도 그것의 가치를 가지고 있다.

도시라는 장소에는 수많은 정책들이 투영되고, 반영되고, 실현되고 있다. 이렇게 정책들로 이루어진 도시계획은 헤이그의 도시계획의 변천사를 살펴보면 극명하게 드러난다. 1850년대의 헤이그는 말 그대로 도시팽창의 시기에 적절한 인구의 도시수용을 목적으로 건축예술가들이 도시를 계획한다.

베를라헤 Berlage, 두독 dudok을 위시한 당시의 대가들은 매우 미학적으로 도시를 바라보았고, 환경과 지형, 그러한 자연적 흐름들을 어떻게 도시에 잘 반영하는가에 전력을 기울였다. 시대가 한참 지나 『2020 global city by the sea』의 편을 보면, 물론 시대가 변한 이유도 있지만, 도시를 바라보는 시각 자체가 바뀌어 있음을 볼수 있다. 이 그림은 이전시대가 느끼고 공유했던 건축적 마스터플랜이 아니다. 오히려 이것은 **정책의 지리적 표현** geographical description of strategy에 가깝다. 물론 이러한 정책의 근간은 자연적, 환경적 배경지식에서 도출되었을 것이다. 그리고 그 위에 다시 정치와 경제의 층위를 얹고 다시 앞으로의 계획된 미래를 투영하는 것이다.

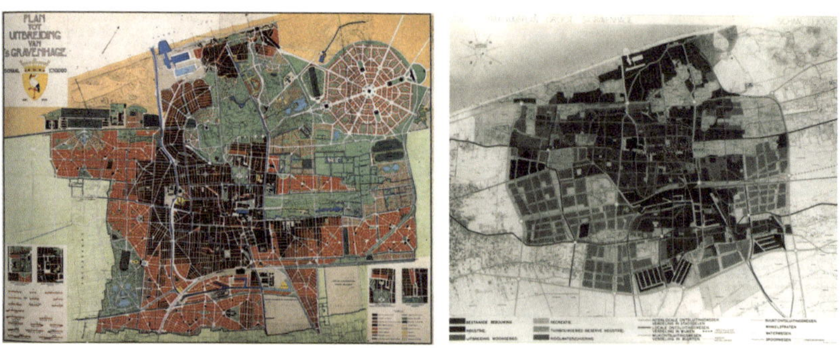

헤이그 도시계획 표현의 변천, 1908 베를라헤(Berlage), 1945 두독(dudok)

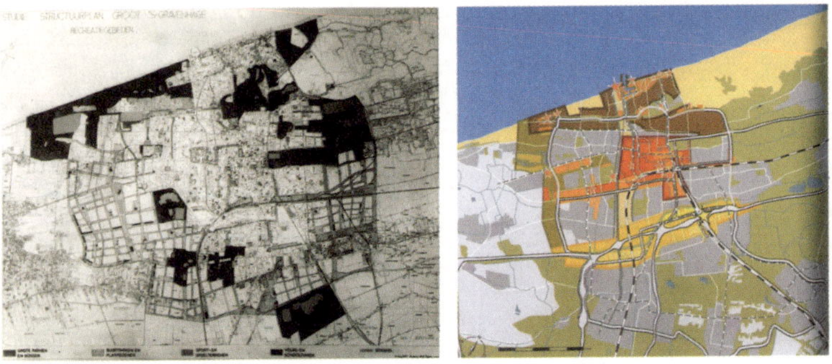

헤이그 도시계획 표현의 변천, 1952 두독, 2005 덴하그 시청

이런 생각을 바탕으로 도시계획을 한번 분류해 보고자 한다. 순수도시, 정책도시가 그것이다. 순수도시는 말 그대로 도시계획의 담론 자체가 순수한 도시계획적, 환경적 시각에서 도출된 것을 다루는 것이다. 항상 도출되는 녹지의 문제, 환경의 문제, 물의 문제, 주택의 문제 등등.[147] 반대로 정책도시는 먼저 담론, 혹은 레토릭이 우선된다. 가장 비급한 이야기로 4대강과 같은 이야기가 된다. 그것은 환경에서 먼저 올라온 담론이 아니다. 그것은 정책을 반영하는 도시계획인 것이다.

필자의 졸업작품 「공항경제회랑과 직각의 축」은 그러한 배경의 작품이다. 왜곡되고 편중된 경제적 흐름을 지역도시에 나누어 주는 분산의 구조망 **spatial matrix of diffusion of wealth**인 것이다. 그러므로 그것은 애초보터 어떤 정책적인 사고가 바탕에 깔려 있고, 그것의 해법을 지리적으로 표현한 것이다. 이것은 일종의 정책도시의 계획 방법이다.

사실 졸업작품은 우여곡절이 많았는데 필자의 멘토 중의 한 분이었던 Paola Vigano는 필자에게 계속 그만의 시각을 요구했다. 그것은 바로 밑에서부터 도시를 바라보자는 것이었다. 즉, 정책도시보다는 순수도시로의 접근을 요구한 것이다. 즉, 먼저 공항 가는 길 자체를 바라보자는 것이었다. 지금 생각해 보면 애초부터 시각 자체가 맞지 않았던 것이다. 어떤 정책적 이데올로기가 떠오르기 전에 먼저 물리적 환경을 바라보자는 것과 먼저 정책을 결정짓고 나서 그것을 바로 물리적으로 표현하려는 것의

---

147) 어쩌면 이러한 도시계획의 구분은 선과 후가 어떻게 이루어지느냐로 말할 수도 있을 것 같다. 먼저 물리적 환경 그 자체에서 연유하는 사회적 현상을 바라보면 그것은 순수도시라 할 수 있을 것이고, 반대로 사회적 현상자체를 물리적으로 투영함은 정책도시라 할수 있을것 같다.

차이. 어느 것이 좋고 어느것이 나쁘다라고 단정지어서 이야기 할 수는 없는 것 같다. 그것은 시각의 차이이고, 다루려는 주제에 따라 접근법이 달라져야 하는 것이기 때문에. 내가 졸업작품을 하면서 가장 크게 배운 부분이 바로 이런 부분이다. 순수도시와 정책도시의 구분. 그리고 그 둘은 참으로 융합하기 힘들다는 것.

그러나 필자는 그분의 견해를 존중한다. 왜냐 하면 순수도시의 측면이야말로 도시계획 전공의 고유 영역이기 때문이다. 먼저 땅을 바라보고, 그 땅에서 일어나는 정치 · 경제의 힘, 그것의 현상을 보고, 그것의 문제점을 파악하고, 그것에서 어떤 레토릭을 만드는 것. 그리고 그것의 레토릭을 공간-지리적으로 표현하는 것. 그것이야말로 도시계획가만이 할 수 있는 순수영역인 것이다.(그점에서 필자는 다행스럽게도 이태리의 경험을 하나 가지고 있다)

■ 말레비치의 백색 캔버스, 백색의 도시

이번 졸업작품의 교훈은 바로 그것이었다. 말레비치의 이데올로기가 부정된 하얀 캔버

Kazimir Malevich, Suprematist Composition:
"White on White", 1918, Oil on canvas

스, 정치 · 경제의 레토릭이 판을 치는 현대도시 서울에서 그것을 배제한 하얀 도시. 이명박의 4대강, 오세훈의 한강 르네상스와 같은 수사, 레토릭이 배제된 하얀 도시. 그 백색의 캔버스로서의 도시를 먼저 살펴 보아야겠다는 교훈.

유로피안 어버니즘의 경험 – 평등을 찾아가는 도시계획 이야기

Experience of European Urbanism

도시감상법 외 기타

Guide for urban space Appreciation and etc.

Guide for urban space appreciation and etc.

1. 도시감상법-1: 도시를 一자로 자르기

건축과 도시계획으로 밥을 먹고 사는 사람들에게 도시를 방문하는 것처럼 신나는 일은 없다. 건축초년병들은 대개 도시를 보지 못한다. 그래서 그들은 잡지에 난 멋진 건물들이나 유명한 건물들을 찾아다니며 건축물에 담긴 메시지를 읽는다. 그러나 그러는 와중에도 도시는 은연중에 방문객에게 각인된다.

건축의 스케일을 지나 도시 스케일로 들어오면 서서히 도시의 생김새를 보려고 한다. 이때는 도시가 가지는 가로나 물리적 환경의 연속되어 다가오는 체험같은 것을 느끼려 한다. 즉, 도시를 건축의 연장선상에서 이해하는 것이다. 이쪽으로 가니 공간이 터지면서 광장이 나오고, 다시 주거가 연속된다는 식의 공간기술법. 그렇게 도시는 느껴지며 기술된다.

이 단계를 넘어서면 이젠 도시의 역사와 문화, 기타 제반환경들을 보고 싶어한다. 서서히 물리적 환경의 도시에서 인문, 역사적 환경으로서의 도시를 읽고 싶어함이 시작되는 것이다. 이때는 어디를 가더라도 그 곳의 역사와 지리를 먼저 익히고, 사전지식을 통해 도시를 관찰하려 한다. 그렇게 사전에 알고 가는 일종의 백그라운드적 지식들은 도시를 감상함에 있어 매우 중요한 이해의 실마리를 제공해 준다. "그래. 이곳은 어떤 힘이 지나간 자리였지. 권력과 자본은 항상 도시에 흔적을 남기니까. 그래. 이곳은 옛날에는 어땠을꺼야..." 등등.

이후엔 이 도시는 과연 무엇을 먹고 살까에 관심을 가지게 된다. 즉, 도시의 경제에 눈을 뜨게 되며, 이러한 도시의 경제가 펼쳐져 있는 물리적 환경으로서의 도시를 보려 함이다.

이 단계에 이르면, 이젠 남들이 다 가는 중요 명소가 아닌 후미진 공장지대에 더 관심을 가지게 되고, 어디에 금융센터가 있는지, 어디에 대학교가 있는지. 이러한 경제적 활동단위들에 관심을 가지게 된다.

그래서 어느 도시를 가던간에 여행자 정보센터를 가면 항상 물어 보아야 하는 것이 있다.

Ⅰ. 역사 중심은 어디인가
Ⅱ. 경제 중심은 어디인가
Ⅲ. 주요 지리적 사항은 어떻게 되는가. 산, 물, 기타
Ⅳ. 대학은 있는가
Ⅴ. 여기 사람들은 대개 무얼 먹고 사는가

이제 필자가 생각하는 마지막 단계를 언급하면 도시를 一자로 걷는 것이다. 이는 필자가 생각하는 도시감상법의 가장 쉬우면서도 가장 고난이도의 감상법이라고 말하고 싶다. 순서는 상관없다. 단지 어떻게 一자로 걸을 것인가는 독자의 의지에 따르면 된다. 도시를 한쪽 주변 시작부터 다른쪽 주변 끝까지 정확히 一자로 걸어주기. 당연히 도시가 크면 그 만큼 一자로 자르는 시간이 길어진다. 주변부의 도시교외suburban, 도시 변두리 지역fringe의 구역부터 도시중심, 역사중심, 경제중심지역을 지나 다른쪽 도시 변두리 지역까지. 이렇게 一자로 한번 도시를 걸어 보면 도시가 우리에게 주는 모든 일면들-물과 같은 자연적 요소부터 시작해서 도시 모빌리티의 대중의 흐름, 주변과 중심의 이미지 등-을 전부 느껴볼 수 있다.

미심쩍다면, 지금 동네를 읽는 것부터 한 번 一자로 잘라볼 것을 권한다. 아마도 동네의 정보가 모두 머리로 들어올 것이다. 이렇게 一자로 도시를 잘라가면서 감상하면서 수집되는 도시의 일면은 추후 그 도시를 정리함에 있어 매우 좋은 밑그림이 될 수 있다. 그 밑그림은 아마도 추후의 독자들의 건축, 도시의 작업에 있어 중요한 자산으로 남을 것은 분명하다.

(예시. 벨기에 Leuven시의 一자 자르기)

도시 중심 1

도시 중심 2

도시 중심에서 2km

도시 중심에서 4km

도시 중심에서 5km

도시 중심에서 7km

도시 교외(subuerban)

2. 도시감상법-2: 보통의 도시를 보는 법

파리, 런던, 서울과 같은 메트로폴리스들은 그 안에 담겨 있는 엄청난 역사와 인물, 신화에 아마 평생을 헤집고 다녀도 전부 다다를 수 없는 어떤 광대한 담론을 가지고 있는 도시일 것이다. 그러나 필자가 잠시 있었던 유럽의 도시들은 그러한 도시 말고도 정말 수많은 인구 5-10만급의 소도시들이 정말로 많이 퍼져 있는 곳이다. 물론, 여행가이드 책을 보면 대충의 역사와 정보를 알 수 있고, 건축관계 서적들에서 나오는 최신의 건물들이라도 있으면 그것을 본다는 핑계로 여정을 만들어 가면 된다. 하지만 그것도 없다면 좀 난감해질 수도 있다. 오늘 써보려는 것은 그러한 이른바 보통의 도시를 바라보는 방법을 필자의 경험으로 소개하고자 한다.

먼저 말하고 싶은 것은 보통의 도시라고 해서 그냥 무턱대고 사람만 모여 사는 곳이라 생각하고 볼 것이 하나도 없다고 생각한다면 필자의 글을 안 읽어도 된다. 아무리 조그만 도시라도, 아무리 공장만이 있는 생산의 도시, 아니 우리나라로 치자면

보통의 도시 브레시아(Brescia), Italy, 중심과 주변

군사도시같이 위락기능만 있는 도시라도 최소한의 도시성urbanity을 가지고 있다. 가만히 생각해 본다. 그러면 우리는 무엇을 도시성이라고 불러야 하는 것인가.

Ⅰ. 어느 도시나 도시는 센터와 주변부를 가지고 있다. 어디까지가 센터고 어디까지가 주변인가.(물론 센터와 주변의 구분은 시간이 지나면서 변한다)
Ⅱ. 어느 도시나 도시는 역사를 가지고 있고, 그것의 흔적은 남긴다. 특히 유럽의 도시는 도시의 팽창의 흔적을 그대로 가지고 있는 경우가 많다. 마치 양파 껍질과 같이. 이쪽은 14세기의 도시 길을 건너면 16세기의 도시, 역을 지나면 19C의 도시.
Ⅲ. 어느 도시나 도시는 어떤 주민들의 정신적 중심을 가지고 있다. 오래된 건물, 교회, 하다 못해 시청사라도.
Ⅳ. 어느 도시나 도시는 주민들의 도시성의 욕구를 채워주는 장소를 가지고 있다. 즉, 사람이 모이는 곳, 그리고 문화가 있는 곳. 쇼핑몰, 백화점, 공공의 오픈스페이스, 대학교, 문화시설, 박물관...
Ⅴ. 어느 도시나 도시는 녹지, 공원을 가지고 있다. 그 녹지가 어떻게 둘러싸여 있는지를 살펴 보라. 그리고 어떻게 연결되는지를 살펴 보라.
Ⅵ. 어느 도시나 도시는 이른바 생산의 공간을 가지고 있다. 오피스블럭, 공장, 기타 주변을 살펴 보자. 또 무엇이 있는가.

이것들을 살펴 보는 것이다. 볼 것 없다고 투덜대지 말고, 잘 살펴 보자. 사람이 모여 사는 곳은 분명히 이러한 도시성을 만드는 요소들을 가지고 있다. 이들이 도시에 어디에 있는가. 어떻게 이들이 서로 연결되어 있는가. 아마도 이러한 도시성을 만들어

주는 필수 요소가 하나라도 없다면, 그 도시는 도시가 아닐 것이다. 곧 사라져버릴 도시일 것이다.

지도를 구한다. 어떻게든. 지도는 구해야 한다. 아무리 성긴 팜플렛의 지도라도 그것이 있어야 자신을 이 낯선 도시, 장소에 위치시킬 수 있다. 여행자 안내소가 있다면 그것은 정말로 행운이다. 이 모든 것을 물어 보라. 될 수 있으면. 여행자 안내소가 문 닫았다면 할 수 없다. 자신이 몸으로 부딪치면서 느끼면 된다.

결론: 자신의 도시지도 그리기

발품을 팔면서 돌아다니다 보면 눈에 들어오는 것들이 있다. 물론, 물리적인 건축물과 거리들이 대부분이다. 이들 하나 하나는 이미지를 독자들에게 도시이미지를 만들어 준다. 그리고 그러한 도시이미지들은 어떤 다른 사회적 관계들, 예를 들자면 역사, 문화, 지리와 같은 2차적 가치가 덧붙여져 이야기가 된다. 그렇게 자신의 이야기를 만드는 것이다. 이렇게 자신이 직접 만든 이야기가 자신의 머릿속에서 낯선 도시를 재구성했다면 그것으로 충분하다. 이렇게 보통의 도시는 읽혀지는 것이다.

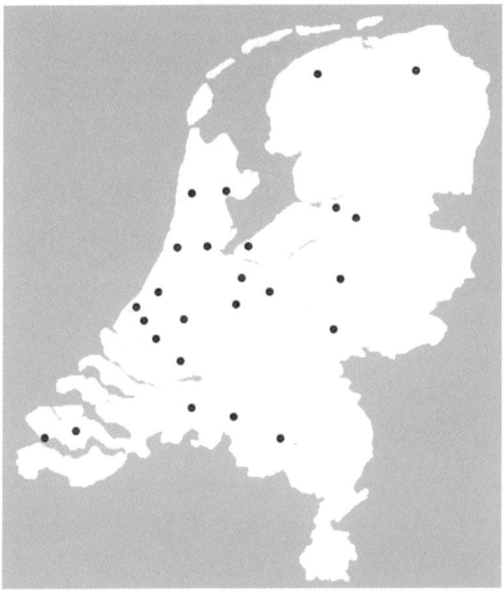

1. Leiden
2. Delft
3. Utrecht
4. Dordrecht
5. Middleburg
6. Kampen
7. Breda
8. Apeldoorn
9. Amersfoort
10. Hidelupen
11. Edam-Volendam
12. Groningen
13. Alkmaar
14. Leeuwarden
15. Gouda
16. Hilversum
17. Haarlem
18. Zwolle
19. Amsterdam
20. Hague
21. Rotterdam
22. Eindhoven
23. Villisingen
24. Almere
25. Tilburg
26. Arnhem

필자가 다녀갔던 '보통의 도시'들, 네덜란드

1. Venice
2. Napoli
3. Genova
4. Citta della
5. Castelfranco Veneto
6. Triste
7. Verona
8. Sienna
9. Bologna
10. Vicenza
11. Ferrara
12. Trento
13. Mantova
14. bresia
15. Padova
16. Pompei
17. Amalfi
18. Capri
19. Cortina(dolomiti)
20. Chioggia
21. Cinque Terre
22. Milan
23. Rome
24. Firenze
25. Rimini
26. Ravenna
27. San marino
28. Treviso
29. Belluno
30. Udine
31. Rovigo
32. Modena
33. Parma

필자가 다녀갔던 '보통의 도시'들, 이태리

보통의 도시를 말할 때 필자는 감히 이 보통의 도시를 읽어야만 그 지역의 객관화된 사회적 가치들을 공간적으로 읽을 수 있는 것이라 말하고 싶다. 보통의 도시는 일상의 도시이며, 오늘날의 메트로폴리스들의 원原도시이다. 이렇게 **보통의 도시읽기는 지역**terrotory **읽기의 진수**인 것이다.

3. 도시성urbanity과 인간성personality

대만

근래에 대만에 대한 이야기를 자주 접했다. 물론, 같은 코스를 수학하는 동문이 있어서 그런지 몰라도 이들의 환경이야기를 들어 보면 참으로 시사하는 바가 크다.

두사부일체

드센 한국인

그들은 우리 한국인들을 보면 '드세다'라고 한단다. 말하는 것도 드세고, 행동하는 것도 드세단다. 필자도 나름대로 그 말에 공감한다. 한국에 조폭영화가 유행인건 이렇게 드센 국민성의 일종의 표현이기도 하다라고 믿는다. 두사부일체와 같은 영화는 우리 국민성의 한 단면을 그대로 보여준다. 상사가 얘기하면 무조건 따르고, 머리를 때리는 걸 보면서 느끼는 일종의 대리만족, 그런 것은 디자인도 마찬가지일 것이다. 무언가 그림이 되어야 이젠 됐다 싶은 감이 드는 건 스팩터클이 되어야 안심이 되는 디자인 문화.

전혀 다른 도시성

얼마 전 대만인 친구와 기차에서 길게 얘기를 나눴다. 세운상가 이야기, 한국의 다부수고 새로 짓기 tabula rasa의 문화 '한국의 아파트는 30년 있으면 다 재개발 대상이고, 그걸 주민들이 원한단다.' 경악하는 대만인 '그럼 커뮤니티는?'- '지역커뮤니티는 애초에 자본에 종속되어 버리지. 이미 붕괴된 사회…'. 이런 말을 하면서 나는 몹시도 안타까웠다. 대만은 아직도 도심에 많은 옛 건물이 그대로 보존이 된단다. 유지들은 자본의 입성을 거부하는데, 그 이유가 커뮤니티. 놀라운 면이다. 당연한 추론으로 다 부수고 다시 짓는 한국의 도시성은 드센 한국인을 만들었던 가장 큰 요인이 아닐까?

한국의 '다 부수고 다시 짓기(tabula rasa)' 문화

'드센 한국인' 문성근-영화 초록물고기

가족과 함께 했던 공간기억, 그러나 지금은 아파트 숲으로 둘러싸인-영화 초록물고기

초록물고기의 한석규

영화 초록물고기의 한석규를 보면 자신의 과거의 생활기반이 파괴되어 이미 아파트 단지로 변모한 후 맞이하게 되는 토착민으로서의 삶의 고뇌를 보여준다. 드센 문성근의 아이콘. '야 음악 꺼'에 모든 음악은 멈춰야 하는 드센 주체. 그리고 그 드센 주체에 봉사해야 하는 한석규, 그는 초록물고기를 기억하며 자신의 과거를 추억한다.

'다 부수고 다시 짓기tabula rasa'와 인간성

tabula rasa는 자본의 논리가 지역에 반영되어 나타나는 하나의 현상. 자본이 제대로 정착하기 위해선 필수적으로 나오는 재영토화의 단면이다. 자본의 논리에 맞추려면 과거의 기억은 사진으로 남기지 않으면 사라지는 세상, 지역커뮤니티는 붕괴되어 사람들은 파편처럼 떠다닌다. 그리고 그러한 파편들은 온라인이라는 새로운 집합미디어를 만나 마치 유영하듯 도시를 떠다니며 이합집산을 반복한다. 그러나 사람들은 꿈꿀 것이다. 지역에 밀착된 진실한 인간성을. 사람들은 갈구할 것이다. 유영하는 사이버 커뮤니티가 아닌 지역, 나의 삶의 터에서 같이 커나간 사람들의 기억을.

그린과 옛 건물 = 인간성 치료제?

네덜란드 사람들은 대체적으로 친절하다. 길을 물어 보아도, 어깨가 부딛혀도 그 사람

필자가 다녔던 그린캠퍼스 TU-Delft, the Netherlands

들은 대체적으로 미소를 보내준다. 한국같으면 어떨까. 눈을 부라리며 서로 보다가 그냥 지나갈 것이다. 그리고 그래야 한다. 한국은 내가 강해 보여야 다른 사람에게 존중받는 사회이니까. 필자가 있던 네덜란드는 그린이 많다. 눈에 보이는 것들이 푸른색들이 많은 나라. 분명 그러한 푸른색의 도시성은 인간성과 연결될 것이다. 옛 건물이 그대로 남아 있는 도시에 사람들은 모이고, 서로를 이야기하고 기억을 축적한다. 억센 지평선의 바람과 겨울의 모진 환경을 이겨내는 이들의 방식이다.

4. 두 가지의 도시커뮤니티

장소적 커뮤니티와 사이버Cyber 커뮤니티

사람은 모여 산다. 아무리 자신이 반사회적 인간이라 하더라도 어떤 사회적 조직의 존재감은 누구나 필요로 한다.(노숙인들도 모여 사는 것을 보라) 그런데 사람이 모이는 것은 어떤 매개를 필요로 한다. 그것은 학연, 지연과 같은 장소적 인연일 수도 있고, 회사와 같은 경제적 이유, 또는 취미를 공유하는 유흥의 인연이 될 수도 있다. 그러나 좀 거칠게 말해서 공간과 커뮤니티와의 관계를 유형화시킨다면, 장소적 커뮤니티와 사이버 커뮤니티로 나눌 수 있지 않을까.

장소와 사이버

장소적 커뮤니티는 일정한 장소를 매개로 활동한다. 그렇기에 장소로서의 도시는 매우 중요하다. 그러나 사이버 커뮤티니는 그 자체가 탈장소화되어 전자적 공간을 떠다니며 정보를 교류하고, 존재를 인식한다. 장소적 커뮤니티가 커피숍과 같은 만남의 장소에서 매개된다면, 사이버 커뮤니티는 스크린 그 자체가 만남의 장소이다.

그 둘의 공생 1-불안한 출발

사실 처음 사이버 공간에서 만남이 이루어진다는 것에 대해 사람들은 굉장히 고민을 많이 했었던 것 같다. 특히나 한국의 사회에서는 지역적 커뮤니티가 거의 건설자본과 이에 영합하는 이익추구의 정신에 사로잡혀 거의 붕괴되어 있기 때문에 어떤 대안적 커뮤니티의 생성은 매우 기쁜 일이 아닐 수 없었다. 그러나 이렇게 만나는 것이 어떤 진정성을 가질수 있을까에 대한 존재적 의구심이 드러난다.

영화 '접속'(1997)과 '후아유'(2002)

영화 접속(1998)과 후아유(2002)에서 보여지는 인간 군상들은 사이버와 실제의 장소에서 일어나는 존재의 교류에서 괴로워하는 상대의 정체성에 대한 의구심과 그 둘의 갈등을 보여준다.

그 둘의 공생 2-간편한 사이버

2000년이 10년이나 지나고 있는 요즘은 가히 사이버의 위력이 기승을 떨치고 있는 세상인 듯 싶다.(필자는 아직 사이버 커뮤니티에 약하다. 그런 것을 보면 역시 과거 지향적 인간이다) 누구나 자신과 무엇 하나만 공유하면 그냥 만날 수 있다. 자전거를 좋아하면 그 동호회에 들어가면 된다. 요리에 관심이 있으면 역시 그 곳에 참여하면 된다. 물론 이와 같은 만남에서 깊은 만남을 기대하는 사람은 드물다고 믿는다. 그렇지만, 지역적 커뮤니티가 철저하게 파괴된 아파트나 오피스텔과 같은 공간에서 문득 부딛히는 옆집 사람보다는 이렇게 사이버에서 만나는 사람들과의 만남에서 훨씬 편안하고 안전함을 느끼는 세상이다. 오히려 평생 아는 척 안하는 옆집 사람을 사이버 동호회의 오프라인에서 만날 수도 있는 세상이 된 것이다.

그 둘의 공생 3-그래도 장소?

그래도 아무리 사이버가 익명으로 편할 수 있지만, 사람들은 점점 더 대면접촉 face to face을 원하게 된다. 굳이 만나 술 먹는 즐거움이 아니라 하더라도 고급 정보를 위해, 또한 자신의 존재의 확인을 위해서라도 사이버는 모니터 스크린을 벗어나 거리의 레스토랑이나 커피숍과 같은 도시의 일정 장소로 이동을 시작한다. 이렇게 사이버에서 장소로 넘어가면서 그 진정한 공생은 시작되는 것이다.

사이버에서 장소적 커뮤니티에로

도시가 이러한 사이버에서 장소적 커뮤니티에서 바뀌는 것에 어떻게 하면 도움을 줄 수 있을까. 어떤 도시모델이 필요한가. 서울은 언급했듯이 철저하게 지역커뮤니티가 파괴된 곳이다. 그렇게 지역적 커뮤니티가 파괴된 도시에서 거주민의 적극적 협력이 없으면 성공할 수 없는 저탄소 도시와 같은 자립형 서스테이너블 sustainable 도시시스템을 제안하는 것은 애초부터 무리일 것이다.

긍정적 인클레이브enclave[148)]

어쩌면 이것은 세대별, 계층별 공간적 이합집산이 필요한 것은 아닐까. 아예 판을 다시 짜는 것이다. 서로가 맞지 않는 임대아파트와 자가주거단지의 공생과 같은 혼합mixité의 신화를 계속 믿고 가는 것이 아니라, 아예 철저한 enclave만으로 이루지는 세상이 되는 것이다. 서로 얼굴도 모르고 지내는 현재의 청담동, 성북동, 압구정동의 enclave가 아니라 보다 긍정적인 enclave, 서로가 서로를 알고, 그렇기에 공동체적 의식을 다시 함양할 수 있는 도시시스템.

현대도시의 장소적 커뮤티니의 씨앗들

과거의 혈연가족, 여기는 이씨 마을, 저기는 김씨 마을식의 혈연공동체와 같은 유전적 친근관계가 기반이 되는 것처럼, 그 혈연관계를 대신할만한 그 무엇은 현대도시에서 무엇인가? 교육인가, 그래서 애들 학원이 밀집한 대치동, 목동, 분당 일부 등은 이를 이용한 어떤 자립형 도시시스템을 교육과 연관하여 이식시켜볼 수 있을까? 대학가? 또한 대학가 같은 곳은 특유의 지역성을 이용하여, 교육과 문화라는 장소커뮤티니의 기반을 어떤 도시프로그램을 통해 실험해 볼 수 있을까? 그러면 이른바 보통의 도시 지역은 어떻게 하는가. 여기서는 놀이터부터, 탁아소, 학교, 노인정, 주부커뮤니티 시설 등등의 각각의 이른바 장소커뮤니티의 '씨앗'들을 어떻게 활용하는가에 달려있는듯 보인다. 여기에 필자의 관심이 있다. 그리고 분명히 이것은 지대와 지가라는 도구, 즉 자본과 시장이 할 수 있는 영역은 아닐 것이다.

5. 풍요로운 도시디자인: 어버니즘urbanism

도시디자인의 몇 가지 특성

① 하나는 사회적 함의를 담고 있다.

보통 작가는 보편적, 객관적으로 표현되는 사회적 가치의 그물망에서 작가 고유의 사

148) en·clave['enkleiv] [「갇힌」의 뜻에서] n.1: 어떤 나라 땅으로 둘러싸인 타국의 영토(cf. EXCLAVE) n.2: (대도시 등) 소수의 이문화(異文化) 집단의 거주지

회를 바라보는 시선을 표현하려 한다. 그것은 작가가 가지는 고유한 시선으로 사회를 바라봄이고, 그것에 의해 새로이 생산되는 가치를 주목하는 것이다. 그리고 작가는 자연스레 그가 표현하려하는 사회적 시선, 사회적 현상을 객관적 사회적 가치의 체계에 위치시키고자 할 것이다.

② 하나는 미래를 이야기한다.

도시디자인은 미래에 대한 이야기이다. 불확정된 미래를 안다는 건 어불성설이지만, 도시디자인은 미래를 향한 물리적 환경변화에 대한 시나리오 작업이다. 여기서 비젼과 시나리오는 분명히 다르다. 비젼은 미래가 이렇게 될 것이다 또는 되어야 한다는 비교적 큰 전략적 개념이라면, 시나리오는 전술적 개념에 가깝다. 비젼이 이렇게 되려면, 우리는 이것에 주목해야 하고, 그 결과는 이렇다. 그것은 일종의 테스팅 testing이다.

③ 하나는 몇개의 학문의 영역을 넘나든다.

어번 플래닝 Urban planning은 언술했던 사회적 가치를 대상으로 하기에 폭넓은 가치의 그물망을 꿰고 있어야 한다. 지리학에서 나오는 일반지리, 땅에 붙어있는 특정한 장소의 이론, 가치를 기반으로 그 위에서 형성된 자본과 힘, 정치의 움직임, 그리고 영향력을 연구하는 사회지리는 어번디자인의 이론작업의 핵심이다. 이러한 이론적 작업은 곧바로 시각화와 공간화로 이어지는데 종국적 목표는 도시환경에 대한 물리적 변화추동이기 때문이다.

④ 마지막 하나는 몇개의 스케일을 넘나든다.

언술했던 지리적 스케일, 광역 스케일 terrtorial scale부터 도시 스케일 urban scale을 지나, 건축 스케일 architectural scale까지 다양한 스케일을 넘나든다. 그 순서는 거대부터 시작할 수도 있고, 마이크로부터 시작할 수도 있다. 거대부터라면 탑다운 top down이라 할 수 있고, 후자면 바틈업 bottom up이라 할만 하다. 도시디자인이 아름다운 건 그러한 무수한 스케일의 세계를 마음껏 zoom in and out을 하면서 가치를 표현한다는 것이다. 그리고 그렇게 다양한 층위에서 이야기를 할 수 있어야 진정 가치있는 도시디자인, 어버니즘이라 할 수 있다.

몽마르뜨 언덕에 있는 사크레-쾨르 사원

6. 건축이 사회를 달랜다?

위의 사진은 몽마르뜨 언덕에 있는 사크레-쾨르 사원입니다. 하고 많은 유적들 가운데서 왜 이 사진을 이야기 하고 싶냐구요? 저는 이 사원에서 건축과 사회에 대해 짧은 이야기를 하려 합니다.

여행책자를 보니까 이 사원은 19C 후반, 프랑스의 격변의 시기에 흉흉해진 민심을 달래기 위해 이 성당을 세웠다고 합니다. 그냥 그려려니 하고 넘어가려는데 내심 곰곰히 생각할 거리를 만들어 주더군요.

건축이 흉흉해진 민심을 달랠수 있었나?
Is it possible to heal the poor mind of commom people by architecture?

지금의 필자의 생각으로는 도저히 상상할 수 없는 것이더군요. 건축이야말로 자본주의의 첨병이고, 캐피탈의 궁극적 목표인 이윤창출의 선봉에 건축이 있는 한 민심을 달래는 건축은 애초부터 불가능한건 아닌가 하는 생각이란 말입니다. 도곡동 땅의 타워팰리스는 서민들에게는 한숨의 대상이지 민심을 달래는 대상은 아니지요.

생각해 보면 우리나라도 경복궁을 중건하면서 나라의 기강을 바로 세우려는 움직임이 있었습니다. 대원군 시절, 가뜩이나 어려웠던 나라경제를 뒤로 하고 나라의 기강을 바로 잡고자 했던 그의 생각은 서민의 등골을 빼먹으며 육중한 서릿발이 담긴 경복궁을 완성했을 것이고, 그것을 반대했던 세력들은 그를 실각시켜 버렸지요. 이런 몇가지의 사례를 보면 분명 건축은 정치와 밀접한 관련이 있는 건 분명합니다. 보여지는 스펙터클한 공간을 통해 어떤 경이감 sublime을 부여해주는 건축이야말로 힘을 논하는 정치의 아주 좋은 시각적 통제 수단이 될 수 있었던 것이지요.

그런데 문제는 이러한 경이로운 스펙터클이 점점 자본에 의해 변질되고 있다는 것입니다. 자본은 스펙터클을 이용해 일상공간을 침범해 들어갑니다. 그리고 이러한 침범에는 때와 장소가 없지요. 자본은 회전할 곳을 찾아야 하고, 또 어느 틈엔가 영리한 사람들은 그러한 자본의 논리를 땅으로 가져와 부동산의 논리로 만들어냅니다. 곧 자본의 논리, 부동산의 논리를 따른다면 건축은 스펙터클이어야 하고, 그 스펙터클을 통해 사람들을 끌어 모아야 한다는 것입니다.

이 즈음부터 건축은 숭고한 sublime의 위치에서 떨어져 싸구려 junk space가 되어 버리는 건 아닐까요. 건축이 숭고하려면 자본의 이윤창출의 논리에서 떨어져, 어떤 집단적 무의식이나, 어떤 힘의 발현체로서의 위치를 다시 찾아야 하지 않을까요. 이 정도가 되면 이 곳 네덜란드에서 인기 있는 빅토리오 아우렐리 Pier Victorio Aurellie의 논리에 닿습니다.

Seoul, capital city(Berlage Institute, 2009)

그는 이태리 태생의 젊은 건축갑니다. 필자도 전혀 모르고 있던 사람인데 이곳 한국 유학생들에게 선풍적 인기를 끌고 있더군요. 베를라헤 건축대학에서 얼마 전 졸업스튜디오로서 capital city-Seoul을 했었는데 그 곳에서 그의 생각을 들을 수 있었습니다. 그는 말을 잘하고, 디자인을 잘하고 하는 그런 사람이 아니라 그 사람이 잘하는 건 바로 정치였습니다. 서울을 캐피탈의 도시로 규정하고 자본 이외의 것에서 건축의 실마리를 찾는데 바로 필자가 언급했던 집단 무의식이나, 대중정서같은 것이었습니다. 그러한 실마리를 잡고 건축이 그것을 풀어주는 역할을 해주는 것이지요. 그는 매번 자신의 스튜디오를 끝낼 때마다 어떤 메니페스토 manifesto를 발표하더군요. 건축만이 가지고 있는 견고성 solidarity? 뭐 그런 것이었습니다.—만일 이글을 베를라헤 학생들이 본다면 반론이 있을 수 있습니다. 필자는 단지 하루 동안의 경험이었으니 말이죠.

그런데 필자는 그의 생각에 동의할 수 없었습니다. 물론 그가 무슨 이야기를 하려는지는 알았지만, 건축이 견고성 solidarity을 가져야 한다는 것에 동의할 수 없다는 것이지요. 오히려 이 시대의 건축은 non-solidarity에 관심을 가져야 하는 건 아닌가 하는 생각입니다. 즉, 매스를 가지고 논하는 자체적 건축은 이미 할 만큼 다 한건 아닌가 하는 생각이지요. 필자가 어버니즘에서 배웠다고 생각하는 건 건축을 물리적 구조물로만 보려는 것이 아닌, 관계의 학문으로 봐야 한다는 것이라고 말하고 싶습니다. 예를 들자면, 먼저번에 언급했던 물리적 구조물의 카펫의 개념이 그렇고, 움직임의 네트워크 mobility network에서 다시 만들어지는 중심과 주변의 관계들, 또한 물이 흘러가면서 만들어내는 도시구조의 변천들. 이러한 관계의 망속에 건축물을 놓는다는 것은 분명히 알도로시가 말하는 건축과 도시에서의 담론과는 많이 다른 것이겠지요.

다시 자본과 건축으로 돌아가면, 자본은 이미 어쩔수 없는 하나의 기댈막이라 생각하는게 오히려 편해지는 것 같습니다. 자꾸 현재의 자본을 부정하려 하면 할수록 건축가의 입지는 더더욱 작아질 수 밖에 없는 것 같습니다. 입지가 작아지면 힘도 잃지요.

아무튼 건축이 공업생산의 시기를 통과하기전엔 분명히 힘을 가지고 있었던 것은 분명해 보입니다. 바르셀로나의 가우디의 건축같이 시대를 통과하면서 solidarity를 만들어내는 것은 이젠 거의 환상인 듯 보입니다. 또한 아마도 그때의 건축가는 시대의 리더로서 매우 특수한 신분만이 받을 수 있는 교육을 거쳤음이 분명해 보입니다. 마치 요새의 의사나 변호사처럼 힘을 가진 상류문화의 리더로서의 건축가 말입니다.

그러나 그러한 문화의 리더로서의 건축가는 얼마 가지 못했습니다. 도시가 형성되고, 메트로 폴리스가 형성되기 시작되었을 즈음, 건축가는 스스로 상류문화의 리더가 되길 거부했습니다. 왜냐 하면 당연 스럽게 당면 주택문제나 당면한 환경문제, 위생문제를 제쳐두고 상류문화의 보자르를 향유하는 것은 어쩌면 당연스러운 직업윤리의 측면이기도 했을 것이니 말입니다. 그들은 서민에게 좋은 환경을 제공해주고 싶었고, 그러한 뒷배경들이 바로 모더니즘의 태동이기도 할 것입니다. 그러면서 서서히 건축은 그 자체적으로 경이 sublime의 힘을 잃어간 것입니다.

물론 아우렐리가 말하는 건축만이 줄 수 있는 존재성 solidarity, 경이감 sublime, 무엇이든간에 그건 분명히 있습니다. 즉 건축만이 줄 수 있는 질이라 할 수 있겠지요. 그러나 그것을 가지고 자본과 맞서겠다는 논리는 많이 역 부족인듯 보입니다. 오히려 자본은 그것을 엎어놓고 자신의 등에 태워버리겠지요. 스피노자 spinoza를 먹어버린 헤겔 Hegel처럼 말입니다.

다시금 생각해 봅니다. 건축이 흉흉한 민심을 달랠 수 있었을까? 그러면 요새의 건축 또한 그럴 수 있는가. 한번 생각해 보시길 바랍니다.

7. 사스키아 사센 Saskia Sassen과 신인류의 탄생

015B-신인류의 사랑

그녀를 처음 본 것은 ISUU[149]라는 국제 컨퍼런스 자리에서였다. 그녀의 책 『글로벌 시티 Global city』는 한마디로 글로벌리제이션 globalization을 논하는 사람들에게는 꼭 한번은 거쳤을 일종의 고전이 되었다. 뭐랄까. 그녀의 유명세 때문이었을까. 컨퍼런스 자리에서도 거침없었다.

그녀는 맑시스트 Maxist였다. 아니 도시를 논하면서 경제를 논하는 사람은 맑스가 가진 정치, 사회의 연관성을 피해갈 수 없다. 맑스의 '자본'은 경제를 논하면서 정치, 사회와의 큰 물줄기를 함께 설파한 현대의 고전이기에, 누구든, 경제만을 논하지 않는 한, 맑스의 큰 물줄기에서 빠져나갈 수 없다. 그 말은 맑시스트라고 해서 좌파라고 치부되어서도 안되고, 또한 의미를 과장해서도 안 된다는 말이다. 그녀는 그녀의 글 중 단 한번도 맑스를 언급하지 않는다.

그녀의 글을 보다 보면 신경제가 나오고 신사회가 나오며, 마지막으로 신인류가 나온다. 거꾸로 이야기하면 신인류란 즉, 'high income worker' 즉, '고임금 노동자'라 하면 될 것 같다. 논조는 그것이다. 고임금 노동자는 이른바 매니지먼트를 주종목으로 하며, 새로운 문화를 창출하고, 새로운 소비패턴을 만들고, 새로운 라이프스타일을 만든다는 것이다. 그리고 그러한 고임금 노동자는 사회적 양극화를 먹고 살며, 그것은 다시 국가경제를 더욱 허약하게 만들고, 반대로 글로벌이라는 명목으로 움직이는 도시경제에 기반한다. 이들이 만드는 소비패턴은 매우 고임금과 글로벌 환경이 만들어 내는 특유의 분위기가 결합해서 1970년대의 suburban에서 창출되었고, 국가 경제의 발전동력이 되었던 mass consumption과는 매우 다르다는 것이고, 그 결정적 이유는 경제체제가 다르고, 따라서 인간 자체가 다르기 때문이라고 그녀는 주장한다.

그녀의 책 『the Global city』는 매우 선언적인 책이다. 그렇다고 맑스처럼 어떤 행동담론을 펼쳐 준다는 것이 아니라, 그녀의 주장을 제시하고 그것을 증명하는 수많은 데이터와 담론의 전개를 보여준다. 아니 그런 면에서 보면 선언적이 아니라, 논문적이라고 하는 게 맞겠다. 아무튼 이러한 신인류의 세상에서 어쩌면 015B의 '신인류

149) ISUU, Delft, 4th International Seminar on Urbanism and Urbanization, 24-26 September 2007.

의 사랑'을 들었던 필자와 같은 세대들이 이미 이 사회의 신인류가 되어, 비록 오너쉽 ownership은 없지만, 나름대로 형성한 특권층의 기득권과 금적적 향유를 하고 있겠구나 생각하니 스스로 가슴이 무거워진다. 다시 들어보니 그때 이미 신인류들은 이렇게 탄생하고 있었던 것이었다.

8. 인구 천만의 도시, 서울

Friedmann의 세계 도시위계[150]를 처음 보았을때, 서울의 입지는 주변 도시 중에서도 베타 Beta급이었다. 다른 파리나 기타 대도시들에 비해 규모와 크기로는 둘째가라면 서러울텐데 세계 도시의 위상에서 이렇게 3류 취급을 받는다는 것에 대해 좀 실망스러웠던 기억이 있다.

내가 살고 있는 곳은 세검정 지역이다. 이곳은 일제 때부터 풍치지구로 지정되어 현재까지 대형 개발이 묶여 있는 조용한 동네이다. 그러나 고개 넘어 출근길로 나아가면, 그때부터 분위기는 급변한다. 자동차, 자동차들... 매우 시끄러운 서울의 도시성이 그대로 나온다. 이렇게 고개 하나를 사이에 두고 서울의 장소 세검정의 분위기는 급변한다.

왜 이렇게 차이가 많을까.

불과 4개월 전만 해도 조용한 네덜란드의 촌도시 델프트에 있었던 필자로서는 이러한 서울의 도시성에 대해 많은 것을 생각하게 하면서도 어떤 일반화를 이루는 사고에 다다르지 못했다. 이 즈음에서 그동안 떠돌았던 생각들을 정리하고 싶었다.

천만의 서울은 너무 빨리 만들어진 도시이다. 대원군 시절의 쇄국정책은 자립적 근대화[151]의 절호의 기회를 놓쳐버렸고, 이후 반강제적인 신문물의 유입에서 기인한 뒤늦은 근대화와 이어 일어난 일제의 식민화에 서울은 강제적으로 도시 그리드가 그려진 도시가 되었다.[152]

일제는 많은 부분에서 자신들의 도시시스템을 그대로 옮겨 놓았다. 서울을 중심으로 하는 철저한 중앙집권체계는 단핵 중심의 거대도시 탄생을 예고했고, 그 당시 경

150) 물론 그의 세계 도시의 위계는 국제성이라는 철저한 서유럽, 북미 중심의 사고에 기인한 것이다.
151) 근대화라는 새로운 생산방식과 그것에 대한 환경정비는 도시에 그대로 반영되었을 것이다.
152) 현재의 종로, 을지로, 충무로와 그곳의 직각 그리드는 철저하게 일제가 그려 놓은 것임을 아는 도시-건축 종사자들이 얼마나 될까.

제력이 없던 개발업자와 민간은 대부분 공공의 개념이 없는 소위 집장사 주택을 남발했다.-그때 당시의 조선주택영단과 같은 기관의 목표는 신문물, 신문화에 맞는 바람직한 양옥의 전파였지, 어떤 녹지와 교통체계가 어우러진 도시를 보여주지 못했다. 그것은 그때 당시의 생각의 한계였던 것이다.-

그렇게 하나 둘씩 집장사 주택들은 서울 도심을, 서울 변두리를 채워가기 시작했다. 그들은 지하철이 없었던 그때 버스 하나를 발로 삼고 부족했던 도로를 누비며 경제활동을 시작했다. 이는 수출 100만불의 역군이었던 것이다.

그리고 지하철이 생기면서 서울의 인구집중은 지하철 역이 중심으로 이루어진다. 지하철의 건설은 이미 교통인구의 포화상태였던 서울에 도시 재편의 기폭제가 되었다. 1호선을 지나 2호선, 3호선, 4호선, 5호선이 잇따라 건설되면서 전후좌우 서울은 팽창의 가속페달을 밟게 된다.-여기서 지하노선의 생김새를 보면, 하나같이 중심에서 주변으로 뻗어가는 것을 보게된다.-

서서히 개발의 붐이 형성되었다. 그것은 인프라의 몫을 감당하기 힘든 공공의 민간에의 책임전가와 또 그것을 해주면서 민간의 초과이윤을 거둬들이는 민간 건설사의 사욕이 맞아 떨어진 결과였다. 아파트로 대표되는 신문화의 신화는 수도를 열면 바로 더운 물이 나온다는 그 당시로서는 믿기 힘든 생활의 편리를 무기로, 서민의 마음 속에 투자, 투기의 붐을 일으켰다.

집장사들의 집들에 서서히 시간의 때가 축적되어갈 때 민간자본의 개발 유혹이 시작되었다. 처음에는 몇 백가구 규모가 되더니 몇 천가구, 이젠 아예 도시급 개발을 서슴치 않게 되었다.

내가 태어났던 공덕동의 분위기를 알고 싶어 그 길로 들어섰을 때는 이미 그곳은 포크레인으로 뭉개져 평탄화된 상태였다. 흔적은 사라지고, 오로지 콘타contour만이 남은 나의 고향.

현재의 서울은 이렇다.

한쪽은 녹지같은 공공개념이 전혀 없는 집장사주택촌이 있고, 또 한쪽은 담은 없지만, CCTV가 돌아가는 사유화된 녹지 위의 바늘아파트들이 넘쳐난다. 현재의 도시의 공원들은 현재까지 그나마 운좋게 남아 있는 땅, 산지들을 도시공원이라는 이름으로 단장해 놓고 공원 브랜드 매기기에만 열중하고 있다.

조금 더 나아가 청계천 개발은 녹지 젠트리피케이션gentrification(토착민 내쫓기)

의 대표적 선례가 되었다. 아, 녹지로도 젠트리피케이션이 가능한 나라. 아니 녹지를 이제야 만들기 위해 주민의 삶의 터를 건드려야만 하는 나라.

도시에 있어 녹지는 말 그대로 허파와 같다. 내가 굳이 조경론자가 아님에도 불구하고 현대도시 서울, 세계 베타급 도시 서울에는 걸어서 산책 가능한 녹지가 있는 주거지가 전체의 반이 안된다. 현대의 무슨 주의력 결핍아동들의 가장 큰 원인이 녹지, 자연의 체험부족이라는 보고서는 빈말이 아니다.

TV에서 나오는 온갖 아파트의 선전을 보면, 어린 아이들이 물이 뿜어져 나오는 야외에서 뛰어 놀고, 어른들은 바베큐 파티를 사적인 정원에서 하는 장면들로 채워져 있다. 중요한건 그 공간은 그 주민만의 공간이지 열려져 있는 공간이 아니라는 것이다.

물론 비싼 분양비를 지불한 대가는 받아야 마땅하다. 그러나, CCTV가 있는 그 야트막한 담 바깥, 녹지, 의자, 쉴 곳 하나 없는 공공의 공간이 있다. 차들이 쌩쌩 지나가는데 아이들은 위험하게 놀고 있다. 인도와 차도는 구분도 없다. 오로지 쉴 곳은 편의점의 의자 뿐인 이 도시에서 어떤 세계적으로 자랑할 것이 나오겠는가. 광화문 광장으로? 서울 시청광장으로? 개도 웃을 일이다. 어떤 특단의 대책이 필요한것 같다.

현재까지의 개발방식이 개발이윤을 보장해 주고, 정부가 인프라 건설의 몫을 민간에게 넘겼다면, 이젠 반대로 정부가 개발이윤의 일정분을 환수해서, 인프라를 직접 해주어야 한다. 그래서 개발 주변의 부지가 cctv의 hard edge가 아니라 녹지공간으로 채워 주어야 한다. 개발이 이루어지지 않는 곳은 정부가 의도적으로 하나 둘씩 부지를 마련하여 현재의 도로그리드만이 아닌 녹지 그리드를 만들어 주어야 한다.

청계천, 남산 그린웨이와 같은 급격한 녹지 젠트리가 아닌, 서서히 10년, 20년 꿈을 가지고, 실행되는 서울의 녹지체계의 바둑판을 만들어 주어야 한다. 서울시 전체를 살피면서 민간개발의 평탄화가 시작되기 전, 최소한의 공공녹지를 법적으로 확보해 놓아야 한다. 생각해 보라. 100m만 걸어가도 만나게 되는 공원의 휴식.

한국사람들이 유럽의 도시를 방문하면서 가장 부러워 하는 것이 바로 그 녹지도시가 주는 한적함이다. 물론 그들 또한 산업혁명 이후의 공업도시의 인구집중이 있었다. 영국, 프랑스의 노동자 주거의 실상을 우리는 너무도 잘 알고 있고, 그러한 배경에서 콜뷰지에라는 천재도 나왔다. 그러나 이후 이들 나라들은 앞서 많은 지방도시들이 이미 각자의 상업적인 기반이 있었기에 각자의 공업기반을 가지는데 어려움이 없었고, 이에 서울과 같은 거대도시의 탄생이 필요하지 않았을 것이다.

도시가 크지 않으면서 자립할 수 있다는 것은 도시생산의 집적의 요구를 충족시키면서도 자연과 함께 하는 분산의 도시를 만드는데 아주 좋은 요건이 된다는 것이다. 이제라도 서서히 이러한 분산의 도시를 만들어주는 기반을 이 정부는 대한민국 정부는 생각해야 하지 않을까.

인구 천만의 시너지도 좋지만, 그곳에 사는 서민의 삶은 구겨진다.
인구 천만의 24시간 풀 서비스로 넘쳐나는 생산의 기반은 좋지만,
그곳에서 버텨야 하는 서민의 삶은 고달프다.

건강한 소도시 만들기는 22세기로 나아가는 서울의 가장 시급한 과제이다.
다시 운동할 곳조차 없는 세검정을 생각하니 또 갑갑해진다.
이곳이 인구 천만의 서울, 내가 사는 곳이다.

9. 파올라 비가노 Paola Vigano 교수[153]와의 인터뷰: 도시 영역의 새로운 모더니티 Territories of a New modernity

▶ **임동원**: 안녕하세요. 파올라 교수님, 바쁘신 가운데 인터뷰에 응해 주셔서 감사합니다. 이 인터뷰는 광역 스케일과 지역 스케일, 건축 스케일을 넘나드는 현재 한국의 도시계획학 및 건축학 종사자분들께 많은 도움이 될 것입니다. 인터뷰에 앞서 교수님의 학문적 배경과 경력에 대해 말씀해 주시기 바랍니다.
First of all, I sincerely appreciate you respond to our interview for Korean readers. This interview will be helpful to understand for Korean Government and scholars who have been interested in inter-scale realm between territorial, urban and architectural scale with clear methodological direction. Before interview, could you explain about your academic background and careers?

153) 파올라 비가노는 이탈리아 밀라노(Milano)공대에서 도시계획학 박사학위를 취득하고, 현재 베니스(Venice)건축대학교의 지역 및 도시계획학과 교수로 재직중이며, 벨기에 루벵대학교와 스위스 로잔대학교 도시계획학과에 겸임교수로 있다. 밀라노를 기반으로 한 건축사무소 나인을 운영하고 있으며 다중 교통시스템과 지속가능한 도시를 지향하는 계획안을 내놓으며 활발하게 활동중이다. 최근에는 프랑스 정부가 선정한 세계적인 건축가 10인의 한 명으로 초청되어 프랑스 파리를 환경친화적 도시로 변모시키기 위한 그랑파리 프로젝트에 참여한 바 있다. 필자의 졸업작품 지도교수였다.

▶▶ **파올라 비가노:** 네. 저는 1987년에 플로렌스대학 건축학부에서 건축구성론으로 학부졸업을 했어요. 이후 1989년부터 1996년까지 베니스 건축대학 IUAV에서 베르나르도 세끼 Bernardo Secchi교수의 연구실의 도시계획(어바니즘) 부문에서 근무를 했습니다. 그 시기에 건축 및 도시계획 박사과정을 동 대학에서 졸업했습니다. 그때의 주제는 도시의 물질 urban material이라는 주제로 다른 스케일을 가지는 몇 개의 프로젝트를 다루었습니다. 저의 전 학문과정은 항상 건축과 도시계획, 그리고 랜스케입 분야의 경계에서 있었던 것 같습니다.
I graduated in architecture with a thesis on Architectural Composition at the Florence Faculty of Architecture with full honours in 1987 and from 1989 to 1996 I was assistant on the course of Urbanism of Bernardo Secchi at the Istituto Universitario di Architettura di Venezia(IUAV). At the same time I was preparing the research doctorate in Architectural and urban composition at the IUAV, with a thesis entitled "Urban materials" and working on several projects at different scales. My entire education has always been on the frontier between architecture and urbanism, at the crossing point among architecture, urban and landscape design.

▶ **임동원:** 파올라 교수님, 교수님의 현재 연구분야에 대해 개략적으로 소개를 부탁드립니다.
Could you explain your major research field and interesting areas?

▶▶ **파올라 비가노:** 저의 주된 관심사는 현대도시와 테리토리(광역)를 구성하는 요소에 대한 관심과 함께 리서치의 도구로서의 디자인의 층위적 가치에 대한 탐구입니다.
『La città elementare(도시의 요소)』로서 출간된 저의 박사논문은 현대도시를 구성하는 요소들을 인식하고 이름붙이는 작업이었습니다. 그 연구는 어쩌면 무질서한 도시공간들에 대한 만연되어 있는 상투적 해석에 대한 반작용이라고 볼 수 있습니다. 저는 그때 기존 도시를 바라보는 아주 시니컬한 기초적인 관점으로 새로운 디자인 모티브를 추구한 것입니다. "역도시 Reverse city"는 도시의 보이드 공간이 현대 도시공간을 구성한다는 것이며, "파빌리온 시스템 Pavillion system"은 도시를 디자인함에 있어서의 반복과 연속적인 성질을 은유한 것입니다. 그리고 건축의 물성단계를 0으로서의 보이드와 1로서의 완전한 물성을 가진 건물로 구분하여 건축물에 내재된 대지의 적층성를 표현하고자 했습니다. 이 방법론은 어떤 도시와 건축의 접근법에 대한 현대의 공공공간의 성질을 표현하는데 적용되었고, 이 방법론은 벨기에의 묘지건축의 사례에 적용되었습니다.
More in particular my research and design work centers on the study of the main elements constituting the contemporary city and territory and on the epistemological value of design as a research tool.

My PhD thesis, published as La città elementare, Skira, Milan, 1999, started as a renewed exercise of naming and recognizing the "materials" that constitute the contemporary city, in its new dimension, looking for an innovative project. The study was a reaction against the prevalent interpretation of urban space as chaotic. It proposes an elementarist point of view that cyclically involves analyses and project and new design themes: Reverse City, with the void as an element that structures the contemporary space, The Pavillion System, re – petition and serial nature as mode of designing the city and H=1, the architec – ture between 0 and 1, a design reflection on the "thickness of the ground" and on the nature of contemporary public space, are investigated by way of a series of projects that also identify specific traditions of approach to town and architecture. The project of a new cemetery in Belgium has been a crucial test for these ideas(picture).

사실상 저는 새로운 지식을 생산하는 디자인의 가능성에 큰 관심을 두고 있습니다. 그리고 그러한 디자인의 결과물을 책으로 남기고 있습니다. 디자인은 곧 리서치입니다. 그것은 현재의 지식을 응용하는 것만이 결코 아닙니다. 오늘날의 경향은 리서치라는 분야가 어떤 견고한 과학적 사

Kortrijk cemetery, Belgium(1999, P. Vigano)

고만을 해야 하는 것으로 생각하는데 그것은 큰 실수입니다. 현대의 도시 디자인은 많은 영역에 연관되어 있습니다. 예를 들면 물관리, 에너지 절약 혹은 생산, 교통, 사회적 불평등 등등. 이러한 분야들은 결코 기본적인 리서치 뿐만이 아닌 디자인된 리서치를 요구합니다. 이렇게 우리가 직면한 패러다임의 변화는 우리의 디자인 방법론을 다시 한 번 생각하게 하고 다시 한 번 방향잡기를 요구하고 있습니다. 우리가 디자인을 "지식의 생산체 Knowledge producer"로서 바라볼 때 우리에겐 엄청난 기회가 열릴 것입니다.

Actually I am strongly interested in the capacity of design to produce new knowledge and I am publishing a book on it. Design is research, it is not only and application of an existing knowledge. The trend today is to fund mainly the research in the hard sciences and this is a mistake. Design is today engaged in many fields(water management, energy saving and producing; mobility, social inequalities etc.) that need not only more basic research but also more research by design. The shifting in paradigms we are facing is the signal that we have to redirect and rethink our design approach. A tremendous opportunity, if we conceive design as knowledge producer.

▶ **임동원**: 제가 EMU 시절 교환학생 자격으로 Porous paris를 교수님의 팀원으로 함께 참가할 기회를 얻었는데요 그때 개인적으로는 참으로 많은 것을 느꼈습니다. 예를 들어 당신의 취약공간에 대한 관심과 그것의 porous한 도시적 해결책과 같은 부분은 매우 인상적으로 다가 왔는데요, 당신이 하셨던 Porous Paris에 대해 간략하게 소개를 부탁드립니다.

I got a chance to join your class as exchange student in EMU(European post master in Urbanism) course for the project of "Grand Paris," At that time, I learned a lot from you, especially for treating with fractured or weak areas into the "Porous" areas in Metropolitan Paris. Please introduce your project Porous Paris, in Grand Paris project generally.

▶▶ **파올라 비가노**: 2008년 5월에 우리의 사무소는 그랑파리의 프로젝트에 초청받았습니다. 그것은 도시 연합체로서의 파리를 다루는 일이었습니다. 그 프로젝트는 매우 인상적인 일이었어요. 왜냐 하면 매우 복잡한 지역들로 이루어진 광역을 다룬다는 것과 두 가지의 요구사항(21세기에 맞는 파리-메트로폴리스의 방향 제시, 또 하나는 교토의정서를 충족시키는 도시모델을 제시하라는 것)을 동시에 만족해야 했으니까요.

In May 2008 our office was selected to work on "Grand Paris" , the Parisian agglomeration: a not easily definable object of research. The task was an imposing one: due to the complexity of the region and the twofold request(a reflection on the 21st century metropolis after Kyoto and on the Paris region).

저는 다공성 Porosity(多孔性)이라는 개념에 대해 생각하고 있었습니다. 이는 도시의 움직임을 해석하고 이해하는 개념적 도구입니다. 그리고 이는 그 자체로 저에게는 디자인의 툴로 발전되었습니다. 본래 다공성 개념은 빈 공간을 다루는 말이지요. 그것은 순수과학, 즉 지질학과 지질물리학에서 연원한 개념으로서 요소들의 움직임과 그 저항을 고려하는 개념입니다. 이러한 과학적 개념을 따라가면서 그리고 1920년대의 발터벤야민 Walter Benjamin의 철학적, 은유적 개념을 더해서, 저의 다공성의 개념은 어떤 밀도, 움직임, 생태적 이해, 그리고 사회적 문제 등 현대사회가 추구하는 지속가능성의 추구에 대한 접근방법에 닿아 있습니다.
For some time, I have been thinking about the concept of porosity and its relevance as a tool for understanding, interpreting urban dynamics and for developing a set of instruments to design its space. The concept of porosity faces the issue of empty space. It derives from the natural sciences, mainly earth science and physics and concerns movement and resistance to movement. Following its scientific definition and its philosophical and metaphorical conception by Walter Benjamin in the 20' s, my hypothesis is that the concept of porosity in relation to densities, movement, ecological rationality and social issues can help today' s thinking about sustainability.

파리 대도시군의 많은 부분들은 대부분 어떤 치우침의 과정 polarization(사회적 양극화 등), 분리의 과정, 그리고 구분의 과정의 결과물이 도시에 나타납니다. 이들은 교통체계의 소외와 같은 인프라구조의 불평등, 빈부의 지역격차, 이방인들의 게토 등에서 나타나는 세액집행의 차이에 기인한다고 볼 수 있습니다. 또한 경제지구 등과 같은 지역은 과도한 인공건조환경화에 기인한 생태학적 위기에 직면하고 있습니다. 저는 이러한 파리에 대해 생태학적, 그리고 사회적 차원에서의 다공성과 침투성을 부여할 것을 제안하였습니다. 이러한 이유로 저는 다공성을 구성하고, 표현하며, 인식할 수 있는 방법적 툴을 필요로 하였구요. 공간은 바로 그 도구였습니다. 여기서 공간은 어떤 행위의 중립적 배경으로 만이 아닌 행위와 관련한, 행위를 유발시키는 전달체 혹은 전도체로서 기능합니다. – 공간은 행위의 잠재되어 있는 가능성의 저장소인 것입니다.
A large part of the Parisian agglomeration is the result of a process of polarization, separation and division through infrastructures, lack of accessibility by public transport; heavy differences in revenues that dig sharp and sudden canyons between rich and poor, ethnic ghettos. Together with the richer areas this territory has to face up to questions of ecological urgency. We developed our design proposal as an explicit exploration of the different degrees of porosity and permeability both on the ecological

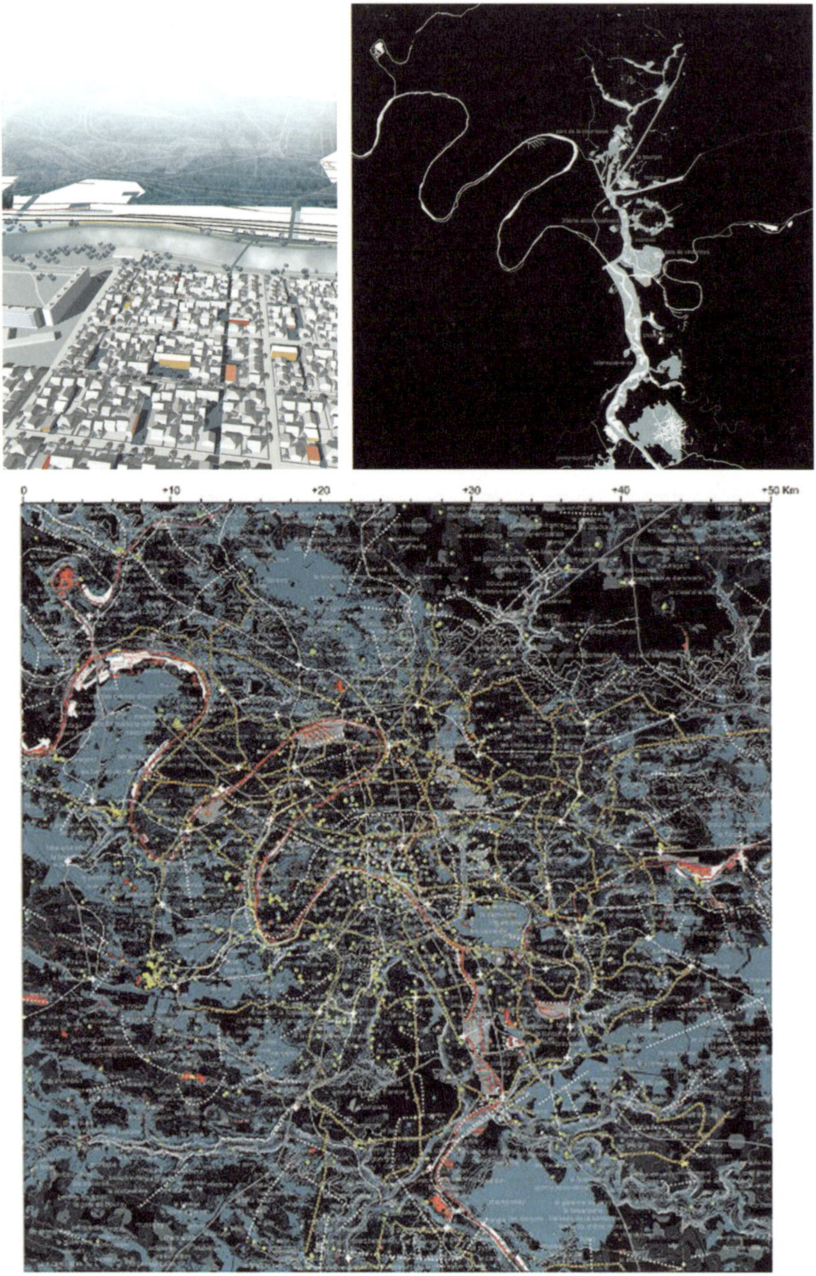

Grand Paris project "the Porous city, Paris"(2008, P. Vigano)

and social levels. For this reason, we need tools to recognize, to describe and to shape porosity. Space is not a neutral support for activities but a conductor and feeder - a reservoir of latent possibilities.

▶ **임동원:** 교수님은 또한 Paris 뿐만이 아니라 Secchi교수님과 함께 Antwerpen에 대한 많은 작업을 가지고 계십니다. 이렇게 대도시 Paris와 그보다는 작은 소도시 Antwerpen를 다룸에 있어 공통점과 차이점은 어떤 것이라고 생각하십니까?
You have been working for small city Antwerp in Belgium with prof. Bernardo Secchi in a long time. What do you think of the difference of approaching method between metropolitan Paris and small city Antwerpen?

▶▶ **파올라 비가노:** 앤트워프는 작은 도시입니다. 그러나 그 안으로는 거대한 광역도시권의 논리가 들어가 있습니다. 란스타드나 루르지역과 같은 북서부 메트로폴리탄 지구는 전형적인 유럽형 메가시티의 모델입니다. 이는 광역적인 스케일을 가지고 확산되어 산포되어 있습니다. 아마도 이러한 새로운 형태의 도시는 도시 아이콘에 있어 21세기형이 아닐까 합니다. 메트로폴리탄의 단핵구조를 갖는 파리가 20세기의 도시 아이콘이라면 말입니다. 앤트워프가 달랐던 점은 접근 가능한 다공질성을 가진 공간이 많이 존재했다는 것입니다. 그것은 겉으로 보기에는 이러한 다공질이 보여지지 않았던 파리의 경우와는 다른 점이지요.
Antwerp is a smaller city, but it is inside a great conurbation, the North Western Metropolitan Area(till the Randstad and the Ruhr area) that is the European form of the megacity, diffused and dispersed at the territorial scale. Probably this new type of city will become the icon of the XXI century city, after Paris, the icon of the XX century. What was different, in Antwerp, was the presence of a porous and accessible space, while Paris seemed to us lacking of these qualities.

앤트워프에서 우리의 작업은 또한 광역, 도시, 건축 스케일의 넘나드는 작업을 수행하였지요. 즉 전체로서의 도시의 골격과 철도 폐선부지 위의 큰 공원을 실현시키는 공공공간의 접근, 그리고 새로운 극장의 건축이 그것이었습니다. 이렇게 다양한 스케일을 묶어 주는 개념적 도구로서 저는 몇 개의 선택된 도시 이미지들이 미래의 프로젝트들의 가이드라인으로 자리매김할 것을 제안하였습니다.(그것은 물, 다공성, 생태, 항구, 철도, 촌락과 메트로폴리스의 이미지였습니다.) 그것은 공간적인 가설을 가지고 시나리오와 전략을 통해 실제적이면서 전략적인 프로젝트로 발전하는 것입니다.
요약하면, ①도시의 공기억 共記憶을 통한 공동의 심상 collective imagery은 도시프로젝트의 중요한 원천이라는것, ②시나리오 Scenario는 미래의 시도를 구현하는 도구라는 것, ③전략적인 공간 Strategic space은 각각의 다른 상황을 발전시키고, 활성화시키는데 있어 지렛대로 작용한다는 것입니다. 그리고 이 각각은 대도시 파리의 스케일에서도 동일하게 적용되었습니다.
In Antwerp we worked at the same time at the scale of the entire city and at the scale of urban projects and public space, realizing a big central park on an old railway area and a new covered theatre square. The structural plan proposed a selection of “images” which might work as guidelines for future projects(Antwerp as a water-city, or as porous-city…); it elaborated spatial hypothesis developed through scenarios and strategies that are made concrete through strategic projects. Collective imagery as an important source for the city project; scenarios as a tool to tackle the future challenges; strategic spaces as levers for improving and dynamising the different situations can be a useful approach also at the bigger scale of the Great Paris.

▶ 임동원: 제가 교수님께 배웠던 것을 3개의 단어로 정리해 보면, Mixité, Porosity, Isotropy라고 정의하고 싶습니다. 이것에 대해 교수님의 의견을 듣고 싶습니다.
If I tried to summarize what I learned from you by 3 words, I dare to say that "Mixité, Porosity, and Isotropy." For this words, I want to here your comments.

▶▶ **파올라 비가노:** 이 세 가지의 개념은 비록 과거의 교훈이지만, 많은 현대의 프로젝트에서도 그대로 적용됩니다. 혼합성 Mixité의 개념은 도시의 기능과 사회적인 측면으로써 도시의 다양성이 증가할 때 도시가 보다 더 강해질 수 있다는 말입니다. 다공성을 읽고 디자인 한다는 것은 공간상, 도시의 물질상의 새로운 흐름의 가능성을 연구하는 것입니다. 이러한 다공성과는 별개로 또 하나의 개념은 바로 침투성 permeablity입니다. 즉, 다공성은 남아 있지만, 다공질을 서로 연결시켜 주는 침투성이 막혀 있는 경우가 있다는 말이지요. 침투성은 흐름의 저항치가 낮을 때 높아집니다. 침투성은 바로 연결성과 맞닿아 있습니다. 이렇게 다공성과 연결성으로서의 침투성은 생태적인 개념입니다만, 도시적인, 또한 사회적인 의미에서 차용 가능합니다. 이때 저의 관심점은 바로 사람들의 움직임, 대중교통체계의 분배방식, 행위의 분배, 그리고 다른 인종간의 움직임, 녹지의 흐름, 물의 흐름을 다공성과 침투성의 방법으로 바라볼 수 있습니다. 등방성 Isotrophy이라는 말은 우리가 공간을 취할 때 어떠한 방향에서도 동일한 기회를 가져야 한다는 의미입니다. 많은 광역의 영역에서, 유럽에서 또한 아시아에서, 물과 도로의 체계를 살펴보면 등방성을 가지고 이루어져 있음을 우리는 알 수 있습니다. 우리는 현대도시의 생태적, 그리고 기능적 문제들을 풀어내면서 그렇게 새롭게 만들어 갈 환경을 고려할 때 등방성의 현대적 의미를 살펴 보아야 합니다.

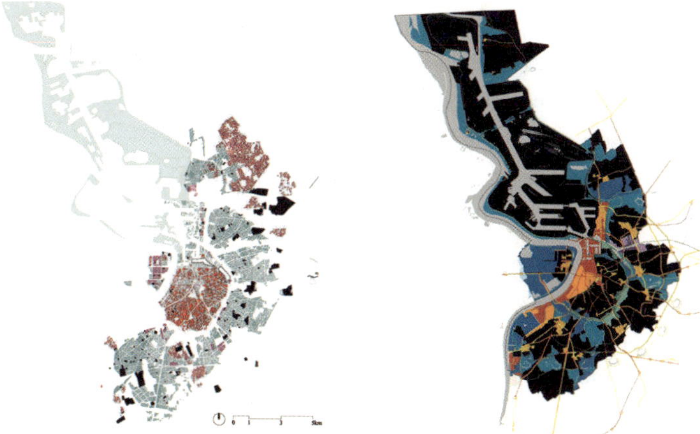

"Structural plan" of the Antwerpen(2004-2008)

Theaterplein project - Architectural scale of the Structural plan(2004-2008, P. Vigano)

The three concepts contain a critique to the past, but also to many contemporary projects. Mixité is the idea that urban space is stronger if it contains diversity: on the functional as well as social side. To read and design porosity means dedicating attention to practices, changes, fractures in space, urban materials and availability, possibilities for new flows. Beside porosity, one can have unconnected pores isolated by impermeable tissues. In this case porosity can still be high, but permeability(which is the measure of the connectivity between pores) will be low. Permeability is higher when the resistance to flow is lower. Permeability is in relation to and in function of connectivity. Porosity and connectivity are ecological concepts, but also urbanistic and social ones. My concern is flow of people, public transport irrigation, of activities or of different populations, of vegetation and water…Isotropy is the idea that we should find a space with the same opportunities whatever direction we take. Isotropy is the representation in space of a democratic condition. Many territories, in Europe as well as in Asia, have isotropic infrastructures, especially related to water and roads systems. We think that there are today new conditions to work on them to solve ecological and functional problems, reinforcing contemporary isotropy.

▶ **임동원**: 개인적으로 교수님의 작품 및 저서를 통해 많은 것을 배울 수 있었는데요, 건축스케일과 도시스케일, 광역스케일을 넘나드는 폭넓은 스케일의 다룸에 있어 교수님이 생각하시는 어떤 특별한 도시설계에 있어서의 교육법이 있을까요?
Personally, I learned a lot from you by your works and books. To deal with the scale issues, from architecture, urban to territorial scale, is there any special teaching method for your students?

▶▶ **파올라 비가노**: 좋은 디자인의 전형은 물론 스케일을 넘나드는 것이겠지요. 그러나 단일가족의 집합주택을 디자인하는 것이랑 그랑파리 Grand Paris의 비젼을 생각하는 것은 분명히 다릅니다. 각각의 스케일은 그 자신의 주제를 가지고 있지요. 그래서 도시계획을 함에 있어 스케일에 관한 "통합적 디자인의 접근"과 "스케일에 관한 넘나들기"의 방법적 추구가 동시에 필요한 것입니다. 저는 종종 개념을 사용합니다. 마치 "다공성"의 개념을 스케일을 넘나들면서 사용하며, 또한 적용 가능한 부분영역에서 사용하듯이 말입니다. 그랑파리의 경우와 앤트워프의 구조적 계획 또한 마찬가지로 사용되었습니다. 저는 학생들에게 비록 우리가 광역 스케일의 광대한 스케일을 다룸에서도 우리는 항상 그 자체의 이미지에 집중해야 한다고 주장합니다. 비록 급진적인 시나리오 속에서도 그 영역 자체의 이미지, 광역이 가지는 고유 이미지는 매우 중요합니다. 저는

또한 디자인은 의무가 있다고 가르칩니다. 디자인은 새로운 지식체계를 생산하는 것입니다. 디자인은 미래에 관해 묘사하며, 해석의 틀을 줍니다. 또한 디자인을 통해 우리는 미래에 대한 새로운 자세를 가지게 되는 것입니다.
What is typical of a good design is that it crosses the scales, but obviously the role of design is different if the theme is a single-family-detached-house or if it is a vision for the Grand Paris. Each scale develops its own themes. In an idea of "integrated design approach" the relation among scales is necessary and we need tools to organize a "crossing scale thought". We often use concepts, like the concept of "porosity" (for example in the case of the Grand Paris as well as in Antwerp structural plan) to cross scales and multi-disciplinary fields. With my students I insist a lot on the centrality of space which means to always image oneself inside it, even when we work at the territorial scale; even when we think at long term radical scenarios. I also insist on the responsibility of design in producing new knowledge: design describes, gives interpretations and takes positions towards the future.

▶ **임동원**: 끝으로 동아시아의 도시에 대해 교수님의 의견을 듣고 싶습니다. 동아시아의 도시에는 역사가 쌓이기 힘든 사회적, 역사적, 경제적 배경이 있습니다. 이러한 서울에 대해, 동아시아의 도시에 대해 도시계획가로서 가지고 계신 의견이 있으시면 말씀해 주시기 바랍니다.
Last question is about your opinion of city in the east Asian region. There are some backgrounds of social, historical and economical ones which hinder the stratification of time. Seoul is not the exception. I want to hear your vision or opinion about the future of east-asian-region-cities including Seoul as an urbanist point of view.

▶▶ **파올라 비가노**: 나는 한번도 현대의 동아시아 도시에 대해 직접적으로 연구할 기회를 가지지는 못했습니다. 그러나 이는 저에게도 매우 흥미로운 주제입니다. 그래서 나는 몇몇의 학생 작품, 특히 당신과 같은 아시아의 학생들을 만날 때마다 많은 영감을 얻습니다. 저는 아시아의 상황이 지역적으로 차이점이 있지만, 나름대로 공통점이 있다는 것에 더 큰 흥미를 느낍니다. 특히, 도로나 물의 접근방법과 같은 광역적 도시기반 형성과정과 맥을 같이 하는 농업이라는 산업체계, 대지의 형상 등은 매우 오랜 기간 동안 형성된 대지의 점유양상일 것입니다. 특히나 물은, 다른 유럽의 지역과 마찬가지로, 동아시아의 도시에서도 매우 중요한, 기본적 고려대상이며, 우리는 서로간의 전통으로부터 많은 것을 배워야 한다고 확신합니다. 또한 저는 동아시아의 도시가 가지는 특성 중에서 다른 스케일들의 공존의 측면을 배워야 한다고 생각합니다. 즉, 아주 작은 미니어쳐의 스케일부터 매우 큰 영역의 개발까지, 이는 제가 분명히 주목하고 있는 점입니다.

I have never had the occasion to study the contemporary East Asian city which fascinates me a lot. So I can also have some impressions coming out of some former students work, as you, or first glances given to some chinese or japanese cities. My impression is that among many differences there are also common elements, especially in the long construction of the territorial infrastructure, in the relation between agriculture, water, landforms. As in some European regions water has been also in the East Asian cities one of the fundamental "designer" and I am convinced that we should be able to learn more from each other tradition. More over I appreciate the ability in many East Asian cities to make different scales coexist, from the miniature to the great episodes. In that sense I think we have something to learn.

▶ **임동원:** 바쁘신데도 이렇게 좋은 말씀 주셔서 감사합니다.

Prof. Paola Vigano

10. 쌓여진 먼지가 축복이 되는 도시

먼지는 어디든지 쌓인다. 여행을 마치고 돌아온 방에 들어서면 느끼게 되는 침잠하는 먼지의 느낌. 방문을 열어 제치고 먼지를 닦아낸다. 그러나 그러한 '먼지닦이'는 눈에 보이는 것, 손에 닿는 곳에 국한된다. 그러한 처치 불가능한 곳은 그대로 먼지가 쌓인다. 치워도 치워도, 닦아도 닦아도 그런 곳은 어디든지 있다. 나중에는 으레 그러려니 하고 일정부분 포기하며, 먼지와 같이 살게 된다.

하물며 도시에는 어떨까. 도시에서 먼지는 퇴적된 시간을 말해 준다. 예로부터 위정자들은 거리는 도시의 얼굴이라며 먼지닦이에 열심이었다. 이리 털고, 저리 털고, 가판대처럼 보기 싫은 것들은 좀 어디 다른 곳에 가져다 놓고, 하물며 파리 같은 곳은 건물 자체에 덮인 까만 얼룩을 갈아내기까지 한다. 그러면 다시 도시는 뽀얀 얼굴을 드러내며 거리의 만보객에게 시선을 유혹한다.

여기에 상업의 시선을 생각해 본다. 자본주의가 모든 것을 집어삼키기 시작할 때부터 도시의 공공영역, 아니 도시의 외관은 점점 상업의 기호에 점령당하기 시작했다. 상업의 휘황찬란한 외양 속에 도시는 그 분위기를 잃어 갔고, 그것은 석조문화가 없었던 아시아의 경우 더더욱 심한 양상으로 치닫는다. 이건 조금 역설적인데, 본래 상업의 전당 '아케이드'라는 건축적 장치는 서구에서 나왔다. 그러나 이들의 상업은 몸체로서의, 아니 용기로서의 건축에 담겨져 있다. 이때의 상업은 기호화의 단계에 이르지 못한 상업이다. 따라서 그것은 건축에 담기지 지배하지 않는다.

아시아의 경우는 어떠한가. 그 곳은 상업이 넘치는 것이 아니라 상업의 기호가 넘친다. 그러한 상업의 기호들은 철저히 건축의 용기를 무시한다. 그러한 도시에는 먼지가 앉을 수 없다. 기호화된 상업은 먼지를 용납하지 않는다. 언제나 닦여져야 하고, 언제나 배제되어야 할 대상일 뿐이다. 그러나 그러한 상업-기호에도 먼지는 앉는다. 먼지에는 예외가 없으니까 말이다. 문제는 여기서 발생한다.

먼지가 앉은 도시는 퇴적된 시간을 말해 주며, 그 자체로 존재가치를 얻을 수 있다. 그러나 먼지가 앉는 상업기호는 퇴물화된 상품을 말해주며, 이것은 자본주의 시장에서 철저히 외면당하는 대상에 다름 아니다. 그러니 철저히 배제되어야만 하고, 발견 즉시 닦아내야 한다. 그러나 문제는 이렇게 점령당한 상업기호를 향해 언제나 걸레만을 들고 있을 수는 없는 노릇이다.

도시가 상업기호에 점령당하지 않는 방법은 없는가. 그러려면 도시에 건축이 바람직한 도시건축이, 도시풍경이 선행되어야 하지 않을까. 그러한 기본이 되는 물리적 도시에 상업이 담기면 더 이상 바랄나위 없을 텐데 말이다. 어쩌면 요새의 도시들은 위정자들의 끊임없는 먼지닦이에 국민들은, 아니 나부터 피곤해 있는 것이 아닐까. 쌓여진 먼지가 축복이 되는 도시는 환상인가.

마치면서: 유럽에서 배운 세 가지 도시, 세 가지 교훈

1. Mixité 혼합의 도시

혼합된 프로그램

모던의 시대가 만들어낸 기계화의 환상은 모든 것을 효율성과 경제성의 원리가 지배하는 사회로 변모시켰다. 특히나 자본주의의 팽창에 의한 공간재편으로 인해 모든 도시 공간들은 자본을 더욱 효율적으로 생산, 순환시키는 물리적 기제가 된다. 도시의 모든 공간은 완벽하게 조율된 프로그램적 공간배열을 추구하게 된다. 이른바 죠닝zonning에 의한 공간 재편. 자본주의의 효율성의 담론이 공간을 지배하는 한 죠닝의 환상은 깨어질 수 없다. 그것은 두 마리의 토끼를 잡는 일인데, 효율성을 추구하면 지역성이 깨어지고, 지역성을 추구하면 효율성이 깨어지는 상호모순의 관계가 된다. 여기서 이 둘을 적절히 선택하는 지혜가 바로 혼합된 프로그램이다. 물론, 여기에는 이질적 프로그램의 병치 뿐만이 아닌 이질적 시간의 병치도 중요하다. 제인 제이콥스는 일찍이 오래된 건물은 바람직한 도시의 다양성을 추구하는 가장 중요한 요소라 설파했다.

2. Porosity 다공성의 도시

다공성多孔性은 말 그대로 어떤 것이든 들어갈 수 있고, 담아낼 수 있는 가능성을 의미한다. 현대도시는 갈수록 비다공성의 방향으로 나아간다. 이는 현대도시에 있어 서로 소통하지 않는 도시패치patch들의 연속이 되어가는 것을 의미한다. 게토getto, 재개발지역, 자본의 플랫폼platform들은 비다공성을 가진 도시패치들의 대표적 공간들이다.

다공질 도시만들기의 두 가지 관점

남겨진 다공질 공간을 찾기

Ⅰ. 브라운필드brownfield: 20세기 초반의 공장지대는 대부분 산업의 양상이 바뀌면서

자본이 떠나간 자리로 남아 있는 경우가 많다. 시간이 쌓여 있는 도심지에 비해 분명히 이러한 곳은 어떤 기능이 들어갈 수 있는 취약한 곳이다. 그리고 이러한 대부분의 이른바 남겨진 취약성은 도시 외곽, 도시와 농촌의 경계 즈음에 해당한다. 여기가 바로 도시디자인에 있어 다공질을 실험할 수 있는 기회의 땅이다.

Ⅱ. 물: 물이 흐르는 공간은 도시에 있어 대표적 다공성의 공간이다. 모던 시기의 실개천들이 아스팔트 도로로 덮여져 도시 모빌리티의 향상에 기여해야 했다면, 현대는 이들을 다시 복원되어 도시의 어메니티에 기여해야 한다.

Ⅲ. 스폰지길 sponge road: 길은 모든 것을 담아낸다. 현대의 고속도로와 같은 튜브 tube 가 일정 출구에 들어가지 않으면 접근이 안되는 불투영의 공간이라면 스폰지는 모든 움직임을 빨아들이는 길이다.

Ⅳ. 철도길: 철도길은 많은 도시에 있어서 이른바 어번에지 urban edge를 만들어낸다. 서로 단절되어, 끊겨 있는 지역조직에 있어서 철도길 주변은 항상 남겨진 취약성이 자리잡는 중요한 장소가 된다.

Ⅴ. 고가도로 밑, 공항 가는 길, 도심의 외국인촌, 기타 자본이 떠나간 도시의 자리들

다공질을 디자인 하기, 다공질성의 도시만들기

현대도시의 가장 큰 문제가 바로 도시의 patch work 현상이라 할 수 있다. 자본이 만들어내는 갖가지의 플랫폼들은 그 대표적인 사례이다. 이른바 티켓이 없이는 들어갈 수 없는 사유화된 패치들. 일단 담을 치고, 영역을 두르고 접근을 막는 비다공성의 사유지개발의 방식을 공공을 생각하고, 그곳에서 소통을 일으킬 수 있는 다공성을 함양하는 개발방식으로 나아가야 한다. 또한 그렇기에 이들을 연결시키는 도시의 공공공간은 다공질성의 도시만들기에 가장 중요한 요소이다.

3. Isotrophy 등방성의 도시

평등한 도시는 모든 방향으로 도시를 균등하게 만드는 등방성의 원리를 가진다. 도시의 발전은 균등해야 한다. 더 나아가 국토의 발전 또한 균등해야 한다. 현대자본의 플랫폼들은 도시자본의 생산기지로서 대부분 일정한 클러스터를 형성하면서 이루어진다. 중요한 인프라 라인들을 따라서, 아니면 그 후의 일정한 지역을 형성하면서 집적의 원

리를 만들며, 이는 또한 시너지를 일으킨다. 이는 또한 두 마리의 토끼이다. 집적시키면 효율이 높아지고, 시너지를 기대하지만, 지역발전에 있어서 소외를 낳는다. 그러나 이를 분산시키면, 지역의 균등발전에 기대하지만 집적에서의 시너지, 효율은 기대하기 힘들다. 도시계획가는 이러한 집적과 지역의 균등발전이라는 두 마리 토끼에서 항상 문제에 부딪치게 된다. 결국의 답은 상생의 길을 찾아야 하며, 이는 바로 등방성의 원리에 다름 아니다.

도시 모빌리티를 설계함에 있어 또한 등방성의 원리는 가장 중요한 고려사항이다. 위계가 있는 도시의 모빌리티 속에서 고속도로, 철도, 지하철, 그리고 스폰지길 등등은 골고루 등방성을 가지고 퍼져 있어야 한다. 현대도시는 자본의 흐름에 따라 집중되고, 분산되는 비등방적 모빌리티의 양상을 가지고 있으며, 이는 도시계획가의 노력에 의해 등방성을 가지고 산포되어야 한다. 이렇게 등방성의 도시 추구는 곧 평등을 찾아가는 도시계획의 시작인 것이다.

> You will never find a new lands,
> You will wander on the same street, and in the same quarters,
> You will become old. and between the same street
> you will grow grey.
> you will always arrive at the city.
> For another land
> you don't wait, there is not a ship, there is not a land.

Iniguez cites the poet CP Cavafis.
p. 40. in "postmodern urbanism" by Nan ellin.

후기

2008년 9월 2일. 베니스 건축대학. 아내와 함께 힘들게 방을 구하고 첫 강의시간. Bernardo Secchi 교수의 첫 강의는 아직도 생생하다. 이후 약 6개월간의 베니스의 생활은 그 모든 수고를 감내하고도 남을만한 시간이었다. 네덜란드에서 도시계획에 관한 전반적 skill과 방법론을 배웠다면, 이태리에서는 그 근원, 철학을 배웠다 생각한다.

이 책이 나오게 되기까지 많은 분들에게 나는 감사해야 한다. 먼저 고귀한 가르침을 주셨던 베니스 건축대학의 Bernardo Secchi 교수와 Paola Vigano 교수가 일번이다. 또한 델프트공대의 Stephen Read 교수, Han Meyer 교수도 나이 먹은 유학생에게 친절한 길잡이가 되 주셨다. 서울시립대 신범식, 박철수 교수님은 항상 필자의 버팀목이 되어 주셨다. 유학시절, 필자와 많은 이야기를 나누었던 후배 정영욱, 김명식, 문한솔, 남동호 외 많은 한국 유학생 후배들에게 감사의 인사를 전한다. 후배 최준석은 언제나 가까이에서 큰 힘이 되 주었다.

시공문화사의 김기현 사장님은 필자에게 또 다른 기회를 마련해 주셨다. 지면으로라도 감사드린다. 또한 부족한 필자를 언제나 믿고 맡겨 주시는 선진건축의 함인선 사장님께 감사드린다. 필자의 뒤늦은 유학에 응원을 보내 주셨던 부모님과 동생, 그리고 외롭고 힘들었던 유학생활을 끝까지 함께 해 준 나의 아내와 아들 이건. 가족의 힘이었다. 마지막으로 하늘에 계시는 나의 할머님께 이 두 번째 저서를 바친다.